改訂版

坂田アキラの
数Ⅱの微分積分
が面白いほどわかる本

坂田　アキラ
Akira Sakata

※　この本は，小社より2007年に刊行された『新出題傾向対応版　坂田アキラの　数Ⅱの微分積分が面白いほどわかる本』の改訂版です。

 と 天下最強 の参考書日本上陸!!

Why? なぜ　最強なのか…？
そりゃあ，見りゃわかるっしょ!!

理由その☝ 死角のない問題が **ぎっしり**♥

1問やれば効果10倍!　いや20倍!!

つまり，つまずくことなく**バリバリ進める**!!

理由その✌ 前代未聞!　他に類を見ない**ダイナミック**な解説!

詳しい…　詳しすぎる…♪　これぞ完璧なり♥♥

つまり，実力&**テクニック**&**スピード**がつきまくり!
そしてデキまくり!!

理由その✌✌ かゆ〜いところに手が届く公式説明&補足説明満載!

届きすぎる!

つまり，「なるほど」の連続!　感激の嵐!!

てなワケで，本書は，すべてにわたって 最強 であーる!

本書を**有効に活用**するためにひと言♥
　本書自体，**天下最強**であるため，よほど下手な使い方をしない限り，
絶大な効果を諸君にもたらすことは言うまでもない!

　しかーし，最高の効果を心地よく得るために…

ヒケツその☝ まず比較的**キソ的**なものから固めていってください!

レベルで言うなら，基礎の基礎 〜 基礎 程度のものを，スラスラで

きるようになるまで，くり返し，くり返し**実際に手を動かして**演習してくださいませ♥　同じ問題でよい

ヒケツその✌　キソを固めてしまったら，ちょっと**レベルを上げて**みましょう！

そうです，標準に手をつけるときがきたワケだ!!　このレベルでは，**さまざまなテクニック**が散りばめられております♥　そのあたりを，しっかり，着実に吸収しまくってください！

もちろん!!　**くり返し，くり返し，**同じ問題でいいから，スラスラできるまで**実際に手を動かして**演習しまくってくださ――い♥♥

これで一般的な「数Ⅱの微分積分」の知識はちゃ――んと身につきます。

ヒケツその✌　さて，さて，**ハイレベルを目指すアナタ**は…ちょいムズ ＆ モロ難 から逃れることはできません!!

でもでも，基礎の基礎 ～ 標準 までをしっかり習得しているワケですから**無理なく進める**はずです。そう，解説が詳し――く書いてありますからネ♥　これも，くり返しの演習で，『数Ⅱの微分積分の超完璧受験生』に変身してくださいませませ♥♥

いろいろ言いたいコトを言いましたが本書を活用してくださる諸君の **幸運** を願わないワケにはいきません！

あっ，言い忘れた…。本書を買わないヤツは 地獄行き だ!!

さすらいの風来坊講師
坂田アキラ より

も・く・じ

はじめに		2
この本の特長と使い方		6
Theme 1	極限の考え方　$\lim_{x \to a} f(x)$	8
Theme 2	名コンビ!!　平均変化率＆微分係数	15
Theme 3	定義に従って導関数を求める!!	21
Theme 4	公式を用いて微分する!!　導関数を求める!!	26
Theme 5	微分係数＆接線の傾き	37
Theme 6	接線の方程式　いよ〜っ!! 待ってました〜っ!!	40
Theme 7	グラフをかこう!!　関数の増減と極大＆極小	61
Theme 8	極値をもつの?　もたないの??	81
Theme 9	よくありがちな問題いろいろ	107
Theme 10	ついでに4次関数も!!　背伸びしちゃいますかぁ!?	121
Theme 11	最大値と最小値の問題	137
Theme 12	場合分けをしっかりと!!　定義域に文字を含むときの最大＆最小	146
Theme 13	方程式との愛のコラボレーション♥	164
Theme 14	3次関数の裏話　本格派のアナタに…	187
Theme 15	はたして接線が何本引けるかな??	190
Theme 16	不等式との夢のコラボレーション♥	203
Theme 17	不定積分とは何ぞや??	213
Theme 18	もっと突っ込んで，不定積分!!	221
Theme 19	関数を決定する問題いろいろ　不定積分　上級編	227

Theme20	記号をナメたらいかんぜよ!!	237
Theme21	定積分とは何ぞや??	240
Theme22	役に立つヤツら	247
Theme23	面積を求めてしまえ!!	255
Theme24	もっと面積!! ドカンと一発!!	269
Theme25	絶対値のついた定積分 初級編	275
Theme26	絶対値のついた定積分 上級編	281
Theme27	上を目指すアナタへ…	289
Theme28	3次関数や4次関数が絡む面積	298
Theme29	面積劇場	320
Theme30	定積分で表された関数	329
Theme31	$\dfrac{d}{dx}\int_a^x f(t)\,dt = f(x)$ のお話	338
ナイスフォロー その1	解の公式	343
ナイスフォロー その2	判別式	347
ナイスフォロー その3	平方完成	360
ナイスフォロー その4	組立除法ってどうやるの…??	367
問題一覧表		376

6

この本の特長と使い方

Theme 30　定積分で表された関数　329

Theme 30　定積分で表された関数

ちょっとした計算問題です

とにかく，やり方を覚えてください。

問題30-1　　　標準

次の等式をみたす関数 $f(x)$ を求めよ。

(1) $f(x) = x + \int_{-1}^{2} f(t)\,dt$

(2) $f(x) = x^2 + 2x\int_{1}^{3} f(t)\,dt - 3$

(3) $f(x) = 3x^2 + \int_{0}^{2} xf(t)\,dt - 2$

ナイスな導入

(1)であらすじをまとめておきます。

$$f(x) = x + \boxed{\int_{-1}^{2} f(t)\,dt} \quad \cdots ①$$

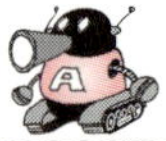

ここは定積分なもんで**定数**となります!!

そこで!!

$$\int_{-1}^{2} f(t)\,dt = k \quad \cdots ②$$

ここが最大のポイント

とおきます!!

このとき，①から，

$f(x) = x + k \quad \cdots ③$

$f(x) = x + \underbrace{\int_{-1}^{2} f(t)\,dt}_{k}$

とな〜る!!

とゆーことは…

$f(\boldsymbol{t}) = \boldsymbol{t} + k \quad \cdots ③'$

xのところがtに変わっただけ

- 問題のレベルを5段階で表示しているので，学習の目安になります
  - 基礎の基礎
  - 基礎
  - 標準
  - ちょいムズ
  - モロ難

- 掲載している問題は，入試の典型的なパターンをすべて網羅した良問の数々です

- 絶対理解しなければならない重要な概念を，ゼロからわかるように説明しています

この本は，「数学Ⅱ」で学習する「微分積分」の基本事項，重要公式から㊙テクニックまで幅広く網羅しています。この分野が苦手な人でも得意な人でも，好きな人でも嫌いな人でも，だれが読んでも納得・満足の内容！もはや伝説となっている「坂田ワールド」にどっぷりハマってください！

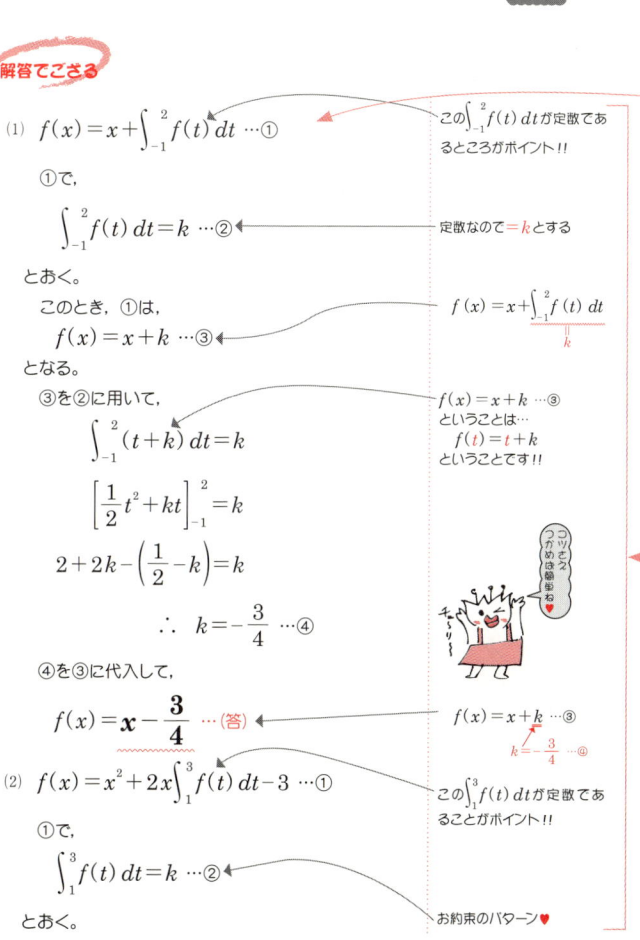

Theme 1 極限の考え方

関数の極限について

ある関数$f(x)$において，xが定数αに限りなく近づくとき，関数$f(x)$の値が一定の値βに限りなく近づくならば，

このように表しまーす！！

$$\lim_{x \to \alpha} f(x) = \beta$$

このとき，このβを$x \to \alpha$のときの 極限値 と申します♥

たとえば!!

$f(x) = 2x+1$について$\lim_{x \to 3} f(x)$を考えてみましょう♥

右の図からも一目瞭然(りょうぜん)!!

$\lim_{x \to 3} f(x)$
$= \lim_{x \to 3} (2x+1)$
$= 2 \times 3 + 1$
$= 7$ 答でーす!!

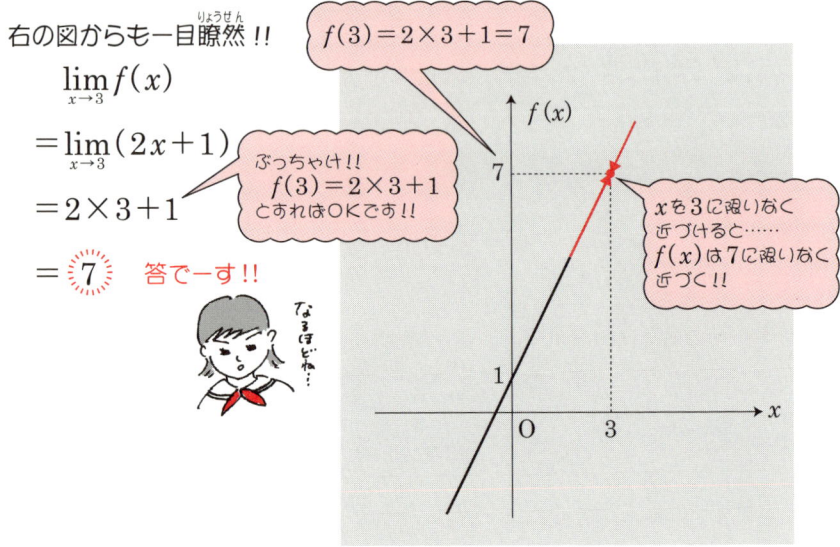

$f(3) = 2 \times 3 + 1 = 7$

ぶっちゃけ!! $f(3) = 2 \times 3 + 1$ とすればOKです!!

xを3に限りなく近づけると…… $f(x)$は7に限りなく近づく!!

では，ウォーミングアップを…。

問題 1-1 　　　　　　　　　　　　　　　　　　　　　　**基礎の基礎**

次の極限値を求めよ。

(1) $\displaystyle\lim_{x \to 2} x^2$　　(2) $\displaystyle\lim_{x \to -1}(x+3)$

(3) $\displaystyle\lim_{x \to 3}(x^3 - 2x)$　　(4) $\displaystyle\lim_{x \to 0}\frac{x^2-1}{x+2}$

ナイスな導入

いろいろ深い意味はあるのですが，そのあたりは「数学Ⅲ」でしっかり極めるとして，「数学Ⅱ」では，大まかな理解でOKです。

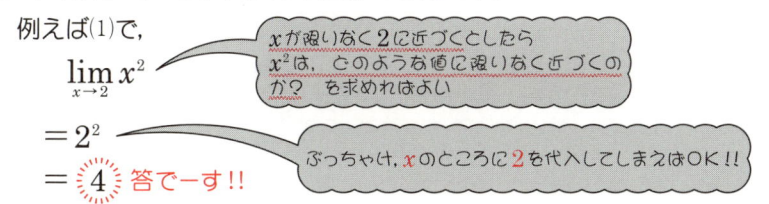

例えば(1)で，

$\displaystyle\lim_{x \to 2} x^2$

（xが限りなく2に近づくとしたら x^2 は，どのような値に限りなく近づくのか？ を求めればよい）

$= 2^2$

$= 4$　答でーす!!

（ぶっちゃけ，xのところに2を代入してしまえばOK!!）

この調子で(2)〜(4)もイケます!!　まぁ，難しく考えずに Let's Try!!

解答でござる

(1) $\displaystyle\lim_{x \to 2} x^2 = 2^2 = \mathbf{4}$ …(答)　　x^2のxのところに2を代入せよ!!

(2) $\displaystyle\lim_{x \to -1}(x+3) = -1 + 3 = \mathbf{2}$ …(答)　　$x+3$のxのところに-1を代入せよ!!

(3) $\displaystyle\lim_{x \to 3}(x^3 - 2x) = 3^3 - 2 \times 3 = 27 - 6$
$= \mathbf{21}$ …(答)　　$x^3 - 2x$のxのところに3を代入せよ!!

(4) $\displaystyle\lim_{x \to 0}\frac{x^2-1}{x+2} = \frac{0^2-1}{0+2} = -\frac{\mathbf{1}}{\mathbf{2}}$ …(答)　　$\frac{x^2-1}{x+2}$のxのところに0を代入せよ!!

では，次のような場合はどうしましょう♪

問題1-2 　　　　　　　　　　　　　　　　　　　　　　**基礎**

極限値 $\displaystyle\lim_{x \to 2} \frac{x^2-3x+2}{x-2}$ を求めよ。

ナイスな導入

とりあえず **問題1-1** と同じ要領でやってしまいましょうかぁ!!

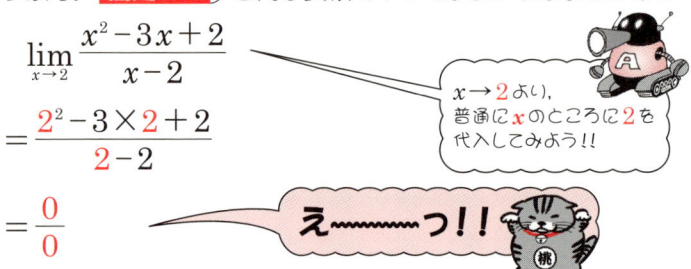

$$\lim_{x \to 2} \frac{x^2-3x+2}{x-2}$$
$$=\frac{2^2-3\times 2+2}{2-2}$$
$$=\frac{0}{0}$$

$x \to 2$ より，普通に x のところに 2 を代入してみよう!!

え～～っ!!

これはまいりましたねぇ…。

$\dfrac{0}{0}$ になってしまったら，これ以上の計算は不可能です…。

しか～し!!　このようになる場合には，必ず**打開策**がありまっせ♥

それは…

$\dfrac{0}{0}$ になる場合です!!

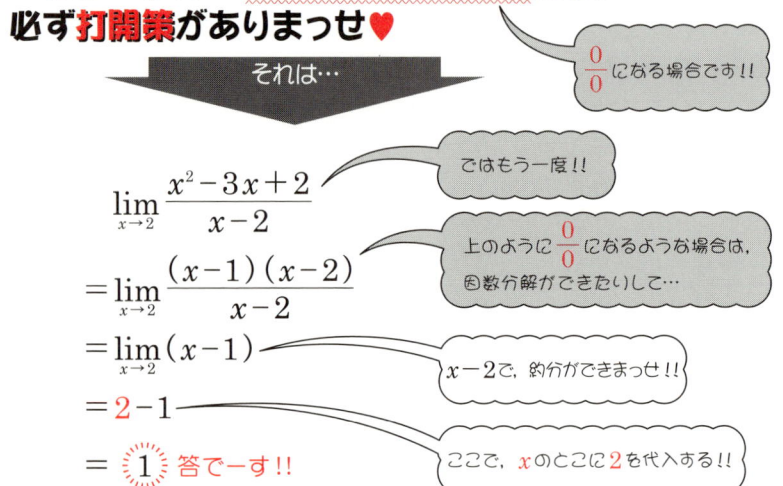

$$\lim_{x \to 2} \frac{x^2-3x+2}{x-2}$$
$$=\lim_{x \to 2} \frac{(x-1)(x-2)}{x-2}$$
$$=\lim_{x \to 2} (x-1)$$
$$=2-1$$
$$=1$$ 答で一す!!

ではもう一度!!

上のように $\dfrac{0}{0}$ になるような場合は，因数分解ができたりして…

$x-2$ で，約分ができまっせ!!

ここで，x のところに 2 を代入する!!

Theme 1 　極限の考え方　$\lim_{x \to a} f(x)$　11

> 約分してから代入すればいいのか…

ちょっと一言

物事を深くお考えにならない人にとっては，想定外のお話かもしれませんが…

> 私のことですか？

なぜ，約分してよいのでしょうか!?

> えーっ!?　いけないのーっ??

では問題のシーンを再び…

$$\lim_{x \to 2} \frac{(x-1)(x-2)}{x-2}$$

> $x=2$ のとき $x-2=0$ になってしまいます。数学の常識として0で割ることは御法度です!! すなわち0で約分するなんて，論外中の論外です!!

> なるほど！

しか〜し!!　安心してくださいませ!!

$x \to 2$ という意味は，x が2に限りなく近づくという意味であって，けっして $x=2$ となるわけではないのです。

つま――り!!

> x が2に限りなく近づくと…

> $x-2$ は，0に限りなく近づく!!

$x \to 2$ のとき $x-2 \to 0$ となるだけで，けっして $x-2$ が0になってしまうわけではな――い!!　つまり，$x-2 \neq 0$ なのであ――る!!　よって，$x-2 (\neq 0)$ で約分して大いに結構♥

> なるほどじゃ…

解答でござる

$$\lim_{x \to 2} \frac{x^2-3x+2}{x-2}$$

> このまま x のところに2を代入してしまうと $\frac{0}{0}$ になってしまう!! こんなときは，必ず約分できるヨ♥

$$= \lim_{x \to 2} \frac{(x-1)(x-2)}{x-2}$$

← 分子を因数分解!!

$\lim_{x \to 2} \frac{(x-1)\cancel{(x-2)}}{\cancel{x-2}}$

$$= \lim_{x \to 2} (x-1)$$ ←

$$= 2-1$$ ←

← $x-1$ の x のところに 2 を代入!!

$$= \underline{1} \cdots (答)$$ ←

← ハイできあがり♥

問題1-3　　　　　　　　　　　　　　　　　　　　　基礎

次の極限値を求めよ。

(1) $\lim_{x \to 3} \dfrac{x^2+3x-18}{x^2-2x-3}$　　(2) $\lim_{x \to 2} \dfrac{x^3-8}{x^2-4}$

(3) $\lim_{x \to -1} \dfrac{2x^3+2}{x^2+4x+3}$　　(4) $\lim_{x \to 0} \dfrac{x^4+6x}{3x}$

ナイスな導入

全問，$\dfrac{0}{0}$ になってしまうタイプです!!　前問 **問題1-2** と同様，約分が決め手でっせ♥　ではさっそく，解答へとまいりましょう!!

解答でござる

(1) $\lim_{x \to 3} \dfrac{x^2+3x-18}{x^2-2x-3}$ ←

← このまま x のところに 3 を代入してしまうと，$\dfrac{0}{0}$ になってしまう!!
こんなときは，必ず因数分解できるヨ♥

$= \lim_{x \to 3} \dfrac{(x+6)(x-3)}{(x+1)(x-3)}$ ←

← 分子と分母のそれぞれを因数分解しました!!

$= \lim_{x \to 3} \dfrac{x+6}{x+1}$ ←

$\lim_{x \to 3} \dfrac{(x+6)\cancel{(x-3)}}{(x+1)\cancel{(x-3)}}$

$= \dfrac{3+6}{3+1}$ ←

← $\dfrac{x+6}{x+1}$ の x のところに 3 を代入!!

Theme 1 極限の考え方 $\lim\limits_{x \to a} f(x)$

$= \dfrac{9}{4}$ …(答) ← 一丁あがり♥

(2) $\lim\limits_{x \to 2} \dfrac{x^3 - 8}{x^2 - 4}$ ← このまま x のところに 2 を代入してしまうと, $\dfrac{0}{0}$ になってしまう!!

$= \lim\limits_{x \to 2} \dfrac{(x-2)(x^2 + 2x + 4)}{(x+2)(x-2)}$ ← 分子では, 有名公式を活用!! $\boxed{a^3 - b^3 = (a-b)(a^2 + ab + b^2)}$ で, $a = x$, $b = 2$ としてます!!

$= \lim\limits_{x \to 2} \dfrac{x^2 + 2x + 4}{x + 2}$ ← $\lim\limits_{x \to 2} \dfrac{(\cancel{x-2})(x^2 + 2x + 4)}{(x+2)(\cancel{x-2})}$

$= \dfrac{2^2 + 2 \times 2 + 4}{2 + 2}$ ← $\dfrac{x^2 + 2x + 4}{x + 2}$ の x のところに 2 を代入!!

$= \dfrac{12}{4}$

$= 3$ …(答) ← ハイ, おしまい♥

(3) $\lim\limits_{x \to -1} \dfrac{2x^3 + 2}{x^2 + 4x + 3}$ ← このまま x のところに -1 を代入してしまうと, $\dfrac{0}{0}$ になってしまう!!

$= \lim\limits_{x \to -1} \dfrac{2(x+1)(x^2 - x + 1)}{(x+1)(x+3)}$ ← 分子では全体を 2 でくくってから, 有名公式を活用!! $\boxed{a^3 + b^3 = (a+b)(a^2 - ab + b^2)}$ で, $a = x$, $b = 1$ としてます!!

$= \lim\limits_{x \to -1} \dfrac{2(x^2 - x + 1)}{x + 3}$ ← $\lim\limits_{x \to -1} \dfrac{2(\cancel{x+1})(x^2 - x + 1)}{(\cancel{x+1})(x+3)}$

$= \dfrac{2\{(-1)^2 - (-1) + 1\}}{-1 + 3}$ ← $\dfrac{2(x^2 - x + 1)}{x + 3}$ の x のところに -1 を代入!!

$= \dfrac{2 \times 3}{2}$

$= 3$ …(答) ← ハイ, できた♥

(4) $\lim_{x \to 0} \dfrac{x^4 + 6x}{3x}$ ← このまま x のところに 0 を代入してしまうと,$\dfrac{0}{0}$ になってしまう!!

$= \lim_{x \to 0} \dfrac{x(x^3 + 6)}{3x}$ ← 分子を因数分解!! x でくくりました!!

$= \lim_{x \to 0} \dfrac{x^3 + 6}{3}$ ← $\lim_{x \to 0} \dfrac{x(x^3 + 6)}{3x}$

$= \dfrac{0^3 + 6}{3}$ ← $\dfrac{x^3 + 6}{3}$ の x のところに 0 を代入!!

$= \dfrac{6}{3}$

$= \underline{\underline{2}}$ …(答) ← 楽勝ですね♥♥

─ プロフィール ─
みっちゃん (17才)
究極の癒(いや)し系!! あまり勉強は得意ではないようだが,「やればデキる!!」タイプ♥
「みっちゃん」と一緒に頑張ろうぜ!!
ちなみに豚山さんとはクラスメイトです

Theme 2 名コンビ!! 平均変化率&微分係数

平均変化率のお話

関数 $y=f(x)$ 上の2点を $A(a, f(a))$, $B(b, f(b))$ とします（右図参照!!）。

このとき!!

関数 $y=f(x)$ の $x=a$ から $x=b$ までの平均変化率は

$$\frac{f(b)-f(a)}{b-a}$$

となります!!

ぶっちゃけ，直線ABの傾きのことっす!!

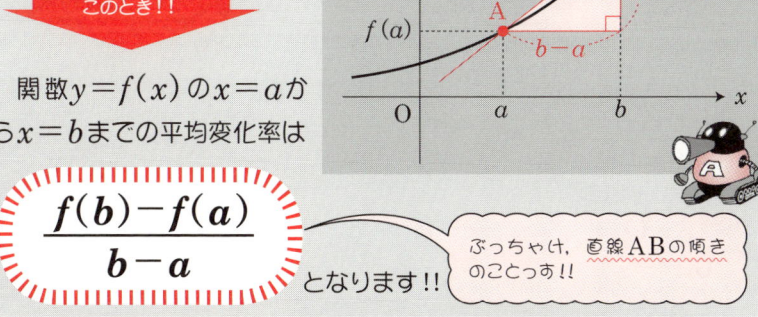

なんだかんだいっても簡単なお話ですから，さっそく演習タイムです!!

問題2-1 （基礎の基礎）

関数 $y=x^2-2x+3$ について，次の各問いに答えよ。

(1) $x=1$ から $x=3$ までの平均変化率を求めよ。
(2) $x=-2$ から $x=0$ までの平均変化率を求めよ。
(3) $x=-3$ から $x=5$ までの平均変化率を求めよ。

さっそくまいりましょう!! えーっ!!

解答でござる

$y=f(x)=x^2-2x+3$ とおく。

$f(x)$ とおいたほうが何かと表現しやすいヨ♥

(1) $x=1$ から $x=3$ までの平均変化率は，

$$\frac{f(3)-f(1)}{3-1}$$

$\dfrac{f(b)-f(a)}{b-a}$ で!!
$b=3$，$a=1$ に対応!!

$$=\frac{6-2}{3-1}$$

$f(3)=3^2-2\times 3+3=6$
$f(1)=1^2-2\times 1+3=2$

$$=\frac{4}{2}$$

ぶっちゃけ傾きでーす!!

$$=\underline{\mathbf{2}}\cdots\text{(答)}$$

(2) $x=-2$ から $x=0$ までの平均変化率は，

$$\frac{f(0)-f(-2)}{0-(-2)}$$

$\dfrac{f(b)-f(a)}{b-a}$ で!!
$b=0$，$a=-2$ に対応!!

$$=\frac{3-11}{0-(-2)}$$

$f(0)=0^2-2\times 0+3=3$
$f(-2)=(-2)^2-2\times(-2)+3$
$\qquad =11$

$$=\frac{-8}{2}$$

ぶっちゃけ傾きでーす!!

減少してますからマイナスになります!!

$$=\underline{\mathbf{-4}}\cdots\text{(答)}$$

(3) $x=-3$ から $x=5$ までの平均変化率は，

$$\frac{f(5)-f(-3)}{5-(-3)}$$

$\dfrac{f(b)-f(a)}{b-a}$ で!!
$b=5$，$a=-3$ に対応!!

$$=\frac{18-18}{5-(-3)}$$

$f(5)=5^2-2\times 5+3=18$
$f(-3)=(-3)^2-2\times(-3)+3$
$\qquad =18$

$$=\frac{0}{8}$$

ぶっちゃけ傾きでーす!!

傾き0!!

$$=\underline{\mathbf{0}}\cdots\text{(答)}$$

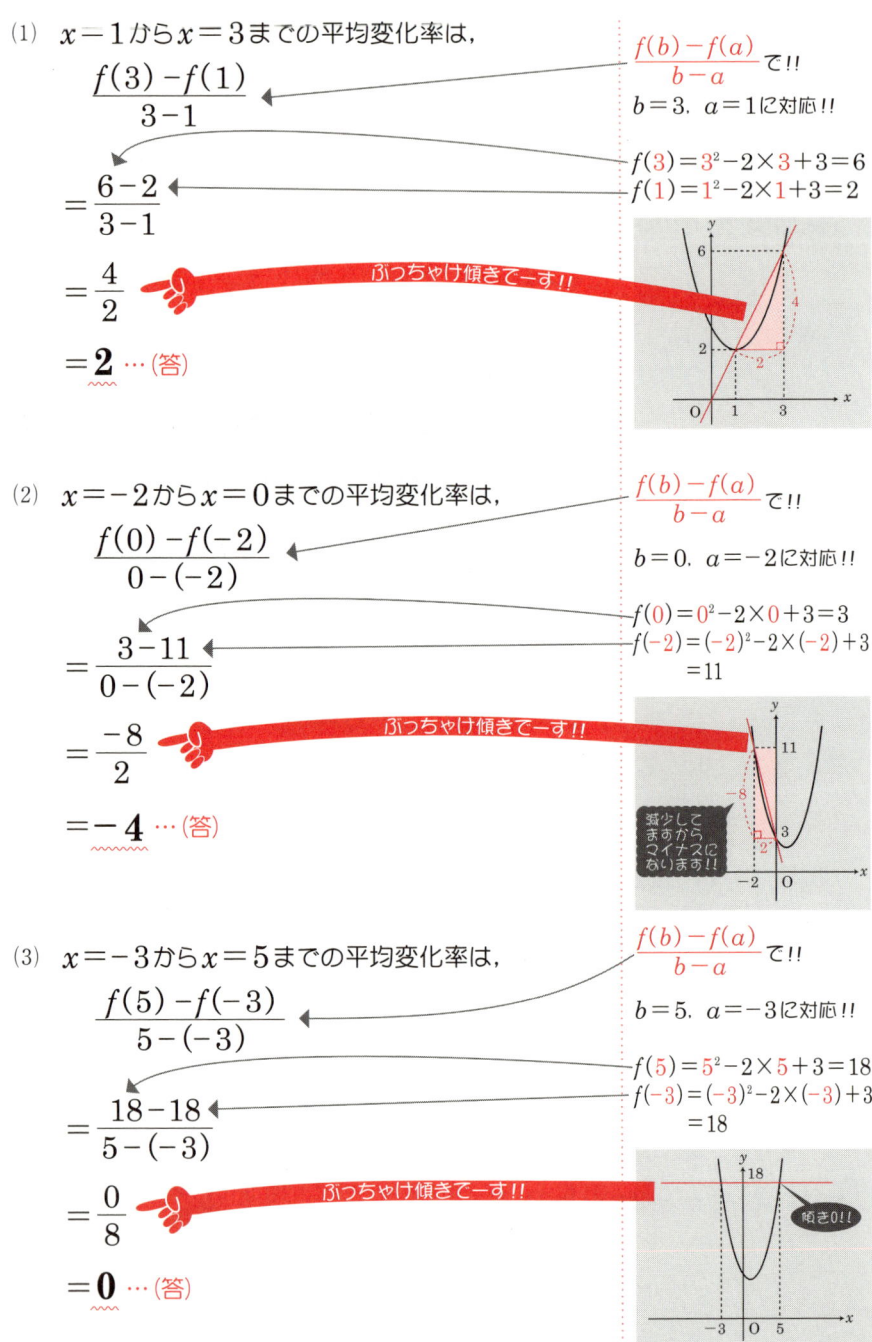

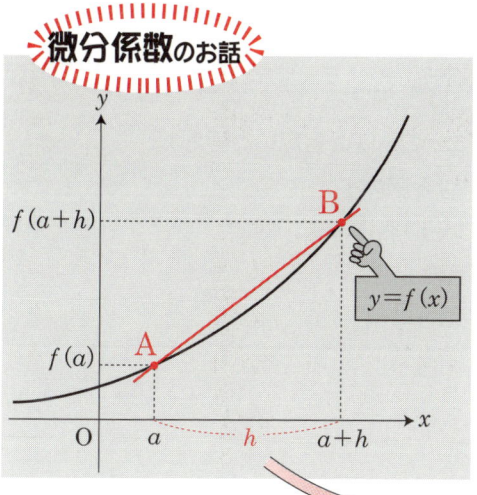

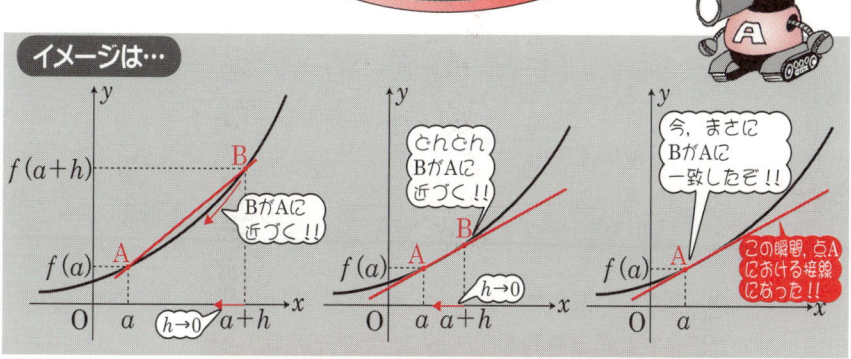

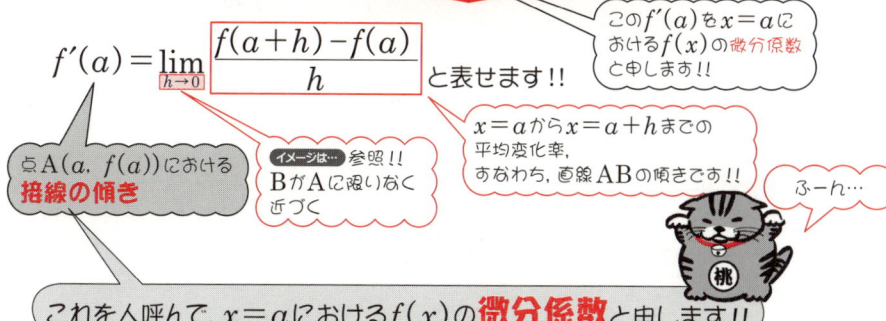

百聞は一見に如かず!!　とりあえず具体例を!!

問題2-2　　基礎

関数 $f(x) = 2x^2 - 4x + 3$ について，次の各問いに答えよ。

(1) $x = 2$ における微分係数 $f'(2)$ を求めよ。
(2) $x = -1$ における微分係数 $f'(-1)$ を求めよ。
(3) $x = 3$ における接線の傾きを求めよ。
(4) $x = 1$ における接線の傾きを求めよ。

ナイスな導入

関数 $f(x)$ の $x = a$ における，

微分係数 $f'(a)$，すなわち，**接線の傾き**は，

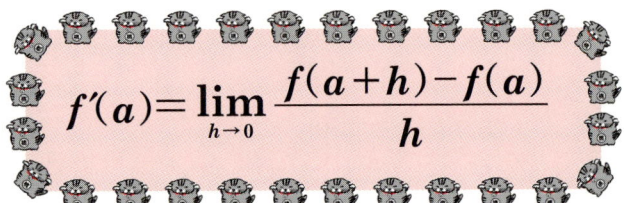

$$f'(a) = \lim_{h \to 0} \frac{f(a+h) - f(a)}{h}$$

となります!!

ここで，押さえていただきたいのは，"(1)&(2)" と "(3)&(4)" は，言いまわしが異なるだけで，まったく同様な問題であることです。

計算の方法は，**Theme 1** で習得したとおりですヨ♥

解答でござる

(1) $f'(2) = \lim_{h \to 0} \dfrac{f(2+h) - f(2)}{h}$

　　　　$= \lim_{h \to 0} \dfrac{\overline{2(2+h)^2 - 4(2+h) + 3} - \overline{(2 \times 2^2 - 4 \times 2 + 3)}}{h}$

　　　　$= \lim_{h \to 0} \dfrac{8 + 8h + 2h^2 - 8 - 4h + 3 - (8 - 8 + 3)}{h}$

$f'(a) = \lim_{h \to 0} \dfrac{f(a+h) - f(a)}{h}$
で，$a = 2$ としてまーす!!

$f(x) = 2x^2 - 4x + 3$ の x のところに $2+h$ を代入!!

$f(x) = 2x^2 - 4x + 3$ の x のところに 2 を代入!!

分子を展開!!

$$= \lim_{h \to 0} \frac{4h + 2h^2}{h}$$ ← まとめました!!

$$= \lim_{h \to 0} \frac{2h(2+h)}{h}$$ ← 分子を因数分解!! 問題1-2 & 問題1-3 と同じタイプでっせ♥

$$= \lim_{h \to 0} 2(2+h)$$ ← hで約分!! $\lim_{h \to 0} \frac{2\cancel{h}(2+h)}{\cancel{h}}$

$$= 2(2+0)$$ ← hのところに0を代入!!

$$= \underline{4} \cdots \text{(答)}$$ ← ハイ!! できあがり♥

(2) $$f'(-1) = \lim_{h \to 0} \frac{f(-1+h) - f(-1)}{h}$$ ← $f'(a) = \lim_{h \to 0} \frac{f(a+h) - f(a)}{h}$ で、$a=-1$としてまーす!!

$$= \lim_{h \to 0} \frac{\boxed{2(-1+h)^2 - 4(-1+h) + 3} - \{\boxed{2(-1)^2 - 4(-1) + 3}\}}{h}$$

$f(x) = 2x^2 - 4x + 3$ のxのところに$-1+h$を代入!!

$$= \lim_{h \to 0} \frac{2 - 4h + 2h^2 + 4 - 4h + 3 - (2 + 4 + 3)}{h}$$

$f(x) = 2x^2 - 4x + 3$ のxのところに-1を代入!!

$$= \lim_{h \to 0} \frac{-8h + 2h^2}{h}$$ ← 分子を展開🐾

$$= \lim_{h \to 0} \frac{-2h(4-h)}{h}$$ ← まとめましたぁーっ!!

$$= \lim_{h \to 0} \{-2(4-h)\}$$ ← 分子を因数分解!! 問題1-2 & 問題1-3 と同じタイプでっせ♥

$$= -2(4-0)$$ ← hで約分!! $\lim_{h \to 0} \frac{-2\cancel{h}(4-h)}{\cancel{h}}$

$$= \underline{-8} \cdots \text{(答)}$$ ← hのところに0を代入!! 一丁あがり♥

(3) 関数$f(x)$の$x=3$における接線の傾き
$\Leftrightarrow$ 関数$f(x)$の$x=3$における微分係数$f'(3)$ ← 同じ意味だったでしょ!!

$$f'(3) = \lim_{h \to 0} \frac{f(3+h) - f(3)}{h}$$

← $f'(a) = \lim_{h \to 0} \frac{f(a+h) - f(a)}{h}$ で、$a=3$としてまーす!!

$$= \lim_{h \to 0} \frac{2(3+h)^2 - 4(3+h) + 3 - (2 \times 3^2 - 4 \times 3 + 3)}{h}$$

$f(x) = 2x^2 - 4x + 3$ の x のところに $3+h$ を代入!!

$f(x) = 2x^2 - 4x + 3$ の x のところに 3 を代入!!

$$= \lim_{h \to 0} \frac{18 + 12h + 2h^2 - 12 - 4h + 3 - (18 - 12 + 3)}{h}$$

分子を展開!!

$$= \lim_{h \to 0} \frac{8h + 2h^2}{h}$$

整理しました!!

$$= \lim_{h \to 0} \frac{2h(4+h)}{h}$$

分子を因数分解!!
問題1-2 & 問題1-3 と同じタイプでっせ♥

$$= \lim_{h \to 0} 2(4+h)$$

h で約分!!
$\lim_{h \to 0} \frac{2h(4+h)}{h}$

$$= 2(4+0)$$

h のところに 0 を代入!!

$$= \underline{8} \cdots (答)$$

ハイ!! できた♥

(4) 関数 $f(x)$ の $x=1$ における接線の傾き
⇔ 関数 $f(x)$ の $x=1$ における微分係数 $f'(1)$

同じ意味でっせ!!

$$f'(1) = \lim_{h \to 0} \frac{f(1+h) - f(1)}{h}$$

$f'(a) = \lim_{h \to 0} \frac{f(a+h) - f(a)}{h}$
で, $a=1$ としてまーす!!

$$= \lim_{h \to 0} \frac{2(1+h)^2 - 4(1+h) + 3 - (2 \times 1^2 - 4 \times 1 + 3)}{h}$$

$f(x) = 2x^2 - 4x + 3$ の x のところに $1+h$ を代入!!

$f(x) = 2x^2 - 4x + 3$ の x のところに 1 を代入!!

$$= \lim_{h \to 0} \frac{2 + 4h + 2h^2 - 4 - 4h + 3 - (2 - 4 + 3)}{h}$$

$$= \lim_{h \to 0} \frac{2h^2}{h}$$

h で約分!!

$$= \lim_{h \to 0} 2h$$

おっ!! こっ. これは…
$f(x) = 2x^2 - 4x + 3$
$\quad = 2(x-1)^2 + 1$
よって, 頂点は $(1, 1)$

$$= \underline{0} \cdots (答)$$

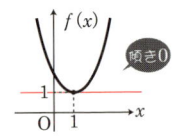
傾き0

この場合, $x=1$ における接線とは頂点における接線となるので, 傾きは 0 です!!

 定義に従って導関数を求める!!

いきなり結論から入らせてもらいます。

導関数の定義式

$$f'(x) = \lim_{h \to 0} \frac{f(x+h) - f(x)}{h}$$

そ──です!!

P.18の微分係数の式 $f'(a) = \lim_{h \to 0} \dfrac{f(a+h) - f(a)}{h}$ の

a のところが x に変わっただけです!!

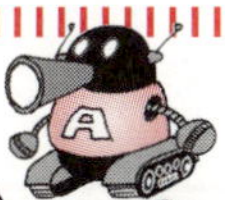

関数$f(x)$の ある点$x=a$でのお話 → 関数$f(x)$の 任意の点でのお話

つまり!!

関数$f(x)$のすべての点で通用する話題へと広がったのであーる!!

イメージは, P.17とまったく同じ!!

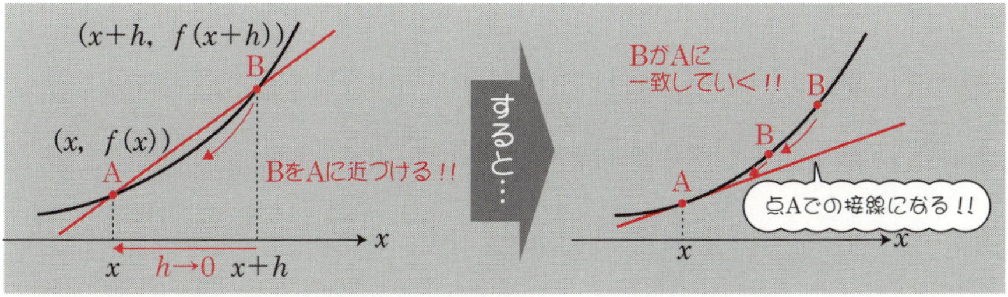

直線ABの傾きは…
yの増加量→ $\dfrac{f(x+h)-f(x)}{(x+h)-x} = \dfrac{f(x+h)-f(x)}{h}$
xの増加量→

$h \to 0$　$\lim\limits_{h \to 0} \dfrac{f(x+h)-f(x)}{h} = f'(x)$

点$(x, f(x))$での接線の傾き

この $f'(x)$ を人呼んで  **導関数** と申します。

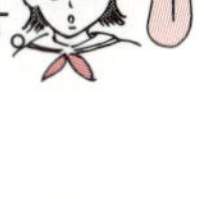

そんでもって，この"導関数を求める"ことを"**微分する**"といいます。

押さえておこう！

導関数を求める ⇔ 同じ意味 ⇔ 微分する

では，実際にやってみましょう!!

問題3-1　　　　　　　　　　　　　　　　　　　　　　　　　基礎

定義に従って，次の関数の導関数を求めよ（＝次の関数を微分せよ）。
(1) $f(x) = x^2$
(2) $f(x) = x^3$

ナイスな導入

導関数の定義式

$$f'(x) = \lim_{h \to 0} \frac{f(x+h) - f(x)}{h}$$

この式を活用すればOK!!

計算自体は 問題2-2 と，何ら変わりはありません。
ただ，定数 a であったお話が x のお話になっただけです。

解答でござる

(1) $f'(x) = \lim_{h \to 0} \dfrac{f(x+h) - f(x)}{h}$　← 導関数の定義式です!!

$= \lim_{h \to 0} \dfrac{\boxed{(x+h)^2} - \boxed{x^2}}{h}$　← $f(x) = x^2$ の x のところに $x+h$ を代入する!!
　　　　　　　　　　　　　　　そのまんま $f(x) = x^2$ です!!

$= \lim_{h \to 0} \dfrac{x^2 + 2xh + h^2 - x^2}{h}$　← 分子を展開!!

$= \lim_{h \to 0} \dfrac{2xh + h^2}{h}$　← 整理しました

Theme 3　定義に従って導関数を求める!!　23

$$= \lim_{h \to 0} \frac{h(2x+h)}{h}$$ ← hでくくりました!!

$$= \lim_{h \to 0} (2x+h)$$ ← hで約分!!
$$\lim_{h \to 0} \frac{\not{h}(2x+h)}{\not{h}}$$

$$= 2x + 0$$ ←
hのところに0を代入!!
$$= \mathbf{2x} \cdots \text{(答)}$$ ← できましたぁ!!

(2)　$$f'(x) = \lim_{h \to 0} \frac{f(x+h) - f(x)}{h}$$ ← 導関数の定義式です!!

$$= \lim_{h \to 0} \frac{\boxed{(x+h)^3} - \boxed{x^3}}{h}$$

$f(x)=x^3$のxのところに$x+h$を代入する!!

そのまんま$f(x)=x^3$です!!

$$= \lim_{h \to 0} \frac{x^3 + 3x^2 h + 3xh^2 + h^3 - x^3}{h}$$
分子を展開!!

$$= \lim_{h \to 0} \frac{3x^2 h + 3xh^2 + h^3}{h}$$ ← 整理したよ

$$= \lim_{h \to 0} \frac{h(3x^2 + 3xh + h^2)}{h}$$ ← hでくくりました!!

$$= \lim_{h \to 0} (3x^2 + 3xh + h^2)$$ ← hで約分!!
$$\lim_{h \to 0} \frac{\not{h}(3x^2 + 3xh + h^2)}{\not{h}}$$

$$= 3x^2 + 3x \times 0 + 0^2$$ ←
hのところに0を代入!!
$$= \mathbf{3x^2} \cdots \text{(答)}$$ ← ハイ!!　おしまい♥

まだまだ物足りないぜ!!

もう少し経験値を増やしましょう!!

問題3-2 標準

定義に従って，次の関数の導関数を求めよ（＝次の関数を微分せよ）。
(1) $f(x) = 3x^2 - 2x + 5$
(2) $f(x) = 2x^3 - 4x^2 - 3$
(3) $f(x) = 5x - 7$

ナイスな導入

前問 問題3-1 のパワーアップバージョン!!　まったく同じやり方ですョ♥
さぁ, Let's Try!!

解答でござる

(1) $f'(x) = \lim_{h \to 0} \dfrac{f(x+h) - f(x)}{h}$ ← 導関数の定義式です!!

$= \lim_{h \to 0} \dfrac{\boxed{3(x+h)^2 - 2(x+h) + 5} - \boxed{(3x^2 - 2x + 5)}}{h}$

$f(x) = 3x^2 - 2x + 5$ の x のところに $x+h$ を代入する!!

そのまんま $f(x) = 3x^2 - 2x + 5$ です!!

$= \lim_{h \to 0} \dfrac{3x^2 + 6xh + 3h^2 - 2x - 2h + 5 - (3x^2 - 2x + 5)}{h}$ ← 分子を展開!!

$= \lim_{h \to 0} \dfrac{6xh + 3h^2 - 2h}{h}$ ← 整理したよ

$= \lim_{h \to 0} \dfrac{h(6x + 3h - 2)}{h}$ ← h でくくりました!!

$= \lim_{h \to 0} (6x + 3h - 2)$ ← h で約分!!

$\lim_{h \to 0} \dfrac{h(6x + 3h - 2)}{h}$

$= 6x + 3 \times 0 - 2$ ← h のところに 0 を代入!!

$= \boldsymbol{6x - 2}$ …(答) ← ハイ!!　できあがり♥

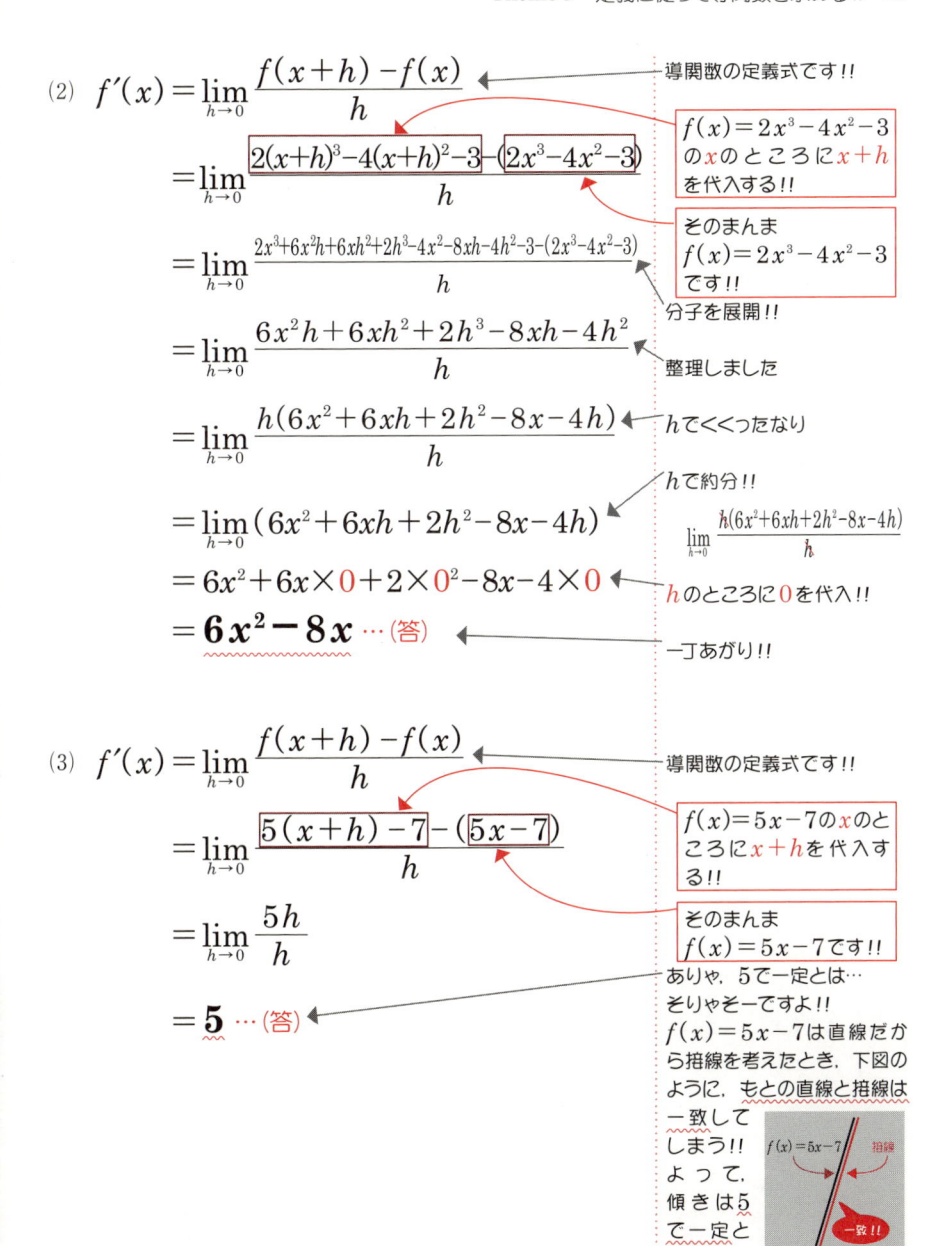

(2) $f'(x) = \lim\limits_{h \to 0} \dfrac{f(x+h) - f(x)}{h}$ ← 導関数の定義式です!!

$= \lim\limits_{h \to 0} \dfrac{\boxed{2(x+h)^3 - 4(x+h)^2 - 3} - (\boxed{2x^3 - 4x^2 - 3})}{h}$

$f(x) = 2x^3 - 4x^2 - 3$ の x のところに $x+h$ を代入する!!

そのまんま $f(x) = 2x^3 - 4x^2 - 3$ です!!

$= \lim\limits_{h \to 0} \dfrac{2x^3 + 6x^2h + 6xh^2 + 2h^3 - 4x^2 - 8xh - 4h^2 - 3 - (2x^3 - 4x^2 - 3)}{h}$

分子を展開!!

$= \lim\limits_{h \to 0} \dfrac{6x^2h + 6xh^2 + 2h^3 - 8xh - 4h^2}{h}$

整理しました

$= \lim\limits_{h \to 0} \dfrac{h(6x^2 + 6xh + 2h^2 - 8x - 4h)}{h}$ ← h でくくったなり

h で約分!!

$= \lim\limits_{h \to 0} (6x^2 + 6xh + 2h^2 - 8x - 4h)$ ← $\lim\limits_{h \to 0} \dfrac{h(6x^2+6xh+2h^2-8x-4h)}{h}$

$= 6x^2 + 6x \times 0 + 2 \times 0^2 - 8x - 4 \times 0$ ← h のところに 0 を代入!!

$= \underline{\underline{6x^2 - 8x}}$ …(答) ← 一丁あがり!!

(3) $f'(x) = \lim\limits_{h \to 0} \dfrac{f(x+h) - f(x)}{h}$ ← 導関数の定義式です!!

$= \lim\limits_{h \to 0} \dfrac{\boxed{5(x+h) - 7} - (\boxed{5x - 7})}{h}$

$f(x) = 5x - 7$ の x のところに $x+h$ を代入する!!

そのまんま $f(x) = 5x - 7$ です!!

$= \lim\limits_{h \to 0} \dfrac{5h}{h}$

$= \underline{\underline{5}}$ …(答)

ありゃ,5で一定とは…
そりゃそーですよ!!
$f(x) = 5x - 7$ は直線だから接線を考えたとき,下図のように,もとの直線と接線は一致してしまう!! よって,傾きは5で一定となる!!

Theme 4 公式を用いて微分する!!

導関数を求める!!

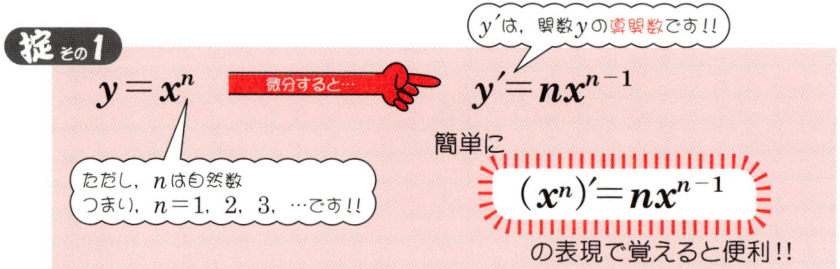

掟その1

$y = x^n$ 微分すると… $y' = nx^{n-1}$

y' は、関数 y の導関数です!!

ただし、n は自然数 つまり、$n = 1, 2, 3, \ldots$ です!!

簡単に

$(x^n)' = nx^{n-1}$

の表現で覚えると便利!!

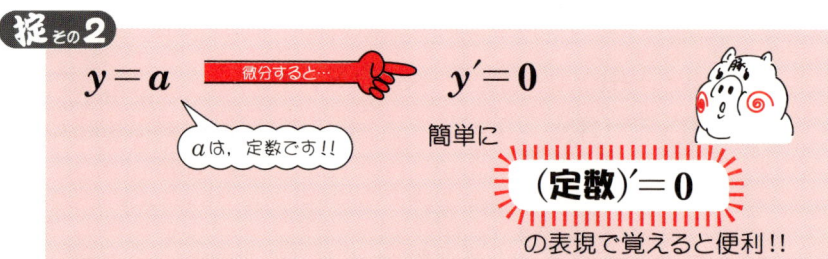

掟その2

$y = a$ 微分すると… $y' = 0$

a は、定数です!!

簡単に

$(定数)' = 0$

の表現で覚えると便利!!

注 一般に、「数学Ⅱ」の段階で、**掟その1** については、**問題3-1** のように $n = 3$ までの証明ができればよい。すべては、この公式から START します!! とりあえず使えるようにしておこうね♥

問題4-1 基礎の基礎

次の関数を微分せよ（＝次の関数の導関数を求めよ）。

(1) $y = x^2$ (2) $y = x^3$ (3) $y = x^6$
(4) $y = x^{10}$ (5) $y = 3$ (6) $y = -2$

ナイスな導入

本問では、**Theme 3** とは違い、"定義に従って" というような指示がまったくありません。つまり、例のややこしい計算からめでたく解放されたわけです!!

$f'(x) = \lim_{h \to 0} \dfrac{f(x+h) - f(x)}{h}$ からオサラバだぜ～っ!!

(1) $y = x^2$ より，

$y' = 2x^{2-1}$

∴ $y' = \underline{2x}$ …(答)

> **掟その1**
> $y = x^n$ のとき，$y' = nx^{n-1}$
> で，$n = 2$ としてます!!
> **問題3-1**(1)の結果とちゃんと一致してますョ♥

(2) $y = x^3$ より，

$y' = 3x^{3-1}$

∴ $y' = \underline{3x^2}$ …(答)

> **掟その1**
> $y = x^n$ のとき，$y' = nx^{n-1}$
> で，$n = 3$ としてます!!
> **問題3-1**(2)の結果とちゃんと一致してまっせ♥

(3) $y = x^6$ より，

$y' = 6x^{6-1}$

∴ $y' = \underline{6x^5}$ …(答)

> **掟その1**
> $y = x^n$ のとき，$y' = nx^{n-1}$
> で，$n = 6$ としてます!!

公式があれば楽勝だね♥

(4) $y = x^{10}$ より，

$y' = 10x^{10-1}$

∴ $y' = \underline{10x^9}$ …(答)

> **掟その1**
> $y = x^n$ のとき，$y' = nx^{n-1}$
> で，$n = 10$ としてます!!

公式バンザイ!!

(5) $y = 3$ より，

$y' = \underline{0}$ …(答)

> **掟その2**
> $y = a$ のとき，$y' = 0$

$y =$ 定数 のときは，常に $y' = 0$
定数ですよ!!
定数ですよ!!

(6) $y = -2$ より，

$y' = \underline{0}$ …(答)

意外に単純だね♥

さらなる掟が…

ではさっそく，実践してみましょう！！

問題 4-2　　　　　　　　　　　　　　　　　　　　　　基礎の基礎

次の関数を微分せよ（＝次の関数の導関数を求めよ）。
(1) $y = 3x^2$　　(2) $y = 5x^3$
(3) $y = 10x$　　(4) $y = 2x^{10}$

ナイスな導入

(2)〜(4)も(1)と同様です！！　さぁ，まいりましょう！！

Theme 4　公式を用いて微分する!!　29

解答でござる

(1)　$y = 3x^2$ より,
　　$y' = 3 \times (x^2)'$
　　　$= 3 \times 2x$
　　　$= \boldsymbol{6x}$ …(答)

掟その3
$\{kf(x)\}' = kf'(x)$
この場合, $k=3$, $f(x) = x^2$

掟その1
$(x^n)' = nx^{n-1}$
より, $(x^2)' = 2x^{2-1} = 2x$

(2)　$y = 5x^3$ より,
　　$y' = 5 \times (x^3)'$
　　　$= 5 \times 3x^2$
　　　$= \boldsymbol{15x^2}$ …(答)

掟その3
$\{kf(x)\}' = kf'(x)$
この場合, $k=5$, $f(x) = x^3$

掟その1
$(x^n)' = nx^{n-1}$
より, $(x^3)' = 3x^{3-1} = 3x^2$

(3)　$y = 10x$ より,
　　$y' = 10 \times (x)'$
　　　$= 10 \times 1$
　　　$= \boldsymbol{10}$ …(答)

掟その3
$\{kf(x)\}' = kf'(x)$
この場合, $k=10$, $f(x) = x$

掟その1
$(x^n)' = nx^{n-1}$
より, $(x^1)' = 1 \times x^{1-1} = x^0 = 1$

注
一般的に $a^0 = 1$ です!!
例えば $3^0 = 1$, $10^0 = 1$, $(\sqrt{2})^0 = 1$

(4)　$y = 2x^{10}$ より,
　　$y' = 2 \times (x^{10})'$
　　　$= 2 \times 10x^9$
　　　$= \boldsymbol{20x^9}$ …(答)

掟その3
$\{kf(x)\}' = kf'(x)$
この場合, $k=2$, $f(x) = x^{10}$

掟その1
$(x^n)' = nx^{n-1}$
より, $(x^{10})' = 10x^{10-1} = 10x^9$

ちょっと言わせて

(3)を経験してみればだれでも思うことですが…

$(x)' = 1$ は, 掟その1 に従ってはいるものの,

別ルールとして意識しておいたほうが得策!!
そこで…

番外演習コーナー

次の関数を微分せよ。

(1) $y = 3x$ (2) $y = -5x$

(3) $y = 77x$ (4) $y = \sqrt{3}\,x$

ナイスな導入

掟その1: $(x^n)' = nx^{n-1}$ で $n=1$ としただけですが…

$(x)' = 1$ となることに注意して，Let's Try!!

解答でござる

(1) $y = 3x$ より，
$\quad y' = 3 \times (x)'$
$\quad\quad = 3 \times 1$
$\quad\quad = \mathbf{3}$ …(答)

$(x)' = 1$ です!!
楽勝だね♥

(2) $y = -5x$ より，
$\quad y' = -5 \times (x)'$
$\quad\quad = -5 \times 1$
$\quad\quad = \mathbf{-5}$ …(答)

$(x)' = 1$ です!!
楽勝っす!!

(3) $y = 77x$ より，
$\quad y' = 77 \times (x)'$
$\quad\quad = 77 \times 1$
$\quad\quad = \mathbf{77}$ …(答)

$(x)' = 1$ です!!
楽勝だし!!

(4) $y = \sqrt{3}\,x$ より，
$\quad y' = \sqrt{3} \times (x)'$

Theme 4　公式を用いて微分する!!　31

$= \sqrt{3} \times 1$

$= \sqrt{3}$ …(答)

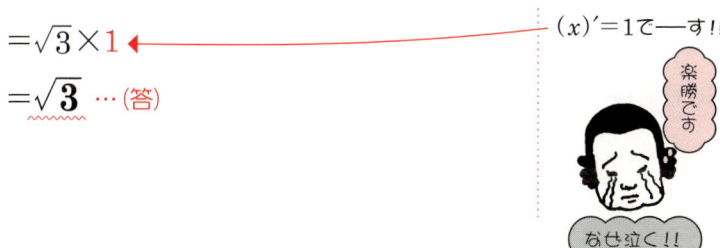

さっ，さらに掟がぁ〜っ!!

掟その4

$$\{f(x)+g(x)\}' = f'(x)+g'(x)$$
$$\{f(x)-g(x)\}' = f'(x)-g'(x)$$

何はともあれ，使ってみましょう!!

問題 4-3　　　　　　　　　　　　　　　　　　　　基礎

次の関数を微分せよ（＝次の関数の導関数を求めよ）。
(1) $y = 3x^2 + 6x + 10$
(2) $y = 2x^3 - 10x^2 - 7x + 3$
(3) $y = -x^4 + 4x^3 - 5x^2 + 9x - 15$
(4) $y = (x-2)(3x^2+1)$

ナイスな導入

掟その4

$$\{f(x)+g(x)\}' = f'(x)+g'(x) \quad \& \quad \{f(x)-g(x)\}' = f'(x)-g'(x)$$

から，いったい何がいえるのでしょうか？
　ザッと見てみると，
　$(x^3+x^2)' = (x^3)' + (x^2)' = 3x^2 + 2x$　や，

$(x^4-x)'=(x^4)'-(x)'=4x^3-1$ のように，2項のみでしか成立しないような雰囲気をかもし出してますが…。

掟その4 は，そのような浅はかなモノではございませ〜〜〜〜〜〜〜〜〜ん！！

例えば，

$$\{p(x)+q(x)+r(x)\}'$$

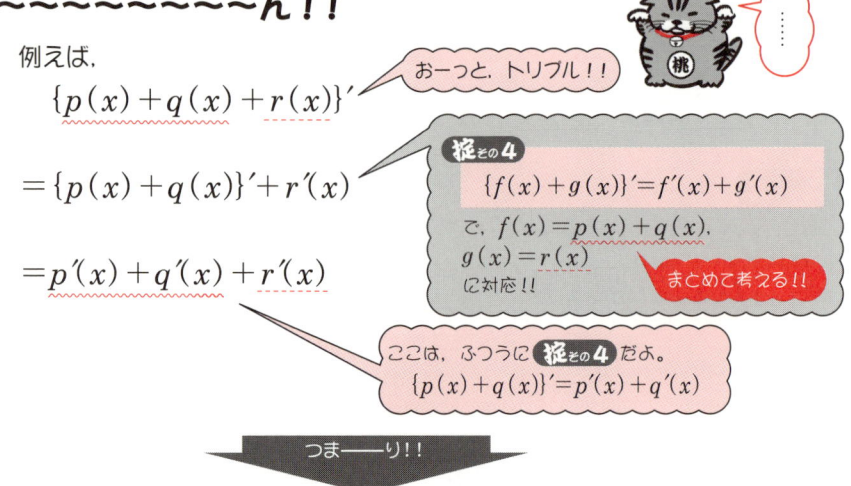

おーっと，トリプル！！

掟その4
$$\{f(x)+g(x)\}'=f'(x)+g'(x)$$
で，$f(x)=p(x)+q(x)$，$g(x)=r(x)$
に対応！！
まとめて考える！！

$$=\{p(x)+q(x)\}'+r'(x)$$

$$=p'(x)+q'(x)+r'(x)$$

ここは，ふつうに**掟その4**だよ。
$\{p(x)+q(x)\}'=p'(x)+q'(x)$

つま―――り！！

掟その4は，すべての<u>多項式</u>でフル活用できるあ りがた〜〜い掟なのだ！！

てなわけで…

(1)では，$y'=(3x^2)'+(6x)'+(10)'$ と考えてOK♥

(2)では，$y'=(2x^3)'-(10x^2)'-(7x)'+(3)'$ と考えてOK♥

(3)も同様！！　ただし(4)はまず，展開しなきゃいけないよ！！

Theme 4 公式を用いて微分する!!

解答でござる

(1) $y = 3x^2 + 6x + 10$ より,

$\quad y' = (3x^2)' + (6x)' + (10)'$

$\quad\quad = 3 \times 2x + 6 \times 1$

$\quad\quad = \underline{6x + 6}$ …(答)

> 分割して考えてOK!!
> 掟その4 の威力です!!
> $(x^2)' = 2x$
> $(x)' = 1$
> ちなみに(定数)$' = 0$ より
> $(10)' = 0$ です!!
> ヤバイ人は 問題4-1 からやり直しましょう♥

(2) $y = 2x^3 - 10x^2 - 7x + 3$ より,

$\quad y' = (2x^3)' - (10x^2)' - (7x)' + (3)'$

$\quad\quad = 2 \times 3x^2 - 10 \times 2x - 7 \times 1$

$\quad\quad = \underline{6x^2 - 20x - 7}$ …(答)

> 分割してOK!!
> $(x^3)' = 3x^2$
> $(x^2)' = 2x$
> $(x)' = 1$
> ちなみに(定数)$' = 0$ より
> $(3)' = 0$ です!!

(3) $y = -x^4 + 4x^3 - 5x^2 + 9x - 15$ より,

$\quad y' = -(x^4)' + (4x^3)' - (5x^2)' + (9x)' - (15)'$

$\quad\quad = -4x^3 + 4 \times 3x^2 - 5 \times 2x + 9 \times 1$

$\quad\quad = \underline{-4x^3 + 12x^2 - 10x + 9}$ …(答)

> 分割してOK!!
> $(x^4)' = 4x^3$
> $(x^3)' = 3x^2$
> $(x^2)' = 2x$
> $(x)' = 1$
> ちなみに(定数)$' = 0$ より
> $(15)' = 0$ で〜す!!

(4) $y = (x-2)(3x^2+1)$

$\quad\quad = 3x^3 - 6x^2 + x - 2$ より,

$\quad y' = (3x^3)' - (6x^2)' + (x)' - (2)'$

$\quad\quad = 3 \times 3x^2 - 6 \times 2x + 1$

$\quad\quad = \underline{9x^2 - 12x + 1}$ …(答)

> 展開しました!!
> 分割してよし!!
> $(x^3)' = 3x^2$
> $(x^2)' = 2x$
> $(x)' = 1$
> ちなみに(定数)$' = 0$ より
> $(2)' = 0$ でっせ♥

本音をいわせてください！！

問題4-4　　　　　　　　　　　　　　　　　　　　　　　基礎

次の関数を微分せよ（＝次の関数の導関数を求めよ）。

(1) $y = 2x^2 + 8x - 7$
(2) $y = -3x^2 + 10x - 13$
(3) $y = 4x^3 - 8x + 10$
(4) $y = \sqrt{2}\,x^3 - \sqrt{3}\,x^2 + \sqrt{5}\,x - \sqrt{10}$
(5) $y = (x+1)(x-1)(x+2)$
(6) $y = (x^2-1)(x+2)(x-3)$
(7) $y = \dfrac{1}{2}x^4 - \dfrac{1}{3}x^3 + 2x^2 + 3x - 1$
(8) $y = \dfrac{1}{3}x^6 - \dfrac{1}{4}x^4 + 2x^3 + \dfrac{1}{2}x^2 - 5x + 6$

ナイスな導入

前問 問題4-3 と変わりはないのですが，今回は計算のスピードアップを追求したいと思います。

(1)を例にして解説いたします。

$y = 2x^2 + 8x - 7$　より，

$y' = (2x^2)' + (8x)' - (7)'$

　　$= 2 \times 2x + 8 \times 1$

　　$= \boxed{4x + 8}$　答でーす！！

はっきりいって この1行は、無駄！！ 試験場でこんなことを 書くヤツはイモです！！

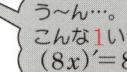

スピードアップ！！

う〜ん…。
こんな1いらないよねぇ!?
$(8x)' = 8$でOKでしょう！！

xを取る！！

　　$y' = 2 \times 2x + 8$

∴　$y' = \boxed{4x + 8}$　答でーす！！

はやい…

一般に，

$(kx)' = k$　と印象づけておこうぜ！！

xを取る！！

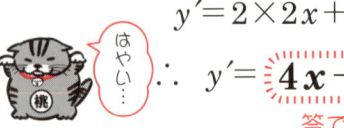

Theme 4　公式を用いて微分する!!　35

(2)〜(8)も同様!!　スピードアップ解答でいきまっせ♥

解答でござる

(1) $y = 2x^2 + 8x - 7$ より,
$y' = 2 \times 2x + 8$
$\quad = \underline{\boldsymbol{4x + 8}}$ …(答)

$(x^2)' = 2x$
$(8x)' = 8$
xを取る!!
一丁あがり!!

(2) $y = -3x^2 + 10x - 13$ より,
$y' = -3 \times 2x + 10$
$\quad = \underline{\boldsymbol{-6x + 10}}$ …(答)

$(x^2)' = 2x$
$(10x)' = 10$
xを取る!!
おしまい!!

(3) $y = 4x^3 - 8x + 10$ より,
$y' = 4 \times 3x^2 - 8$
$\quad = \underline{\boldsymbol{12x^2 - 8}}$ …(答)

$(x^3)' = 3x^2$
$(8x)' = 8$
xを取る!!
ハイ!!　できた♥

(4) $y = \sqrt{2}\,x^3 - \sqrt{3}\,x^2 + \sqrt{5}\,x - \sqrt{10}$ より,
$y' = \sqrt{2} \times 3x^2 - \sqrt{3} \times 2x + \sqrt{5}$
$\quad = \underline{\boldsymbol{3\sqrt{2}\,x^2 - 2\sqrt{3}\,x + \sqrt{5}}}$ …(答)

係数が無理数になっただけです!!　この程度でビビるなよ〜っ!!
$(x^3)' = 3x^2$
$(x^2)' = 2x$
$(\sqrt{5}\,x)' = \sqrt{5}$
xを取る!!

(5) $y = (x+1)(x-1)(x+2)$
$\quad = (x^2 - 1)(x + 2)$
$\quad = x^3 + 2x^2 - x - 2$　より,
$y' = 3x^2 + 2 \times 2x - 1$
$\quad = \underline{\boldsymbol{3x^2 + 4x - 1}}$ …(答)

展開しなきゃダメよ♥
いうまでもなく,
$(x+1)(x-1) = x^2 - 1$
です!!
$(x^3)' = 3x^2$
$(x^2)' = 2x$
$(x)' = 1$

(6) $y = (x^2-1)(x+2)(x-3)$ ← まず展開しましょう!!
$\quad = (x^2-1)(x^2-x-6)$ ← $(x+2)(x-3) = x^2-x-6$
$\quad = x^4 - x^3 - 7x^2 + x + 6$ より、 計算間違いに注意!!
$y' = 4x^3 - 3x^2 - 7 \times 2x + 1$
$\quad = \underline{\underline{4x^3 - 3x^2 - 14x + 1}}$ …(答)

$(x^4)' = 4x^3$
$(x^3)' = 3x^2$
$(x^2)' = 2x$
$(x)' = 1$

(7) $y = \dfrac{1}{2}x^4 - \dfrac{1}{3}x^3 + 2x^2 + 3x - 1$ より、
$y' = \dfrac{1}{2} \times 4x^3 - \dfrac{1}{3} \times 3x^2 + 2 \times 2x + 3$
$\quad = \underline{\underline{2x^3 - x^2 + 4x + 3}}$ …(答)

$(x^4)' = 4x^3$
$(x^3)' = 3x^2$
$(x^2)' = 2x$
$(3x)' = 3$

xを取る!!

(8) $y = \dfrac{1}{3}x^6 - \dfrac{1}{4}x^4 + 2x^3 + \dfrac{1}{2}x^2 - 5x + 6$ より、
$y' = \dfrac{1}{3} \times 6x^5 - \dfrac{1}{4} \times 4x^3 + 2 \times 3x^2 + \dfrac{1}{2} \times 2x - 5$
$\quad = \underline{\underline{2x^5 - x^3 + 6x^2 + x - 5}}$ …(答)

$(x^6)' = 6x^5$
$(x^4)' = 4x^3$
$(x^3)' = 3x^2$
$(x^2)' = 2x$
$(5x)' = 5$

xを取る!!

基本はしっかり押さえといて!!

Theme 5 微分係数＆接線の傾き

今回は，Theme 2 や Theme 3 でやったような面倒くさい計算は無用です！！

だって，Theme 4 ですばらしい公式を知ってしまったではありませんかぁ～っ！！

話を整理する意味で次の問題を…

問題5-1 [基礎]

関数 $f(x) = 2x^2 - 7x + 4$ について，次の各問いに答えよ。

(1) 導関数 $f'(x)$ を求めよ。
(2) $x=1$ における微分係数 $f'(1)$ を求めよ。
(3) $x=3$ における接線の傾きを求めよ。

ナイスな導入

まとめ1

"導関数を求める" ＝ "微分する"

まとめ2

導関数 $f'(x)$ に具体的な数値 $x=a$ を代入したものを，"$x=a$ における **微分係数**" と呼ぶ！！

まとめ3

"$x=a$ における **接線の傾き**" ＝ "$x=a$ における **微分係数** $f'(a)$"

解答でござる

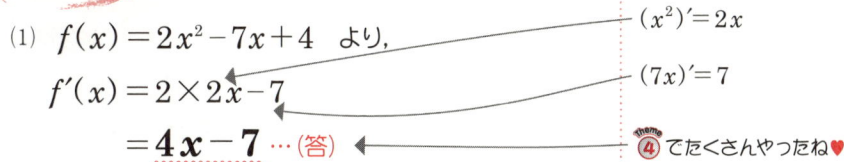

(1) $f(x) = 2x^2 - 7x + 4$ より，

$f'(x) = 2 \times 2x - 7$

$\quad\quad = \underline{4x - 7}$ …(答)

$(x^2)' = 2x$

$(7x)' = 7$

Theme 4 でたくさんやったね♥

(2) $x=1$ における微分係数は，
$$f'(1) = 4 \times 1 - 7$$
$$= -3 \cdots (答)$$

ただ，$f'(x)=4x-7$ の x のところに 1 を代入しただけです!!

同じことだぞ!!

(3) $x=3$ における接線の傾き
$\Leftrightarrow x=3$ における微分係数
$$f'(3) = 4 \times 3 - 7$$
$$= 5$$
つまり，$x=3$ における接線の傾きは 5 …(答)

ただ，$f'(x)=4x-7$ の x のところに 3 を代入しただけです!!

楽なの〜

少しだけレベルをあげてみましょうか!!

問題5-2　　　　　　　　　　　　　　　　　　　　　　**基礎**

関数 $f(x) = 3x^2 + 2x - 5$ について，次の各問いに答えよ。
(1) 導関数 $f'(x)$ を求めよ。
(2) $x=1$ における接線の傾きを求めよ。
(3) 接線の傾きが -10 となるような接点の座標を求めよ。
(4) 接線の傾きが 5 となるような接点の座標を求めよ。

ナイスな導入

(1)と(2)は，**問題5-1** と同様!!　楽勝です♥

(3)では，$f'(x) = -10$
として，x を求めればOK!!

導関数 $f'(x)$ の x に接点の x 座標を代入すると，**接線の傾き** が求まる!!
この性質を逆利用すればOKなのだ

(4)も同様です!!

解答でござる

(1) $f(x) = 3x^2 + 2x - 5$ より，

行くぜ!!

$$f'(x) = 3 \times 2x + 2$$
$$= \boldsymbol{6x+2} \cdots \text{(答)}$$

$(x^2)' = 2x$
$(2x)' = 2$

(2) $f'(1) = 6 \times 1 + 2$
$= \boldsymbol{8} \cdots \text{(答)}$

$x=1$ における接線の傾き
‖
$x=1$ における微分係数 $f'(1)$

(3) $f'(x) = -10$ より,
$$6x + 2 = -10$$
$$6x = -12$$
$$\therefore x = -2$$

接線の傾きが -10 より
$f'(x) = 6x+2$ です!!

これが接点の x 座標!!

このとき,
$$f(-2) = 3 \times (-2)^2 + 2 \times (-2) - 5$$
$$= 12 - 4 - 5$$
$$= 3$$

y 座標(厳密には $f(x)$ 座標)
も求めておかなきゃ!!

y 座標(厳密には $f(x)$ 座標)
で——す!!

以上より,求めるべき接点の座標は,
$$(\boldsymbol{-2, \ 3}) \cdots \text{(答)}$$

これが接点です!!

(4) $f'(x) = 5$ より,
$$6x + 2 = 5$$
$$6x = 3$$
$$\therefore x = \frac{1}{2}$$

接線の傾きが 5 より
$f'(x) = 6x+2$ です!!

これが接点の x 座標!!

このとき,
$$f\left(\frac{1}{2}\right) = 3 \times \left(\frac{1}{2}\right)^2 + 2 \times \frac{1}{2} - 5$$
$$= \frac{3}{4} + 1 - 5$$
$$= -\frac{13}{4}$$

y 座標(厳密には $f(x)$ 座標)
も求めておかなきゃ!!

y 座標(厳密には $f(x)$ 座標)
で——す!!

以上より,求めるべき接点の座標は,
$$\left(\boldsymbol{\frac{1}{2}, \ -\frac{13}{4}}\right) \cdots \text{(答)}$$

これが接点だよ

Theme 6 接線の方程式

いよ〜っ!! 待ってました〜っ!!

ん…??

一般に，$x=a$ における接線の傾きが $f'(a)$ で表されることは，すでに Theme ② でも Theme ⑤ でもやりましたね♥

ならば話は早いですよっ!!

接線の方程式

関数 $y=f(x)$ 上の点 $(a, f(a))$ （接点です!!）での接線の方程式は，傾きが $f'(a)$ であることから…

$$y - f(a) = f'(a)(x - a)$$

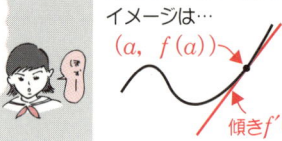

となりまーす!!

傾きが $f'(a)$ で点 $(a, f(a))$ を通る直線です!!
例えば…
傾きが 5 で点 $(2, 3)$ を通る直線は
$y - 3 = 5(x - 2)$ でしたネ!!

イメージは…
$(a, f(a))$
傾き $f'(a)$

では，実際に接線の方程式を求めてみよう!!

問題 6-1 （基礎）

次の関数のグラフで（ ）内に示す点における接線の方程式を求めよ。

(1) $y = x^2 - 2x + 3$　　$(x = 2)$

(2) $y = x^3 - x^2 + 2$　　$(x = -1)$

(3) $y = \dfrac{1}{3}x^3 + x - 6$　　$(x = 3)$

Theme 6 接線の方程式

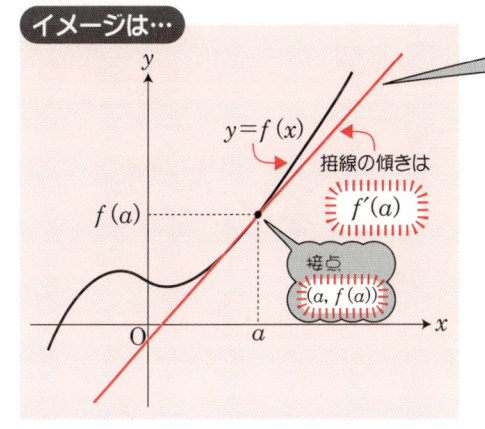

ナイスな導入

イメージは…

接線の方程式は
$$y - f(a) = f'(a)(x-a)$$
でしたね!!

接線の傾きは $f'(a)$

接点 $(a, f(a))$

本問では接点の x 座標，つまり a の値しか与えられていないので，$f'(a)$ や $f(a)$ を求めなきゃいけないところがポイントです!!

接線の傾き　接点の y 座標

解答でござる

(1) $f(x) = x^2 - 2x + 3$ とおく。
$f'(x) = 2x - 2$ ← $(x^2)' = 2x$, $(2x)' = 2$

よって，
$f'(2) = 2 \times 2 - 2 = 2$ ← $x=2$ での接線の傾き

さらに，
$f(2) = 2^2 - 2 \times 2 + 3 = 3$ ← 接点の y 座標

以上より，$x=2$ における接線の方程式は，接点は $(2, f(2))$

$y - f(2) = f'(2)(x-2)$ ← $y - f(a) = f'(a)(x-a)$ です!!

つまり，
$y - 3 = 2(x-2)$　　$f'(2) = 2$, $f(2) = 3$

∴ $y = 2x - 1$ …(答)　　ハイ!! できあがり♥

(2) $f(x) = x^3 - x^2 + 2$ とおく。
$f'(x) = 3x^2 - 2x$ ← $(x^3)' = 3x^2$, $(x^2)' = 2x$

よって，
$$f'(-1) = 3(-1)^2 - 2(-1)$$
$$= 3 + 2$$
$$= 5$$

← $x=-1$ での接線の傾き

さらに，
$$f(-1) = (-1)^3 - (-1)^2 + 2$$
$$= -1 - 1 + 2$$
$$= 0$$

― 接点の y 座標です!!
→ 接点は $(-1, f(-1))$

以上より，$x = -1$ における接線の方程式は
$$y - f(-1) = f'(-1)\{x - (-1)\}$$

← $y - f(a) = f'(a)(x - a)$
　てっせ♥

つまり
$$y - 0 = 5(x + 1)$$

$f'(-1) = 5$
$f(-1) = 0$

$$\therefore\ \boldsymbol{y = 5x + 5} \cdots \text{(答)}$$

← 一丁あがり!!

(3) $f(x) = \dfrac{1}{3}x^3 + x - 6$ とおく。

$$f'(x) = \dfrac{1}{3} \times 3x^2 + 1$$
$$= x^2 + 1$$

$(x^3)' = 3x^2$
$(x)' = 1$

よって，
$$f'(3) = 3^2 + 1 = 10$$

← $x = 3$ での接線の傾き

さらに，
$$f(3) = \dfrac{1}{3} \times 3^3 + 3 - 6$$
$$= 9 + 3 - 6$$
$$= 6$$

― 接点の y 座標です!!
→ 接点は $(3, f(3))$

以上より，$x = 3$ における接線の方程式は，
$$y - f(3) = f'(3)(x - 3)$$

← $y - f(a) = f'(a)(x - a)$
　です!!

つまり，
$$y - 6 = 10(x - 3)$$

$f'(3) = 10$
$f(3) = 6$

$$\therefore\ \boldsymbol{y = 10x - 24} \cdots \text{(答)}$$

← 万事解決!!

Theme 6 接線の方程式

問題 6-1 との違いは，わかりますか？

問題 6-2 　標準

次の接線の方程式を求めよ。
(1) 点 $(0, -5)$ から，$f(x) = 2x^2 - 4x + 3$ に引いた接線
(2) 点 $(0, 0)$ から，$f(x) = x^3 + 2$ に引いた接線

ナイスな導入

(1)，(2)いずれも肝心カナメの**接点の座標**の情報がありません!!
そこで，とりあえず接点を $(a, f(a))$ とおくところから開始します!!

　　接点の x 座標を a とおく!!

では手順をまとめましょう♥

Step 1 　接点の x 座標を a
　つまり，接点の座標を $(a, f(a))$
とおく!!
　このとき，接線の傾きは $f'(a)$ とな──る!!

　問題の曲線 $f(x)$ 　接線
　接線の傾きは $f'(a)$
　この接点を $(a, f(a))$ とする!!

You know!? よく復習しよう!!

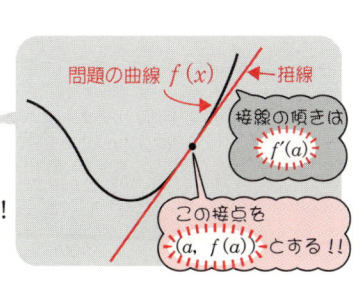

てなわけで…

Step 2 　接線の方程式を a で表すことができる!!

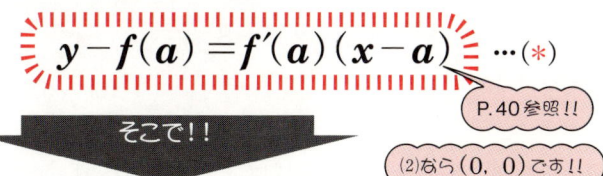

$$y - f(a) = f'(a)(x - a) \quad \cdots (*)$$

P.40参照!!

そこで!!

(2)なら $(0, 0)$ です!!

Step 3 　例えば，(1)ならば，直線 $(*)$ が点 $(0, -5)$ を通ることから，
$(x, y) = (0, -5)$ を $(*)$ に代入して，a の値を求める!!

Step 4 **Step 3** で求めた a の値を $(*)$ にブチ込めば，念願の**接線の方程式**が求まります!!

では，さっそくまいりまっせ♥

解答でござる

(1) $\qquad f(x) = 2x^2 - 4x + 3$ より，
$\qquad f'(x) = 4x - 4$

このとき，接点の x 座標を $x = a$ とすると，接線の方程式は，

$$y - f(a) = f'(a)(x - a)$$
$$y - (2a^2 - 4a + 3) = (4a - 4)(x - a)$$
$$\therefore \ y = (4a - 4)x - 2a^2 + 3 \cdots (*)$$

$(*)$ が点 $(0, -5)$ を通るから，

$$-5 = (4a - 4) \times 0 - 2a^2 + 3$$
$$2a^2 - 8 = 0$$
$$a^2 - 4 = 0$$
$$(a + 2)(a - 2) = 0$$
$$\therefore \ a = -2, \ 2$$

$a = -2$ のとき，$(*)$ は，
$$y = \{4 \times (-2) - 4\}x - 2(-2)^2 + 3$$
$$\therefore \ \boxed{y = -12x - 5}$$

とりあえず $f'(x)$ を求めておきます。
$$f'(x) = 2 \times 2x - 4$$
$$= 4x - 4$$

接点は $(a, f(a))$ です!!
すべては，ここから始まりま——す!!
P.40参照!! 大切な式ですぞ!!

$f(x) = 2x^2 - 4x + 3$ より，
$f(a) = 2a^2 - 4a + 3$

$f'(x) = 4x - 4$ より，
$f'(a) = 4a - 4$

$y = (4a-4)(x-a) + (2a^2-4a+3)$
$= (4a-4)x - a(4a-4) + (2a^2-4a+3)$
$= (4a-4)x - 2a^2 + 3$

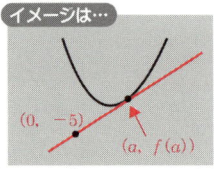

イメージは…

$(0, -5)$ を通るから，$(*)$ に $x = 0$，$y = -5$ を代入!!

おや!? a が2つ求まったぞ!!

$(*)$ に $a = -2$ を代入!!

Theme 6 接線の方程式　45

$a=2$ のとき，(∗)は，
$$y=(4\times 2-4)x-2\times 2^2+3$$
$$\therefore \boxed{y=4x-5}$$

以上より，求めるべき接線の方程式は，
$$\begin{cases} \underline{y=-12x-5} \\ \underline{y=4x-5} \end{cases} \cdots \text{(答)}$$

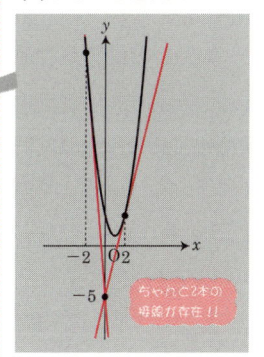

→ (∗)に $a=2$ を代入!!

(2)　$f(x)=x^3+2$ より，
　　$f'(x)=3x^2$

このとき，接点の x 座標を $x=a$ とすると，接線の方程式は
$$y-f(a)=f'(a)(x-a)$$
$$y-(a^3+2)=3a^2(x-a)$$
$$\therefore y=3a^2x-2a^3+2 \cdots (*)$$

(∗)が点 $(0, 0)$ を通るから，
$$0=3a^2\times 0-2a^3+2$$
$$2a^3-2=0$$
$$a^3-1=0$$
$$(a-1)(a^2+a+1)=0$$
$$\therefore a=1$$

このとき，(∗)は，
$$y=3\times 1^2\times x-2\times 1^3+2$$
$$\therefore \underline{y=3x} \cdots \text{(答)}$$

→ とりあえず $f'(x)$ を求めておきます

接点は $(a, f(a))$ です!!
すべては，ここから始まるよ!!

P.40 参照!!

$f(x)=x^3+2$ より
$f(a)=a^3+2$
$f'(x)=3x^2$ より
$f'(a)=3a^2$

イメージは…

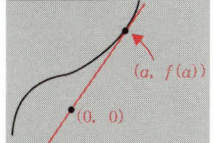

両辺を2で割る

基本公式
$x^3-y^3=(x-y)(x^2+xy+y^2)$

で，$x=a, y=1$ に対応!!
$(a-1)(a^2+a+1)=0$ より
$a-1=0$ or $a^2+a+1=0$
$a-1=0 \Rightarrow a=1$

$a^2+a+1=0 \Rightarrow a=\dfrac{-1\pm\sqrt{3}i}{2}$ (不適)

解の公式（ナイスフォローその1参照）より

今回は，1本だけです!!

接線のお話は，何かと大切!!　バンバン演習しましょう♥

問題 6-3　[標準]

次の接線の方程式を求めよ。

(1) 曲線 $y = 2x^2 + 2x + 2$ 上の点 $(-2, 6)$ における接線
(2) 曲線 $y = 2x^3 - 3x + 3$ 上の点 $(1, 2)$ における接線
(3) 点 $(3, 2)$ から曲線 $y = -x^2 + 4x - 5$ に引いた接線
(4) 点 $(-1, 5)$ から曲線 $y = x^3 - 4x^2 + x + 2$ に引いた接線
(5) 曲線 $y = x^3 + 1$ 上の点 $(1, 2)$ を通る接線

ナイスな導入

(1)&(2)は，問題 6-1 の復習♥　(3)&(4)は 問題 6-2 の復習♥
しか〜し!!　(5)には，要注意です!!

よーく読んでください。

"点 $(1, 2)$ における接線" ではなく "点 $(1, 2)$ を通る接線" となってます!!

とゆーことは…

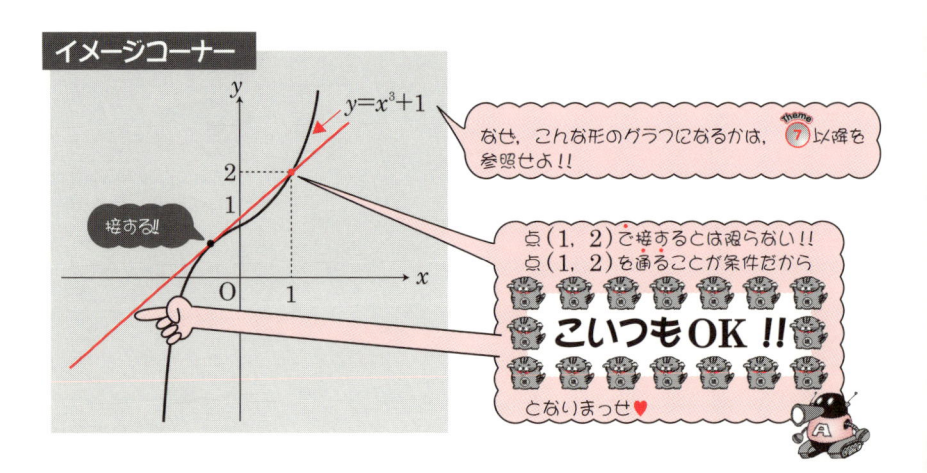

イメージコーナー

$y = x^3 + 1$

接する!!

なぜ，こんな形のグラフになるかは，Theme 7 以降を参照せよ!!

点 $(1, 2)$ で接するとは限らない!!
点 $(1, 2)$ を通ることが条件だから
こいつもOK!!
となりまっせ♥

Theme 6 接線の方程式 47

解答でござる

(1) $f(x) = 2x^2 + 2x + 2$ とおく。
$f'(x) = 4x + 2$

$\qquad f'(x) = 2 \times 2x + 2 = 4x + 2$

よって，
$f'(-2) = 4 \times (-2) + 2 = -6$

接点が $(-2, 6)$
これが傾き!!
ちなみに $f(-2) = 2 \times (-2)^2 + 2 \times (-2) + 2 = 6$
本問では，与えられているのでこのように求める必要なし!!

このとき，点 $(-2, 6)$ における接線の方程式は
$y - f(-2) = f'(-2)\{x - (-2)\}$

つまり，
$y - 6 = -6(x + 2)$

$\therefore\ y = -6x - 6$ …(答)

$y - f(a) = f'(a)(x - a)$

$f'(-2) = -6$ です!!
$f(-2) = 6$

(2) $f(x) = 2x^3 - 3x + 3$ とおく。
$f'(x) = 6x^2 - 3$

$\qquad f(x) = 2 \times 3x^2 - 3 = 6x^2 - 3$

よって，
$f'(1) = 6 \times 1^2 - 3 = 3$

接点が $(1, 2)$
傾きです!!
ちなみに
$f(1) = 2 \times 1^3 - 3 \times 1 + 3 = 2$
本問では，与えられているのでこのように求める必要なし!!

このとき，点 $(1, 2)$ における接線の方程式は，
$y - f(1) = f'(1)(x - 1)$
$y - 2 = 3(x - 1)$

$\therefore\ y = 3x - 1$ …(答)

$y - f(a) = f'(a)(x - a)$

$f'(1) = 3$
$f(1) = 2$

(3) $f(x) = -x^2 + 4x - 5$ とおく。

$f'(x) = -2x + 4$

このとき、接点のx座標を$x = a$とすると、接線の方程式は、

$y - f(a) = f'(a)(x - a)$

$y - (-a^2 + 4a - 5) = (-2a + 4)(x - a)$

$\therefore y = (-2a + 4)x + a^2 - 5 \cdots (*)$

$(*)$が点$(3, 2)$を通るから、

$2 = (-2a + 4) \times 3 + a^2 - 5$

$a^2 - 6a + 5 = 0$

$(a - 1)(a - 5) = 0$

$\therefore a = 1, 5$

$a = 1$のとき、$(*)$は、

$y = (-2 \times 1 + 4)x + 1^2 - 5$

$\therefore \boxed{y = 2x - 4}$

$a = 5$のとき、$(*)$は、

$y = (-2 \times 5 + 4)x + 5^2 - 5$

$\therefore \boxed{y = -6x + 20}$

以上より、求めるべき接線の方程式は、

$$\begin{cases} y = 2x - 4 \\ y = -6x + 20 \end{cases} \cdots \text{(答)}$$

接点は $(a, f(a))$ ということになります!!
P.40以来おなじみですね♥
とりあえず、接線の方程式をaで表せ!!

$f(x) = -x^2 + 4x - 5$より、
$f(a) = -a^2 + 4a - 5$
$f'(x) = -2x + 4$より、
$f'(a) = -2a + 4$

$y = (-2a+4)(x-a) + (-a^2+4a-5)$
$= (-2a+4)x - a(-2a+4) - a^2 + 4a - 5$
$= (-2a+4)x + a^2 - 5$

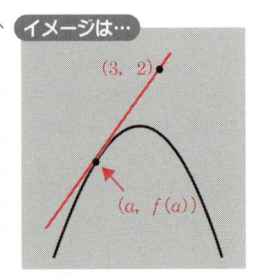

イメージは…

aが2つ求まったつうことは、接線が2本あるってことです!!

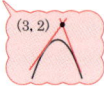

$(*)$に$a = 1$を代入!!
$(*)$に$a = 5$を代入!!

Theme 6　接線の方程式　49

(4)　$f(x) = x^3 - 4x^2 + x + 2$　とおく。
　　　$f'(x) = 3x^2 - 8x + 1$

$f'(x) = 3x^2 - 4 \times 2x + 1$
　　　　$= 3x^2 - 8x + 1$

　このとき，接点のx座標を$x = a$とすると，接線の方程式は

接点は $(a, f(a))$
すべては，ここから始まるぜ!!

$$y - f(a) = f'(a)(x - a)$$
$$y - (a^3 - 4a^2 + a + 2) = (3a^2 - 8a + 1)(x - a)$$
$$\therefore \ y = (3a^2 - 8a + 1)x - 2a^3 + 4a^2 + 2 \ \cdots (*)$$

まず接線の方程式をaで表せ!!
$f(x) = x^3 - 4x^2 + x + 2$ より
$f(a) = a^3 - 4a^2 + a + 2$
$f'(x) = 3x^2 - 8x + 1$ より
$f'(a) = 3a^2 - 8a + 1$
まとめました!!

$(*)$が点$(-1, 5)$を通るから，
$$5 = (3a^2 - 8a + 1) \times (-1) - 2a^3 + 4a^2 + 2$$
$$2a^3 - a^2 - 8a + 4 = 0$$
$$(a - 2)(2a^2 + 3a - 2) = 0$$
$$(a - 2)(a + 2)(2a - 1) = 0$$
$$\therefore \ a = 2, \ -2, \ \frac{1}{2}$$

イメージは…
$(-1, 5)$
$(a, f(a))$

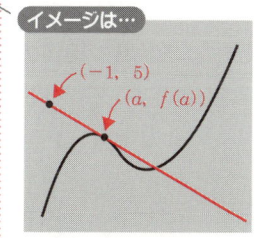

$a = 2$を代入するとうまくいく!!
実際に代入してさがそう!!

$a = 2$のとき，$(*)$は，
$$y = (3 \times 2^2 - 8 \times 2 + 1)x - 2 \times 2^3 + 4 \times 2^2 + 2$$
$$\therefore \ \boxed{y = -3x + 2}$$

$a = -2$のとき，$(*)$は，
$$y = \{3 \times (-2)^2 - 8 \times (-2) + 1\}x - 2 \times (-2)^3 + 4 \times (-2)^2 + 2$$
$$\therefore \ \boxed{y = 29x + 34}$$

$a = \dfrac{1}{2}$のとき，$(*)$は，
$$y = \left\{3 \times \left(\frac{1}{2}\right)^2 - 8 \times \frac{1}{2} + 1\right\}x - 2 \times \left(\frac{1}{2}\right)^3 + 4 \times \left(\frac{1}{2}\right)^2 + 2$$
$$\therefore \ \boxed{y = -\frac{9}{4}x + \frac{11}{4}}$$

P.367ナイスフォロー
その4参照
組立除法

```
2  -1  -8   4 |2
       4   6  -4
2   3  -2   0
```

$2a^2 + 3a - 2$
タスキガケです!!

```
1      2  →   4
2 ×  -1  →  -1 (+
                 3
```

aが3つ求まったつうことは，接線が3本あるってこと!!

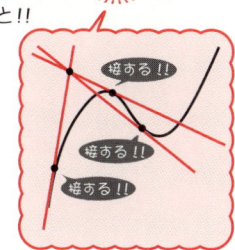

接する!!
接する!!
接する!!

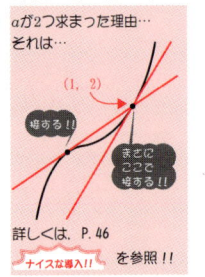

以上より，求めるべき接線の方程式は，

$$\begin{cases} y = -3x + 2 \\ y = 29x + 34 \\ y = -\dfrac{9}{4}x + \dfrac{11}{4} \end{cases} \quad \cdots \text{(答)}$$

(5) $f(x) = x^3 + 1$ とおく。
$f'(x) = 3x^2$

このとき，接点の x 座標を $x = a$ とすると，接線の方程式は，

$$y - f(a) = f'(a)(x - a)$$
$$y - (a^3 + 1) = 3a^2(x - a)$$
$$\therefore\ y = 3a^2 x - 2a^3 + 1 \cdots (*)$$

$(*)$ が点 $(1, 2)$ を通るから，

$$2 = 3a^2 \times 1 - 2a^3 + 1$$
$$2a^3 - 3a^2 + 1 = 0$$
$$(a-1)(2a^2 - a - 1) = 0$$
$$(a-1)(2a+1)(a-1) = 0$$
$$(a-1)^2(2a+1) = 0$$

$$\therefore\ a = 1,\ -\dfrac{1}{2}$$

$a = 1$ のとき，$(*)$ は，
$$y = 3 \times 1^2 \times x - 2 \times 1^3 + 1$$
$$\therefore\ \boxed{y = 3x - 1}$$

Theme 6 接線の方程式

$a = -\dfrac{1}{2}$ のとき, (*)は,

$$y = 3 \times \left(-\dfrac{1}{2}\right)^2 \times x - 2 \times \left(-\dfrac{1}{2}\right)^3 + 1$$

$\therefore \boxed{y = \dfrac{3}{4}x + \dfrac{5}{4}}$

(*)に $a = -\dfrac{1}{2}$ を代入!!

(5)は, 問題をよーく読まないと勘違いするよ!! P.46参照!!

以上より, 求めるべき接線の方程式は,

$\begin{cases} y = 3x - 1 \\ y = \dfrac{3}{4}x + \dfrac{5}{4} \end{cases}$ …(答)

プロフィール

桃太郎

　食べる事が大好きなグルメ猫。基本的に勉強は嫌いなようで, サボリの常習犯♥
　垂れた耳がチャームポイントのやさしい猫で, おむちゃんの飼い猫の一匹です♥

プロフィール

虎次郎

　抜群の運動神経を誇るアスリート猫。肝心な勉強に対しても, 前向きで真面目!! もちろん, 虎次郎もおむちゃんの飼い猫で, 体重は桃太郎の半分の4kgです。

こんな問題もあります。

問題6-4 えーっ!! 4乗!! **ちょいムズ**

曲線 $f(x) = x^4 - 6x^2 - 8x - 3$ と異なる2点で接する直線を求めよ。

ナイスな導入

4次関数ってヤツは，異なる2点で同時に接する直線をもつことができる!!

接する!!
接する!!

なぜ，左のような形状のグラフになるか？？ は，P.127の **問題10-2** でお扱います。まあ，今回は，この話はおいといて…

おーっ!! 同時に2点で接している!!

本問も，**接点の座標**の情報がありません!! しかも，今回は**2つ**です!! こうなったら，2つの接点の座標を $(\alpha, f(\alpha))$ & $(\beta, f(\beta))$ $(\alpha < \beta)$ とおいてしまいましょう

では，計画を立てましょう!!

Step 1 2つの接点の x 座標を α & β $(\alpha < \beta)$ とおきます!!

つまり，2つの接点の座標を $A(\alpha, f(\alpha))$ & $B(\beta, f(\beta))$ $(\alpha < \beta)$ とおく!!

このとき，これらの接線の傾きは，$f'(\alpha)$ & $f'(\beta)$ となる!!

A
この接点を $(\alpha, f(\alpha))$ とする!!
B
この接点を $(\beta, f(\beta))$ とする!!

You know!? 復習すべし!!

なるほど〜〜〜 **問題6-1** & **問題6-2** のように，接点の x 座標を文字でおくのかぁ…

Theme 6　接線の方程式　53

Step 2　接線の方程式を α & β で表すことができる!!
接点A $(\alpha, f(\alpha))$ における接線の方程式は…
$$y - f(\alpha) = f'(\alpha)(x - \alpha) \quad \cdots ①$$
接点B $(\beta, f(\beta))$ における接線の方程式は…
$$y - f(\beta) = f'(\beta)(x - \beta) \quad \cdots ②$$

忘れた人はP.40参照!!

Step 3　①と②は，本来は同一の直線でなければならない!!
よって，①と②は一致します。これをもとに，α と β の方程式をつくり（2つできます!!），解けば解決!!

しかし!!　計算力がそれなりに必要なので，覚悟せよ!!

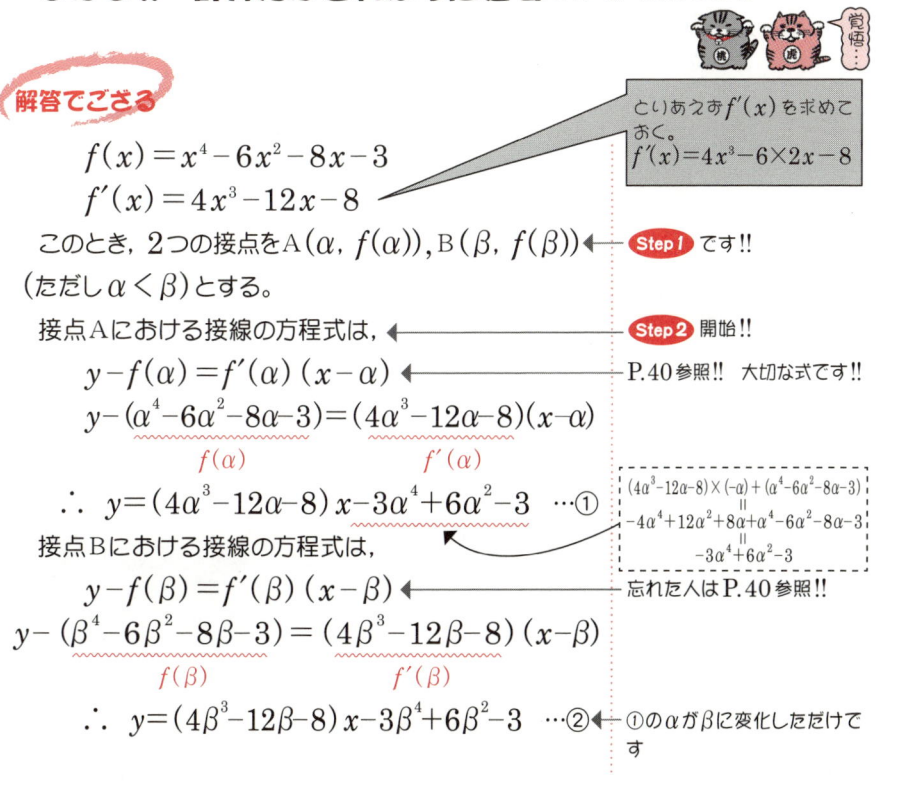

解答でござる

とりあえず $f'(x)$ を求めておく。
$f'(x) = 4x^3 - 6 \times 2x - 8$

$$f(x) = x^4 - 6x^2 - 8x - 3$$
$$f'(x) = 4x^3 - 12x - 8$$

このとき，2つの接点を A $(\alpha, f(\alpha))$, B $(\beta, f(\beta))$ ← **Step 1** です!!
（ただし $\alpha < \beta$）とする。

接点Aにおける接線の方程式は， ← **Step 2** 開始!!
$$y - f(\alpha) = f'(\alpha)(x - \alpha)$$ ← P.40参照!!　大切な式です!!
$$y - \underbrace{(\alpha^4 - 6\alpha^2 - 8\alpha - 3)}_{f(\alpha)} = \underbrace{(4\alpha^3 - 12\alpha - 8)}_{f'(\alpha)}(x - \alpha)$$
$$\therefore \ y = (4\alpha^3 - 12\alpha - 8)x - 3\alpha^4 + 6\alpha^2 - 3 \quad \cdots ①$$

$(4\alpha^3 - 12\alpha - 8) \times (-\alpha) + (\alpha^4 - 6\alpha^2 - 8\alpha - 3)$
$= -4\alpha^4 + 12\alpha^2 + 8\alpha + \alpha^4 - 6\alpha^2 - 8\alpha - 3$
$= -3\alpha^4 + 6\alpha^2 - 3$

接点Bにおける接線の方程式は，
$$y - f(\beta) = f'(\beta)(x - \beta)$$ ← 忘れた人はP.40参照!!
$$y - \underbrace{(\beta^4 - 6\beta^2 - 8\beta - 3)}_{f(\beta)} = \underbrace{(4\beta^3 - 12\beta - 8)}_{f'(\beta)}(x - \beta)$$
$$\therefore \ y = (4\beta^3 - 12\beta - 8)x - 3\beta^4 + 6\beta^2 - 3 \quad \cdots ②$$

①の α が β に変化しただけです

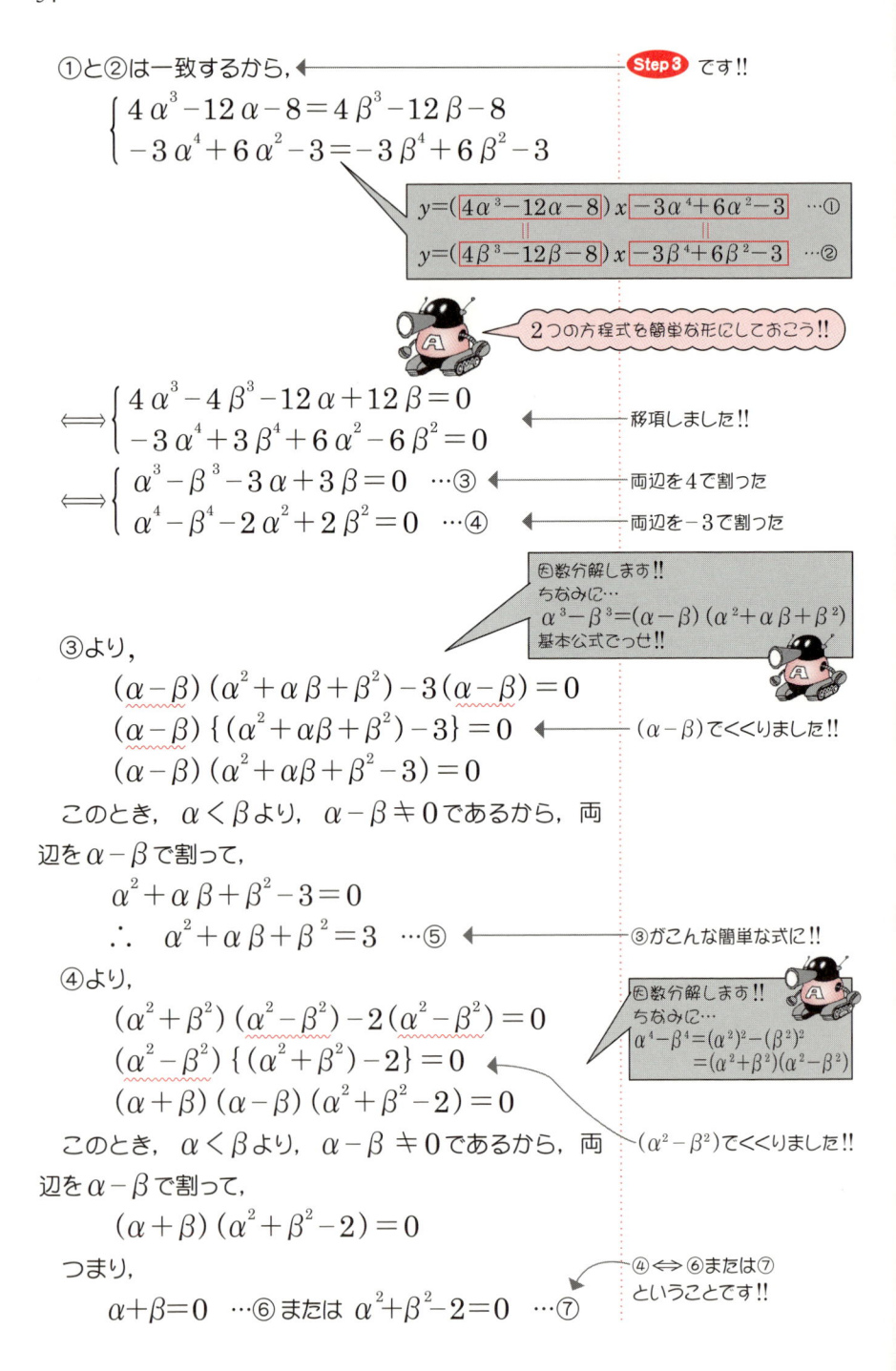

①と②は一致するから、 ← Step3 です!!

$$\begin{cases} 4\alpha^3 - 12\alpha - 8 = 4\beta^3 - 12\beta - 8 \\ -3\alpha^4 + 6\alpha^2 - 3 = -3\beta^4 + 6\beta^2 - 3 \end{cases}$$

$$y = (\boxed{4\alpha^3 - 12\alpha - 8})x + \boxed{-3\alpha^4 + 6\alpha^2 - 3} \quad \cdots ①$$
$$y = (\boxed{4\beta^3 - 12\beta - 8})x + \boxed{-3\beta^4 + 6\beta^2 - 3} \quad \cdots ②$$

2つの方程式を簡単な形にしておこう!!

$$\Longleftrightarrow \begin{cases} 4\alpha^3 - 4\beta^3 - 12\alpha + 12\beta = 0 \\ -3\alpha^4 + 3\beta^4 + 6\alpha^2 - 6\beta^2 = 0 \end{cases}$$ ← 移項しました!!

$$\Longleftrightarrow \begin{cases} \alpha^3 - \beta^3 - 3\alpha + 3\beta = 0 \quad \cdots ③ \\ \alpha^4 - \beta^4 - 2\alpha^2 + 2\beta^2 = 0 \quad \cdots ④ \end{cases}$$ ← 両辺を4で割った
← 両辺を-3で割った

因数分解します!!
ちなみに…
$\alpha^3 - \beta^3 = (\alpha - \beta)(\alpha^2 + \alpha\beta + \beta^2)$
基本公式でっせ!!

③より、
$$(\alpha - \beta)(\alpha^2 + \alpha\beta + \beta^2) - 3(\alpha - \beta) = 0$$
$$(\alpha - \beta)\{(\alpha^2 + \alpha\beta + \beta^2) - 3\} = 0 \quad \leftarrow (\alpha-\beta)でくくりました!!$$
$$(\alpha - \beta)(\alpha^2 + \alpha\beta + \beta^2 - 3) = 0$$

このとき、$\alpha < \beta$ より、$\alpha - \beta \neq 0$ であるから、両辺を $\alpha - \beta$ で割って、
$$\alpha^2 + \alpha\beta + \beta^2 - 3 = 0$$
$$\therefore \quad \alpha^2 + \alpha\beta + \beta^2 = 3 \quad \cdots ⑤ \quad \leftarrow ③がこんな簡単な式に!!$$

④より、
$$(\alpha^2 + \beta^2)(\alpha^2 - \beta^2) - 2(\alpha^2 - \beta^2) = 0$$
$$(\alpha^2 - \beta^2)\{(\alpha^2 + \beta^2) - 2\} = 0$$
$$(\alpha + \beta)(\alpha - \beta)(\alpha^2 + \beta^2 - 2) = 0$$

因数分解します!!
ちなみに…
$\alpha^4 - \beta^4 = (\alpha^2)^2 - (\beta^2)^2$
$= (\alpha^2 + \beta^2)(\alpha^2 - \beta^2)$

$(\alpha^2 - \beta^2)$でくくりました!!

このとき、$\alpha < \beta$ より、$\alpha - \beta \neq 0$ であるから、両辺を $\alpha - \beta$ で割って、
$$(\alpha + \beta)(\alpha^2 + \beta^2 - 2) = 0$$

つまり、
$$\alpha + \beta = 0 \quad \cdots ⑥ \quad \text{または} \quad \alpha^2 + \beta^2 - 2 = 0 \quad \cdots ⑦$$

④⇔⑥または⑦
ということです!!

Theme 6　接線の方程式　55

i)　　$\alpha+\beta=0$　…⑥のとき
　　　$\beta=-\alpha$　…⑥′より，これを⑤に代入して，
　　　　$\alpha^2+\alpha\times(-\alpha)+(-\alpha)^2=3$
　　　　$\alpha^2-\alpha^2+\alpha^2=3$
　　　　$\alpha^2=3$
　　　∴　$\alpha=\pm\sqrt{3}$
　　⑥′より，$\alpha=\sqrt{3}$ のとき，$\beta=-\sqrt{3}$
　　　　　　$\alpha=-\sqrt{3}$ のとき，$\beta=\sqrt{3}$
　　ところが，$\alpha<\beta$ より，
　　　$\alpha=-\sqrt{3}$，$\beta=\sqrt{3}$ となる。

　　よって，①，②から，接線の方程式は，
　　　$y=-8x-12$

⑥．⑦の両方の場合について，α と β を求めよう!!

$\alpha^2+\alpha\beta+\beta^2=3$　…⑤
$\beta=-\alpha$　…⑥′を代入

$\beta=-\alpha$　…⑥′に代入
$\alpha<\beta$ と決めてました!!

①の α に $\alpha=-\sqrt{3}$
あるいは
②の β に $\beta=\sqrt{3}$
を代入しました!!
いずれにせよ，同じ結果になります。
ちなみに，②で $\beta=\sqrt{3}$ とすると，
$y=(4\times\sqrt{3}^3-12\times\sqrt{3}-8)x$
　　$-3\times\sqrt{3}^4+6\times\sqrt{3}^2-3$
$y=(12\sqrt{3}-12\sqrt{3}-8)x-27+18-3$
∴　$y=-8x-12$

ii)　　$\alpha^2+\beta^2-2=0$　…⑦のとき
　　　$\alpha^2+\beta^2=2$　…⑦′
　　⑦′を⑤に代入して，
　　　$2+\alpha\beta=3$
　　　$\alpha\beta=1$　…⑧

はーい!!　ここで一言!!

⑦′と⑧をご覧ください!!
アヤシくありませんか??
$\alpha=\beta=1$ とすると，⑦′も
⑧もうまくいきます。
では結論から…

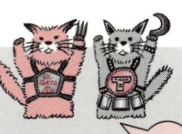

おいおい，中断すんなよ!!

ん??
$\alpha<\beta$ だったはずでは…??
確か…

4次関数
1本のみ

4次関数 は，異なる2点で同時に接する直線をもつ場合
が多い!!　しかし，このような直線は **1本** しか存在しません!!
つまり，i)で α，β が求まっているので，ii)の場合は必ずダメになります。
これを踏まえると，次のようなカッコイイ答案が作れますよ

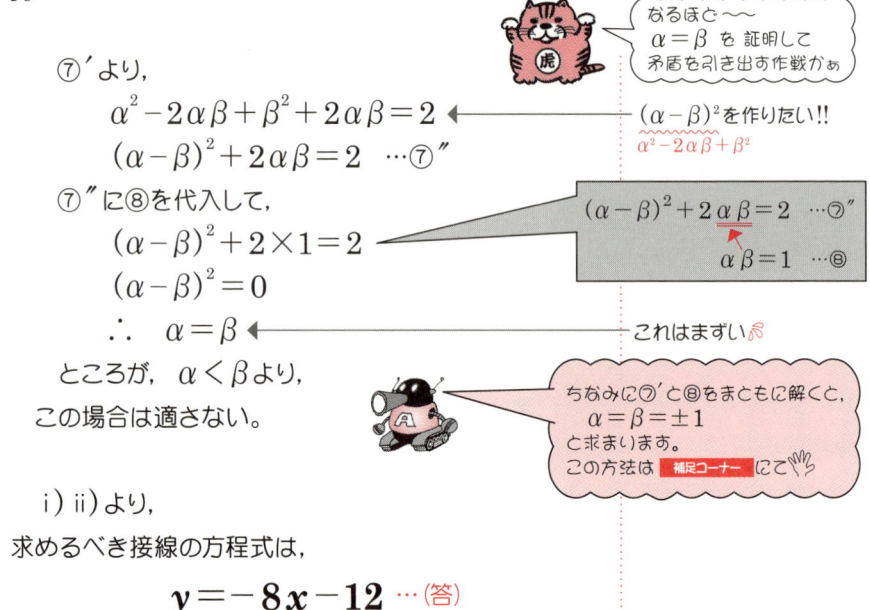

⑦′より,
$$\alpha^2 - 2\alpha\beta + \beta^2 + 2\alpha\beta = 2$$
$$(\alpha-\beta)^2 + 2\alpha\beta = 2 \quad \cdots ⑦''$$

⑦″に⑧を代入して,
$$(\alpha-\beta)^2 + 2 \times 1 = 2$$
$$(\alpha-\beta)^2 = 0$$
$$\therefore \alpha = \beta$$

ところが, $\alpha < \beta$ より,
この場合は適さない。

なるほど〜〜 $\alpha=\beta$ を証明して矛盾を引き出す作戦かぁ

$(\alpha-\beta)^2$ を作りたい!!
$\alpha^2 - 2\alpha\beta + \beta^2$

$(\alpha-\beta)^2 + 2\underline{\alpha\beta} = 2 \cdots ⑦''$
$\alpha\beta = 1 \cdots ⑧$

これはまずい

ちなみに⑦′と⑧をまともに解くと,
$\alpha = \beta = \pm 1$
と求まります。
この方法は 補足コーナー にて

ⅰ) ⅱ) より,
求めるべき接線の方程式は,
$$y = -8x - 12 \cdots \text{(答)}$$

補足コーナー

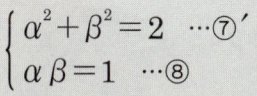

$\begin{cases} \alpha^2+\beta^2=2 & \cdots ⑦' \\ \alpha\beta=1 & \cdots ⑧ \end{cases}$

⑦'より，
$(\alpha+\beta)^2-2\alpha\beta=2$ ← 有名な変形ですよ!!

⑧を代入して，
$(\alpha+\beta)^2-2\times 1=2$
$(\alpha+\beta)^2=4$
∴ $\alpha+\beta=\pm 2$ …⑨

⑧, ⑨より，α, β を2解にもつ2次方程式は，

$\begin{cases} t^2-(\alpha+\beta)t+\alpha\beta=0 \\ t^2-(\pm 2)t+1=0 \\ t^2\mp 2t+1=0 \\ (t\mp 1)^2=0 \end{cases}$

← α, β を2解にもつから，
$(t-\alpha)(t-\beta)=0$
展開して，
$t^2-(\alpha+\beta)t+\alpha\beta=0$

← 2乗の公式で因数分解!!

∴ $t=\pm 1$ ← 重解です!! つまり $\alpha=\beta$ です!!

よって，$\alpha=\beta=1$ または $\alpha=\beta=-1$
いずれにせよ，$\alpha=\beta$ となってしまったので，$\alpha<\beta$ に反します。

特別コーナー **法線って何じゃらホイ!?**

法線とは……

関数を $y=f(x)$ として…

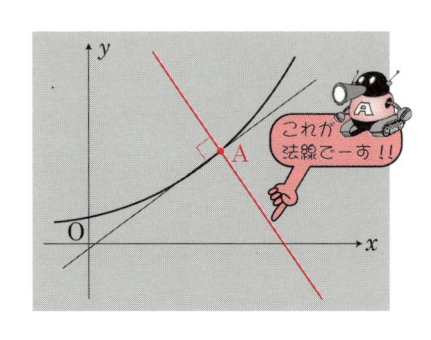

上図のように，接点を $A(a, f(a))$ としたとき，Aを通ってAにおける接線と垂直な直線を**法線**と申しまーす!!

まとめておくと…

関数 $y=f(x)$ のグラフ上の点 $(a, f(a))$ における接線の方程式は…

$$y - f(a) = f'(a)(x-a)$$

theme 6 でおなじみ!!

で!! 関数 $y=f(x)$ のグラフ上の点 $(a, f(a))$ における法線の方程式は…

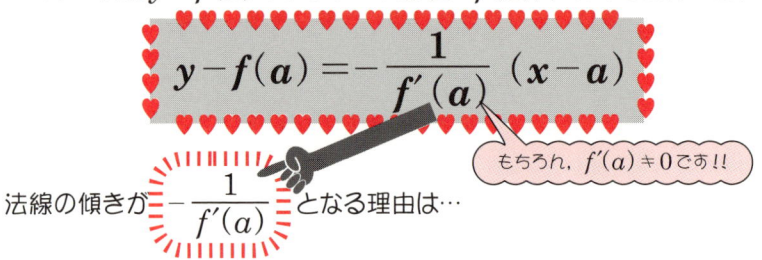

$$y - f(a) = -\frac{1}{f'(a)}(x-a)$$

もちろん，$f'(a) \neq 0$ です!!

法線の傾きが $-\dfrac{1}{f'(a)}$ となる理由は…

Theme 6 接線の方程式

接線と法線はお互いに垂直!!
直線の垂直条件といえば → **傾き×傾き＝-1**
この場合も両者の傾きをかけると…

$$f'(a) \times \left(-\frac{1}{f'(a)}\right) = -1$$

接線の傾き　　法線の傾き

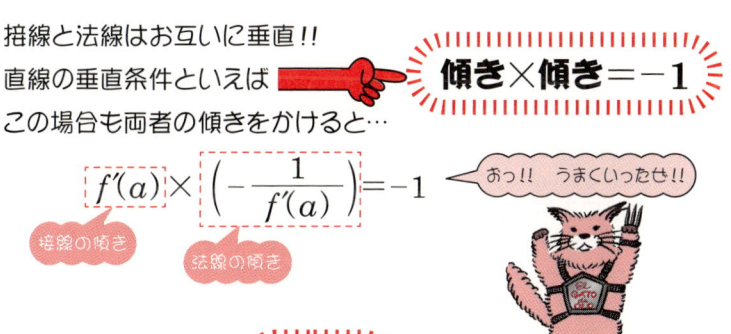

おっ!! うまくいったぜ!!

よって，法線の傾きは $-\dfrac{1}{f'(a)}$ とな〜る!!

問題6-5　　　　　　　　　　　　　　　　　　　　　**基礎**

次の関数のグラフで（ ）内に示す点における法線の方程式を求めよ．
(1) $y = 3x^2 - 9x - 2$　　$(x = 2)$
(2) $y = 2x^3 - 4x + 1$　　$(x = -1)$

ナイスな導入

前ページ参照!!

$$y - f(a) = -\frac{1}{f'(a)}(x - a)$$

を活用するだけ♥

ポイントは，接線の傾き → $f'(a)$
　　　　　　法線の傾き → $-\dfrac{1}{f'(a)}$

← 積が-1

直線の垂直条件

解答でござる

(1)　　$f(x) = 3x^2 - 9x - 2$　とおく．
　　　　$f'(x) = 6x - 9$ ←　　　　　　$f'(x) = 3 \times 2x - 9$
　　　　　　　　　　　　　　　　　　　　　　$= 6x - 9$

よって，
$$f'(2) = 6 \times 2 - 9 = 3$$
さらに，
$$f(2) = 3 \times 2^2 - 9 \times 2 - 2 = -8$$
以上より，$x=2$ における法線の方程式は，
$$y - f(2) = -\frac{1}{f'(2)}(x-2)$$

つまり，
$$y - (-8) = -\frac{1}{3}(x-2)$$
$$\therefore y = -\frac{1}{3}x - \frac{22}{3} \quad \cdots \text{(答)}$$

右側注釈:
$f'(x) = 6x - 9$ より，
$f'(2) = 6 \times 2 - 9 = 3$

$f(x) = 3x^2 - 9x - 2$ より，
$f(2) = 3 \times 2^2 - 9 \times 2 - 2 = -8$

$$y - f(a) = -\frac{1}{f'(a)}(x-a)$$

$f(2) = -8$
$f'(2) = 3$

意外に楽勝でしょ!?

(2) $f(x) = 2x^3 - 4x + 1$ とおく。
$$f'(x) = 6x^2 - 4$$
よって，
$$f'(-1) = 6 \times (-1)^2 - 4 = 2$$
さらに
$$f(-1) = 2 \times (-1)^3 - 4 \times (-1) + 1 = 3$$
以上より，$x=-1$ における法線の方程式は，
$$y - f(-1) = -\frac{1}{f'(-1)}\{x - (-1)\}$$

つまり，
$$y - 3 = -\frac{1}{2}(x+1)$$
$$\therefore y = -\frac{1}{2}x + \frac{5}{2} \quad \cdots \text{(答)}$$

右側注釈:
$f'(x) = 2 \times 3x^2 - 4 = 6x^2 - 4$

$f'(x) = 6x^2 - 4$ より，
$f'(-1) = 6 \times (-1)^2 - 4 = 2$

$f(x) = 2x^3 - 4x + 1$ より，
$f(-1) = 2 \times (-1)^3 - 4 \times (-1) + 1 = 3$

$$y - f(a) = -\frac{1}{f'(a)}(x-a)$$

$f(-1) = 3$
$f'(-1) = 2$

一丁あがり♥

Theme 7　グラフをかこう!!　61

Theme 7　グラフをかこう!!
関数の増減と極大&極小

いろいろコトバを覚えていただくために，次のような問題を用意しました♥

問題 7-1　　　　　　　　　　　　　　　　　基礎の基礎

ある関数 $y=f(x)$ のグラフが右のような曲線となるとき，次の各問いに答えよ。

(1) 極大値とそのときの x の値を求めよ。
(2) 極小値とそのときの x の値を求めよ。
(3) この関数の接線の傾きが正であるような，x の値の範囲を求めよ。
(4) この関数の接線の傾きが負であるような，x の値の範囲を求めよ。

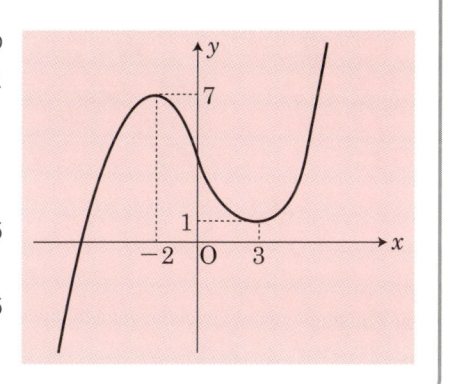

ナイスな導入

ポイント1　関数の極大&極小

ある関数が増加状態から減少状態に転ずる点を **極大** といい，
ある関数が減少状態から増加状態に転ずる点を **極小** という。

イメージは…

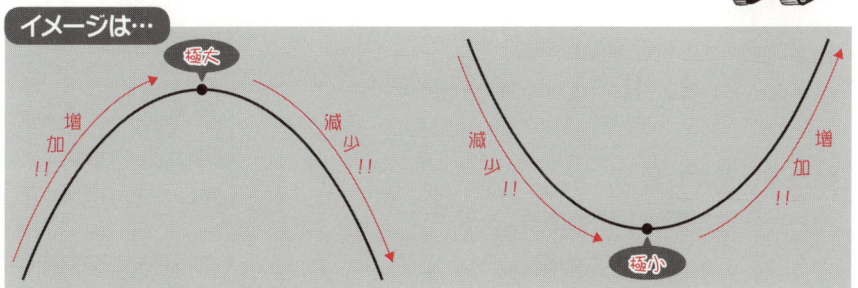

さらに，関数 $y=f(x)$ が $x=\alpha$ で極大，$x=\beta$ で極小となるとき，

$f(\alpha)$ を **極大値**，$f(\beta)$ を **極小値** といい，

この極大値と極小値を総称して **極値** と呼ぶ!!

ポイント2　関数の増減と接線の傾き

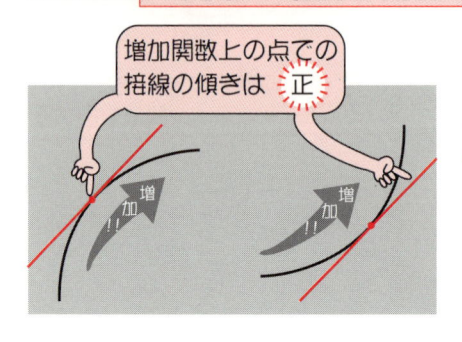

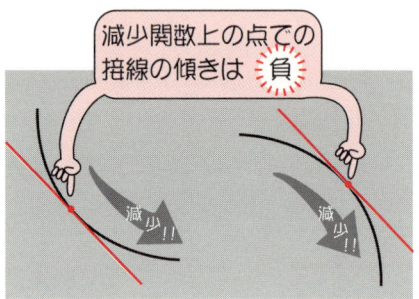

増加関数上の点での接線の傾きは **正**

減少関数上の点での接線の傾きは **負**

以上のお話を押さえて，解答へまいりましょう!!

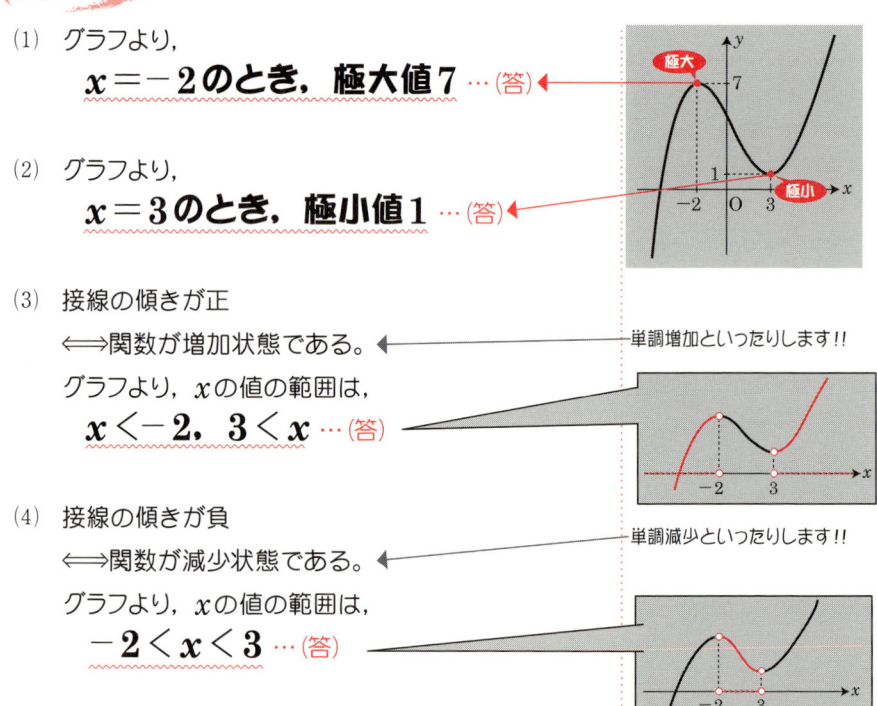

解答でござる

(1) グラフより，
$x=-2$ のとき，極大値 7 …(答)

(2) グラフより，
$x=3$ のとき，極小値 1 …(答)

(3) 接線の傾きが正
$\iff$ 関数が増加状態である。　← 単調増加といったりします!!

グラフより，x の値の範囲は，
$x<-2,\ 3<x$ …(答)

(4) 接線の傾きが負
$\iff$ 関数が減少状態である。　← 単調減少といったりします!!

グラフより，x の値の範囲は，
$-2<x<3$ …(答)

Theme 7　グラフをかこう!!　関数の増減と極大&極小　63

このあたりで本題に入ります。

問題7-2　　　　　　　　　　　　　　　　　　　　　　　　基礎

関数 $f(x) = 2x^3 - 3x^2 - 12x + 8$ について，次の各問いに答えよ。
(1) 極値を求めよ。
(2) グラフをかけ。

ナイスな導入

前問 **問題7-1** でやったように，関数の増減と接線の傾きには密接な関係があります。密接なね…。
この性質を利用することにより，グラフをかくことができます♥

ではやってみましょう!!

$f(x) = 2x^3 - 3x^2 - 12x + 8$ 　　さて，どんな形のグラフなのかな??

このとき!!

$$f'(x) = 2 \times 3x^2 - 3 \times 2x - 12$$
$$= 6x^2 - 6x - 12$$
$$= 6(x^2 - x - 2)$$
$$= 6(x+1)(x-2)$$

接線の傾きといえば導関数 $f'(x)$ ですよね♥

因数分解しました!!

そこでっ!!

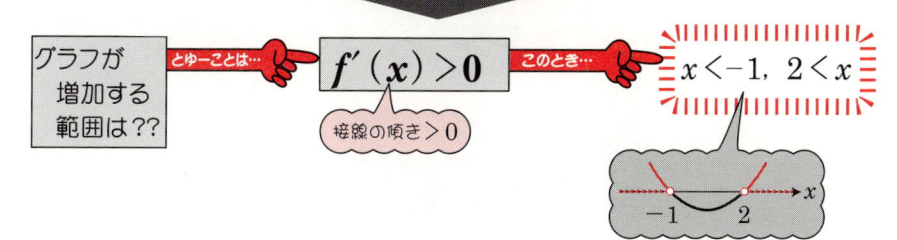

グラフが増加する範囲は??　とゆーことは… $f'(x) > 0$ 　このとき… $x < -1, \ 2 < x$

接線の傾き>0

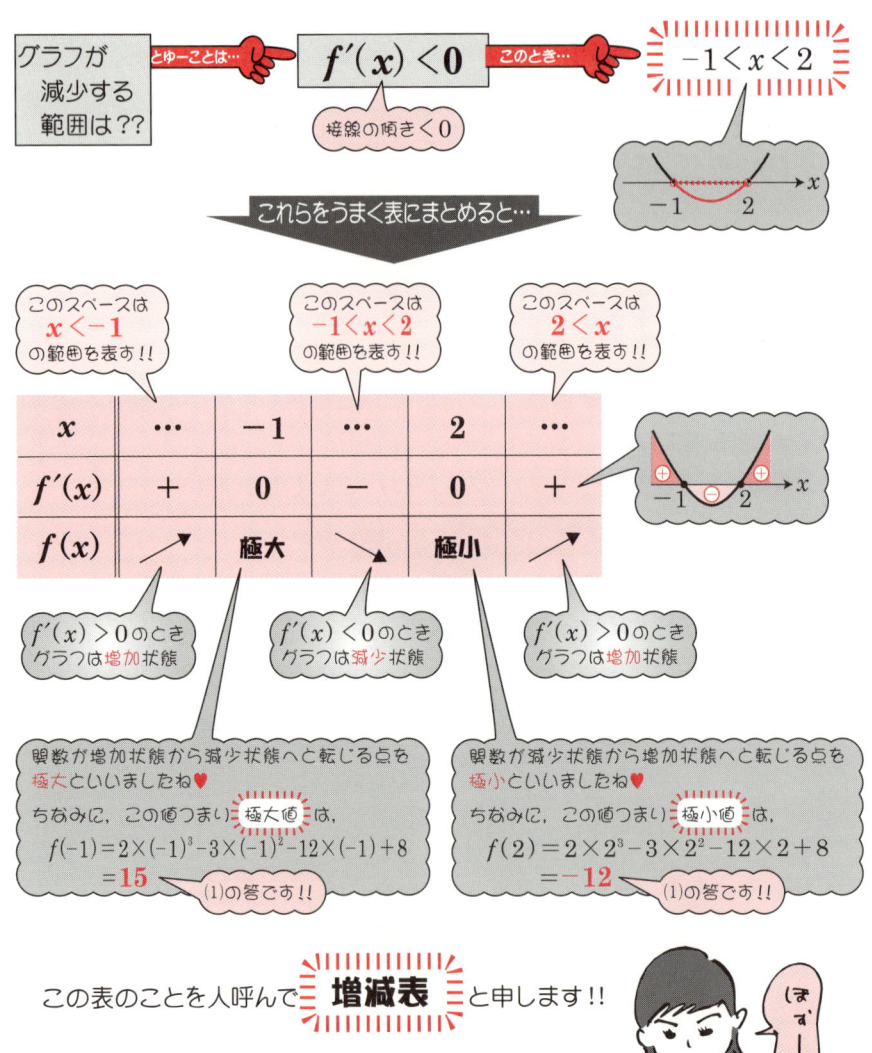

グラフが減少する範囲は?? → とゆーことは… → $f'(x) < 0$ ← このとき… ← $-1 < x < 2$

(接線の傾き<0)

↓ これらをうまく表にまとめると…

このスペースは $x < -1$ の範囲を表す!!
このスペースは $-1 < x < 2$ の範囲を表す!!
このスペースは $2 < x$ の範囲を表す!!

x	…	-1	…	2	…
$f'(x)$	+	0	−	0	+
$f(x)$	↗	極大	↘	極小	↗

$f'(x) > 0$ のときグラフは増加状態
$f'(x) < 0$ のときグラフは減少状態
$f'(x) > 0$ のときグラフは増加状態

関数が増加状態から減少状態へと転じる点を極大といいましたね♥
ちなみに，この値つまり極大値は，
$f(-1) = 2 \times (-1)^3 - 3 \times (-1)^2 - 12 \times (-1) + 8$
$= 15$ …(1)の答です!!

関数が減少状態から増加状態へと転じる点を極小といいましたね♥
ちなみに，この値つまり極小値は，
$f(2) = 2 \times 2^3 - 3 \times 2^2 - 12 \times 2 + 8$
$= -12$ …(1)の答です!!

この表のことを人呼んで **増減表** と申します!!

ほぅー

↓ この増減表からグラフの概形は…

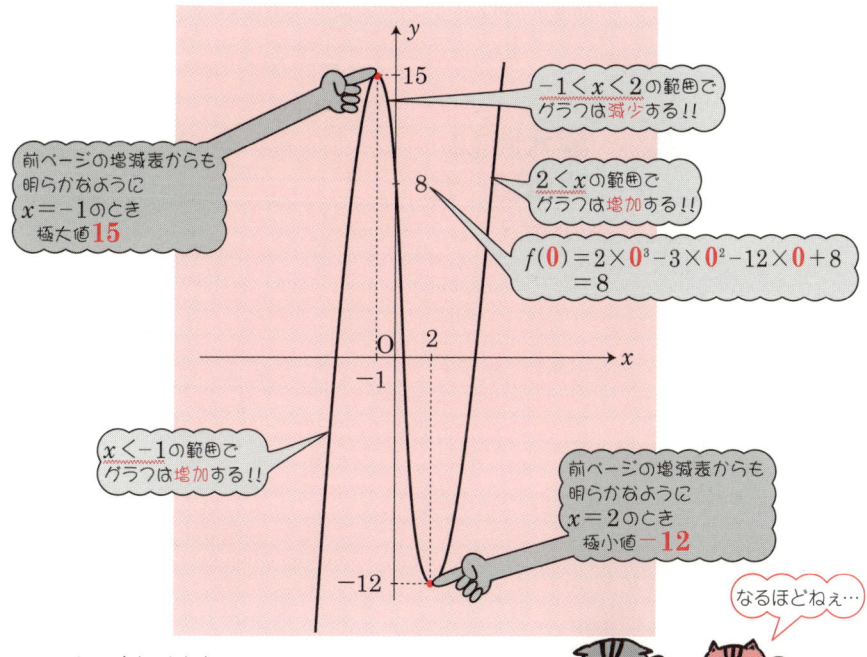

Theme 7　グラフをかこう!! 　65

前ページの増減表からも明らかなように $x=-1$ のとき 極大値 15

$-1<x<2$ の範囲でグラフは減少する!!

$2<x$ の範囲でグラフは増加する!!

$f(0)=2\times 0^3-3\times 0^2-12\times 0+8$
　　　$=8$

$x<-1$ の範囲でグラフは増加する!!

前ページの増減表からも明らかなように $x=2$ のとき 極小値 -12

なるほどねぇ…

では，まとめとして…

解答でござる

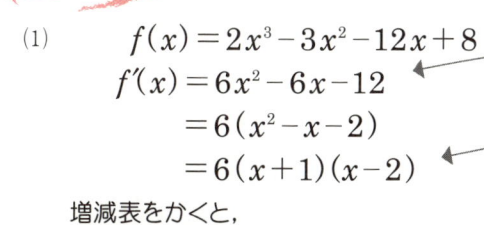

(1)　　$f(x)=2x^3-3x^2-12x+8$
　　　$f'(x)=6x^2-6x-12$
　　　　　　$=6(x^2-x-2)$
　　　　　　$=6(x+1)(x-2)$

$f'(x)=2\times 3x^2-3\times 2x-12$
　　　$=6x^2-6x-12$

因数分解しておいたほうが $f'(x)>0$ ＆ $f'(x)<0$ の判断がしやすい!!

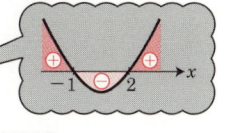

増減表をかくと,

x	$\cdots$	-1	$\cdots$	2	$\cdots$
$f'(x)$	$+$	0	$-$	0	$+$
$f(x)$	↗	極大	↘	極小	↗

例えば，
$f'(-2)=6(-2+1)(-2-2)>0$

例えば，
$f'(0)=6(0+1)(0-2)<0$

例えば，
$f'(3)=6(3+1)(3-2)>0$

このように実際に数値を代入して調べるのもありっちゃ～あり!!
極大値です!!

このとき,
$f(-1)=2\times(-1)^3-3\times(-1)^2-12\times(-1)+8$
　　　$=15$

$$f(2) = 2 \times 2^3 - 3 \times 2^2 - 12 \times 2 + 8$$
$$= -12 \longleftarrow \text{極小値です!!}$$

以上より,

$x=-1$ のとき　**極大値 15**
$x=2$ のとき　**極小値 -12**　…(答)

"極値を求めよ!!" といわれたらこう答える!!

(2) (1)の増減表よりグラフをかくと,

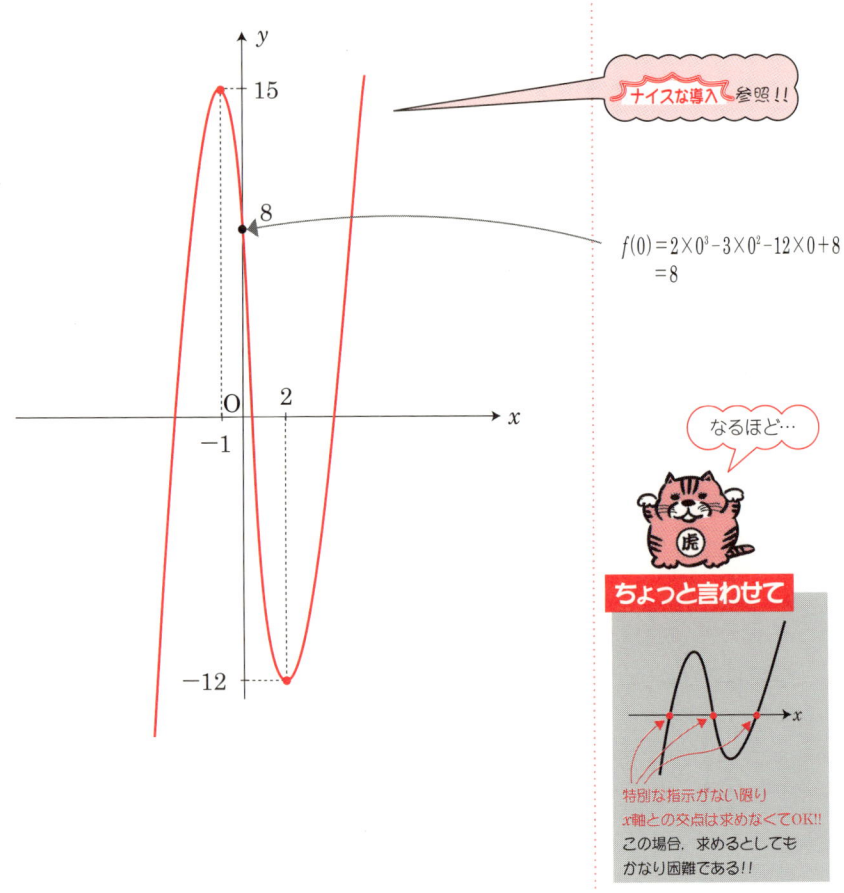

ナイスな導入 参照!!

$f(0) = 2 \times 0^3 - 3 \times 0^2 - 12 \times 0 + 8$
　　　$= 8$

なるほど…

ちょっと言わせて

特別な指示がない限り x軸との交点は求めなくてOK!!
この場合, 求めるとしてもかなり困難である!!

Theme 7 グラフをかこう!! 67

もっと練習しましょう!!

問題7-3 基礎

関数 $f(x) = -x^3 + 6x^2 - 9x + 1$ について，次の各問いに答えよ。

(1) 極値を求めよ。
(2) グラフをかけ。

解答でござる 前問 問題7-2 とまったく同様!! いきおいまいいまーす!!

(1)
$$f(x) = -x^3 + 6x^2 - 9x + 1$$
$$f'(x) = -3x^2 + 12x - 9$$
$$= -3(x^2 - 4x + 3)$$
$$= -3(x-1)(x-3)$$

$f'(x) = -3x^2 + 6 \times 2x - 9$
$= -3x^2 + 12x - 9$
因数分解しておいたほうが $f'(x) > 0$ & $f'(x) < 0$ の判断がしやすい!!

増減表をかくと，

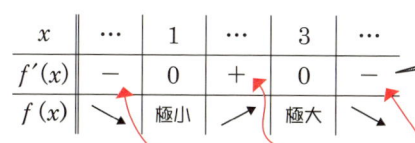

x	$\cdots$	1	$\cdots$	3	$\cdots$
$f'(x)$	$-$	0	$+$	0	$-$
$f(x)$	↘	極小	↗	極大	↘

例えば，
$f'(0) = -3(0-1)(0-3) < 0$
例えば，
$f'(2) = -3(2-1)(2-3) > 0$
例えば，
$f'(4) = -3(4-1)(4-3) < 0$
このように実際に数値を代入して調べてもよい!!
極小値です!!

このとき，
$$f(1) = -1^3 + 6 \times 1^2 - 9 \times 1 + 1$$
$$= -3$$
$$f(3) = -3^3 + 6 \times 3^2 - 9 \times 3 + 1$$
$$= 1$$

極大値です!!

以上より，
$x = 1$ のとき 極小値 -3
$x = 3$ のとき 極大値 1 …(答)

"極値を求めよ!!"といわれたらこう答える!!

(2) (1)の増減表よりグラフをかくと，

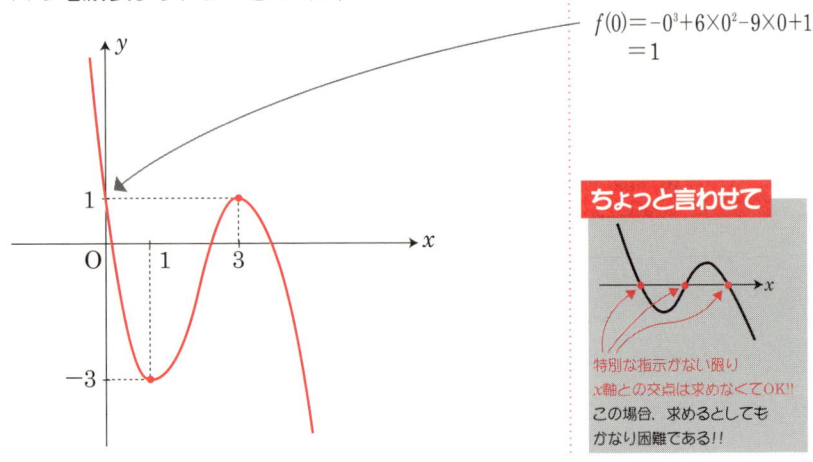

$f(0) = -0^3 + 6 \times 0^2 - 9 \times 0 + 1$
$ = 1$

ちょっと言わせて

特別な指示がない限り
x軸との交点は求めなくてOK!!
この場合，求めるとしても
かなり困難である!!

こんなタイプはいかが？

問題7-4 　　　　　　　　　　　　　　　　　　　　　**基礎**

関数 $f(x) = x^3 - 3x^2 + 3x + 3$ について，次の各問いに答えよ。
(1) この関数が極値をもつとき，その極値を求めよ。
(2) グラフをかけ。

ナイスな導入

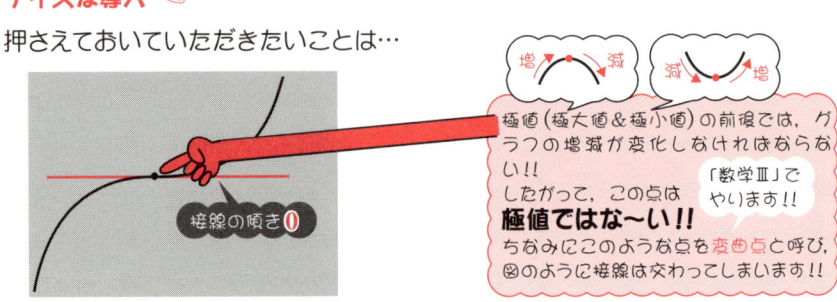

押さえておいていただきたいことは…

接線の傾き❶

増 ⇄ 減　　減 ⇄ 増

極値(極大値&極小値)の前後では，グラフの増減が変化しなければならない!!
したがって，この点は
極値ではな～い!!
ちなみにこのような点を**変曲点**と呼び，図のように接線は交わってしまいます!!

「数学Ⅲ」でやります!!

Theme 7　グラフをかこう!!　関数の増減と極大&極小　69

これを踏まえて，Let's Go!!

解答でござる

(1) $f(x) = x^3 - 3x^2 + 3x + 3$
$f'(x) = 3x^2 - 6x + 3$
$= 3(x^2 - 2x + 1)$
$= 3(x-1)^2$

$f'(x) = 3x^2 - 3 \times 2x + 3$
$= 3x^2 - 6x + 3$

ありゃ!!　2乗になっちゃった!!

2乗!!
$f'(x) = 3(x-1)^2$ より
$x<1$，$1<x$ のいずれのときも
$f'(x) = 3(x-1)^2 > 0$

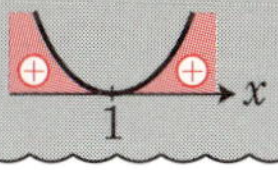

増減表をかくと，

x	$\cdots$	1	$\cdots$
$f'(x)$	$+$	0	$+$
$f(x)$	↗	4	↗

$f(1) = 1^3 - 3 \times 1^2 + 3 \times 1 + 3$
$= 4$

よって，この関数は**極値をもたない**。…(答)

$x=1$ の前後で増減が変化しないので，$f(1)=4$ は極値ではな〜い!!

(2) (1)の増減表よりグラフをかくと，

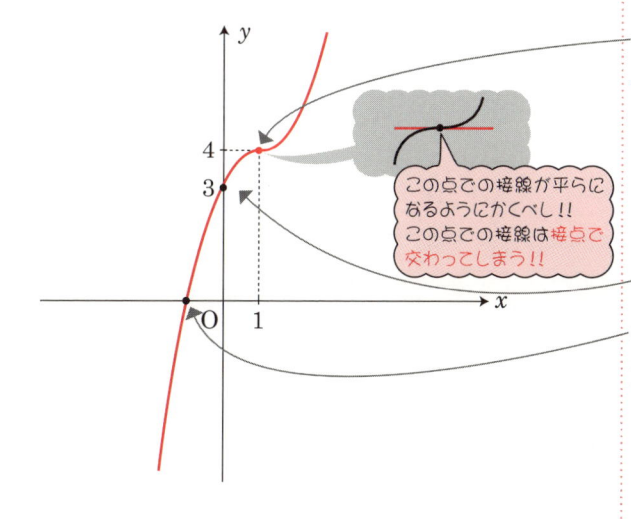

この点は極値でない!!
ナイスな導入 参照!!

なるほど…

この点での接線が平らになるようにかくべし!!
この点での接線は接点で交わってしまう!!

$f(0) = 0^3 - 3 \times 0^2 + 3 \times 0 + 3$
$= 3$

指示がないので，この点は求めなくてよろしい!!
ちなみに，
$x^3 - 3x^2 + 3x + 3 = 0$
$x^3 - 3x^2 + 3x - 1 + 4 = 0$
$(x-1)^3 = -4$ 　分ける
$x - 1 = -\sqrt[3]{4}$
$\therefore x = 1 - \sqrt[3]{4}$

今回は求められないわけではない!!
気づくには慣れが必要でっせ♥

グラフをかきまくりましょう♥

問題7-5 基礎

次のグラフの概形をかけ。
(1) $f(x) = 2x^2 - 12x + 10$
(2) $f(x) = x^3 - 3x^2 - 9x + 10$
(3) $f(x) = -2x^3 + 6x$
(4) $f(x) = x^3 - 6x^2 + 12x - 7$
(5) $f(x) = -x^3 - 3x^2 - 3x$

解答でござる 問題7-1〜問題7-4までの成果を試すときがきたぜっ!!

(1)
$$f(x) = 2x^2 - 12x + 10$$
$$f'(x) = 4x - 12$$
$$= 4(x - 3)$$

$f'(x) = 2 \times 2x - 12 = 4x - 12$

4でくくりました

1次関数

$f'(x) = 4(x-3)$

あたりまえに
$x < 3$ のとき $f'(x) < 0$
$3 < x$ のとき $f'(x) > 0$
です!!

増減表をかくと,

x	...	3	...
$f'(x)$	−	0	+
$f(x)$	↘	極小	↗

このとき,
$$f(3) = 2 \times 3^2 - 12 \times 3 + 10$$
$$= -8$$

極小値です!!
(まぁ,2次関数なもんで頂点ってことですがね…)

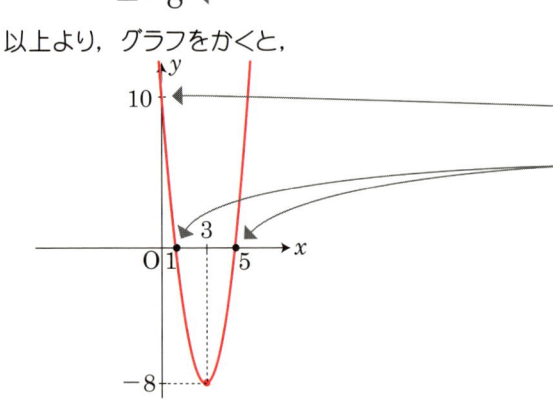

以上より,グラフをかくと,

$f(0) = 2 \times 0^2 - 12 \times 0 + 10 = 10$

$2x^2 - 12x + 10 = 0$ より
$x^2 - 6x + 5 = 0$
$(x-1)(x-5) = 0$
∴ $x = 1, 5$

"x軸との交点を求めよ"と指示はないが簡単に求めることができる!! このような場合は求めておこう!!

Theme 7　グラフをかこう!!

別解

$$f(x) = 2x^2 - 12x + 10$$
$$= 2(x^2 - 6x) + 10$$
$$= 2(x^2 - 6x + 9 - 9) + 10$$
$$= 2(x-3)^2 - 8$$

頂点は $(3, -8)$

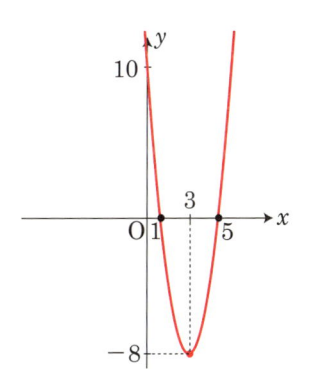

平方完成しましょう!!
詳しくは，P.360のナイスフォローその3を参照せよ!!

$y = a(x-p)^2 + q$ の頂点は (p, q)

当然，同じ結果!!

プロフィール

クリスティーヌ

おむちゃんを救うべく，遠い未来から現れた教育プランナー。見た感じはロボットのようですが，詳細は不明♥

虎君はクリスティーヌが大好きのようですが，桃君はクリスティーヌが発言すると，迷惑そうです。

(2) $\quad f(x) = x^3 - 3x^2 - 9x + 10$
$\quad\quad f'(x) = 3x^2 - 6x - 9$
$\quad\quad\quad\;\; = 3(x^2 - 2x - 3)$
$\quad\quad\quad\;\; = 3(x+1)(x-3)$

$f'(x) = 3x^2 - 3 \times 2x - 9$
$\quad\quad = 3x^2 - 6x - 9$
因数分解したほうが $f'(x) > 0$ & $f'(x) < 0$ の判断がしやすい!!

増減表をかくと,

x	$\cdots$	-1	$\cdots$	3	$\cdots$
$f'(x)$	$+$	0	$-$	0	$+$
$f(x)$	↗	極大	↘	極小	↗

例えば, $f'(-2) = 3(-2+1)(-2-3) > 0$
例えば, $f'(0) = 3(0+1)(0-3) < 0$
例えば, $f'(4) = 3(4+1)(4-3) > 0$
このように実際に数値を代入して調べてもOK!!

このとき,
$\quad f(-1) = (-1)^3 - 3 \times (-1)^2 - 9 \times (-1) + 10$
$\quad\quad\quad\;\; = 15$ ← 極大値です!!
$\quad f(3) = 3^3 - 3 \times 3^2 - 9 \times 3 + 10$
$\quad\quad\;\; = -17$ ← 極小値です!!

以上より, グラフをかくと,

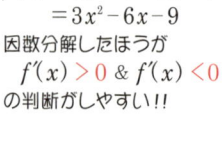

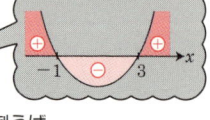

$f(0) = 0^3 - 3 \times 0^2 - 9 \times 0 + 10 = 10$

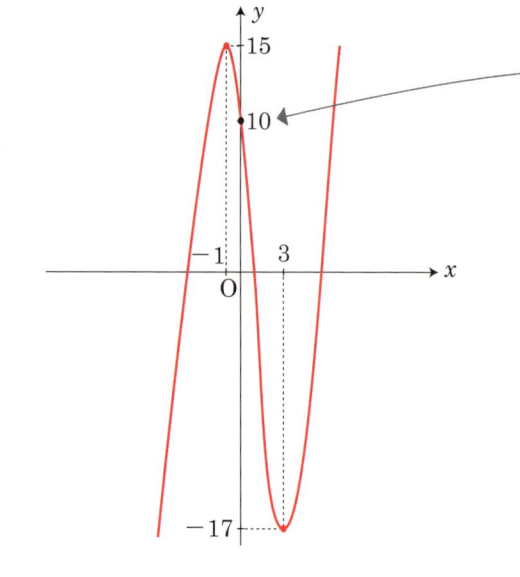

ちょっと言わせて

特別な指示がない限り x軸との交点は求めなくてOK!! この場合, 求めるとしてもかなり困難である!!

(3) $f(x) = -2x^3 + 6x$
$f'(x) = -6x^2 + 6$
$ = -6(x^2 - 1)$
$ = -6(x+1)(x-1)$

$f'(x) = -2 \times 3x^2 + 6$
$ = -6x^2 + 6$

因数分解したほうが $f'(x) > 0$ & $f'(x) < 0$ の判断がしやすいよ!!

増減表をかくと，

x	$\cdots$	-1	$\cdots$	1	$\cdots$
$f'(x)$	$-$	0	$+$	0	$-$
$f(x)$	↘	極小	↗	極大	↘

例えば，
$f'(-2) = -6(-2+1)(-2-1) < 0$
例えば，
$f'(0) = -6(0+1)(0-1) > 0$
例えば，
$f'(2) = -6(2+1)(2-1) < 0$
このように実際に数値を代入して調べてもOKです!!

このとき，
$f(-1) = -2 \times (-1)^3 + 6 \times (-1)$
$ = -4$
$f(1) = -2 \times 1^3 + 6 \times 1$
$ = 4$

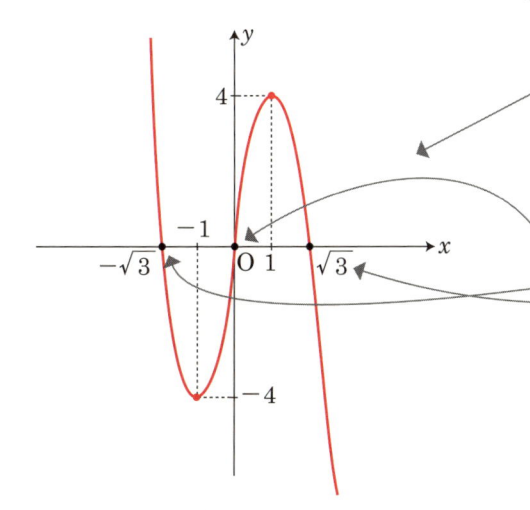

極小値です!!
極大値です!!

以上より，グラフをかくと，

$f(x) = 0$ より，
$-2x^3 + 6x = 0 \quad \Big] \div (-2)$
$x^3 - 3x = 0$
$x(x^2 - 3) = 0$
$x(x^2 - \sqrt{3}^2) = 0$
$x(x+\sqrt{3})(x-\sqrt{3}) = 0$
$\therefore \ x = 0, \ -\sqrt{3}, \ \sqrt{3}$

(4) $f(x) = x^3 - 6x^2 + 12x - 7$
$f'(x) = 3x^2 - 12x + 12$ ◀
$\quad = 3(x^2 - 4x + 4)$
$\quad = 3(x-2)^2$ ◀

$f'(x) = 3x^2 - 6 \times 2x + 12$
$\quad\quad = 3x^2 - 12x + 12$

2乗だぁーーっ!!

増減表をかくと,

x	$\cdots$	2	$\cdots$
$f'(x)$	+	0	+
$f(x)$	↗	1	↗

2乗!!
$f'(x) = 3(x-2)^2$ より
$x<2$, $2<x$のいずれのときも
$f(x) = 3(x-2)^2 > 0$

$f(2) = 2^3 - 6 \times 2^2 + 12 \times 2 - 7$
$\quad = 1$

以上より, グラフをかくと,

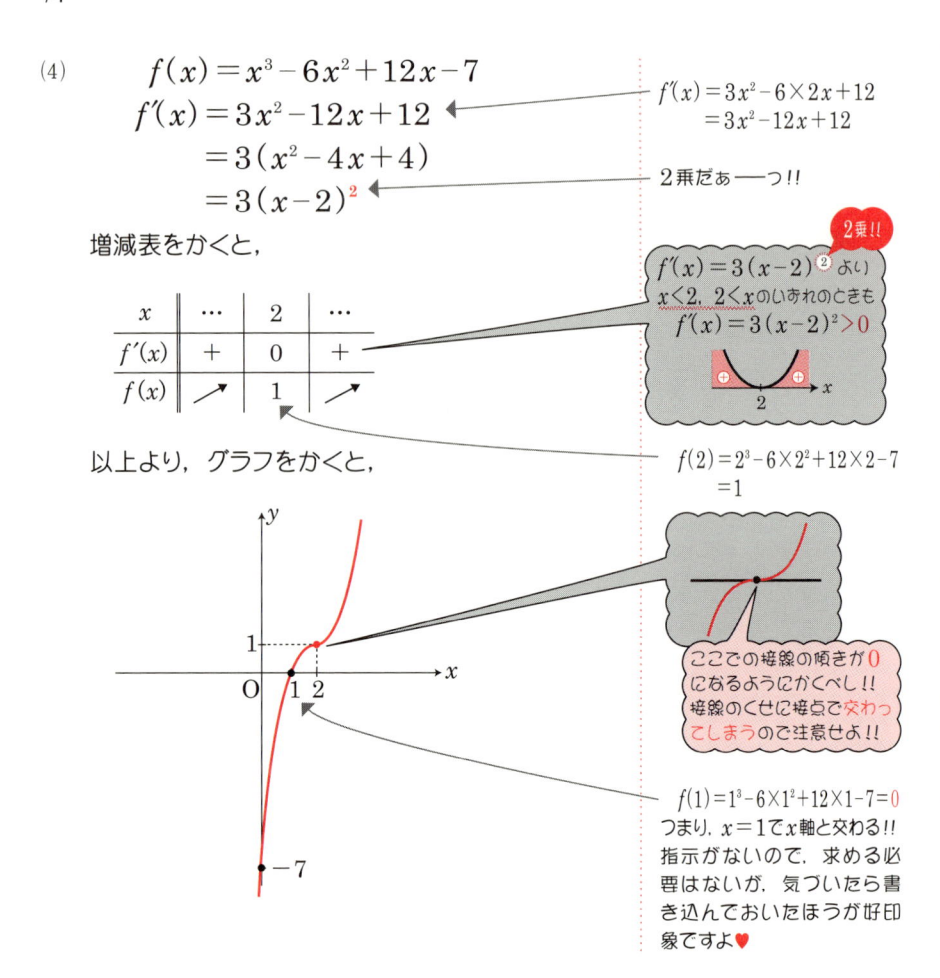

ここでの接線の傾きが⓪
になるようにかくべし!!
接線のくせに接点で交わっ
てしまうので注意せよ!!

$f(1) = 1^3 - 6 \times 1^2 + 12 \times 1 - 7 = 0$
つまり, $x=1$でx軸と交わる!!
指示がないので, 求める必
要はないが, 気づいたら書
き込んでおいたほうが好印
象ですよ♥

Theme 7　グラフをかこう!!　関数の増減と極大&極小　75

(5)　$f(x) = -x^3 - 3x^2 - 3x$
　　$f'(x) = -3x^2 - 6x - 3$
　　　　　$= -3(x^2 + 2x + 1)$
　　　　　$= -3(x+1)^2$

$f'(x) = -3x^2 - 3 \times 2x - 3$
　　　$= -3x^2 - 6x - 3$

2乗だぁーっ!!

増減表をかくと，

x	$\cdots$	-1	$\cdots$
$f'(x)$	$-$	0	$-$
$f(x)$	↘	1	↘

2乗!!
$f'(x) = -3(x+1)^2$ より
$x < -1$，$-1 < x$ のいずれ
のときも
$f'(x) = -3(x+1)^2 < 0$

以上より，グラフをかくと，

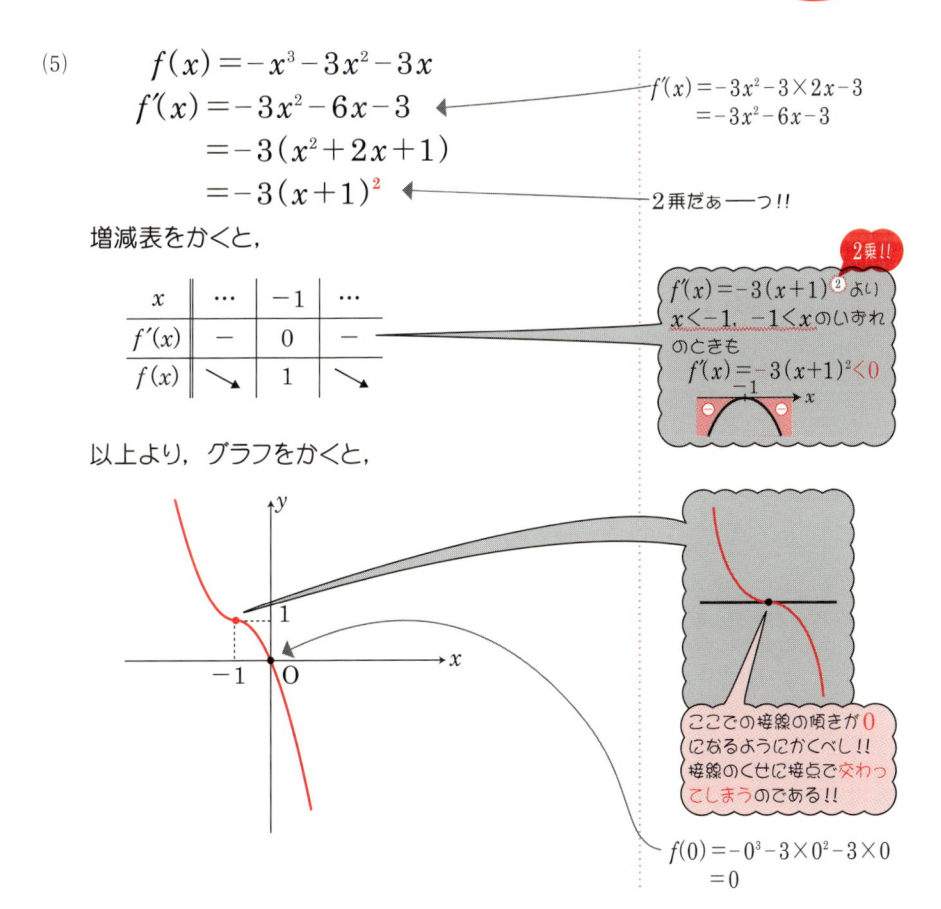

ここでの接線の傾きが0
になるようにかくべし!!
接線のくせに接点で交わっ
てしまうのである!!

$f(0) = -0^3 - 3 \times 0^2 - 3 \times 0$
　　　$= 0$

次のようなタイプも押さえておこう!!

問題 7-6 　　　　　　　　　　　　　　　　　　　　　　標準

関数 $f(x) = x^3 - 3x^2 + 4x - 2$ について，次の各問いに答えよ。

(1) $f'(x)$ のグラフをかけ。
(2) この関数が極値をもたないことを示せ。
(3) この関数上の点で，接線の傾きが最小となるような点の座標を求めよ。
(4) 関数 $f(x)$ のグラフの概形をかけ。

ナイスな導入

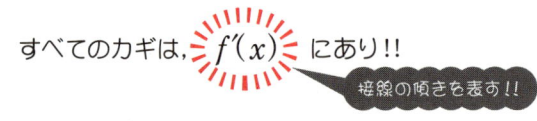

すべてのカギは，$f'(x)$ にあり!!

（接線の傾きを表す!!）

とりあえず，やってみますか!!

(1) 　$f(x) = x^3 - 3x^2 + 4x - 2$ より，
　　$f'(x) = 3x^2 - 3 \times 2x + 4$
　　　　　$= 3x^2 - 6x + 4$
　　　　　$= 3(x^2 - 2x) + 4$
　　　　　$= 3(x^2 - 2x + 1 - 1) + 4$
　　　　　$= 3(x-1)^2 + 1$

（一見，ふつうの感じですが "極値をとらない" 原因は，ここにあるはず!!）

（平方完成をしてみよう!! 平方完成については，P.360のナイスフォローその3を参照!!）

よって，導関数 $f'(x)$ は**頂点 (1, 1) の放物線**である。

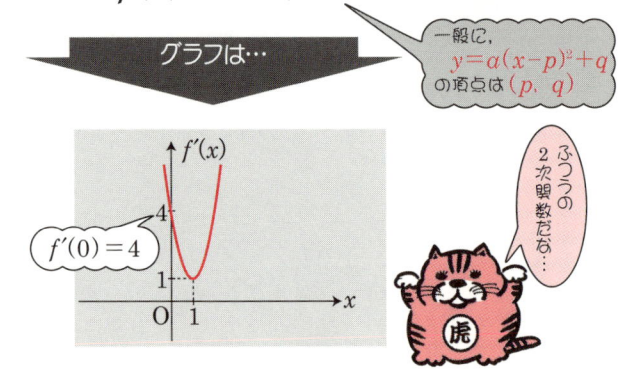

グラフは…

（一般に，$y = a(x-p)^2 + q$ の頂点は (p, q)）

$f'(0) = 4$

（ふつうの2次関数だね…）

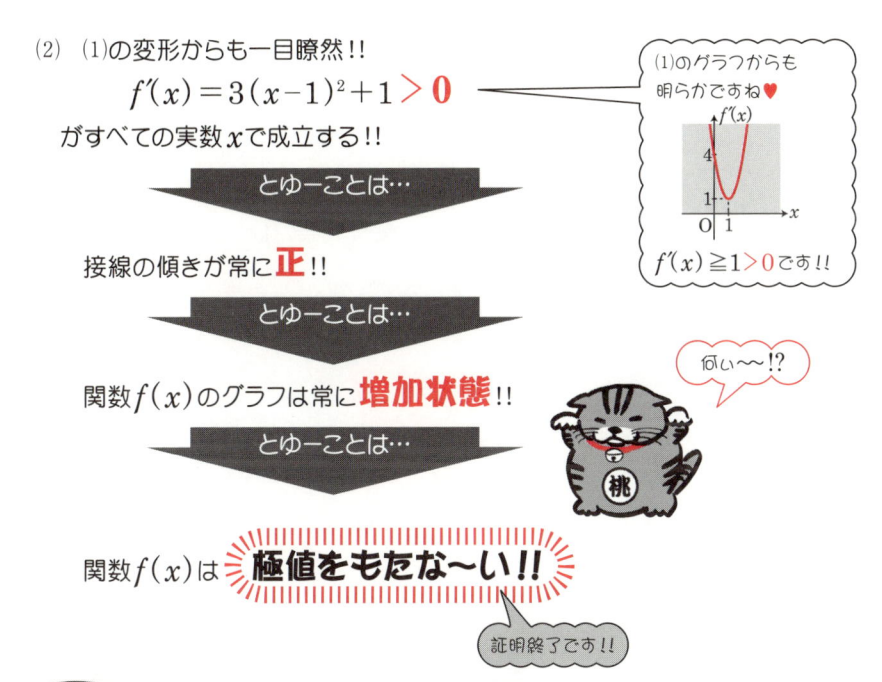

Theme 7 グラフをかこう!! 77

(2) (1)の変形からも一目瞭然!!
$$f'(x) = 3(x-1)^2 + 1 > 0$$
がすべての実数 x で成立する!!

> (1)のグラフからも明らかですね♥
> $f'(x) \geqq 1 > 0$ です!!

とゆーことは…

接線の傾きが常に**正**!!

とゆーことは…

関数 $f(x)$ のグラフは常に **増加状態**!!

> 何ぃ～～!?

とゆーことは…

関数 $f(x)$ は **極値をもたな～い!!**

> 証明終了です!!

確認

極値の前後では，増減が入れかわらなきゃいけなかったよね。だから，常に増加状態（単調増加）っつうことは，極値をとらないっつうことにな～る!!

> なるほど

(3) (1)のグラフは…

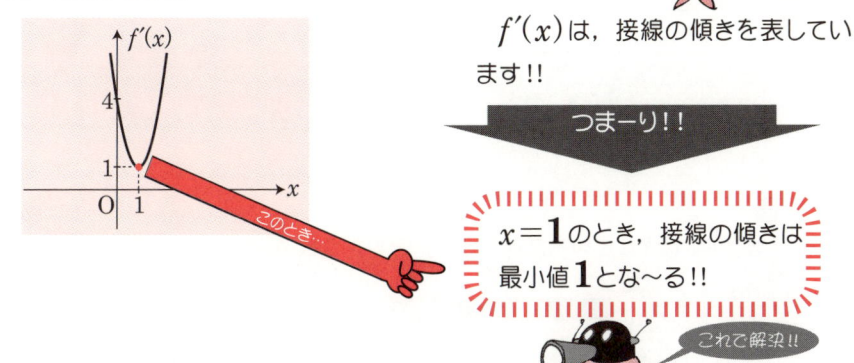

$f'(x)$ は，接線の傾きを表しています!!

つまり!!

$x = 1$ のとき，接線の傾きは最小値 1 とな～る!!

> これで解決!!

(4) (1)のグラフをさらに活用して…

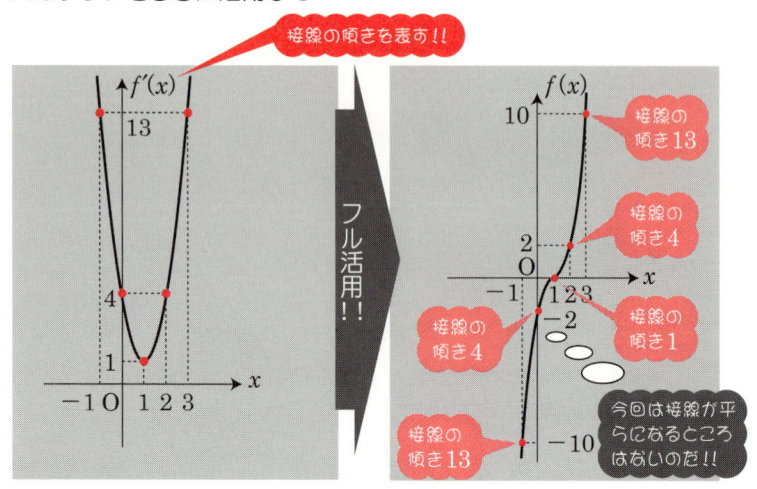

接線の傾きを表す!!

いくつかの点を代表して…

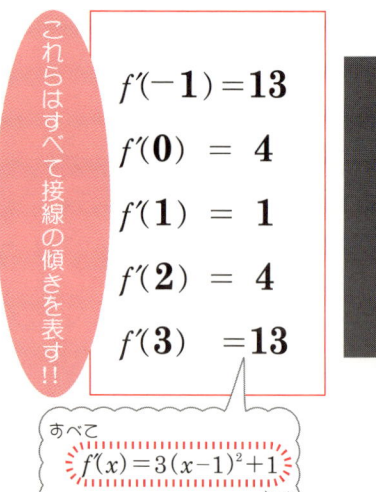

これらはすべて接線の傾きを表す!!

$f'(-1) = 13$
$f'(0) = 4$
$f'(1) = 1$
$f'(2) = 4$
$f'(3) = 13$

すべて
$f'(x) = 3(x-1)^2 + 1$
より

対応!!

$f(-1) = -10$
$f(0) = -2$
$f(1) = 0$
$f(2) = 2$
$f(3) = 10$

すべて
$f(x) = x^3 - 3x^2 + 4x - 2$
より

これらはすべて実際の座標を表す!!

接線の傾き13
接線の傾き4
接線の傾き4
接線の傾き1
接線の傾き13

今回は接線が平らになるところはないのだ!!

確認

「数学Ⅲ」で詳しくやることですが、とりあえず…

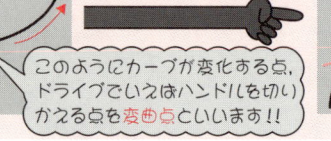

このようにカーブが変化する点、ドライブでいえばハンドルを切りかえる点を変曲点といいます!!

意外と知られていない事実ですね

変曲点での接線はそこで交わる!!

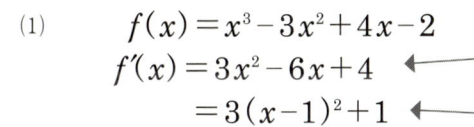

Theme 7 グラフをかこう!! 関数の増減と極大&極小 79

解答でござる

(1) $f(x) = x^3 - 3x^2 + 4x - 2$
$f'(x) = 3x^2 - 6x + 4$
$= 3(x-1)^2 + 1$

よって，頂点は $(1, 1)$
グラフをかくと，

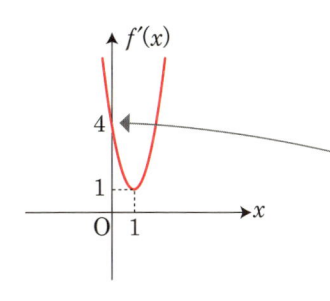

$f'(x) = 3x^2 - 3 \times 2x + 4$
$= 3x^2 - 6x + 4$

平方完成しました!!
詳しくは ナイスな導入 参照!!
平方完成自体については P.360のナイスフォローその3を!!

一般に，
$y = a(x-p)^2 + q$
の頂点は (p, q)

$f'(0) = 3 \times 0^2 - 6 \times 0 + 4$
$= 4$

(1)で平方完成した状態のヤツです

(2) (1)より，
$f'(x) = 3(x-1)^2 + 1$
このとき
$f'(x) > 0$ は，すべての実数 x で成立する。
よって，この関数は，単調に増加する。
つまり，この関数は，極値をもたない。

（証明おわり）

(1)のグラフより，

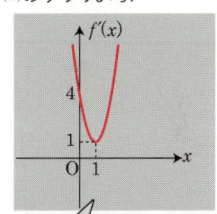

すべての実数 x で $f'(x) \geqq 1 > 0$ となることをグラフが示してくれてます!!

接線の傾きが常に正
⇔グラフが常に増加状態

(3) (1)のグラフより，

$f'(x)$は，$x=1$のとき最小値$f'(x)=1$をとる。

つまり，$x=1$に対応する点での接線の傾きが最小で，このときの傾きが1ということである。

$f(1)=0$

であるから，接線の傾きが最小となる点は，

(1, 0) …(答)

(1)のグラフの頂点です!!
導関数$f'(x)$とは，接線の傾きを表している!!

$f(x)=x^3-3x^2+4x-2$より
$f(1)=1^3-3×1^2+4×1-2$
$=0$
$(1, f(1))=(1, 0)$

(4) (1)より，関数$f(x)$のグラフの概形は，

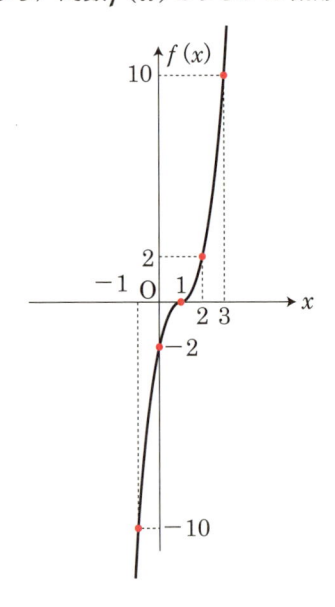

詳しくは ナイスな導入 参照!!

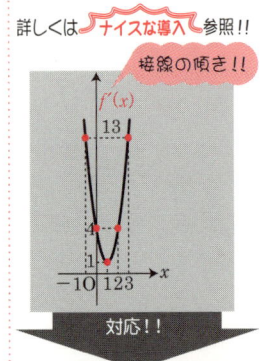

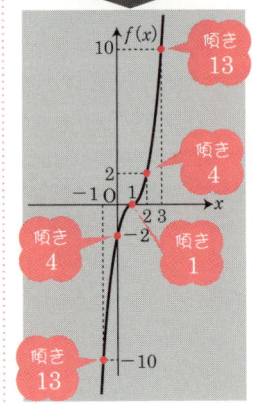

接線の傾き!!

対応!!

傾き 13
傾き 4
傾き 4
傾き 1
傾き 13

Theme 8 極値をもつの？ もたないの？？

極値の有無についての問題では **3次関数** が登場することが多い。
そこで，この3次関数について，まとめておこう!!

問題 8-1　　　　　　　　　　　　　　　　　　　基礎

次の関数が，極値をもつか，もたないかを調べよ。
(1) $y = 2x^3 - 6x^2 - 48x + 7$
(2) $y = -\dfrac{1}{3}x^3 + x^2 + x + 1$
(3) $y = x^3 + 6x^2 + 12x - 5$
(4) $y = -x^3 + 9x^2 - 27x + 10$
(5) $y = 2x^3 - 6x^2 + 18x + 5$

ナイスな導入　　導関数

まずは y' です。すべてはここから始まります!!

(1) $y = 2x^3 - 6x^2 - 48x + 7$
　　$y' = 2 \times 3x^2 - 6 \times 2x - 48$　　←微分しましょう!!
　　　　$= 6x^2 - 12x - 48$
　　　　$= 6(x^2 - 2x - 8)$
　　　　$= 6(x+2)(x-4)$

因数分解しておくと，$y' > 0$ or $y' < 0$ の判断がしやすい!!
イメージは…

増減表をかくと…

今さら当然のことだが，$y' = 0$ とすると，この *異なる2つの実数解* $x = -2, 4$ が得られる!!

x	$\cdots$	-2	$\cdots$	4	$\cdots$
y'	$+$	0	$-$	0	$+$
y	↗	極大	↘	極小	↗

↓ とゆーことは…

極大値 と **極小値** をもつ!!

↓ つまーり!!

極値をもつ!! 答でーす!!

"極値をもつ"ということは…
極大値or極小値のいずれかをもてばよい!!
しか〜し!! この場合, 両方ともっもってしまった!!

(2) $y = -\dfrac{1}{3}x^3 + x^2 + x + 1$

$y' = -\dfrac{1}{3} \times 3x^2 + 2x + 1$

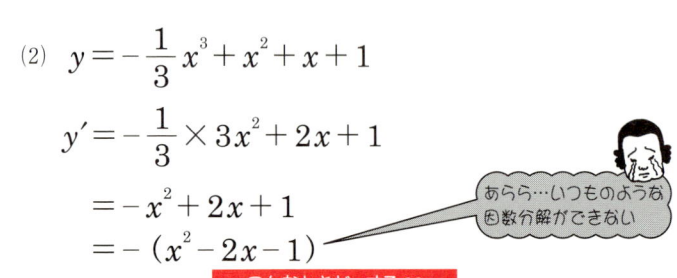

$\quad = -x^2 + 2x + 1$

$\quad = -(x^2 - 2x - 1)$

あらら…いつものような因数分解ができない

こんなときど〜する??

$y' = 0$ のとき,

$\quad -(x^2 - 2x - 1) = 0$

$\quad x^2 - 2x - 1 = 0$

$y' = -(x^2 - 2x - 1) = 0$

両辺を -1 倍する!!

解の公式より,

$x = \boxed{1 \pm \sqrt{2}}$

ここからは, いつもと同じ!!

以上より, y'は次のように変形できます!!

$y' = -(x^2 - 2x - 1)$

$\quad = -\{x - (1 - \sqrt{2})\}\{x - (1 + \sqrt{2})\}$

と表すことができるよ!!

数字がブサイクになっただけで結局は同じだよ!!

解の公式については,
P.343 のナイスフォローその1参照!!
この場合
$\underset{a}{1}x^2 \underset{b}{-2}x \underset{c}{-1} = 0$ より

解の公式 part II

$x = \dfrac{-\dfrac{b}{2} \pm \sqrt{\left(\dfrac{b}{2}\right)^2 - ac}}{a}$

から

$x = \dfrac{-(-1) \pm \sqrt{(-1)^2 - 1 \times (-1)}}{1}$

$\quad = 1 \pm \sqrt{2}$

一般に,
$x^2 + px + q = 0$
の2解が $x = \alpha, \beta$ のとき

$x^2 + px + q = 0$

↓

$(x - \alpha)(x - \beta) = 0$

Theme 8 極値をもつの？ もたないの？？ 83

増減表をかくと…

x	$\cdots$	$1-\sqrt{2}$	$\cdots$	$1+\sqrt{2}$	$\cdots$
y'	$-$	0	$+$	0	$-$
y	↘	極小	↗	極大	↘

$y'=-\{x-(1-\sqrt{2})\}\{x-(1+\sqrt{2})\}$ （より）

イメージは…

とゆーことは…

極大値 と **極小値** をもつ!!

今回も極大値と極小値を
ダブルでもった…

つまーり!!

極値をもつ!!

答でーす!!

ここで!!

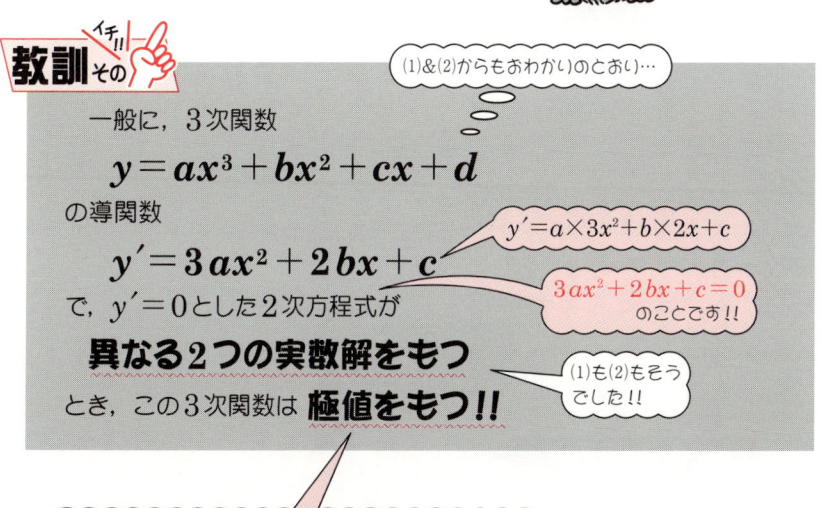

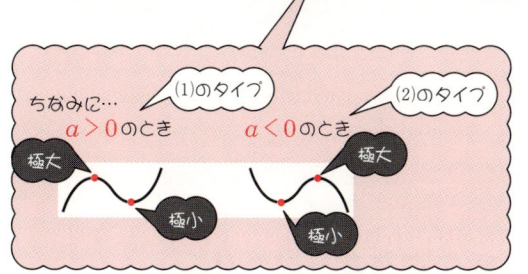

教訓 その イチ!!

(1)&(2)からもおわかりのとおり…

一般に，3次関数
$$y = ax^3 + bx^2 + cx + d$$
の導関数
$$y' = 3ax^2 + 2bx + c$$

$y'= a\times 3x^2 + b\times 2x + c$

で，$y'=0$ とした2次方程式が

$3ax^2 + 2bx + c = 0$ のことです!!

異なる2つの実数解をもつ

(1)も(2)もそうでした!!

とき，この3次関数は **極値をもつ!!**

ちなみに…
(1)のタイプ　　　(2)のタイプ
$a > 0$ のとき　　$a < 0$ のとき
極大　　　　　　極大
　　極小　　　　　　極小

なるほど…

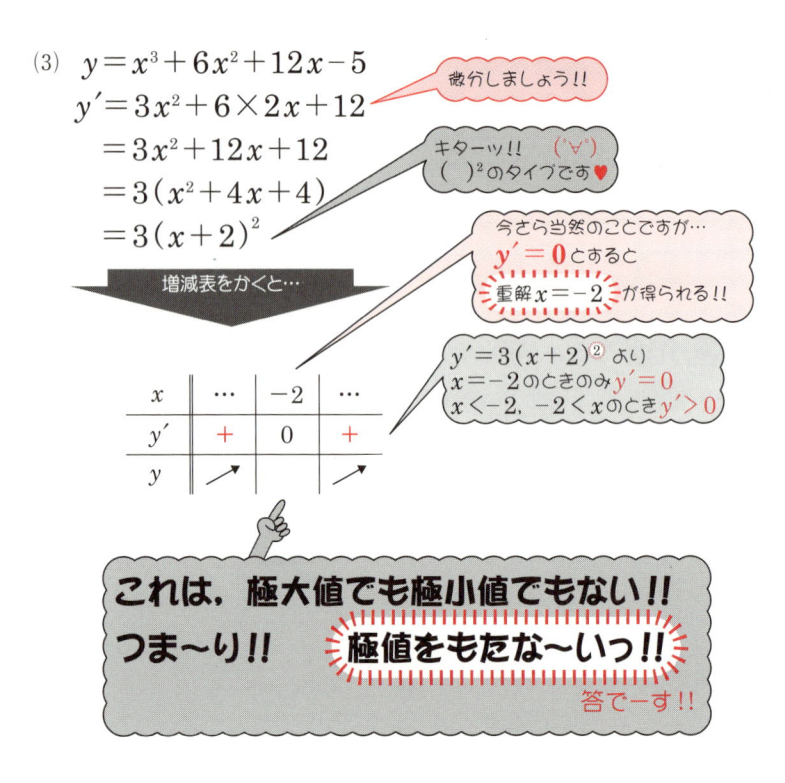

(3) $y = x^3 + 6x^2 + 12x - 5$
$y' = 3x^2 + 6 \times 2x + 12$
$= 3x^2 + 12x + 12$
$= 3(x^2 + 4x + 4)$
$= 3(x+2)^2$

微分しましょう!!

キターッ!! ( )²のタイプです♥

増減表をかくと…

今さら当然のことですが…
$y' = 0$ とすると,
重解 $x = -2$ が得られる!!

$y' = 3(x+2)^2$ より
$x = -2$ のときのみ $y' = 0$
$x < -2$, $-2 < x$ のとき $y' > 0$

x	…	-2	…
y'	$+$	0	$+$
y	↗		↗

これは，極大値でも極小値でもない!!
つま〜り!! 極値をもたな〜いっ!!
答でーす!!

(4) $y = -x^3 + 9x^2 - 27x + 10$
$y' = -3x^2 + 9 \times 2x - 27$
$= -3x^2 + 18x - 27$
$= -3(x^2 - 6x + 9)$
$= -3(x-3)^2$

まず微分です!!

おーっと!!
またまた，( )²のタイプ♥

増減表をかこう!!

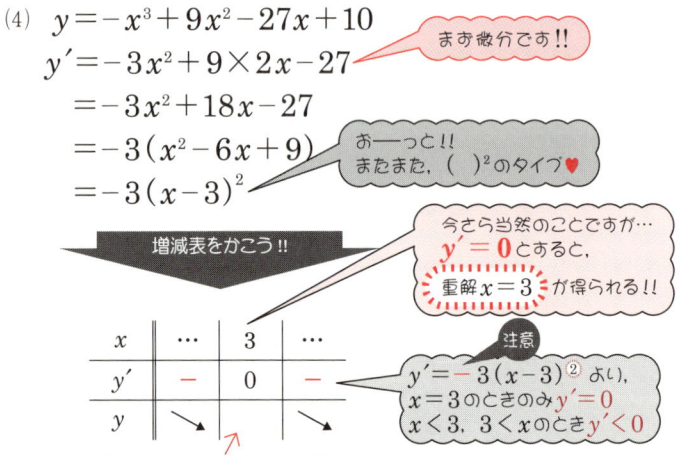

今さら当然のことですが…
$y' = 0$ とすると,
重解 $x = 3$ が得られる!!

注意
$y' = -3(x-3)^2$ より,
$x = 3$ のときのみ $y' = 0$
$x < 3$, $3 < x$ のとき $y' < 0$

x	…	3	…
y'	$-$	0	$-$
y	↘		↘

(3)と同様!!　これは極値ではない!!
つま〜り!! 極値をもたな〜いっ!!
答でーす!!

Theme 8　極値をもつの？　もたないの?? 85

そこで!!　また…

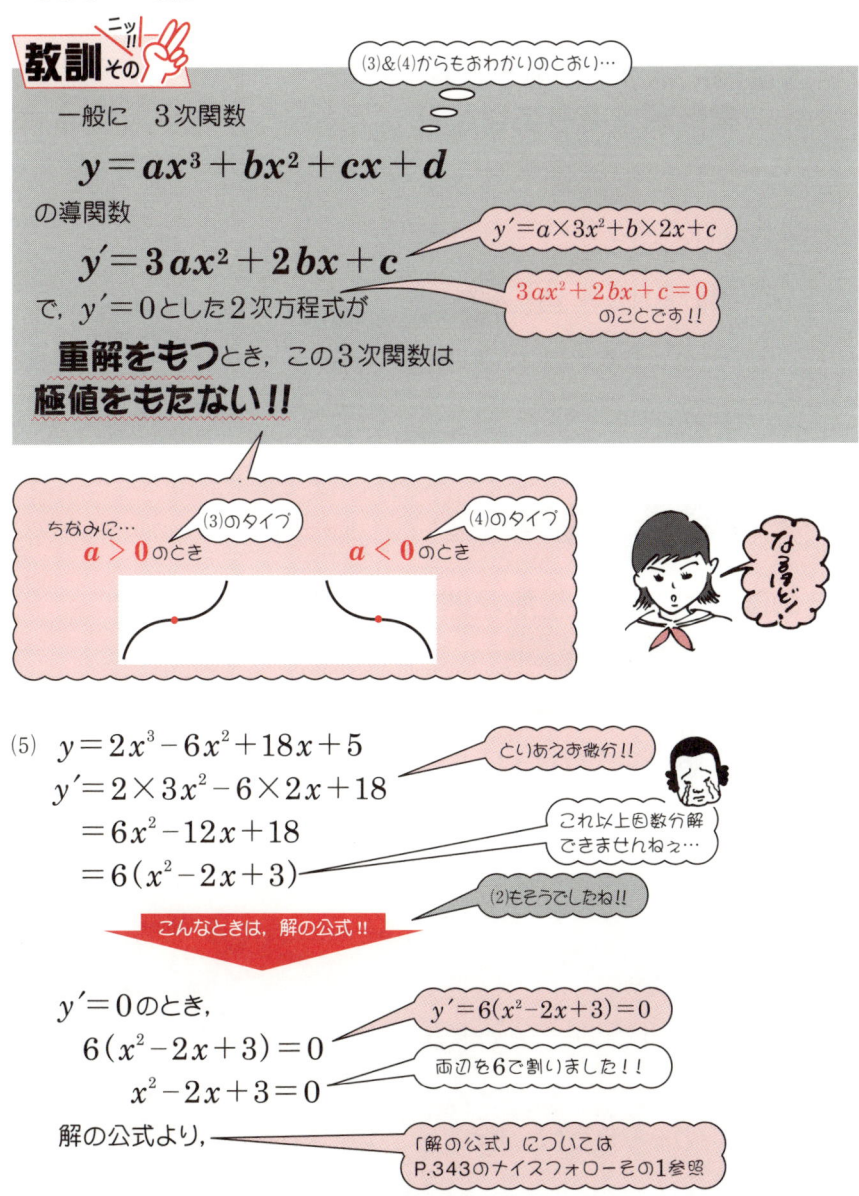

教訓その　ニッ!!

（(3)&(4)からもおわかりのとおり…）

一般に　3次関数

$$y = ax^3 + bx^2 + cx + d$$

の導関数

$$y' = 3ax^2 + 2bx + c$$

で，$y'=0$ とした2次方程式が

（$y' = a \times 3x^2 + b \times 2x + c$）

（$3ax^2 + 2bx + c = 0$ のことです!!）

重解をもつとき，この3次関数は
極値をもたない!!

ちなみに…
(3)のタイプ　$a > 0$ のとき
(4)のタイプ　$a < 0$ のとき

（なるほど!!）

(5)　$y = 2x^3 - 6x^2 + 18x + 5$
　　$y' = 2 \times 3x^2 - 6 \times 2x + 18$
　　　$= 6x^2 - 12x + 18$
　　　$= 6(x^2 - 2x + 3)$

（とりあえず微分!!）

（これ以上因数分解できませんね…）

（(2)もそうでしたね!!）

▼ **こんなときは，解の公式!!**

$y' = 0$ のとき,
　　$6(x^2 - 2x + 3) = 0$
　　　$x^2 - 2x + 3 = 0$

（$y' = 6(x^2 - 2x + 3) = 0$）

（両辺を6で割りました!!）

解の公式より,

（「解の公式」については
P.343のナイスフォローその1参照）

$x = 1 \pm \sqrt{2}\,i$

あーっ!!
虚数解になってしまうたぁ
つまり**実数解をもちません!!**

> $\underset{a}{1}x^2 \underset{b}{-2}x + \underset{c}{3} = 0$ より,
>
> **解の公式 part II**
> $$x = \frac{-\frac{b}{2} \pm \sqrt{\left(\frac{b}{2}\right)^2 - ac}}{a}$$
> から
> $x = \frac{-(-1) \pm \sqrt{(-1)^2 - 1 \times 3}}{1}$
> $= 1 \pm \sqrt{-2}$
> $= 1 \pm \sqrt{2}\,i$

こんなときどうする??

方針を切りかえよう!!

$y' = 6x^2 - 12x + 18$
$ = 6(x^2 - 2x + 1 - 1) + 18$
$ = 6(x-1)^2 + 12$

> $y' = 0$ が実数解をもたないときは**平方完成**ある方向で…

> 平方完成です!! 詳しくはP.360のナイスフォローその3参照!!

よって, $y' > 0$ が常に成立する。

> $y' = 6(x-1)^2 + 12 > 0$
> $ \geqq 0$
> P.76 問題**7-6**参照

よって!!

この関数は, 常に増加状態にある(単調増加!!)

つま〜り!!

極値をもたない!!

> 増加しっぱなし!!

答でーす!!

そこで!! またまた…

教訓その サン!!

(5)からもおわかりのとおり…

一般に 3次関数
$$y = ax^3 + bx^2 + cx + d$$
の導関数
$$y' = 3ax^2 + 2bx + c$$

> $y' = a \times 3x^2 + b \times 2x + c$

で, $y' = 0$ とした2次方程式が

> $3ax^2 + 2bx + c = 0$
> のことでーす!!

実数解をもたないとき, この3次関数は

Theme 8 極値をもつの？ もたないの?? 87

極値をもたない!!

ちなみに… (5)のタイプ　　　　　　　　　参考までに…
$a > 0$ のとき　　　　$a < 0$ のとき

減少するだけ!!

増加するだけ!!

へぇ〜〜

以上の3つの教訓をまとめます!!

ザ・まとめ

3次関数 $y = ax^3 + bx^2 + cx + d$ について
導関数 $y' = 3ax^2 + 2bx + c$ で
$y' = 0$ とした
2次方程式が

$3ax^2 + 2bx + c = 0$ のことです!!
この2次方程式の判別式を
判別式についてはP.347
ナイスフォローその2参照
D としまーす!!

その1 異なる2つの実数解をもつ ➡ $D > 0$

必要十分条件 ➡ **極値をもつ!!**

$a > 0$ のとき　$a < 0$ のとき
極大　　　極大
極小　　　極小

その2 重解をもつ ➡ $D = 0$

十分条件 ➡ **極値をもたない!!**

$a > 0$ のとき　$a < 0$ のとき

その3 実数解をもたない ➡ $D < 0$

十分条件 ➡ **極値をもたない!!**

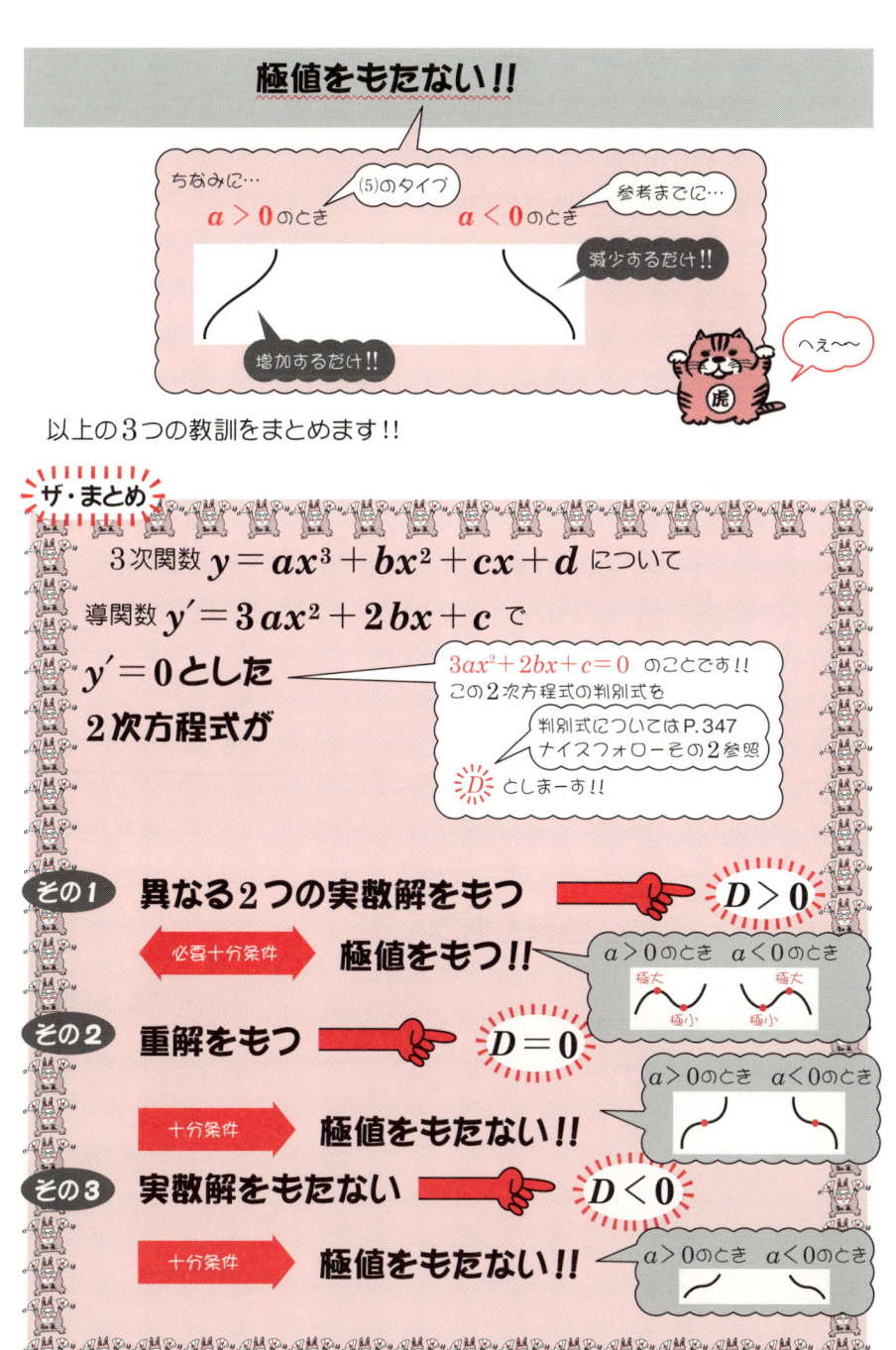

$a > 0$ のとき　$a < 0$ のとき

とゆーわけで，3次関数で"極値をもつor極値をもたない"を調べたいだけのときは，わざわざ増減を調べる必要はない!!

ザ・まとめ でも明らかなように，$y'=0$ の解を調べればOK!!

では，スマートな解法を目指して…

解答でござる

(1) $y=2x^3-6x^2-48x+7$

$y'=6x^2-12x-48$

このとき，

$y'=0$ から，

$6x^2-12x-48=0$

$x^2-2x-8=0 \cdots(*)$

$(*)$の判別式をDとして，

$\dfrac{D}{4}=(-1)^2-1\times(-8)$

$\quad =9>0$

よって，$(*)$は，異なる2つの実数解をもつ。
つまり，$y'=0$も異なる2つの実数解をもつ。
よって，この関数は **極値をもつ**。…(答)

$y'=2\times 3x^2-6\times 2x-48$
$=6x^2-12x-48$

$y'=0$の解を調べる!!

両辺を6で割る

ぶっちゃけ，このケースは，
$(x+2)(x-4)=0$
∴ $x=-2, 4$
のように解いてしまったほうが速い!! まぁ，それはそれとして…

判別式DについてはP.347 ナイスフォローその2参照!!

$ax^2+bx+c=0$のとき
$\dfrac{D}{4}=\left(\dfrac{b}{2}\right)^2-ac$

ザ・まとめ その1 参照!!

(2) $y=-\dfrac{1}{3}x^3+x^2+x+1$

$y'=-x^2+2x+1$

このとき，

$y'=0$ から，

$-x^2+2x+1=0$

$x^2-2x-1=0 \cdots(*)$

$y'=-\dfrac{1}{3}\times 3x^2+2x+1$
$=-x^2+2x+1$

$y'=0$の解を調べる!!

両辺を-1倍する!!

(*)の判別式をDとして，
$$\frac{D}{4}=(-1)^2-1\times(-1)$$
$$=2>0$$
よって，(*)は異なる2つの実数解をもつ．
つまり，$y'=0$も異なる2つの実数解をもつ．
よって，この関数は **極値をもつ**．…(答)

> 判別式DについてはP.347ナイスフォローその2参照!!
> $ax^2+bx+c=0$のとき
> $$\frac{D}{4}=\left(\frac{b}{2}\right)^2-ac$$
> ザ・まとめ その1 参照!!

(3) $\quad y=x^3+6x^2+12x-5$
$\quad y'=3x^2+12x+12$
このとき，
$y'=0$から，
$\quad 3x^2+12x+12=0$
$\quad x^2+4x+4=0 \cdots$ (*)

(*)の判別式をDとして，
$$\frac{D}{4}=2^2-1\times 4=0$$
よって，(*)は重解をもつ．
つまり，$y'=0$も重解をもつ．
よって，この関数は **極値をもたない**．…(答)

> $y'=3x^2+6\times 2x+12$
> $\quad =3x^2+12x+12$
> $y'=0$の解を調べる!!
> 両辺を3で割る!!
> ぶっちゃけこのケースも
> $(x+2)^2=0$
> $\therefore x=-2$(重解)
> のように解いてしまったほうが速い!! まあ，それはそれとして…
> 判別式DについてはP.347ナイスフォローその2参照!!
> $ax^2+bx+c=0$のとき
> $$\frac{D}{4}=\left(\frac{b}{2}\right)^2-ac$$
> ザ・まとめ その2 参照!!

(4) $\quad y=-x^3+9x^2-27x+10$
$\quad y'=-3x^2+18x-27$
このとき，
$y'=0$から，
$\quad -3x^2+18x-27=0$
$\quad x^2-6x+9=0 \cdots$ (*)

> $y'=-3x^2+9\times 2x-27$
> $\quad =-3x^2+18x-27$
> $y'=0$の解を調べるべし!!
> 両辺を-3で割る!!
> ぶっちゃけ，このケースも
> $(x-3)^2=0$
> $\therefore x=3$(重解)
> のように解いてしまったほうが速い!! まぁ今回はDに慣れてほしいもので…

($*$)の判別式をDとして，
$$\frac{D}{4} = (-3)^2 - 1 \times 9 = 0$$
よって，($*$)は，重解をもつ。

つまり，$y' = 0$も重解をもつ。

よって，この関数は **極値をもたない**。…（答）

> 判別式DについてはP.347ナイスフォローその2参照!!
>
> $ax^2 + bx + c = 0$のとき
> $$\frac{D}{4} = \left(\frac{b}{2}\right)^2 - ac$$
>
> ザ・まとめ その2 参照!!

(5) $y = 2x^3 - 6x^2 + 18x + 5$
$y' = 6x^2 - 12x + 18$

> $y' = 2 \times 3x^2 - 6 \times 2x + 18$
> $\quad = 6x^2 - 12x + 18$
>
> $y' = 0$の解を調べるべし!!

このとき，
$y' = 0$から，
$$6x^2 - 12x + 18 = 0$$
$$x^2 - 2x + 3 = 0 \cdots (*)$$

> 両辺を6で割る!!
>
> 判別式DについてはP.347ナイスフォローその2参照!!
>
> $ax^2 + bx + c = 0$のとき
> $$\frac{D}{4} = \left(\frac{b}{2}\right)^2 - ac$$

($*$)の判別式をDとして，
$$\frac{D}{4} = (-1)^2 - 1 \times 3$$
$$\quad = -2 < 0$$

よって，($*$)は実数解をもたない。

つまり，$y' = 0$も実数解をもたない。

よって，この関数は **極値をもたない**。…（答）

> 特に(5)の場合は使える枝だな…
>
> ザ・まとめ その3 参照!!

ちょっと言わせて

問題8-2 以降の問題で役に立つ方針で解答を作りましたが，ナイスな導入 でやったように，増減を調べて極値の有無を判定してもOKですよ!! むしろ，そのほうが好感がもてるかもね…♥

Theme 8 極値をもつの？ もたないの？？

ロマンチックだなぁ…

問題 8-1 の教訓を胸に，今こそ船出です！！

問題 8-2 標準

関数 $f(x)$ が次の条件をみたすとき，k の値の範囲を求めよ。

(1) $f(x) = x^3 + (k-2)x^2 + (k+4)x - 2$ が極値をもつ。

(2) $f(x) = \dfrac{1}{3}x^3 - kx^2 + (3k-2)x + 5$ が極値をもつ。

(3) $f(x) = x^3 + kx^2 + kx + 2$ が極値をもたない。

(4) $f(x) = x^3 + kx^2 + 4x + l$ が極値をもたない。

ナイスな導入　　$k \neq 0$　　問題 8-1 のお話をまとめなおすよ!!

$f(x) = kx^3 + lx^2 + mx + n$
$f'(x) = 3kx^2 + 2lx + m$

判別式についてはP.347 ナイスフォローその2参照!!

$f'(x) = 0 \cdots (*)$ とした2次方程式の判別式を D とする。

極値をもつ条件　とゆーことは…　$f'(x) = 0 \cdots (*)$ が異なる2つの実数解をもつ　よって… $D > 0$

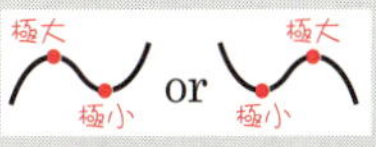

極大　極大
 or
極小　極小

極値をもたない条件　とゆーことは…　$f'(x) = 0 \cdots (*)$ が重解をもつ or 実数解をもたない　よって… $D \leq 0$

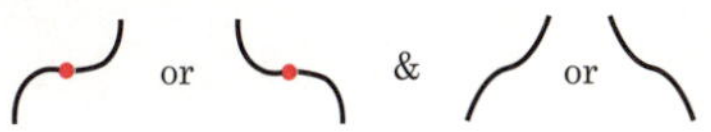

 or & or

なるほど…

重解をもつ………$D = 0$
実数解をもたない…$D < 0$ } $D \leq 0$

注 判別式 D については，P.347 ナイスフォローその2を見てね♥

注意
3次関数において極値をもつときは，必ず**極大値と極小値の両方をもってしまう**性質がある!!　3次関数では，極大値 or 極小値のいずれかの一方だけもつことはできません!!

解答でござる

(1) $f(x) = x^3 + (k-2)x^2 + (k+4)x - 2$
$f'(x) = 3x^2 + 2(k-2)x + k + 4$

このとき, $f'(x) = 0$ とすると,
$$3x^2 + 2(k-2)x + k + 4 = 0 \cdots (*)$$

($*$)が異なる2つの実数解をもつとき,
その値の前後で$f'(x)$の符号が変わるから
$f(x)$は極値をもつ。 ← これがポイント!!

($*$)の判別式をDとして,
$$\frac{D}{4} = (k-2)^2 - 3(k+4) > 0$$
$$k^2 - 7k - 8 > 0$$
$$(k+1)(k-8) > 0$$

$$\therefore \ k < -1, \ 8 < k \ \cdots (答)$$

$f'(x) = 3x^2 + (k-2) \times 2x + k + 4$
$= 3x^2 + 2(k-2)x + k + 4$
$f'(x) = 3x^2 + 2(k-2)x + k + 4 = 0$

詳しくは 問題8-1 参照!!

$f'(x) = 0$が異なる2つの実数解をもつ!!
⇔
$f(x)$は, 極値をもつ!!

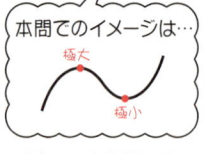

本問でのイメージは…

異なる2つの実数解をもつ
⇔ $D > 0$

2次不等式です!!
大又夫だよね?

(2) $f(x) = \frac{1}{3}x^3 - kx^2 + (3k-2)x + 5$
$f'(x) = x^2 - 2kx + (3k-2)$

このとき, $f'(x) = 0$ とすると,
$$x^2 - 2kx + (3k-2) = 0 \cdots (*)$$

($*$)が異なる2つの実数解をもつとき,
その値の前後で$f'(x)$の符号が変わるから
$f(x)$は極値をもつ。 ← これがポイント!!

($*$)の判別式をDとして,
$$\frac{D}{4} = (-k)^2 - 1 \times (3k-2) > 0$$
$$k^2 - 3k + 2 > 0$$

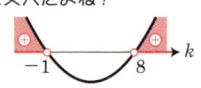

$f'(x) = \frac{1}{3} \times 3x^2 - k \times 2x + (3k-2)$
$= x^2 - 2kx + (3k-2)$
$f'(x) = x^2 - 2kx + (3k-2) = 0$

詳しくは 問題8-1 参照!!

$f'(x) = 0$が異なる2つの実数解をもつ!!
⇔
$f'(x)$は, 極値をもつ!!

本問でのイメージは…

異なる2つの実数解をもつ
⇔ $D > 0$

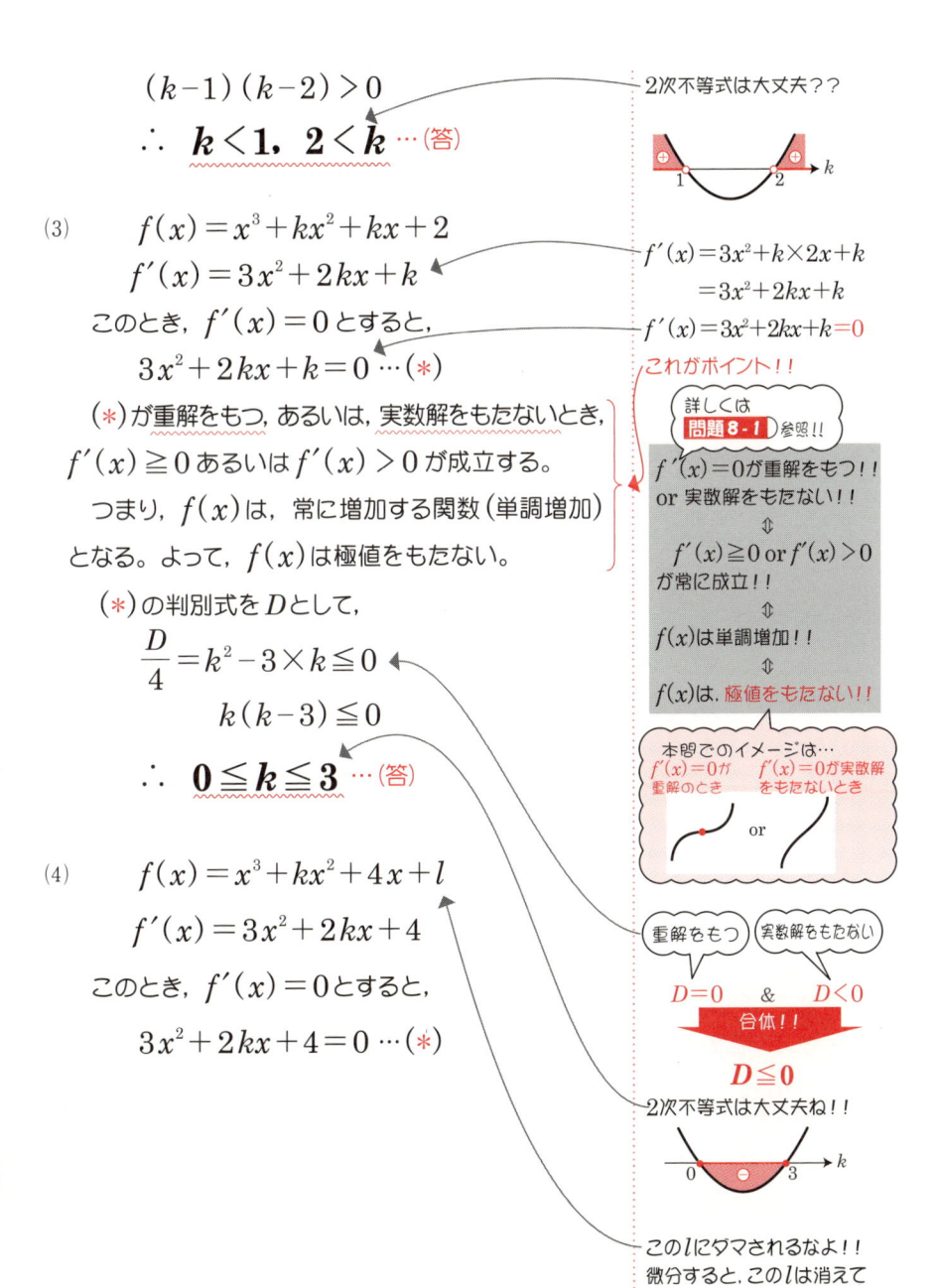

$$(k-1)(k-2) > 0$$
$$\therefore k < 1,\ 2 < k \quad \cdots\text{(答)}$$

(3) $\quad f(x) = x^3 + kx^2 + kx + 2$
$\qquad f'(x) = 3x^2 + 2kx + k$

このとき, $f'(x) = 0$ とすると,
$\qquad 3x^2 + 2kx + k = 0 \quad \cdots(*)$

$(*)$ が重解をもつ, あるいは, 実数解をもたないとき, $f'(x) \geqq 0$ あるいは $f'(x) > 0$ が成立する。

つまり, $f(x)$ は, 常に増加する関数 (単調増加) となる。よって, $f(x)$ は極値をもたない。

$(*)$ の判別式を D として,
$$\frac{D}{4} = k^2 - 3 \times k \leqq 0$$
$$k(k-3) \leqq 0$$
$$\therefore 0 \leqq k \leqq 3 \quad \cdots\text{(答)}$$

(4) $\quad f(x) = x^3 + kx^2 + 4x + l$
$\qquad f'(x) = 3x^2 + 2kx + 4$

このとき, $f'(x) = 0$ とすると,
$\qquad 3x^2 + 2kx + 4 = 0 \quad \cdots(*)$

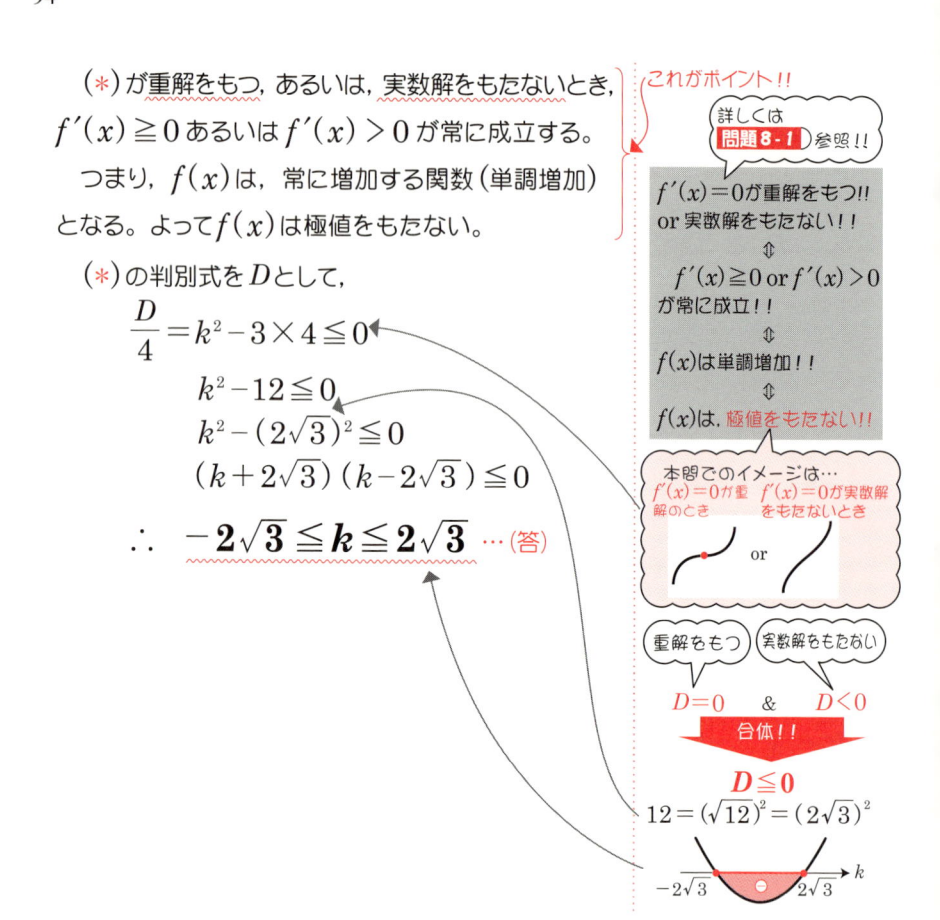

($*$)が重解をもつ,あるいは,実数解をもたないとき,
$f'(x) \geqq 0$ あるいは $f'(x) > 0$ が常に成立する.

つまり,$f(x)$は,常に増加する関数(単調増加)となる.よって$f(x)$は極値をもたない.

($*$)の判別式をDとして,

$$\frac{D}{4} = k^2 - 3 \times 4 \leqq 0$$
$$k^2 - 12 \leqq 0$$
$$k^2 - (2\sqrt{3})^2 \leqq 0$$
$$(k + 2\sqrt{3})(k - 2\sqrt{3}) \leqq 0$$
$$\therefore \ -2\sqrt{3} \leqq k \leqq 2\sqrt{3} \quad \cdots (答)$$

> これがポイント!!
> 詳しくは 問題8-1 参照!!
>
> $f'(x) = 0$が重解をもつ!!
> or 実数解をもたない!!
> ⇕
> $f'(x) \geqq 0$ or $f'(x) > 0$
> が常に成立!!
> ⇕
> $f(x)$は単調増加!!
> ⇕
> $f(x)$は,極値をもたない!!
>
> 本問でのイメージは…
> $f'(x)=0$が重解のとき / $f'(x)=0$が実数解をもたないとき
>
> 重解をもつ / 実数解をもたない
> $D = 0$ & $D < 0$
> 合体!!
> $D \leqq 0$
> $12 = (\sqrt{12})^2 = (2\sqrt{3})^2$

さてさて,このあたりで類似品をいろいろ….

問題8-3 　　　　　　　　　　　　　　　　　標準

関数$f(x)$が次の条件をみたすとき,kの値の範囲を求めよ.
(1) $f(x) = kx^3 + x^2 + 3kx + 5$ が常に増加して極値をもたない.
(2) $f(x) = kx^3 + x^2 + 3kx + 5$ が常に減少して極値をもたない.

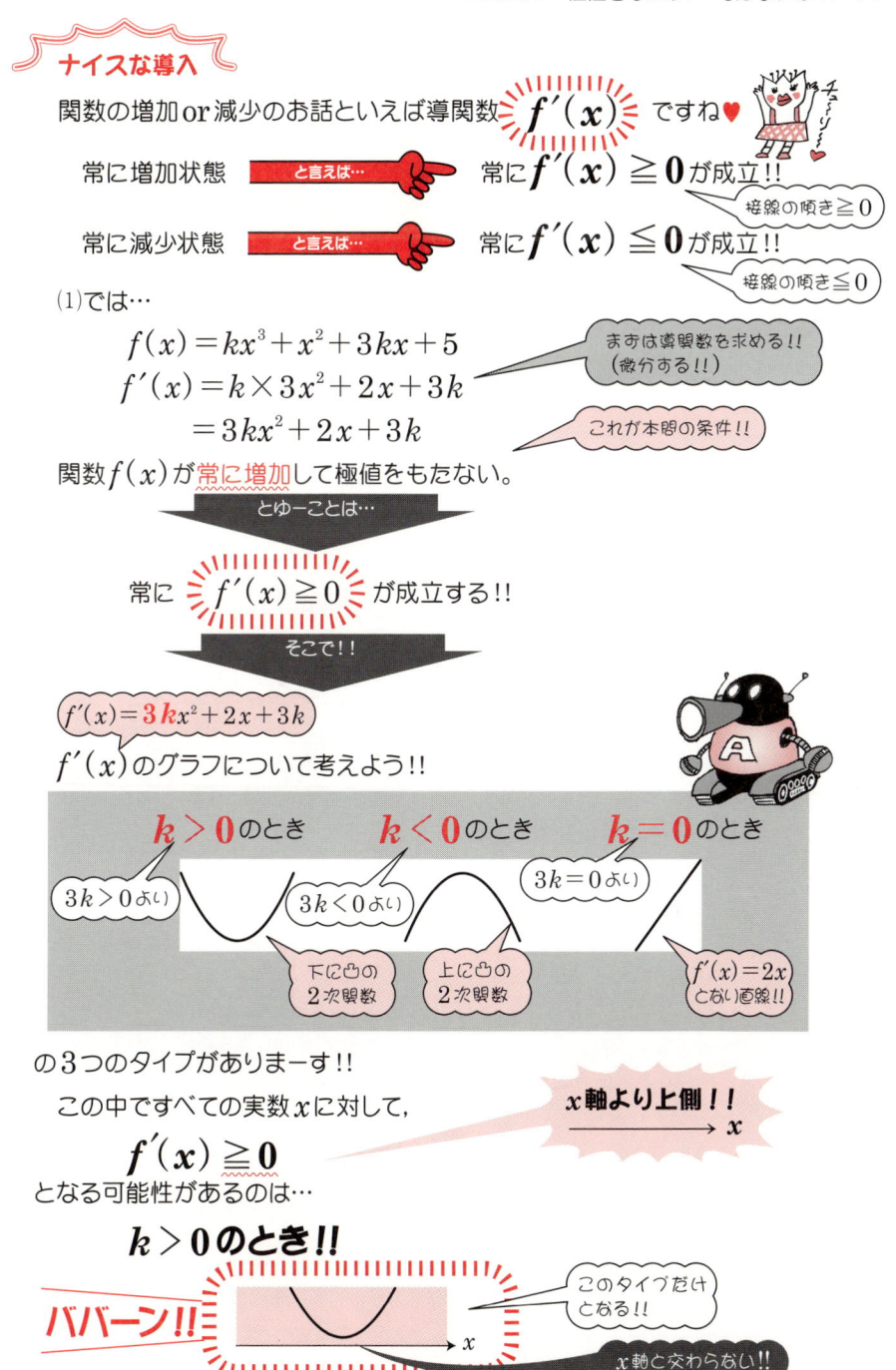

Theme 8 極値をもつの？ もたないの?? 95

ナイスな導入

関数の増加or減少のお話といえば導関数 $f'(x)$ ですね♥

常に増加状態　と言えば… 　常に $f'(x) \geqq 0$ が成立!!
（接線の傾き$\geqq 0$）

常に減少状態　と言えば… 　常に $f'(x) \leqq 0$ が成立!!
（接線の傾き$\leqq 0$）

(1)では…

$$f(x) = kx^3 + x^2 + 3kx + 5$$
$$f'(x) = k \times 3x^2 + 2x + 3k$$
$$= 3kx^2 + 2x + 3k$$

（まずは導関数を求める!! (微分する!!)）
（これが本問の条件!!）

関数 $f(x)$ が常に増加して極値をもたない。

とゆーことは…

常に $f'(x) \geqq 0$ が成立する!!

そこで!!

$f'(x) = 3kx^2 + 2x + 3k$

$f'(x)$ のグラフについて考えよう!!

$k > 0$ のとき（$3k > 0$ より）（下に凸の2次関数）

$k < 0$ のとき（$3k < 0$ より）（上に凸の2次関数）

$k = 0$ のとき（$3k = 0$ より）（$f'(x) = 2x$ となる直線!!）

の3つのタイプがありまーす!!

この中ですべての実数 x に対して，

$$f'(x) \geqq 0$$

となる可能性があるのは…

（x軸より上側!!）

$k > 0$ のとき!!

ババーン!!

（このタイプだけとなる!!）
（x軸と交わらない!!）

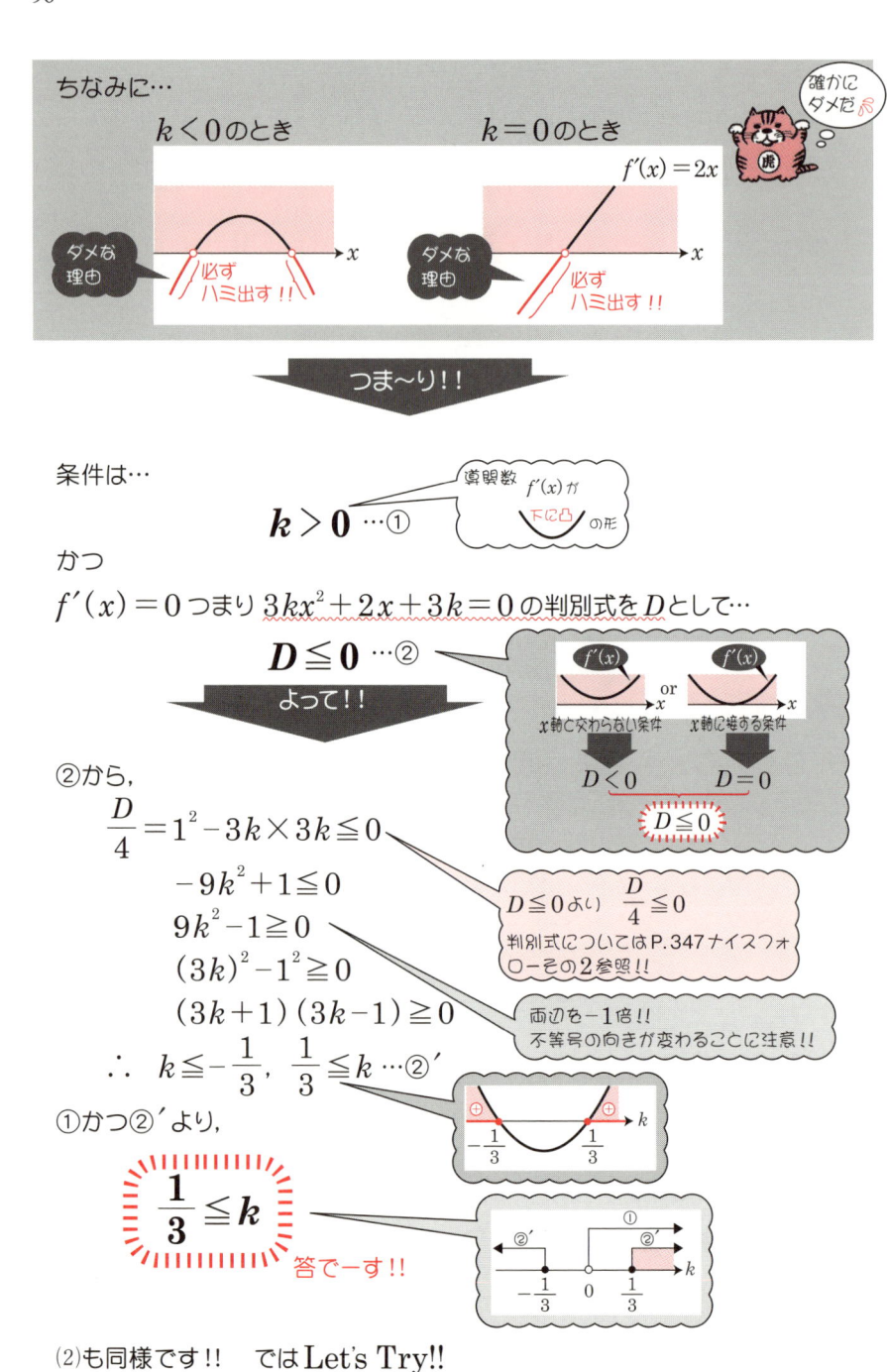

ちなみに…

$k < 0$ のとき　　　　　$k = 0$ のとき

ダメな理由：必ずハミ出す!!

ダメな理由：必ずハミ出す!! $f'(x) = 2x$

確かにダメだ🐱

つま〜り!!

条件は…

$$k > 0 \quad \cdots ①$$

（導関数 $f'(x)$ が下に凸の形）

かつ

$f'(x) = 0$ つまり $3kx^2 + 2x + 3k = 0$ の判別式を D として…

$$D \leqq 0 \quad \cdots ②$$

x軸と交わらない条件 $D<0$ or x軸に接する条件 $D=0$
→ $D \leqq 0$

よって!!

②から，

$$\frac{D}{4} = 1^2 - 3k \times 3k \leqq 0$$

$$-9k^2 + 1 \leqq 0$$

$$9k^2 - 1 \geqq 0$$

$$(3k)^2 - 1^2 \geqq 0$$

$$(3k+1)(3k-1) \geqq 0$$

$$\therefore \ k \leqq -\frac{1}{3}, \ \frac{1}{3} \leqq k \quad \cdots ②'$$

$D \leqq 0$ より $\dfrac{D}{4} \leqq 0$
判別式についてはP.347ナイスフォローその2参照!!

両辺を-1倍!! 不等号の向きが変わることに注意!!

①かつ②'より,

$$\boxed{\frac{1}{3} \leqq k}$$

答でーす!!

(2)も同様です!!　ではLet's Try!!

Theme 8 極値をもつの？ もたないの？？

解答でござる

P.98に♡おすすめコーナー♡があるぞ!! 見逃すな!!

(1) $f(x) = kx^3 + x^2 + 3kx + 5$
$f'(x) = 3kx^2 + 2x + 3k$

関数 $f(x)$ が常に増加して極値をもたない
$\Leftrightarrow$ 常に $f'(x) \geqq 0$ が成立する。

よって，条件は，
$\begin{cases} 3k > 0 \text{ つまり } k > 0 \quad \cdots ① \\ \text{かつ} \\ (f'(x) = 0 \text{ の判別式を } D \text{ として}) \\ \qquad\qquad\qquad D \leqq 0 \quad \cdots ② \end{cases}$

②から，
$\dfrac{D}{4} = 1^2 - 3k \times 3k \leqq 0$
$-9k^2 + 1 \leqq 0$
$9k^2 - 1 \geqq 0$
$(3k+1)(3k-1) \geqq 0$
$\therefore\ k \leqq -\dfrac{1}{3},\ \dfrac{1}{3} \leqq k \quad \cdots ②'$

①，②' より，求めるべき k の値の範囲は，
$\dfrac{1}{3} \leqq k \quad \cdots\text{(答)}$

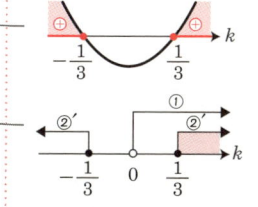

(2) $f(x) = kx^3 + x^2 + 3kx + 5$
$f'(x) = 3kx^2 + 2x + 3k$

関数 $f(x)$ が常に減少して極値をもたない
$\Leftrightarrow$ 常に $f'(x) \leqq 0$ が成立する。

$f'(x) = k \times 3x^2 + 2x + 3k$
$\qquad = 3kx^2 + 2x + 3k$
$3kx^2 + 2x + 3k \geqq 0$
が常に成立!!

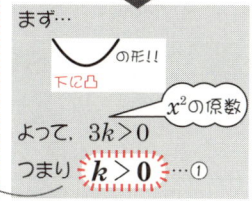

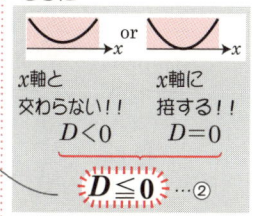

まず…
下に凸 の形!!
x^2 の係数
よって，$3k > 0$
つまり $k > 0$ …①

さらに…
x軸と交わらない!! $D < 0$
x軸に接する!! $D = 0$
$D \leqq 0$ …②

判別式については
P.347のナイスフォローその2参照!!

$-\dfrac{1}{3}$ $\dfrac{1}{3}$ k

②' ① ②'
$-\dfrac{1}{3}$ 0 $\dfrac{1}{3}$ k

(1)と同じ式ですよ♥

$f'(x) = 3kx^2 + 2x + 3k \leqq 0$
が常に成立!!

常に減少する条件

よって，条件は，

$$\begin{cases} 3k < 0 \text{ つまり } k < 0 \quad \cdots ① \\ \text{かつ} \\ (f'(x)=0 \text{ の判別式を } D \text{ として}) \\ \qquad D \leq 0 \quad \cdots ② \end{cases}$$

②から，

$$\frac{D}{4} = 1^2 - 3k \times 3k \leq 0$$

$$-9k^2 + 1 \leq 0$$

$$9k^2 - 1 \geq 0$$

$$(3k+1)(3k-1) \geq 0$$

$$\therefore \ k \leq -\frac{1}{3}, \ \frac{1}{3} \leq k \quad \cdots ②'$$

①，②' より，求めるべき k の値の範囲は

$$k \leq -\frac{1}{3} \quad \cdots \text{(答)}$$

> x軸より下側に常に $f'(x)$ のグラフがあればよい!!

まず
下に凸 の形!!
よって，$3k < 0$
つまり $k > 0$ …①　← x^2の係数

さらに…
x軸と交わらない!!　$D < 0$
or
x軸に接する!!　$D = 0$

$D \leq 0$ …②

♥おすすめコーナー♥

いよぉ～っ!! 待ってましたぁ～～っ!!

……

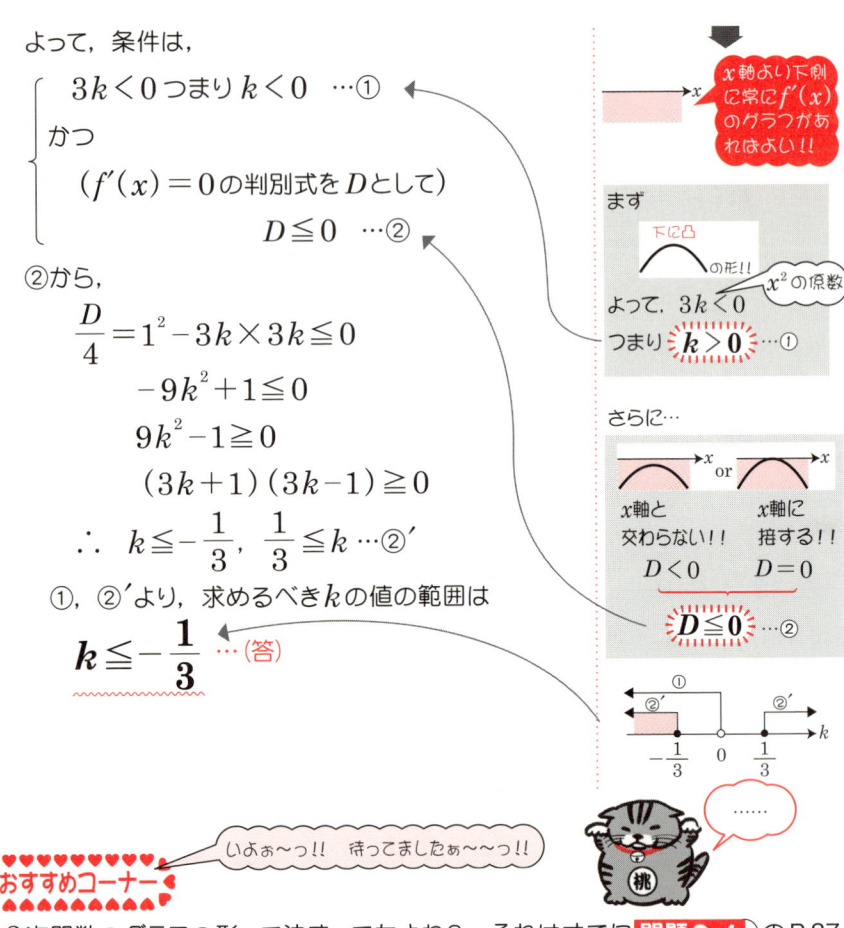

3次関数のグラフの形って決まってたよね？　それはすでに 問題8-1 の P.87 にある ザ・まとめ で完全分類しましたよっ!!

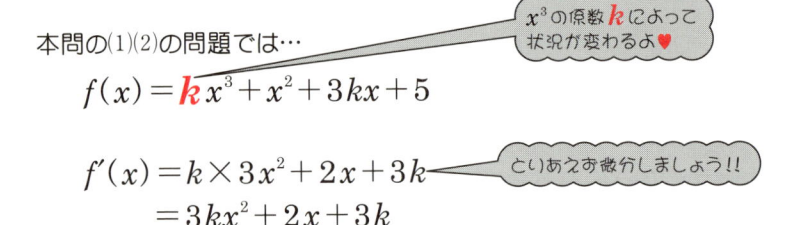

本問の(1)(2)の問題では…

> x^3の係数 k によって状況が変わるよ♥

$$f(x) = kx^3 + x^2 + 3kx + 5$$

$$f'(x) = k \times 3x^2 + 2x + 3k$$
$$= 3kx^2 + 2x + 3k$$

> とりあえず微分しましょう!!

Theme 8 極値をもつの？ もたないの？？

このとき，$f(x)$のグラフは，以下の　7パターン　!!
　　　　　　　　　　　　　　　　　　↑　イ～トです!!

$k>0$のとき

$f'(x)=0$の判別式をDとしてます!!

- ㋑ $D>0$の場合 （極大・極小あり）
- ㋺ $D=0$の場合
- ㋩ $D<0$の場合

$k<0$のとき

- ㊁ $D>0$の場合 （極大・極小あり）
- ㋭ $D=0$の場合
- ㋬ $D<0$の場合

$k=0$のとき

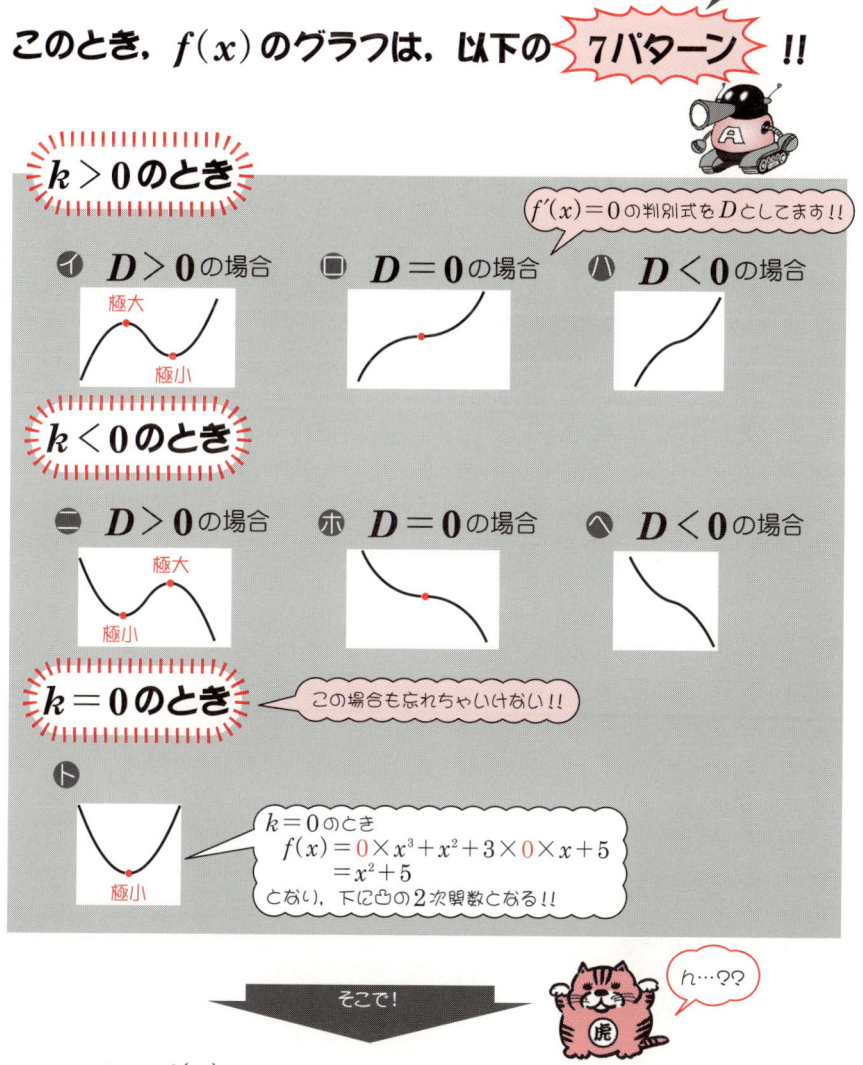

この場合も忘れちゃいけない!!

- ㋣

$k=0$のとき
$f(x)=0\times x^3+x^2+3\times 0\times x+5$
$\quad =x^2+5$
となり，下に凸の2次関数となる!!

↓ そこで！ ん…??

(1)では，"関数$f(x)$が常に増加して極値をもたない"ことが条件です。この条件にマッチしているグラフは…

ズバリ!!　㋺or㋩です!!

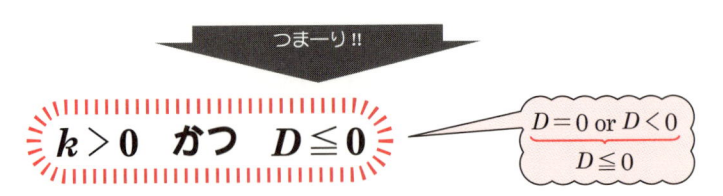

$$\Downarrow \text{つまーり!!}$$

$$k > 0 \quad \text{かつ} \quad D \leqq 0$$

$D = 0$ or $D < 0$
$D \leqq 0$

(2)では、"関数 $f(x)$ が常に減少して極値をもたない"ことが条件です。この条件にマッチしているグラフは…

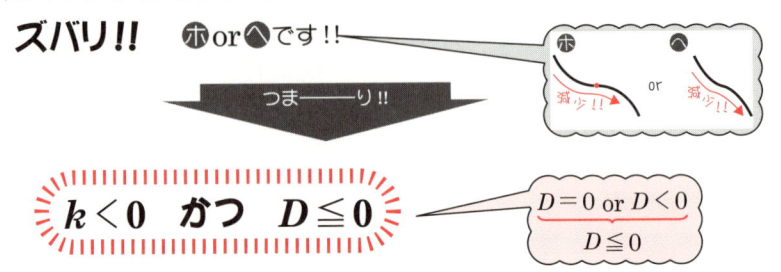

ズバリ!! ホ or ヘ です!!

$$\Downarrow \text{つま———り!!}$$

$$k < 0 \quad \text{かつ} \quad D \leqq 0$$

$D = 0$ or $D < 0$
$D \leqq 0$

では、この考え方で解答を作ってみましょう!!

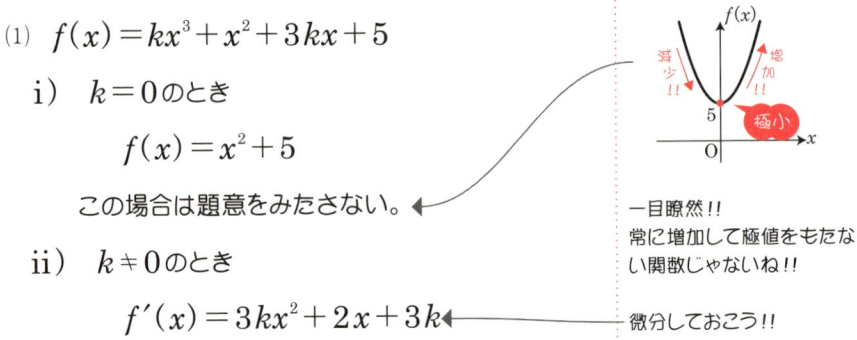

解答でござる（再び）

(1) $f(x) = kx^3 + x^2 + 3kx + 5$

　i) $k = 0$ のとき

　　$f(x) = x^2 + 5$

　この場合は題意をみたさない。

　　一目瞭然!!
　　常に増加して極値をもたない関数じゃないね!!

　ii) $k \neq 0$ のとき

　　$f'(x) = 3kx^2 + 2x + 3k$ ← 微分しておこう!!

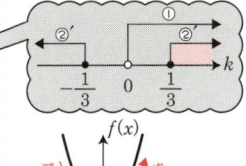

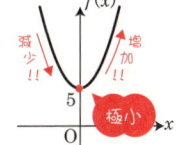

ここで，2次方程式 $f'(x)=0$ の判別式を D とする。

関数 $f(x)$ が常に増加して極値をもたない

$\iff \begin{cases} k>0 \quad \cdots ① \\ かつ \\ D\leqq 0 \quad \cdots ② \end{cases}$

② より，

$\dfrac{D}{4} = 1^2 - 3k \times 3k \leqq 0$

$-9k^2 + 1 \leqq 0$

$9k^2 - 1 \geqq 0$

$(3k+1)(3k-1) \geqq 0$

$\therefore \ k \leqq -\dfrac{1}{3}, \ \dfrac{1}{3} \leqq k \quad \cdots ②'$

①，②' から，

$\underline{\underline{\dfrac{1}{3} \leqq k}} \ \cdots$ (答)

(2) $f(x) = kx^3 + x^2 + 3kx + 5$

 i) $k=0$ のとき

  $f(x) = x^2 + 5$

  この場合は題意をみたさない。

 ii) $k \neq 0$ のとき

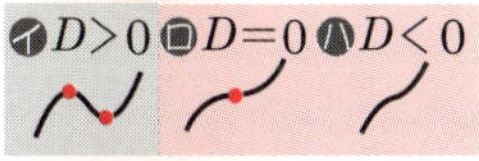

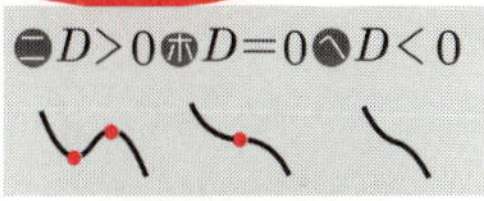

  $f'(x) = 3kx^2 + 2x + 3k$

ここで，2次方程式 $f'(x)=0$ の判別式を D とする。

関数 $f(x)$ が常に減少して極値をもたない

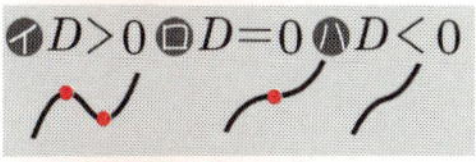

$\iff \begin{cases} k<0 \quad \cdots ① \\ かつ \\ D\leqq 0 \quad \cdots ② \end{cases}$

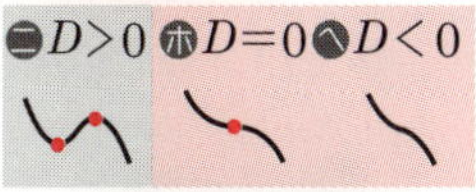

②より,

$$k \leqq -\frac{1}{3}, \quad \frac{1}{3} \leqq k \cdots ②'$$

(1)と同じ計算なので途中式は省略しました!!

①, ②'から,

$$k \leqq -\frac{1}{3} \cdots (答)$$

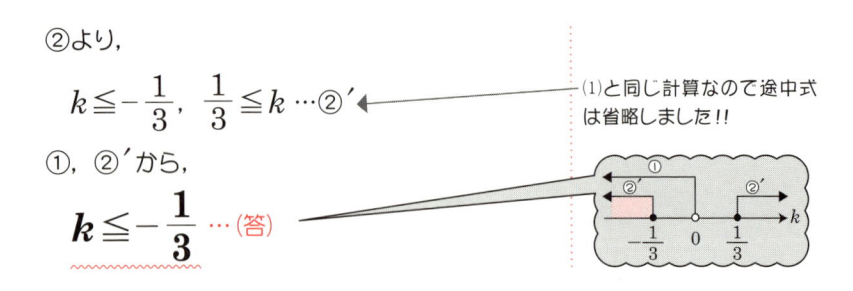

では仕上げです♥

問題 8-4　ちょいムズ

関数 $f(x)$ が次の条件をみたすとき, k の値の範囲を求めよ。
(1) $f(x) = kx^3 + kx^2 - 2x + k$ が常に減少して極値をもたない。
(2) $f(x) = kx^3 + 6x^2 - (3k-15)x + 2$ が極大値と極小値をもつ。

ナイスな導入

やはりこのレベルになると, グラフの形で分類する方針のほうが見通しがよく, わかりやすい!!

(1)では…

$k > 0$ のとき

$f'(x) = 0$ の判別式を D とします!!

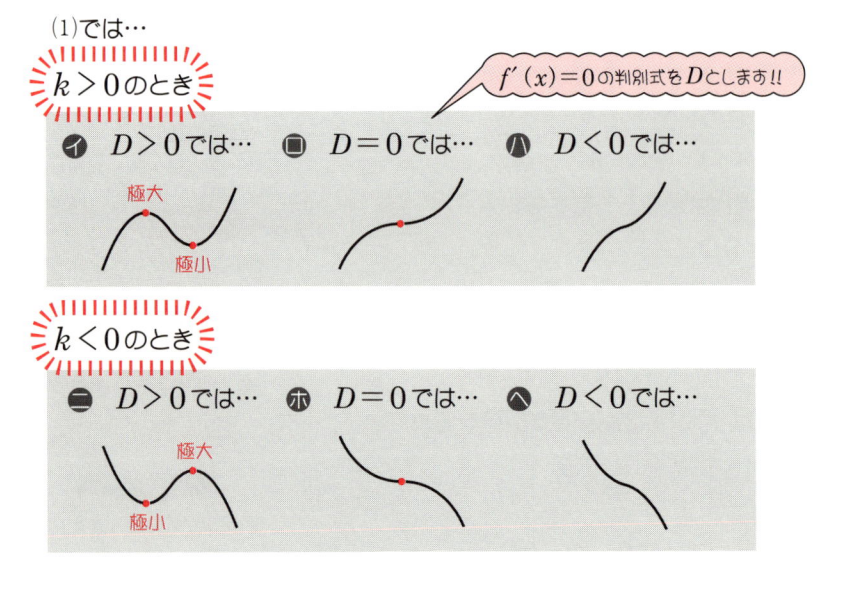

① $D > 0$ では…　② $D = 0$ では…　③ $D < 0$ では…

$k < 0$ のとき

④ $D > 0$ では…　⑤ $D = 0$ では…　⑥ $D < 0$ では…

Theme 8　極値をもつの？　もたないの？？　103

$k=0$ のとき　　この場合を忘れてはいかん!!

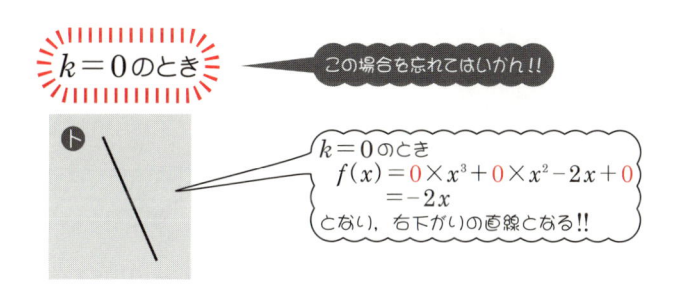

ト

$k=0$ のとき
$$f(x) = 0 \times x^3 + 0 \times x^2 - 2x + 0$$
$$= -2x$$
となり，右下がりの直線となる!!

さて，この中で"常に減少して極値をもたない"という条件に合うグラフは…

ホ or ヘ or ト でーす!!

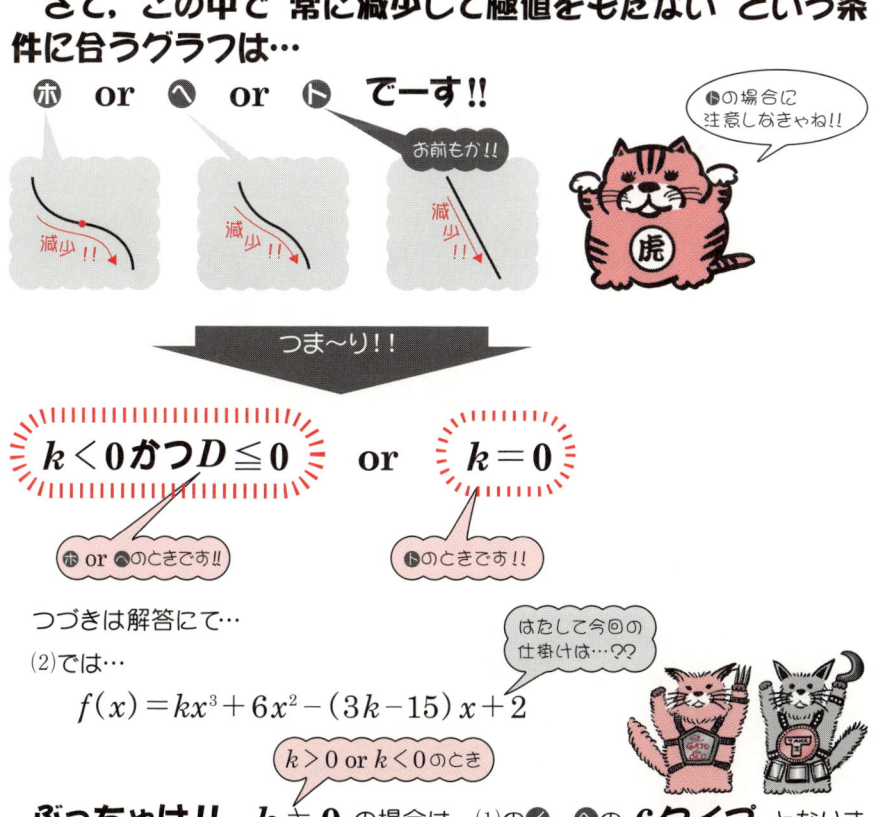

お前もか!!

減少!!　　減少!!　　減少!!

トの場合に注意しなきゃね!!

つま～り!!

$k<0$ かつ $D\leqq 0$ 　　or 　　$k=0$

ホ or ヘ のときです!! 　　　トのときです!!

つづきは解答にて…

(2)では…
$$f(x) = kx^3 + 6x^2 - (3k-15)x + 2$$

$k>0$ or $k<0$ のとき

はたして今回の仕掛けは…??

ぶっちゃけ!!　$k \neq 0$ の場合は，(1)のイ～ヘの **6タイプ** となります!!

問題は $k=0$ のときです。

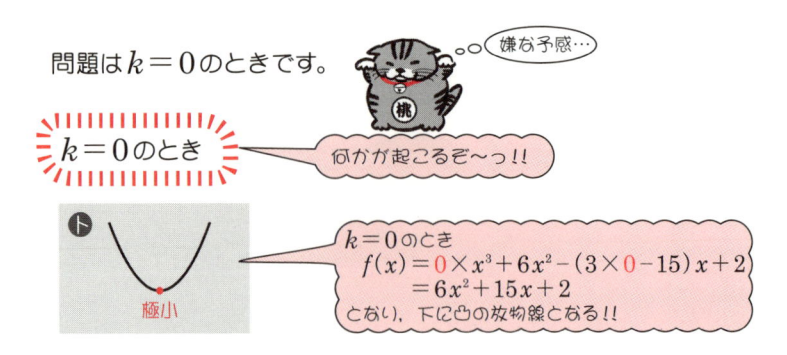

（嫌な予感…）

$k=0$ のとき

何かが起こるぞ〜っ!!

ト
極小

$k=0$ のとき
$$f(x) = 0 \times x^3 + 6x^2 - (3 \times 0 - 15)x + 2$$
$$= 6x^2 + 15x + 2$$
となり、下に凸の放物線となる!!

さて、イ〜トの中で"極大値と極小値をもつ"という条件にあうものは…

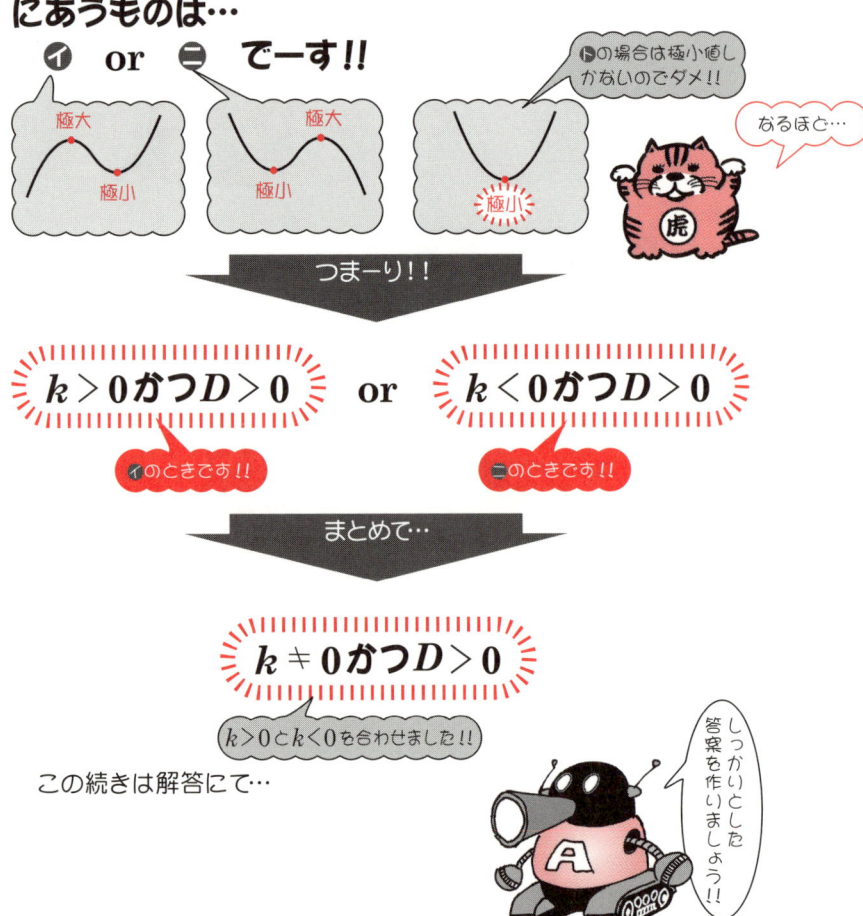

イ or ニ でーす!!

極大 / 極小

極大 / 極小

トの場合は極小値しかないのでダメ!!

極小

なるほど…

つまーり!!

$k>0$ かつ $D>0$　or　**$k<0$ かつ $D>0$**

イのときです!!　　ニのときです!!

まとめて…

$k \neq 0$ かつ $D>0$

$k>0$ と $k<0$ を合わせました!!

この続きは解答にて…

しっかりとした答案を作りましょう!!

解答でござる

(1) $f(x) = kx^3 + kx^2 - 2x + k$

　i) $k = 0$ のとき

$$f(x) = -2x$$

このとき関数 $f(x)$ は傾きが負の直線となるので、題意をみたす。

よって、$\boxed{k = 0}$ …㋐

は、求めるべき k の範囲の一部となる。

　ii) $k \neq 0$ のとき

$$f'(x) = 3kx^2 + 2kx - 2$$

ここで、2次方程式 $f'(x) = 0$ の判別式を D とする。

関数 $f(x)$ が常に減少して極値をもたない

$$\iff \begin{cases} k < 0 & \cdots ① \\ \text{かつ} \\ D \leq 0 & \cdots ② \end{cases}$$

②より、

$$\frac{D}{4} = k^2 - 3k \times (-2) \leq 0$$

$$k^2 + 6k \leq 0$$

$$k(k+6) \leq 0$$

$$\therefore\ -6 \leq k \leq 0 \ \cdots ②'$$

①かつ②′から、

$$\boxed{-6 \leq k < 0} \ \cdots ㋑$$

㋐, ㋑を合わせて、求めるべき k の値の範囲は、

$$\therefore\ \underline{-6 \leq k \leq 0} \cdots\text{(答)}$$

$f(x) = 0 \times x^3 + 0 \times x^2 - 2x + 0$
$= -2x$

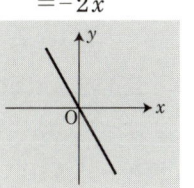

常に減少する!!

$f'(x) = k \times 3x^2 + k \times 2x - 2$
$= 3kx^2 + 2kx - 2$

$k > 0$ のとき
㋐ $D > 0$　㋑ $D = 0$　㋒ $D < 0$

$k < 0$ のとき
㋓ $D > 0$　㋔ $D = 0$　㋕ $D < 0$

この中で…

㋔ or ㋕ が条件をみたす!!

よって!!

$k < 0$ かつ $D \leq 0$

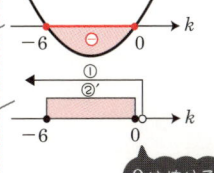

0は抜ける!!

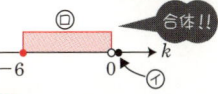

合体!!

注 i)とii)の場合分けをせずに偶然正解してる答案はダメだよ!!

(2) $f(x) = kx^3 + 6x^2 - (3k-15)x + 2$

i) $k = 0$ のとき
$$f(x) = 6x^2 + 15x + 2$$
このとき, 関数 $f(x)$ は, 下に凸の放物線となる。
よって, 極大値と極小値の両方はもたないので題意をみたさない。

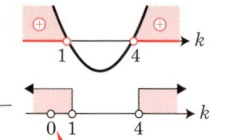

ii) $k \neq 0$ のとき
$$f'(x) = 3kx^2 + 12x - (3k-15)$$
ここで, 2次方程式 $f'(x) = 0$ の判別式を D とする。

関数 $f(x)$ が極大値と極小値をもつ
$\iff f'(x) = 0$ が異なる2つの実数解をもつ
$\iff D > 0$

よって
$$\frac{D}{4} = 6^2 - 3k \times \{-(3k-15)\} > 0$$
$$9k^2 - 45k + 36 > 0$$
$$k^2 - 5k + 4 > 0$$
$$(k-1)(k-4) > 0$$
$$\therefore k < 1, \ 4 < k$$

このとき, $k \neq 0$ より,
$$\boxed{k < 0, \ 0 < k < 1, \ 4 < k}$$
よって, 求めるべき k の値の範囲は,
$$k < 0, \ 0 < k < 1, \ 4 < k \quad \cdots \text{(答)}$$

Theme 9 よくありがちな問題いろいろ

いきなり問題で恐縮です🙇

問題9-1 【標準】

次の各問いに答えよ。
(1) 関数 $f(x)=ax^3+bx^2+cx+d$ が $x=1$ で極大値3をとり，$x=3$ で極小値−5をとるとき，定数 a, b, c, d の値を求めよ。
(2) ある3次関数 $f(x)$ は，$x=-1$ で極小値−5をとり，$x=3$ で極大値27をとる。このとき，3次関数 $f(x)$ を求めよ。

ナイスな導入

(1)
$$f(x)=ax^3+bx^2+cx+d$$
$$f'(x)=a\times 3x^2+b\times 2x+c$$
$$=3ax^2+2bx+c$$

未知数は，a, b, c, d の4文字です!!

文字だらけだ

イメージは…

条件は…

$f(1)=3$ …①
$f'(1)=0$ …②
　　$x=1$ での接線の傾き=0

$f(3)=-5$ …③
$f'(3)=0$ …④
　　$x=3$ での接線の傾き=0

接線の傾き=0　極大!!
接線の傾き=0　極小!!

①, ②, ③, ④の**4つ**の式が立つので, **4つ**の文字 a, b, c, d を求めることができる!!

(2)も同様!!

求めるべき3次関数を $f(x) = ax^3 + bx^2 + cx + d$ としてSTART!!

解答でござる

(1)
$$f(x) = ax^3 + bx^2 + cx + d$$
$$f'(x) = 3ax^2 + 2bx + c$$

$f'(x) = a \times 3x^2 + b \times 2x + c$
$\quad\quad = 3ax^2 + 2bx + c$

題意より,

$$\begin{cases} f(1) = 3 \\ f'(1) = 0 \\ f(3) = -5 \\ f'(3) = 0 \end{cases}$$

― $x=1$のとき, 極大値3
― $x=1$での接線の傾きは0
― $x=3$のとき, 極小値-5
― $x=3$での接線の傾きは0

$\Longleftrightarrow \begin{cases} a + b + c + d = 3 \quad \cdots ① \\ 3a + 2b + c = 0 \quad \cdots ② \\ 27a + 9b + 3c + d = -5 \quad \cdots ③ \\ 27a + 6b + c = 0 \quad \cdots ④ \end{cases}$

$f(1) = a \times 1^3 + b \times 1^2 + c \times 1 + d = 3$
$f'(1) = 3a \times 1^2 + 2b \times 1 + c = 0$
$f(3) = a \times 3^3 + b \times 3^2 + c \times 3 + d = -5$
$f'(3) = 3a \times 3^2 + 2b \times 3 + c = 0$

③-①より,
$$26a + 8b + 2c = -8$$
$$\therefore \quad 13a + 4b + c = -4 \quad \cdots ⑤$$

$\quad 27a + 9b + 3c + d = -5 \cdots ③$
$-)\ \underline{\ a + \ b + \ c + d = \ 3 \cdots ①}$
$\quad 26a + 8b + 2c \quad\quad = -8$

両辺を2で割ったよ

⑤-②より,
$$10a + 2b = -4$$
$$\therefore \quad 5a + b = -2 \quad \cdots ⑥$$

$\quad 13a + 4b + c = -4 \cdots ⑤$
$-)\ \underline{\ 3a + 2b + c = \ 0 \cdots ②}$
$\quad 10a + 2b \quad\quad = -4$

両辺を2で割った

④-②より,
$$24a + 4b = 0$$
$$6a + b = 0 \quad \cdots ⑦$$

$\quad 27a + 6b + c = 0 \cdots ④$
$-)\ \underline{\ 3a + 2b + c = 0 \cdots ②}$
$\quad 24a + 4b \quad\quad = 0$

⑦-⑥より,
$a=2$

⑥から,
$5\times 2+b=-2$
$\therefore\ b=-12$

②から,
$3\times 2+2\times(-12)+c=0$
$\therefore\ c=18$

①から,
$2-12+18+d=3$
$\therefore\ d=-5$

以上より,
$f(x)=\underset{a}{2}x^3-\underset{b}{12}x^2+\underset{c}{18}x-\underset{d}{5}$

逆に，このとき,

$f'(x)=6x^2-24x+18$
$\qquad =6(x^2-4x+3)$
$\qquad =6(x-1)(x-3)$

増減表をかくと,

x	$\cdots$	1	$\cdots$	3	$\cdots$
$f'(x)$	+	0	−	0	+
$f(x)$	↗	極大 3	↘	極小 −5	↗

よって, $f(x)$ は，題意をみたす。
以上より,
$a=2,\ b=-12,\ c=18,\ d=-5$ …(答)

$6a+b=0\ \cdots$⑦
$-)\ 5a+b=-2\ \cdots$⑥
$\qquad a\quad =2$

$5a+b=-2\ \cdots$⑥
 $a=2$

⑦を活用してもOK!!

$3a+2b+c=0\cdots$②
 $a=2\ \ b=-12$

④や⑤を活用してもOK!!

$a+b+c+d=3\cdots$①
 $a=2\ \ b=-12\ \ c=18$

これで解決のはずだが…

$f'(1)=0$ や $f'(3)=0$ の2式は，その点における接線の傾きが0といっているだけで，そこで極大となるか？ 極小となるか？ 変曲点となるか？

まだ，不明です!! だから確認する必要があるわけです!! 難しい言い方をすると，まだ必要条件にすぎないので，十分条件であることを確かめる必要あり!! なのです

$f(1)=2\times 1^3-12\times 1^2+18\times 1-5=3$
$f(3)=2\times 3^3-12\times 3^2+18\times 3-5=-5$

増減表より，確かに $x=1$ のとき極大値3, $x=3$ のとき極小値−5をとる!!

ちょっと言わせて 　　　正です!!

$a=2(>0)$ が求まった時点で, $f(x)$ が3次関数であることを考慮すると, $f(x)$ のグラフは, 次の3パターンしかない。

> ⑧でやったように3次関数のグラフの型は決まってたよね♥

　その1　　　その2　　　その3

> ⑧ですでにおなじみ!!

さらに, $f'(1)=0$ かつ $f'(3)=0$ であることから, $f'(x)=0$ は, $x=1, 3$ の異なる2つの実数解をもつことがいえる。

> $f'(1)=0$ かつ $f'(3)=0$
> ⇕
> $x=1, 3$ で $f'(x)=0$ が成立!!
> ⇕
> $f'(x)=0$ は, $x=1, 3$ を解にもつ!!

つまーり!!

上の3パターンのうち その1 にしぼられる!!

よって, $x=1$ で極大値, $x=3$ で極小値をとることがわかる。

> 極大　極小　$x=1$　$x=3$

しかしながら…

このお話をぐだぐだ述べるより, 先ほどの解答のように,「**逆に, このとき…**」といった具合に確認してしまったほうが速いですよ♥

> なるほど…

(2) 求めるべき3次関数を,
$f(x)=ax^3+bx^2+cx+d\,(a\neq 0)$ とおく。
$f'(x)=3ax^2+2bx+c$

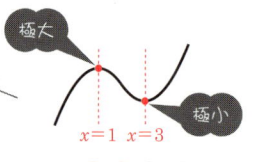

> 今回は問題文に3次関数とあるので, $a=0$ だと困る!!
> $f'(x)=a\times 3x^2+b\times 2x+c$
> 　　　$=3ax^2+2bx+c$

> 計算ミスに注意!!

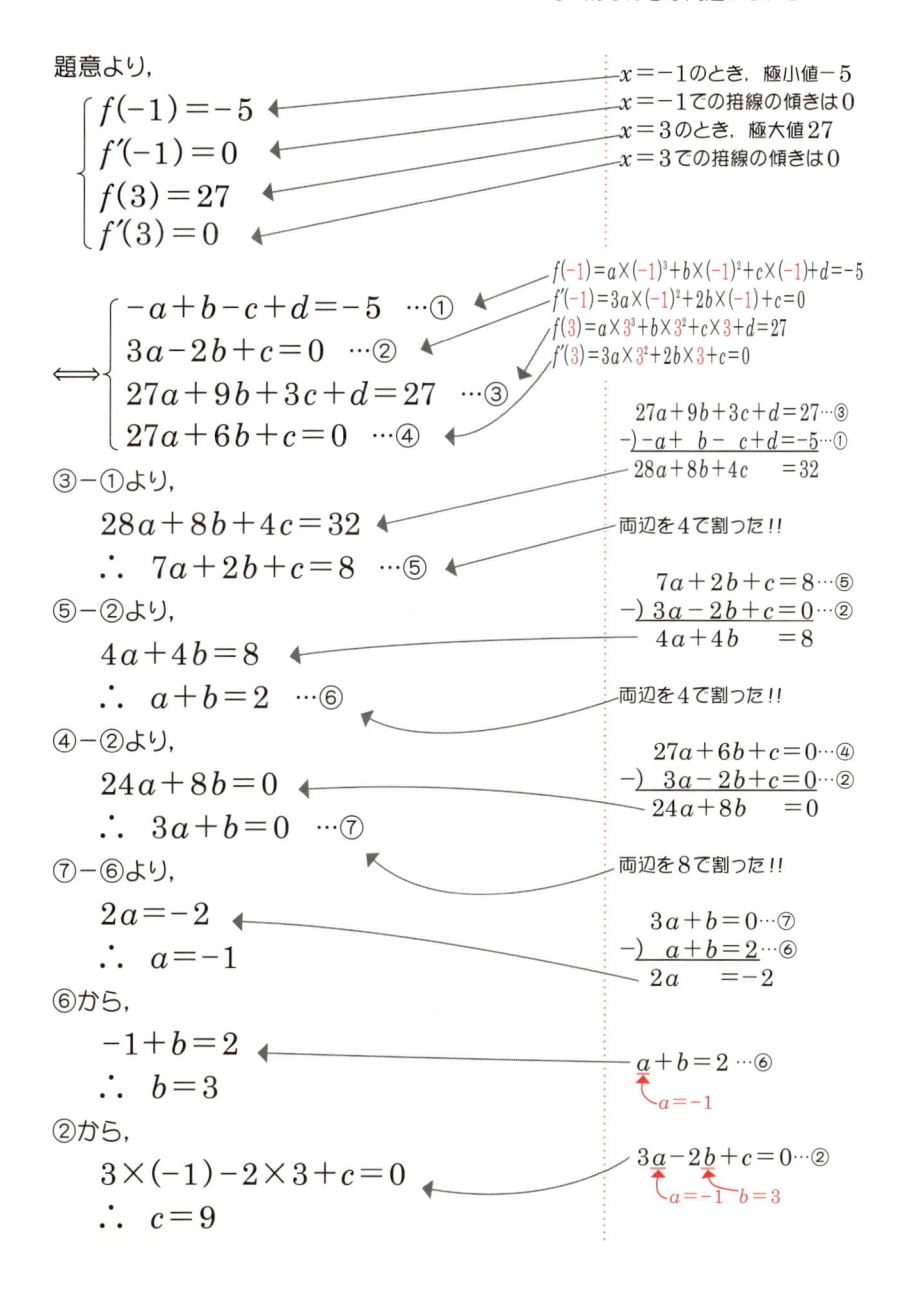

題意より，

$$\begin{cases} f(-1)=-5 \\ f'(-1)=0 \\ f(3)=27 \\ f'(3)=0 \end{cases}$$

← $x=-1$ のとき，極小値 -5
← $x=-1$ での接線の傾きは 0
← $x=3$ のとき，極大値 27
← $x=3$ での接線の傾きは 0

$\iff \begin{cases} -a+b-c+d=-5 & \cdots ① \\ 3a-2b+c=0 & \cdots ② \\ 27a+9b+3c+d=27 & \cdots ③ \\ 27a+6b+c=0 & \cdots ④ \end{cases}$

$f(-1)=a\times(-1)^3+b\times(-1)^2+c\times(-1)+d=-5$
$f'(-1)=3a\times(-1)^2+2b\times(-1)+c=0$
$f(3)=a\times 3^3+b\times 3^2+c\times 3+d=27$
$f'(3)=3a\times 3^2+2b\times 3+c=0$

③－①より，
$28a+8b+4c=32$
$\therefore\ 7a+2b+c=8\ \cdots⑤$

$27a+9b+3c+d=27\cdots③$
$\underline{-)-a+b-c+d=-5\cdots①}$
$28a+8b+4c=32$

両辺を4で割った!!

⑤－②より，
$4a+4b=8$
$\therefore\ a+b=2\ \cdots⑥$

$7a+2b+c=8\cdots⑤$
$\underline{-)\ 3a-2b+c=0\cdots②}$
$4a+4b=8$

両辺を4で割った!!

④－②より，
$24a+8b=0$
$\therefore\ 3a+b=0\ \cdots⑦$

$27a+6b+c=0\cdots④$
$\underline{-)\ 3a-2b+c=0\cdots②}$
$24a+8b=0$

両辺を8で割った!!

⑦－⑥より，
$2a=-2$
$\therefore\ a=-1$

$3a+b=0\cdots⑦$
$\underline{-)\ a+b=2\cdots⑥}$
$2a=-2$

⑥から，
$-1+b=2$
$\therefore\ b=3$

$a+b=2\ \cdots⑥$
　$a=-1$

②から，
$3\times(-1)-2\times 3+c=0$
$\therefore\ c=9$

$3a-2b+c=0\cdots②$
　$a=-1\ \ b=3$

①から，
$$-(-1)+3-9+d=-5$$
$$\therefore d=0$$
以上より，
$$f(x)=-x^3+3x^2+9x$$

逆に，このとき，
$$f'(x)=-3x^2+6x+9$$
$$=-3(x^2-2x-3)$$
$$=-3(x+1)(x-3)$$

増減表をかくと，

x	$\cdots$	-1	$\cdots$	3	$\cdots$
$f'(x)$	$-$	0	$+$	0	$-$
$f(x)$	↘	極小 -5	↗	極大 27	↘

よって，$f(x)$ は題意をみたす。
以上より，求めるべき3次関数は，
$$f(x)=-x^3+3x^2+9x \cdots \text{(答)}$$

$-a+b-c+d=-5 \cdots$ ①
$a=-1\ b=3\ c=9$

$f(x)=ax^3+bx^2+cx+d$
$a=-1\ b=3\ c=9\ d=0$

$f'(-1)=0$ や $f'(3)=0$ の2式は，その点における接線の傾きが0といっているだけで，そこで極大となるか？ 極小となるか？ 変曲点となるか？ まだ，不明です!! だから確認する必要があるわけです!! 難しい言い方をすると，まだ必要条件にすぎないので，十分条件であることを確かめる必要あり!! なのです

$f(-1)=-(-1)^3+3\times(-1)^2+9\times(-1)=-5$
$f(3)=-3^3+3\times3^2+9\times3=27$

増減表より確かに $x=-1$ のとき極小値 -5, $x=3$ のとき極大値 27 をとる!!

別解でござる

(1)　$f(x)=ax^3+bx^2+cx+d$
　　$f'(x)=3ax^2+2bx+c \cdots$ ⑦

このとき，関数 $f(x)$ が $x=1, 3$ で極値をもつことから，$f'(x)=0$ は2つの異なる実数解 $x=1, 3$ をもつことがいえる。

ここまでは同じです!!

よって，
$$f'(x)=3a(x-1)(x-3) \quad \cdots \text{ロ}$$
と表せる。

ロより，
$$f'(x)=3a(x^2-4x+3)$$
$$=3ax^2-12ax+9a \quad \cdots \text{ロ}'$$

イとロ'は恒等的に成り立つから，
$$\begin{cases} 2b=-12a \text{ つまり } b=-6a & \cdots ① \\ c=9a & \cdots ② \end{cases}$$

さらに，
$$f(1)=a+b+c+d=3 \quad \cdots ③$$
$$f(3)=27a+9b+3c+d=-5 \quad \cdots ④$$

①, ②を③に代入して，
$$a-6a+9a+d=3$$
$$\therefore \quad 4a+d=3 \quad \cdots ⑤$$

①, ②を④に代入して，
$$27a+9\times(-6a)+3\times 9a+d=-5$$
$$\therefore \quad d=-5 \quad \cdots ⑥$$

⑥を⑤に代入して，
$$4a-5=3$$
$$4a=8$$
$$\therefore \quad a=2$$

①から，
$$b=-6\times 2=-12$$
②から，
$$c=9\times 2=18$$

$f'(x)=0$ が $x=1, 3$ を解にもつ

⇕

$f'(x)$ は $(x-1)(x-3)$ を因数にもつ！！
さらに $f'(x)$ の x^2 の係数が $3a$ であることに注意すると

$f'(x)=3a(x-1)(x-3)$

と表せる！！

$f'(x)=3ax^2 \boxed{+2b}x \boxed{+c} \quad \cdots$イ
　　　　　 ‖　　　 ‖
$f'(x)=3ax^2 \boxed{-12a}x \boxed{+9a} \quad \cdots$ロ'

イとロ'は一致する！！
（恒等式の考え方です！！）

$x=1$ のとき，極大値 3
$x=3$ のとき，極小値 -5

$a+b+c+d=3 \quad \cdots ③$
　　$b=-6a\cdots①$　$c=9a\cdots②$

$27a+9b+3c+d=-5\cdots④$
　　　　$b=-6a\cdots①$　$c=9a\cdots②$

偶然 a が消えてしもうた♥

$4a+d=3 \quad \cdots ⑤$
　　　$d=-5\cdots⑥$

$b=-6\underline{a} \quad \cdots ①$
　　　$a=2$

$c=9\underline{a} \quad \cdots ②$
　　　$a=2$

以上より,
$$f(x) = \underset{a}{2}x^3 \underset{b}{-12}x^2 + \underset{c}{18}x \underset{d}{-5}$$

逆に，このとき，

$$f'(x) = 6x^2 - 24x + 18$$
$$= 6(x^2 - 4x + 3)$$
$$= 6(x-1)(x-3)$$

増減表をかくと,

x	$\cdots$	1	$\cdots$	3	$\cdots$
$f'(x)$	+	0	−	0	+
$f(x)$	↗	極大 3	↘	極小 −5	↗

よって, $f(x)$ は題意をみたす。

以上より,

$a=2, \ b=-12, \ c=18, \ d=-5$ …(答)

(2)も同じ解法でイケまっせ♥　興味があったらやってみよう!!

ひとまず解決!!　しかし…

ちゃんと確認しちきゃね♥

$f'(1)=0$ や $f'(3)=0$ の2式は，その点における接線の傾きが0といっているだけで，そこで極大となるか？　極小となるか？　変曲点となるか？　まだ，不明です!!　だから確認する必要があるわけです!!　難しい言い方をすると，まだ必要条件にすぎないので，十分条件であることを確かめる必要あり!!　なのです

$f(1) = 2 \times 1^3 - 12 \times 1^2 + 18 \times 1 - 5 = 3$
$f(3) = 2 \times 3^3 - 12 \times 3^2 + 18 \times 3 - 5 = -5$

増減表より，確かに $x=1$ のとき極大値3
$x=3$ のとき極小値−5をとる!!

やってみよっかな…

次のようなタイプも捨てがたい!!

問題 9-2 標準

次の各問いに答えよ。
(1) 関数 $f(x) = x^3 - 3k^2x + k + 2$ の極大値と極小値の差が4になるように，定数 k の値を定めよ。
(2) 関数 $f(x) = 2x^3 - 3(k+1)x^2 + 6kx - 4$ の極大値が16となるように，定数 k の値を定めよ。

ナイスな導入

本問のポイントは，導関数 $f'(x)$ がキレイに因数分解できることです!! <- Beautiful!!

(1)では，

$$f(x) = x^3 - 3k^2x + k + 2$$
$$\begin{aligned} f'(x) &= 3x^2 - 3k^2 \\ &= 3(x^2 - k^2) \\ &= 3(x+k)(x-k) \end{aligned}$$

<- おーっと!! 因数分解できたぁーっ!!

よって…

$f'(x) = 0$ のとき $x = -k, k$ とな〜る!!

増減表をかく前に，やるべきことが…
そーです!! $-k$ と k の大小関係が決まってないんです

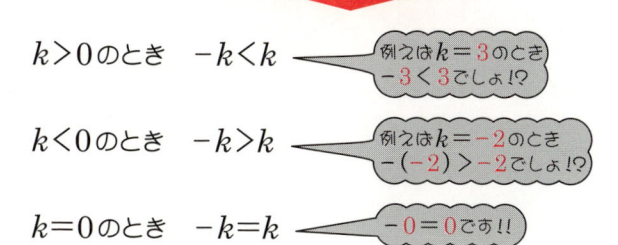

<- なるほど…

そこで!!

$k > 0$ のとき $-k < k$ <- 例えば $k=3$ のとき $-3 < 3$ でしょ!?

$k < 0$ のとき $-k > k$ <- 例えば $k=-2$ のとき $-(-2) > -2$ でしょ!?

$k = 0$ のとき $-k = k$ <- $-0 = 0$ です!!

つま～～り!! 場合分け が必要です!!

で，クライマックスは解答にて…。

(2)では…

$$f(x) = 2x^3 - 3(k+1)x^2 + 6kx - 4$$
$$f'(x) = 2 \times 3x^2 - 3(k+1) \times 2x + 6k$$
$$= 6x^2 - 6(k+1)x + 6k$$
$$= 6\{x^2 - (k+1)x + k\}$$
$$= 6(x-1)(x-k)$$

一見ややこしそう…でも，気分してみなきゃね!!

タスキガケです!!
$1 \diagdown -1 \to -1$
$1 \diagup -k \to \underline{-k(+)}$
$-(k+1)$

またまた，みごとに因数分解できましたねぇ♥

今回も，(1)同様，増減表をかく段階で場合分けが必要ですゾ!!
つづきは解答で!!

解答でござる

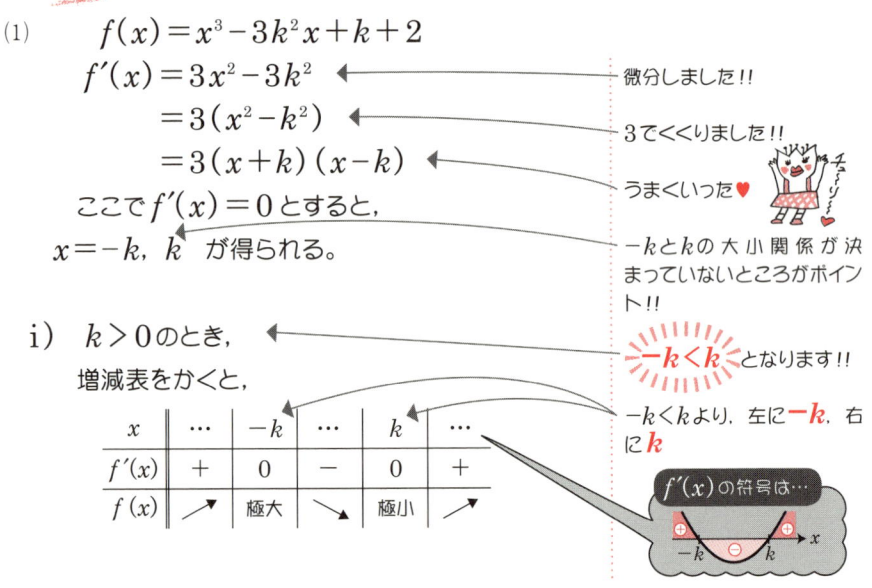

(1) $\quad f(x) = x^3 - 3k^2 x + k + 2$
$\quad f'(x) = 3x^2 - 3k^2$ ← 微分しました!!
$\qquad\quad = 3(x^2 - k^2)$ ← 3でくくりました!!
$\qquad\quad = 3(x+k)(x-k)$ ← うまくいった♥

ここで $f'(x) = 0$ とすると，
$x = -k, k$ が得られる。

$-k$ と k の大小関係が決まっていないところがポイント!!

i) $k > 0$ のとき， ← $-k < k$ となります!!

増減表をかくと，

x	$\cdots$	$-k$	$\cdots$	k	$\cdots$
$f'(x)$	$+$	0	$-$	0	$+$
$f(x)$	↗	極大	↘	極小	↗

$-k < k$ より，左に $-k$，右に k

$f'(x)$ の符号は…
⊕　⊖　⊕
$-k \quad k$　x

この増減表から，
　極大値は，
$$f(-k) = (-k)^3 - 3k^2 \times (-k) + k + 2$$
$$= -k^3 + 3k^3 + k + 2$$
$$= 2k^3 + k + 2 \quad \cdots ①$$

　極小値は，
$$f(k) = k^3 - 3k^2 \times k + k + 2$$
$$= k^3 - 3k^3 + k + 2$$
$$= -2k^3 + k + 2 \quad \cdots ②$$

題意より，
$$f(-k) - f(k) = 4$$

①，②から，
$$2k^3 + k + 2 - (-2k^3 + k + 2) = 4$$
$$4k^3 = 4$$
$$k^3 = 1$$
$$\therefore \boxed{k = 1}$$

（これは，$k > 0$ をみたす）

$f(x) = x^3 - 3k^2x + k + 2$ に，$x = -k$ を代入!!

$f(x) = x^3 - 3k^2x + k + 2$ に，$x = k$ を代入!!

(極大値)−(極小値)=4

極大値と極小値の差が4

しっかり解くと…
$k^3 = 1$
$\Leftrightarrow k^3 - 1 = 0$
$\Leftrightarrow (k-1)(k^2+k+1) = 0$

$a^3 - b^3 = (a-b)(a^2+ab+b^2)$ より

$\begin{cases} k-1=0 \text{ より } k=1 \\ k^2+k+1=0 \text{ より } k = \dfrac{-1 \pm \sqrt{3}i}{2} \end{cases}$

解の公式!! ダメ!!

k は当然実数より $k = 1$
"i) $k > 0$ のとき" でしたね♥
ちゃんと確認しよう!!

ii) $k < 0$ のとき
　増減表をかくと，

x	$\cdots$	k	$\cdots$	$-k$	$\cdots$
$f'(x)$	$+$	0	$-$	0	$+$
$f(x)$	↗	極大	↘	極小	↗

$k < -k$ となります!!
$k < -k$ より左に k，右に $-k$

$f'(x)$ の符号は…

この増減表から，
　極大値，極小値は，それぞれ，
$$f(k) = -2k^3 + k + 2 \quad \cdots ③$$
$$f(-k) = 2k^3 + k + 2 \quad \cdots ④$$

題意より，
$$f(k) - f(-k) = 4$$

上の②の計算と同じです!!

上の①の計算と同じです!!

(極大値)−(極小値)=4

極大値と極小値の差が4

③, ④から,
$$-2k^3+k+2-(2k^3+k+2)=4$$
$$-4k^3=4$$
$$k^3=-1$$
$$\therefore \boxed{k=-1}$$

(これは, $k<0$ をみたす)

iii) $k=0$ のとき
$$f'(x)=3x^2$$
このとき $f'(x)=3x^2 \geqq 0$ が常に成立するので, $f(x)$ は単調増加となり, 極値をもたない。
よって, 題意をみたさない。

以上, i) ii) iii) から, 求めるべき定数 k の値は,
$$\underline{k=\pm 1} \cdots \text{(答)}$$

(2) $f(x)=2x^3-3(k+1)x^2+6kx-4$
$$f'(x)=6x^2-6(k+1)x+6k$$
$$=6\{x^2-(k+1)x+k\}$$
$$=6(x-1)(x-k)$$

ここで, $f'(x)=0$ とすると,
$x=1, k$ が得られる。

しっかり解くと…
$k^3=-1$
$\Leftrightarrow k^3+1=0$
$\Leftrightarrow (k+1)(k^2-k+1)=0$
($a^3+b^3=(a+b)(a^2-ab+b^2)$ より)

$\begin{cases} k+1=0 \text{ より } k=-1 \\ k^2-k+1=0 \text{ より } k=\dfrac{1\pm\sqrt{3}i}{2} \end{cases}$

解の公式!! ダメ!!

k は当然実数より $k=-1$
"ii) $k<0$ のとき" でしたね♥
ちゃんと確認しよう!!
$k=-k=0$ です!!
$f(x)=3x^2-3k^2 \to f'(x)=3x^2$
↑ $k=0$

$f'(x)=3x^2$ より, 増減表をかくと,

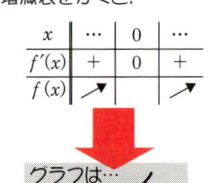

x	…	0	…
$f'(x)$	+	0	+
$f(x)$	↗		↗

グラフは…
単調増加!!

i)の場合から $k=1$,
ii)の場合から $k=-1$

$f'(x)=2\times 3x^2-3(k+1)\times 2x+6k$
$=6x^2-6(k+1)x+6k$

タスキガケ!!
$\begin{array}{l} 1 \diagdown -1 \to -1 \\ 1 \diagup -k \to -k \\ \overline{-(k+1)} \end{array}$

1とkの大小関係が決まってないところがポイント!!

i) $1 < k$ のとき

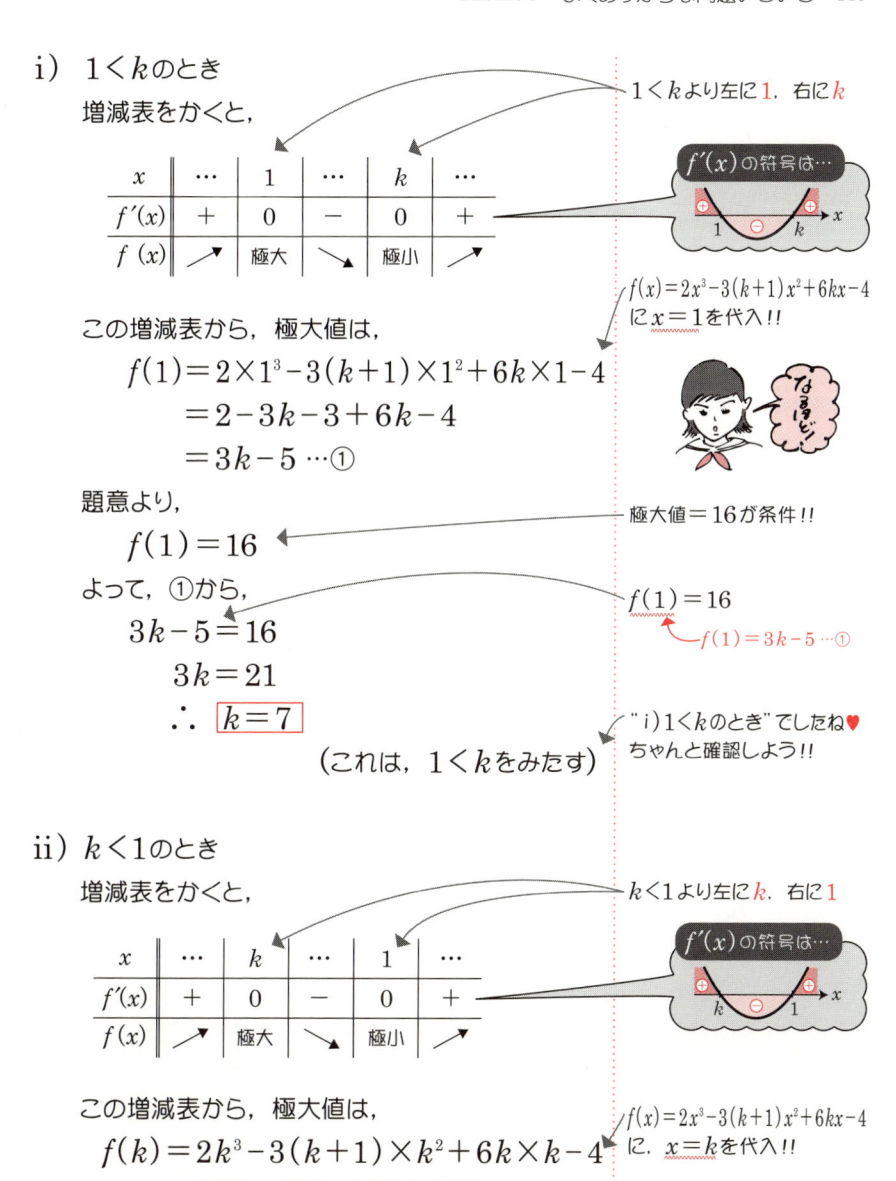

増減表をかくと，

x	$\cdots$	1	$\cdots$	k	$\cdots$
$f'(x)$	$+$	0	$-$	0	$+$
$f(x)$	↗	極大	↘	極小	↗

― $1 < k$ より左に 1，右に k

$f'(x)$ の符号は…

$f(x) = 2x^3 - 3(k+1)x^2 + 6kx - 4$ に $x = 1$ を代入!!

この増減表から，極大値は，
$$f(1) = 2 \times 1^3 - 3(k+1) \times 1^2 + 6k \times 1 - 4$$
$$= 2 - 3k - 3 + 6k - 4$$
$$= 3k - 5 \cdots ①$$

題意より，
$$f(1) = 16$$

― 極大値 $= 16$ が条件!!

よって，①から，
$$3k - 5 = 16$$
$$3k = 21$$
$$\therefore \boxed{k = 7}$$

$f(1) = 16$
$f(1) = 3k - 5 \cdots ①$

（これは，$1 < k$ をみたす）

"i) $1 < k$ のとき" でしたね♥ ちゃんと確認しよう!!

ii) $k < 1$ のとき

増減表をかくと，

x	$\cdots$	k	$\cdots$	1	$\cdots$
$f'(x)$	$+$	0	$-$	0	$+$
$f(x)$	↗	極大	↘	極小	↗

― $k < 1$ より左に k，右に 1

$f'(x)$ の符号は…

この増減表から，極大値は，
$$f(k) = 2k^3 - 3(k+1) \times k^2 + 6k \times k - 4$$
$$= 2k^3 - 3k^3 - 3k^2 + 6k^2 - 4$$
$$= -k^3 + 3k^2 - 4 \cdots ②$$

$f(x) = 2x^3 - 3(k+1)x^2 + 6kx - 4$ に，$x = k$ を代入!!

題意より，
$$f(k) = 16$$
よって，②から，
$$-k^3 + 3k^2 - 4 = 16$$
$$k^3 - 3k^2 + 20 = 0$$
$$(k+2)(k^2 - 5k + 10) = 0$$
$$\therefore k = -2, \frac{5 \pm \sqrt{15}i}{2}$$

k は実数であるから，$\boxed{k = -2}$

（これは，$k < 1$ をみたす）

iii) $k = 1$ のとき
$$f'(x) = 6(x-1)^2$$
このとき，$f'(x) \geqq 0$ が常に成立するので，$f(x)$ は単調増加となり，極値をもたない。

よって，題意をみたさない。

以上 i) ii) iii) から，求めるべき定数 k の値は，
$$k = -2, \ 7 \ \cdots\text{(答)}$$

極大値＝16が条件!!

$f(k) = 16$
　↑ $f(k) = -k^3 + 3k^2 - 4$ …②

$g(k) = k^3 - 3k^2 + 20$ とする!!
このとき
　$g(-2) = (-2)^3 - 3(-2)^2 + 20 = 0$
よって，$g(k)$ は $k+2$ を因数にもつ!!

組立除法により，

1	−3	0	20	−2
	−2	10	−20	
1	−5	10	0	

↓

$k^2 - 5k + 10$

$k^2 - 5k + 10 = 0$ より，
解の公式から，
$$k = \frac{5 \pm \sqrt{15}i}{2}$$
虚数解はダメ!!
"ii) $k < 1$ のとき" でしたね♥
ちゃんと確認を!!

$f'(x) = 6(x-1)(x-k)$
　　　　$k=1$
　　　$= 6(x-1)(x-1)$
　　　$= 6(x-1)^2$

ちなみに増減表は，

x	⋯	1	⋯
$f'(x)$	+	0	+
$f(x)$	↗		↗

i) の場合から $k = 7$，
ii) の場合から $k = -2$

Theme 10 ついでに4次関数も!!

4次関数のお話をする前に，ちょっとばかり準備が必要です。そんなわけで…

問題10-1 　　　　　　　　　　　　　　　　　　　　　　　標準

次の不等式を解け。
(1) $(x-1)(x-3)(x-5)<0$
(2) $x^3-16x\geqq 0$
(3) $(x-1)(x-3)^2>0$
(4) $x^3-4x^2+4x\geqq 0$
(5) $(x+2)^2(x-2)<0$
(6) $x^3+6x^2+9x\geqq 0$

ナイスな導入

ここで，押さえてもらいたいことは…

ズバリ!!　3次不等式の解法です!!

しかも，素早く仕留めることを第一の目的としたい。

一般に，3次関数の x^3 の係数が正のとき，グラフの形は次の**3つのタイプ**しかない!!

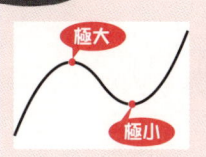

タイプ1　　タイプ2　　タイプ3

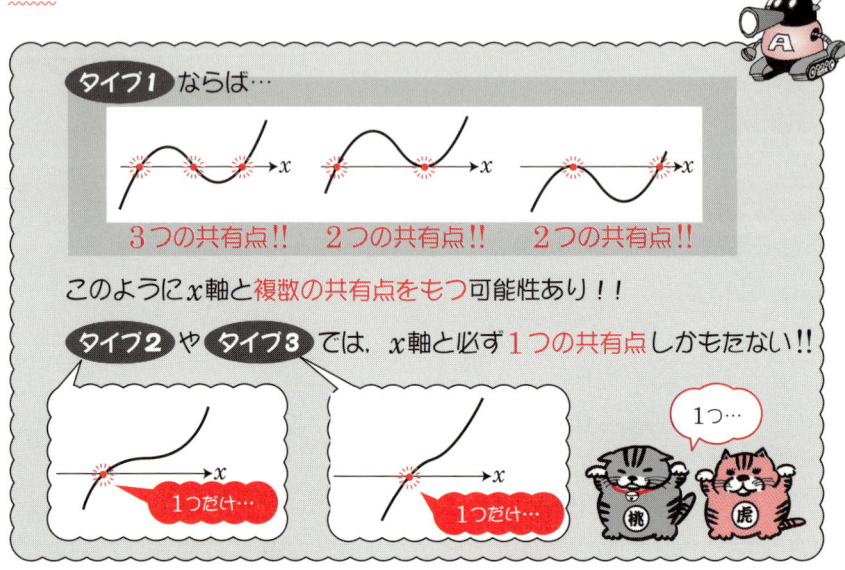

この中で，x軸と**複数の共有点をもつ**可能性があるものは，**タイプ1**のみである！！

タイプ1ならば…

3つの共有点！！　　2つの共有点！！　　2つの共有点！！

このようにx軸と複数の共有点をもつ可能性あり！！

タイプ2や**タイプ3**では，x軸と必ず1つの共有点しかもたない！！

1つだけ…　　1つだけ…　　1つ…

そこで！！　次のようなテクニックが！！

(1)で，
$$y=(x-1)(x-3)(x-5)とおく！！$$
このとき，$y=0$とすると，$x=1, 3, 5$

この3点でx軸と交わる！！

とゆーわけで…

グラフの形が**タイプ1**となることを考慮して…

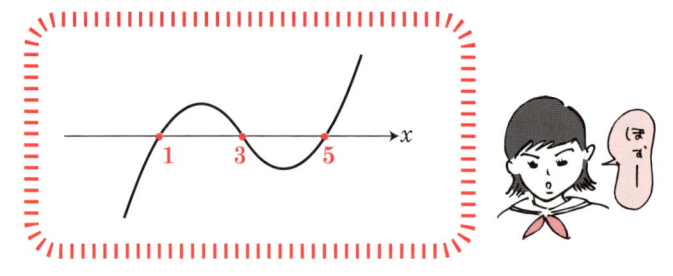

の図が得られる！！

Theme 10 ついでに4次関数も!! 123

そこで!!

$y = (x-1)(x-3)(x-5) < 0$ より…

> x軸より下側

> グラフを活用するわけね♥

> グラフがx軸より下側にあるところが解です!!

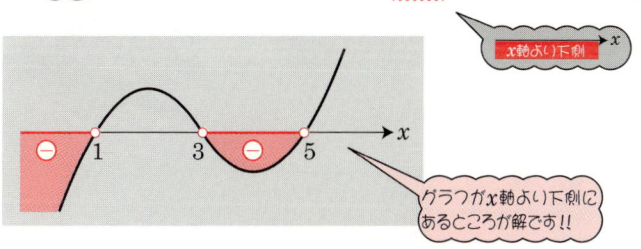

つま――り!!

$$x < 1,\quad 3 < x < 5$$

答でーす!!

> やるじゃん♥

(2)は，因数分解すれば，(1)と同じタイプ!!

(3)は…

同様に $y = (x-1)(x-3)^2$ とおく!!

> この2乗がポイントです!!

このとき，$y = 0$ とすると，$x = 1, 3$（重解）が得られる!!

> $(x-1)(x-3)^2 = 0$ より，$x = 3$ は，重解です!!

とゆーわけで…

グラフの形が **タイプ1** となることを考慮して…

> なるほど…
> 重解をもつとこうなるのか…

> 重解のほうは，x軸と接する!!

の図が得られる!!

そこで!!

$y=(x-1)(x-3)^2 > 0$ より…

（x軸より上側）

不等号の向きに注意しよう!!

グラフがx軸より上側にあるところが解です!!

つま——り!!

$1 < x < 3,\ 3 < x$

答で—す!!

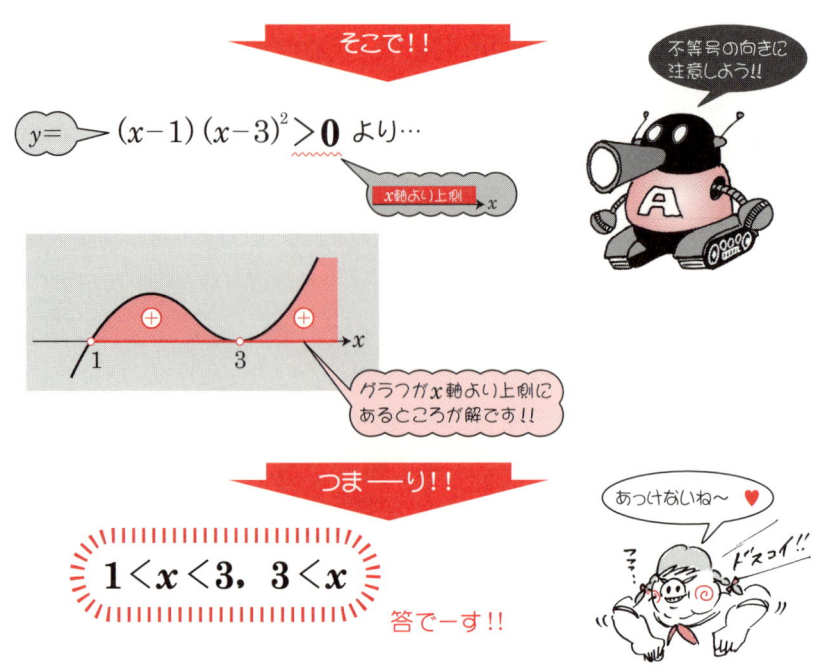

あっけないね〜♥

(4), (5)も(3)の仲間です!! ではLet's Try!!

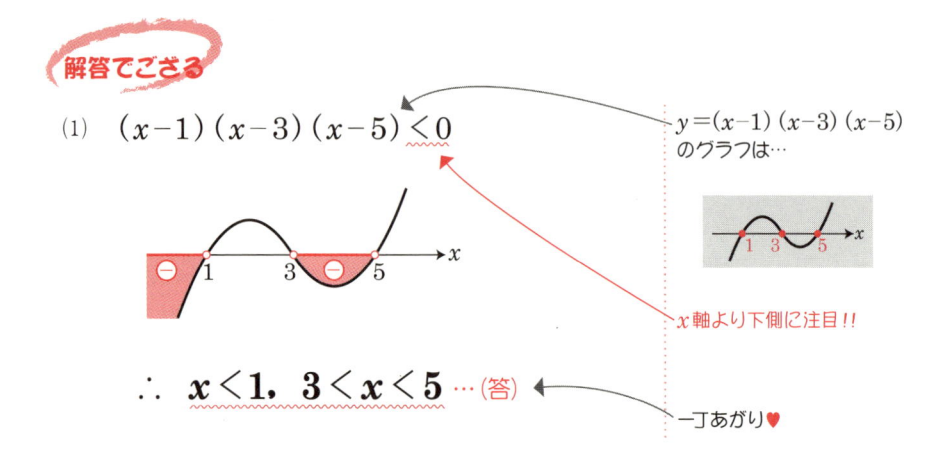

解答でござる

(1)　$(x-1)(x-3)(x-5) < 0$

$y=(x-1)(x-3)(x-5)$ のグラフは…

x軸より下側に注目!!

∴ $x < 1,\ 3 < x < 5$ …(答)

一丁あがり♥

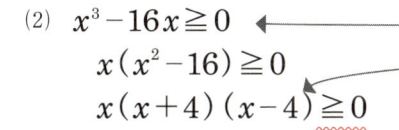

Theme 10　ついでに4次関数も!!　125

(2)　$x^3 - 16x \geqq 0$
　　$x(x^2 - 16) \geqq 0$
　　$x(x+4)(x-4) \geqq 0$

左辺を因数分解しよう!!

$y = x(x+4)(x-4)$ のグラフは…

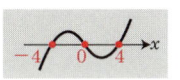

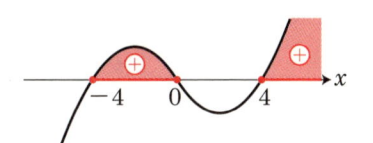

∴　$-4 \leqq x \leqq 0,\ 4 \leqq x$ …(答)

x軸より上側!!
（イコールがあるので，x軸も入る）

(3)　$(x-1)(x-3)^2 > 0$

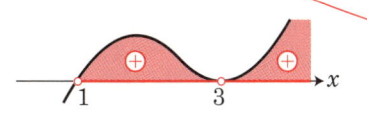

$y = (x-1)(x-3)^2$ のグラフは…

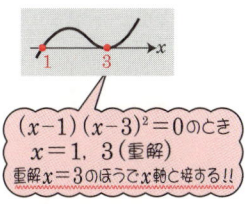

$(x-1)(x-3)^2 = 0$ のとき
$x = 1,\ 3$ （重解）
重解$x=3$のほうでx軸と接する!!

∴　$1 < x < 3,\ 3 < x$ …(答)

x軸より上側!!

$x = 3$が抜けることに注意せよ!!

(4)　$x^3 - 4x^2 + 4x \geqq 0$
　　$x(x^2 - 4x + 4) \geqq 0$
　　$x(x-2)^2 \geqq 0$

左辺を因数分解しよう!!

$y = x(x-2)^2$ のグラフは…

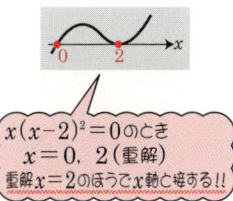

$x(x-2)^2 = 0$ のとき
$x = 0,\ 2$ （重解）
重解$x=2$のほうでx軸と接する!!

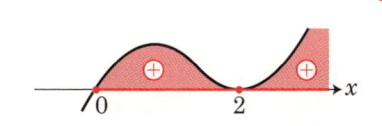

∴　$0 \leqq x$ …(答)

x軸より上側!!
（イコールがあるので，x軸も入る）

$x = 2$が抜けないことに注意せよ!!

(5) $(x+2)^2(x-2) < 0$

$y=(x+2)^2(x-2)$ のグラフは…

$(x+2)^2(x-2)=0$ のとき
$x=-2$(重解), 2
重解 $x=-2$ のほうで x 軸と接する!!

x 軸より下側に注目!!

∴ $\underline{x<-2,\ -2<x<2}$ …(答)

(6) $x^3+6x^2+9x \geqq 0$
$x(x^2+6x+9) \geqq 0$
$x(x+3)^2 \geqq 0$

左辺を因数分解しよう!!

$y=x(x+3)^2$ のグラフは…

これに注意せよ!!

$x(x+3)^2=0$ のとき
$x=-3$(重解), 0
重解 $x=-3$ のほうで x 軸と接する!!

x 軸より上側!!
(イコールがあるので, x 軸も入る)

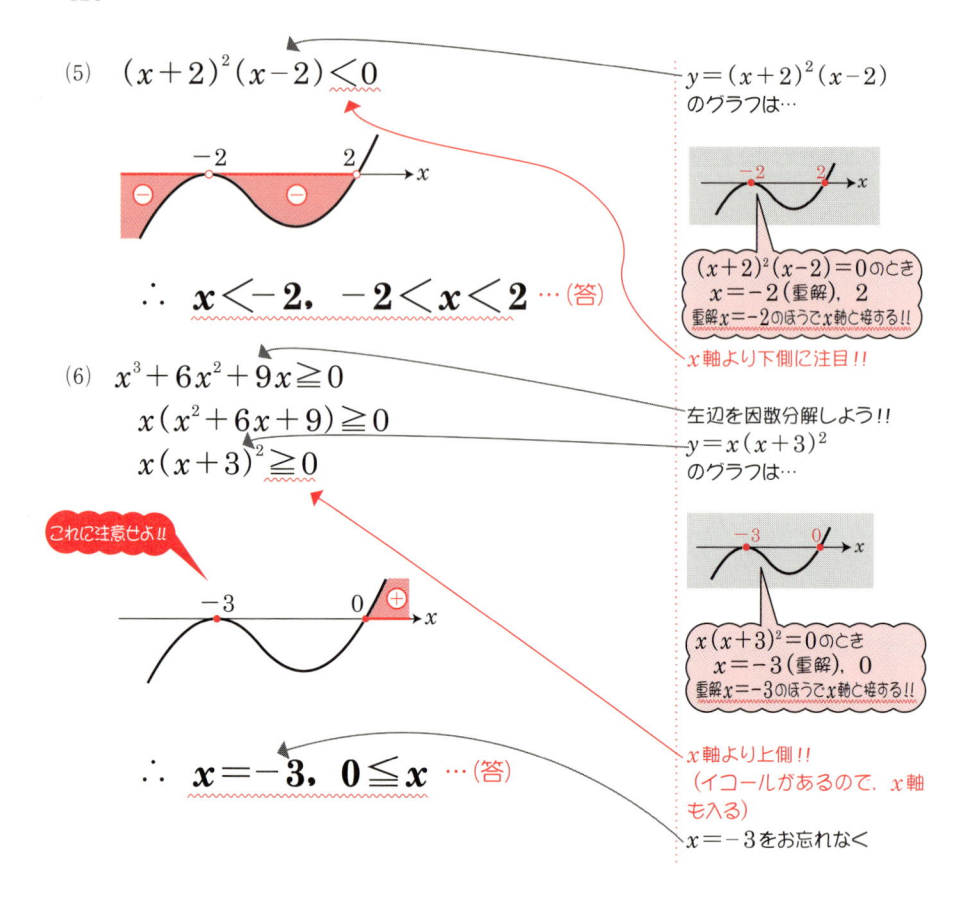

∴ $\underline{x=-3,\ 0 \leqq x}$ …(答)

$x=-3$ をお忘れなく

―― プロフィール ――
おむちゃん
　四匹の猫を飼う勉強熱心で明るい性格の女の子♥。さて, 肝心な成績は……？ まだまだ, 発展途上のご様子……。皆さんも, 天真爛漫なおむちゃんとともに頑張ろう！

Theme 10 ついでに4次関数も!! 127

これで準備万端!! さぁ,まいりましょう♥

問題 10-2　　　　　　　　　　　　　　　　　　　　　　　標準

次の関数のグラフをかけ。
(1) $f(x)=x^4-2x^2+3$
(2) $f(x)=3x^4-8x^3-6x^2+24x+1$
(3) $f(x)=3x^4-16x^3+24x^2+2$
(4) $f(x)=x^4-6x^2-8x-3$
(5) $f(x)=-x^4+4x^3-12$

ナイスな導入

ご覧のとおり,本問において,関数$f(x)$はすべて**4次関数**です!!

最高次が4です!!

とゆーことは…

導関数 $f'(x)$ は3次関数とな～る!!

そこで!! 3次関数$f'(x)$の符号を判定する際,問題10-1 のようなスーパーテクニックを活用するわけさ。

ではでは実演あるのみ!! やってみましょう!!

解答でござる

(1)　$f(x)=x^4-2x^2+3$
　　$f'(x)=4x^3-4x$
　　　　$=4x(x^2-1)$
　　　　$=4x(x+1)(x-1)$

$f'(x)=4x^3-2\times 2x$
　　　$=4x^3-4x$

因数分解しましたよ

$f'(x)=0$とすると,
$x=0,-1,1$が得られる!!

増減表をかくと,

x	…	-1	…	0	…	1	…
$f'(x)$	$-$	0	$+$	0	$-$	0	$+$
$f(x)$	↘	極小	↗	極大	↘	極小	↗

$f'(x)$の符号は…

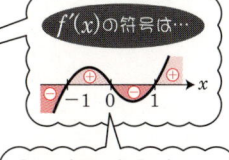

このテクニックについては
問題10-1 も参照せよ!!

このとき

$$\begin{cases} f(-1) = (-1)^4 - 2 \times (-1)^2 + 3 = 2 \\ f(0) = 0^4 - 2 \times 0^2 + 3 = 3 \\ f(1) = 1^4 - 2 \times 1^2 + 3 = 2 \end{cases}$$

← 極小値で——す!!
← 極大値で——す!!
← これもまた極小値でっせ♥

以上より,グラフをかくと

W型になるのかぁ!!

(2) $f(x) = 3x^4 - 8x^3 - 6x^2 + 24x + 1$

$f'(x) = 12x^3 - 24x^2 - 12x + 24$
$= 12x^2(x-2) - 12(x-2)$
$= 12(x-2)(x^2-1)$
$= 12(x-2)(x+1)(x-1)$
$= 12(x+1)(x-1)(x-2)$

$f'(x) = 3 \times 4x^3 - 8 \times 3x^2 - 6 \times 2x + 24$
$= 12x^3 - 24x^2 - 12x + 24$

因数定理を活用して因数分解してもよいのだが,今回は係数のバランスがよいので,2項ずつくくって因数分解します

$12(x-2)$ でくくりました!

並べかえるだけです

$f'(x) = 0$ とすると,$x = -1, 1, 2$ が得られる!!

増減表をかくと,

x	$\cdots$	-1	$\cdots$	1	$\cdots$	2	$\cdots$
$f'(x)$	$-$	0	$+$	0	$-$	0	$+$
$f(x)$	↘	極小	↗	極大	↘	極小	↗

$f'(x)$ の符号は…

このテクニックについては
問題 10-1 を参照せよ!!

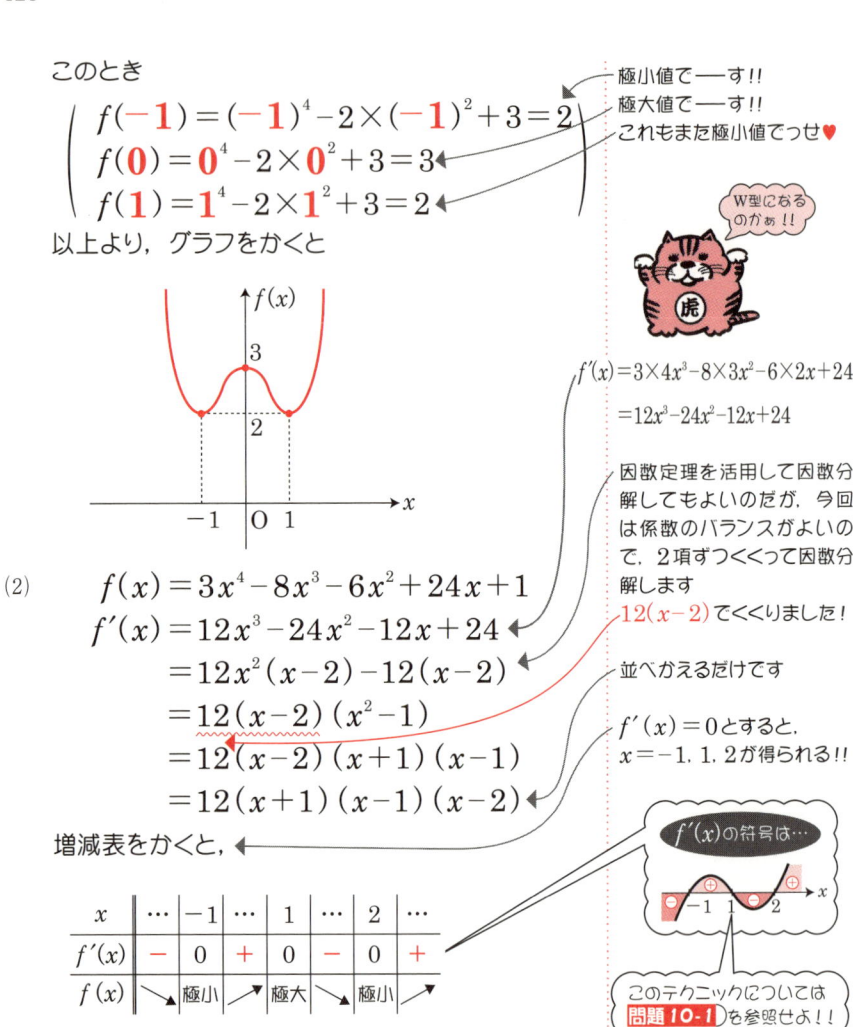

このとき,

$$\begin{cases} f(-1) = 3 \times (-1)^4 - 8 \times (-1)^3 - 6 \times (-1)^2 + 24 \times (-1) + 1 = -18 \\ f(1) = 3 \times 1^4 - 8 \times 1^3 - 6 \times 1^2 + 24 \times 1 + 1 = 14 \\ f(2) = 3 \times 2^4 - 8 \times 2^3 - 6 \times 2^2 + 24 \times 2 + 1 = 9 \end{cases}$$

← 極小値です!!
← 極大値です!!
← 極小値です!!

Theme 10 ついでに 4 次関数も!! 129

以上より，グラフをかくと，

[グラフ: $f(x)$ 軸上に 14, 9 の値、x 軸上に -1, 1, 2, 0 の値、-18 の極小値を持つ W 型のグラフ]

またまたW型だっ！！

$f(0) = 3 \times 0^4 - 8 \times 0^3 - 6 \times 0^2 + 24 \times 0 + 1 = 1$

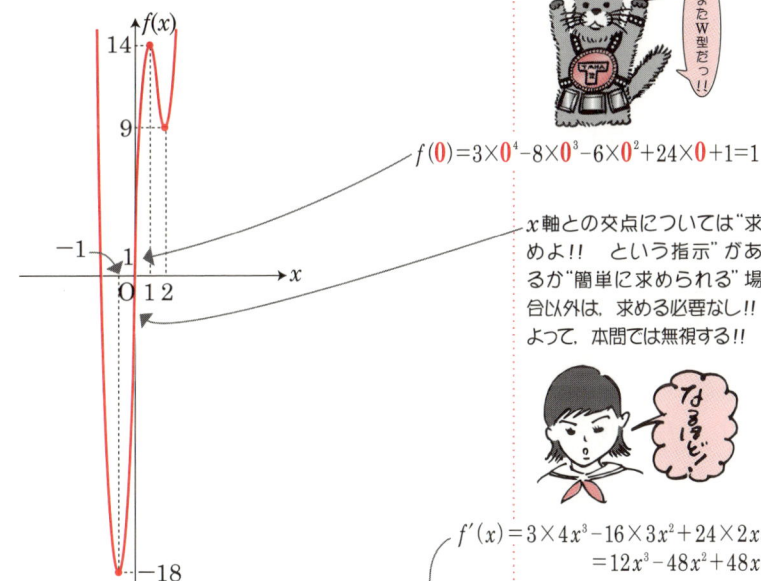

x 軸との交点については "求めよ!!" という指示" があるが "簡単に求められる" 場合以外は，求める必要なし!! よって，本問では無視する!!

$f'(x) = 3 \times 4x^3 - 16 \times 3x^2 + 24 \times 2x$
$\qquad = 12x^3 - 48x^2 + 48x$

なるほど

$12x$ でくくりました!!

(3) $f(x) = 3x^4 - 16x^3 + 24x^2 + 2$
$f'(x) = 12x^3 - 48x^2 + 48x$
$\qquad = 12x(x^2 - 4x + 4)$
$\qquad = 12x(x-2)^2$

因数分解完了!!

$f'(x) = 0$ とすると，$x = 0, 2$ (重解) が得られる!!

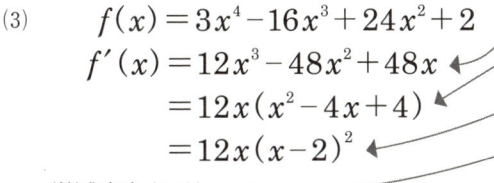

増減表をかくと，

x	$\cdots$	0	$\cdots$	2	$\cdots$
$f'(x)$	$-$	0	$+$	0	$+$
$f(x)$	↘	極小	↗		↗

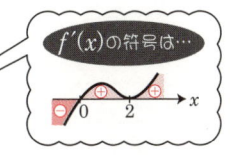

$f'(x)$ の符号は…
[符号図: $-$ 0 $+$ 2 $+$]

このとき，

$\begin{cases} f(0) = 3 \times 0^4 - 16 \times 0^3 + 24 \times 0^2 + 2 = 2 \\ f(2) = 3 \times 2^4 - 16 \times 2^3 + 24 \times 2^2 + 2 = 18 \end{cases}$

極小値です!!
これは極値ではないよ!!

以上より，グラフをかくと，

（グラフ：$f(x)$ が $x=2$ で極小値 2 をとり，$f(0)=18$ を通る）

ここでの接線の傾きが 0 になるようにかくべし！！
接線のくせに接点で交わってしまうので注意せよ！！

3次関数にもこんなケースがあったよね！！

(4) $f(x) = x^4 - 6x^2 - 8x - 3$
    $f'(x) = 4x^3 - 12x - 8$ ←
      $= 4(x^3 - 3x - 2)$
      $= 4(x+1)^2(x-2)$

$f'(x) = 4x^3 - 6 \times 2x - 8$
   $= 4x^3 - 12x - 8$

増減表をかくと，

x	$\cdots$	-1	$\cdots$	2	$\cdots$
$f'(x)$	$-$	0	$-$	0	$+$
$f(x)$	↘		↘	極小	↗

$f'(x)$ の符号は…

（数直線：-1 で $-$、2 で $+$ に変化）

ほーっ

$g(x) = x^3 - 3x - 2$ とする！！
この時，
$g(2) = 2^3 - 3 \times 2 - 2$
   $= 8 - 6 - 2$
   $= 0$
よって，$g(x)$ は $(x-2)$ を因数にもつ！！
組立除法（P.367参照！！）により…

```
1   0  -3  -2 |2
    2   4   2
─────────────────
1   2   1   0
```

よって，
$g(x) = (x-2)(x^2 + 2x + 1)$
   $= (x-2)(x+1)^2$
   $(= (x+1)^2(x-2))$

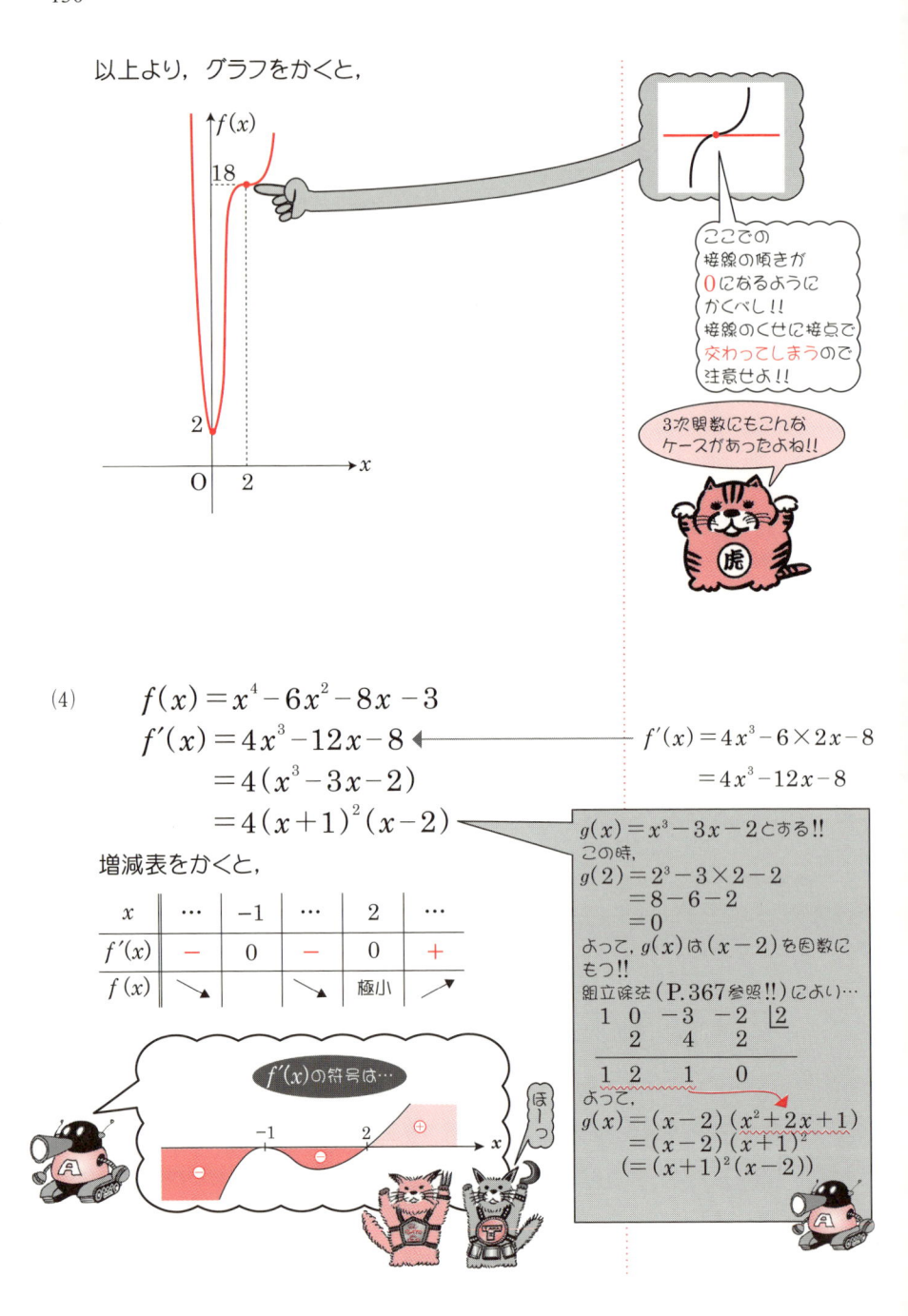

Theme 10 ついでに4次関数も!! 131

このとき,
$f(-1)=(-1)^4-6\times(-1)^2-8\times(-1)-3=0$ ← これは極値ではない!!
$f(2)=2^4-6\times 2^2-8\times 2-3=-27$ ← 極小値です

以上より, グラフをかくと,

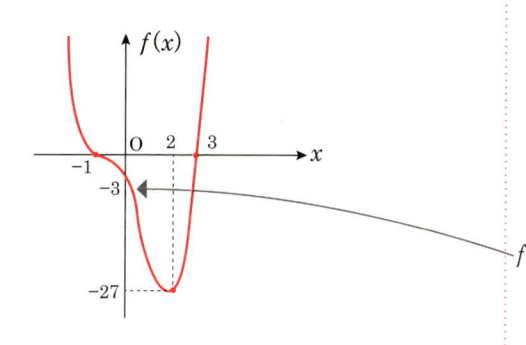

$f(0)=0^4-6\times 0^2-8\times 0-3$
$=-3$

補足

$x=-1$ が x 軸との共有点であることから, $f(x)=(x+1)(\cdots\cdots)$ の形になることは明らか!!

組立除法(P.367参照)により,

```
1   0  -6  -8  -3 |-1
    -1   1   5   3
─────────────────────
1  -1  -5  -3   0
```

$f(x)=(x+1)(x^3-x^2-5x-3)$

で!! $x=-1$ で $x^3-x^2-5x-3=0$ となることより, さらに組立除法から,

```
1  -1  -5  -3 |-1
    -1   2   3
──────────────────
1  -2  -3   0
```

$f(x)=(x+1)(x+1)(x^2-2x-3)$
$=(x+1)^2(x+1)(x-3)$

$$= (x+1)^3(x-3)$$

よって，x軸との共有点のx座標は，$x=-1, 3$

(5) $f(x) = -x^4 + 4x^3 - 12$
$f'(x) = -4x^3 + 12x^2$
$\quad\ = -4x^2(x-3)$

増減表をかくと，

x	$\cdots$	0	$\cdots$	3	$\cdots$
$f'(x)$		+	0	+	0	−
$f(x)$		↗		↗	極大	↘

このとき，

$$\begin{pmatrix} f(\mathbf{0}) = -\mathbf{0}^4 + 4 \times \mathbf{0}^3 - 12 = -12 \\ f(\mathbf{3}) = -\mathbf{3}^4 + 4 \times \mathbf{3}^3 - 12 = 15 \end{pmatrix}$$

以上より，グラフをかくと，次ページの図のようになる。

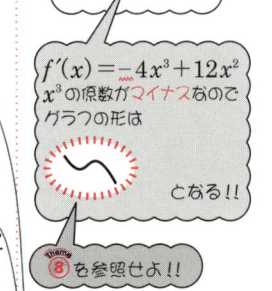

$f'(x) = -4x^3 + 4 \times 3x^2$
$\quad\ = -4x^3 + 12x^2$

$-4x^2$でくくりました!!

$f'(x) = 0$とすると
$x = 0$(重解), 3が得られる!!

$f'(x)$の符号は…

$f'(x) = -4x^3 + 12x^2$
x^3の係数がマイナスなのでグラフの形は

となる!!

Theme 8 を参照せよ!!

これは極値にあらず!!
極大値です!!

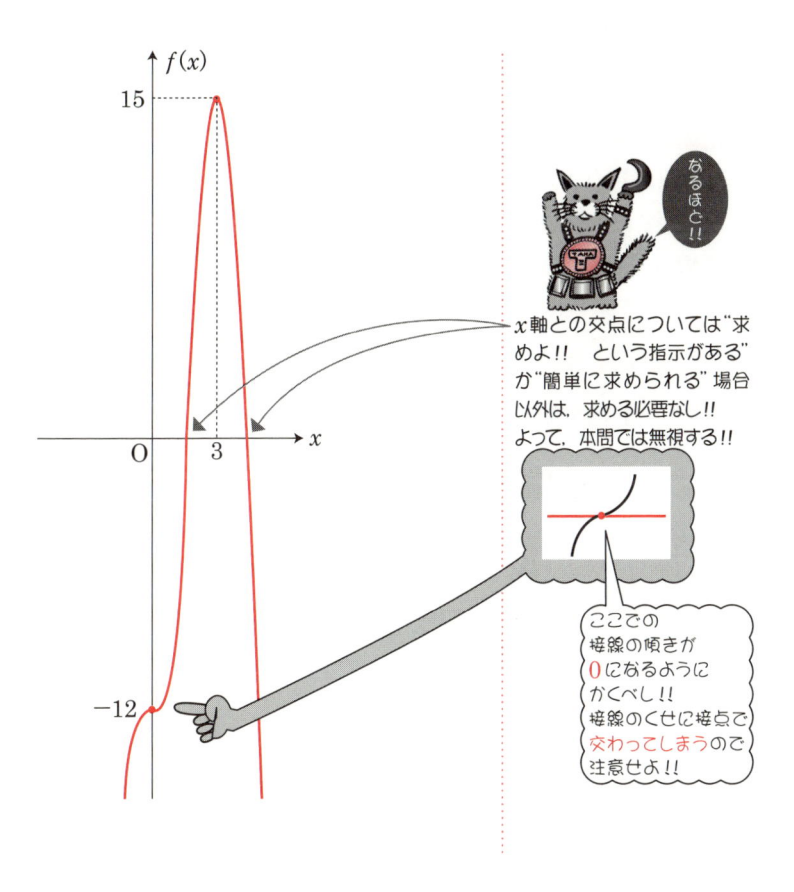

Theme 10　ついでに4次関数も!!　133

筋伸びしちゃいますかぁ!?

$f(x)$

15

O　3　x

−12

なるほど!!

x軸との交点については"求めよ!!　という指示がある"が"簡単に求められる"場合以外は，求める必要なし!!　よって，本問では無視する!!

ここでの接線の傾きが0になるようにかくべし!!　接線のくせに接点で交わってしまうので注意せよ!!

4次関数がらみの応用問題をおひとつ!!

問題10-3 　　　　　　　　　　　　　　　　　　ちょいムズ

4次関数$f(x)=x^4+px^3+qx^2-12x+3$が$x=-1$で極大値10をとるとき，定数p，qの値を求めよ。また，このとき関数$f(x)$の極小値を求めよ。

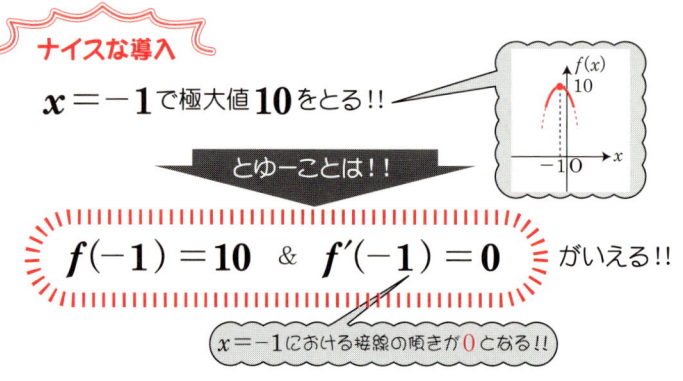

ナイスな導入

$x=-1$で極大値10をとる!!

とゆーことは!!

$f(-1)=10$ ＆ $f'(-1)=0$ がいえる!!

$x=-1$における接線の傾きが0となる!!

では，やってみましょう!!

解答でござる

$$f(x)=x^4+px^3+qx^2-12x+3$$
$$f'(x)=4x^3+3px^2+2qx-12$$

題意より，
$$\begin{cases} f(-1)=10 \\ f'(-1)=0 \end{cases}$$

$x=-1$のとき極大値10
$x=-1$における接線の傾きは0

$\iff \begin{cases} -p+q+16=10 \\ 3p-2q-16=0 \end{cases}$

$\iff \begin{cases} -p+q=-6 \cdots ① \\ 3p-2q=16 \cdots ② \end{cases}$

$f'(x)=4x^3+p\times 3x^2+q\times 2x$
　　　-12
　　$=4x^3+3px^2+2qx-12$

$f(-1)=(-1)^4+p\times(-1)^3+q\times$
　　　$(-1)^2-12\times(-1)+3$
　　$=1-p+q+12+3$
　　$=-p+q+16$

$f'(-1)=4\times(-1)^3+3p\times(-1)^2$
　　　$+2q\times(-1)-12$
　　$=-4+3p-2q-12$

Theme 10 ついでに4次関数も!! 135

①, ②より,

$$\boxed{p=4, \ q=-2}$$

このとき,
$$f(x)=x^4+4x^3-2x^2-12x+3$$
$$\begin{aligned}f'(x)&=4x^3+12x^2-4x-12\\&=4x^2(x+3)-4(x+3)\\&=4(x+3)(x^2-1)\\&=4(x+3)(x+1)(x-1)\end{aligned}$$

増減表をかくと,

x	$\cdots$	-3	$\cdots$	-1	$\cdots$	1	$\cdots$
$f'(x)$	$-$	0	$+$	0	$-$	0	$+$
$f(x)$	↘	極小	↗	極大	↘	極小	↗

このとき,
$$\begin{aligned}f(-1)&=(-1)^4+4\times(-1)^3-2\times(-1)^2-12\times(-1)+3\\&=1-4-2+12+3\\&=10\end{aligned}$$

以上より, 確かに $x=-1$ で極大値 10 をとる。
よって, 求めるべき定数 p, q の値は,

$$p=4, \ q=-2 \ \cdots \text{(答)}$$

さらに, 極小値は2つ存在するので, これらを求めると,

$$\begin{aligned}f(-3)&=(-3)^4+4\times(-3)^3-2\times(-3)^2-12\times(-3)+3\\&=81-108-18+36+3\end{aligned}$$

---

①×2+②より,
$\ \ -2p+2q=-12 \cdots$①×2
$+)\ \ 3p-2q=16 \ \cdots$②
$\ \ \ \ \ p\ \ \ \ =4$

①より,
$\ \ -4+q=-6$
$\therefore \ q=-2$

係数のバランスがよいので2項ずつくくって因数分解してます!! 別に因数定理を活用してもOKですよ!!

$f'(x)=0$ とすると, $x=-3, -1, 1$ を得る!!

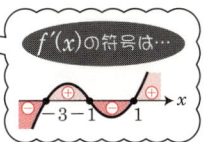

$f'(x)$の符号は…

$f(x)=x^4+4x^3-2x^2-12x+3$ に, $x=-1$ を代入!!

ちゃんと, $x=-1$ のとき極大値10をとったよ!!

$f(-1)=10$ & $f'(-1)=0$
の2式だけだと, $x=-1$ で,
極大 となるか?
極小 となるか?
変曲点 となるか? まだ不明!!

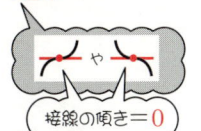

接線の傾き=0

ちゃんと確認してからp, qが決定する!!

増減表より $x=-3$ のとき極小値をもつ!!

$$= -6$$

$$f(1) = 1^4 + 4 \times 1^3 - 2 \times 1^2 - 12 \times 1 + 3$$
$$= 1 + 4 - 2 - 12 + 3$$
$$= -6$$

よって，極小値は，
$$f(-3) = f(1) = -6 \quad \cdots \text{(答)}$$

一致!!

増減表より $x = 1$ のとき
極小値をもつ!!

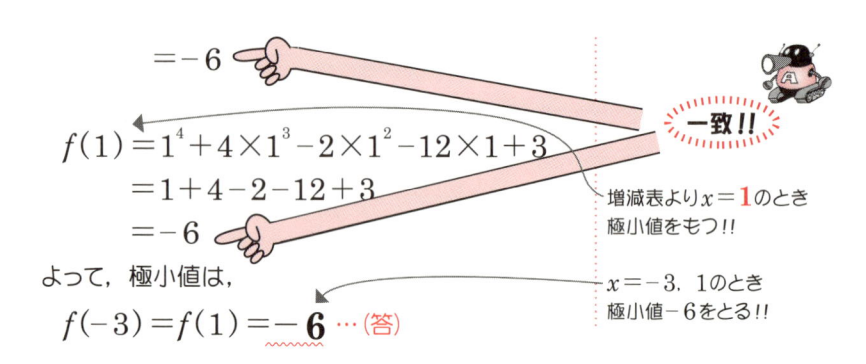

$x = -3$，1 のとき
極小値 -6 をとる!!

Theme 11 最大値と最小値の問題

ただ定義域がついたりして，その区間での最大値や最小値を求めるだけです!!

問題 11-1 　　　　　　　　　　　　　　　　　　　　　　　　基礎

次の関数の，与えられた定義域における最大値，最小値を求めよ。
(1) $f(x) = x^3 - 12x + 2$ 　$(-3 \leq x \leq 5)$
(2) $f(x) = -2x^3 + 3x^2 + 12x + 3$ 　$(-2 \leq x \leq 1)$
(3) $f(x) = x^4 - 6x^2 + 2$ 　$(-1 \leq x \leq 3)$

ナイスな導入

最大値＆最小値の問題の攻略法は…

ズバリ!!
定義域内の増減表をかけばOK!!

(そんなことだったのか…)
(不必要なところは，かかなくて大丈夫!!)

(1)では，
$$f(x) = x^3 - 12x + 2$$
$$f'(x) = 3x^2 - 12$$
$$= 3(x^2 - 4)$$
$$= 3(x+2)(x-2)$$

(まず微分しましょう!!)
(ここまでは，いつもの展開だね)

$-3 \leq x \leq 5$ の範囲で増減表をかくと，

(これがポイント!!)

$-3 \leqq x \leqq 5$ です!!

x	-3	$\cdots$	-2	$\cdots$	2	$\cdots$	5
$f'(x)$		$+$	0	$-$	0	$+$	
$f(x)$	11	↗	極大 18	↘	極小 -14	↗	67

$f'(x)$の符号は…

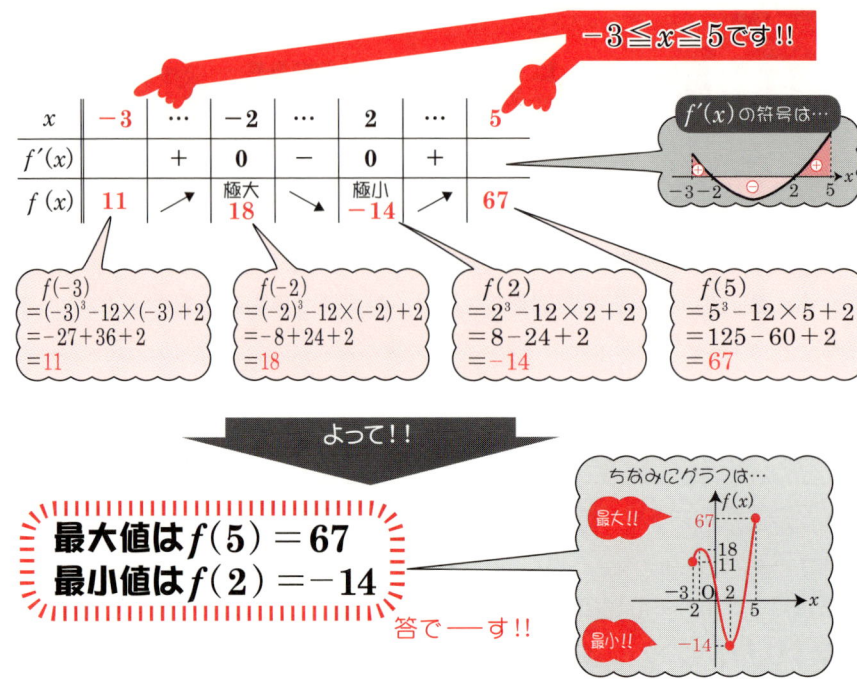

$f(-3)$
$=(-3)^3-12\times(-3)+2$
$=-27+36+2$
$=11$

$f(-2)$
$=(-2)^3-12\times(-2)+2$
$=-8+24+2$
$=18$

$f(2)$
$=2^3-12\times2+2$
$=8-24+2$
$=-14$

$f(5)$
$=5^3-12\times5+2$
$=125-60+2$
$=67$

よって!!

最大値は $f(5)=67$
最小値は $f(2)=-14$

答で——す!!

ちなみにグラフは…
最大!!
最小!!

(2), (3)も同様です!! ではまいりましょう♥

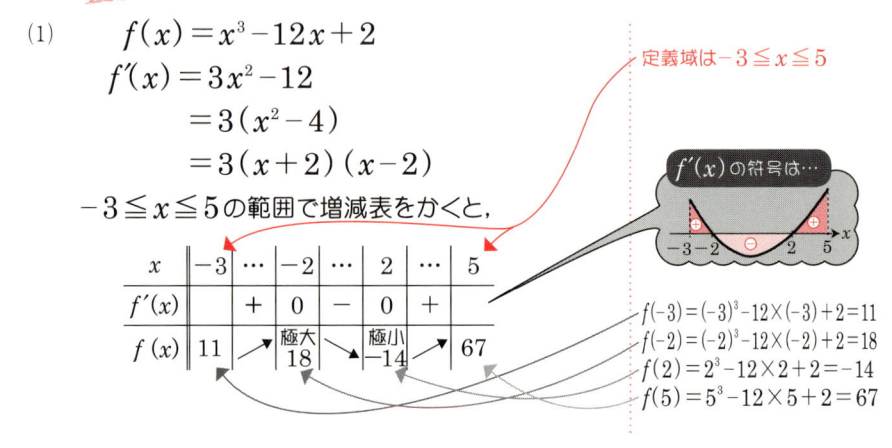

解答でござる

(1) $f(x)=x^3-12x+2$
$f'(x)=3x^2-12$
$\quad\quad =3(x^2-4)$
$\quad\quad =3(x+2)(x-2)$

$-3\leqq x\leqq 5$の範囲で増減表をかくと,

x	-3	$\cdots$	-2	$\cdots$	2	$\cdots$	5
$f'(x)$		$+$	0	$-$	0	$+$	
$f(x)$	11	↗	極大 18	↘	極小 -14	↗	67

定義域は$-3\leqq x\leqq 5$

$f'(x)$の符号は…

$f(-3)=(-3)^3-12\times(-3)+2=11$
$f(-2)=(-2)^3-12\times(-2)+2=18$
$f(2)=2^3-12\times2+2=-14$
$f(5)=5^3-12\times5+2=67$

以上から，
 $x=5$ のとき，**最大値 67**
 $x=2$ のとき，**最小値 -14** …(答)

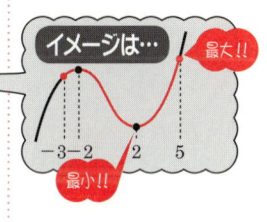

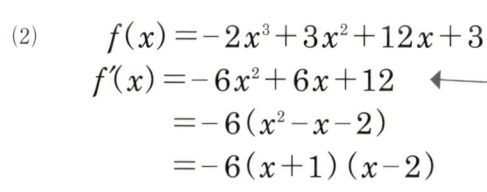

(2) $f(x)=-2x^3+3x^2+12x+3$
 $f'(x)=-6x^2+6x+12$
   $=-6(x^2-x-2)$
   $=-6(x+1)(x-2)$
 $-2\leqq x\leqq 1$ の範囲で増減表をかくと，

x	-2	$\cdots$	-1	$\cdots$	1
$f'(x)$		$-$	0	$+$	
$f(x)$	7	↘	極小 -4	↗	16

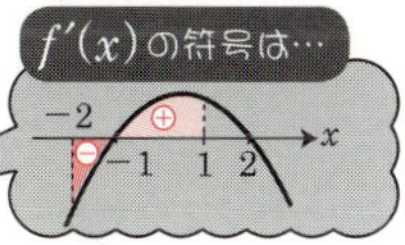

以上から，
 $x=1$ のとき，**最大値 16**
 $x=-1$ のとき，**最小値 -4** …(答)

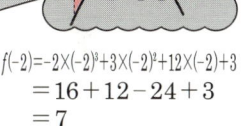

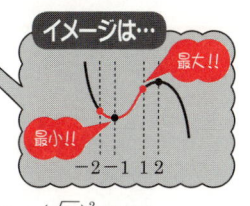

(3) $f(x)=x^4-6x^2+2$
 $f'(x)=4x^3-12x$
   $=4x(x^2-3)$
   $=4x(x^2-\sqrt{3}^2)$
   $=4x(x+\sqrt{3})(x-\sqrt{3})$

$-1 \leqq x \leqq 3$ の範囲で増減表をかくと，

x	-1	$\cdots$	0	$\cdots$	$\sqrt{3}$	$\cdots$	3
$f'(x)$		$+$	0	$-$	0	$+$	
$f(x)$	-3	↗	極大 2	↘	極小 -7	↗	29

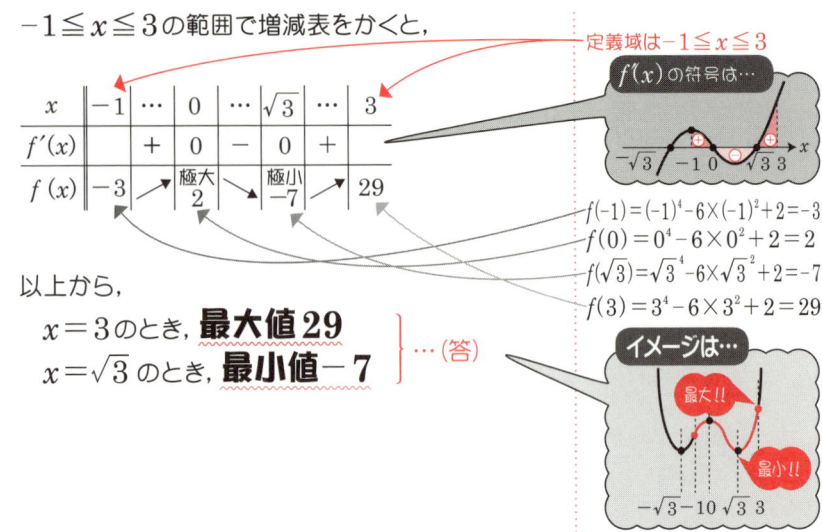

定義域は $-1 \leqq x \leqq 3$

$f'(x)$ の符号は…

$f(-1) = (-1)^4 - 6 \times (-1)^2 + 2 = -3$
$f(0) = 0^4 - 6 \times 0^2 + 2 = 2$
$f(\sqrt{3}) = \sqrt{3}^4 - 6 \times \sqrt{3}^2 + 2 = -7$
$f(3) = 3^4 - 6 \times 3^2 + 2 = 29$

以上から，
$x = 3$ のとき，**最大値 29**
$x = \sqrt{3}$ のとき，**最小値 -7**   …（答）

イメージは…

最大!!
最小!!

プロフィール

金四郎

桃太郎を兄貴と慕う大型猫。少し乱暴な性格なので虎次郎には嫌われてます。品種はノルウェージャンフォレットキャットで超剛毛!! 夏はかなり暑そうです♪ もちろんみっちゃんの飼い猫です。

プロフィール

玉三郎

虎次郎と仲良しの小型猫。品種は美声で名高いソマリで毛はフサフサ，少し気まぐれな性格ですが気になることはとことん追求する性分です!! 玉三郎もみっちゃんの飼い猫です。

プロフィール

みっちゃん（17才）

究極の癒し系!! あまり勉強は得意ではないようだが，「やればデキる!!」タイプ♥ 「みっちゃん」と一緒に頑張ろうぜ!! ちなみに豚山さんとはクラスメイトです♪

これはかなりオーソドックスなタイプですぞ!!

問題11-2 標準

次の各問いに答えよ。
(1) 3次関数 $f(x) = ax^3 - 3ax + 2$ が定義域 $0 \leqq x \leqq 2$ において、最大値6をとるとき、定数 a の値を求めよ。
(2) 3次関数 $f(x) = 2ax^3 - 3ax^2 - 12ax + b$ が定義域 $-2 \leqq x \leqq 1$ において、最大値12、最小値 -8 をとるとき、定数 a, b の値を求めよ。

ナイスな導入

本問で注意すべきことは、

(1)では、$f(x) = ax^3 - 3ax + 2$
(2)では、$f(x) = 2ax^3 - 3ax^2 - 12ax + b$

x^3 の係数が文字であること!! です。

これさえ肝に銘じていれば大丈夫!!　では、いきますよっ♥

解答でござる

(1)　$f(x) = ax^3 - 3ax + 2$
　　　$f'(x) = 3ax^2 - 3a$
　　　　　　$= 3a(x^2 - 1)$
　　　　　　$= 3a(x+1)(x-1)$

$a > 0$か？ $a < 0$か？
でグラフの形状が変わる!!
ただし、問題文に3次関数
とあるので、$a = 0$のとき
は考えなくてOK!!

ⅰ) $a > 0$ のとき
　　$0 \leqq x \leqq 2$ の範囲で増減表をかくと、

x	0	⋯	1	⋯	2
$f'(x)$		$-$	0	$+$	
$f(x)$		↘	極小	↗	

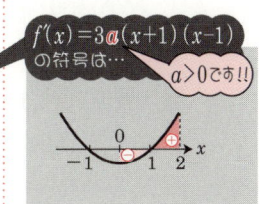

$f'(x) = 3a(x+1)(x-1)$
の符号は…
$a > 0$です!!

$\left(\begin{array}{l}\text{ここで,}\\ \quad f(0)=a\times 0^3-3a\times 0+2=2\\ \quad f(1)=a\times 1^3-3a\times 1+2=-2a+2\\ \quad f(2)=a\times 2^3-3a\times 2+2=2a+2\end{array}\right.$

このとき，$a>0$ より，

$2a+2>2$ は明らか。

つまり，

$$f(2)>f(0)$$

以上より，

最大値は，$f(2)=2a+2$

よって，題意から，

$$2a+2=6$$

$$\therefore \boxed{a=2}$$

（これは，$a>0$ をみたす）

> $a>0$ であれば
> 当然 $2a+2>2$ となる!!
>
> この $2a$ の分，$2a+2$ は 2 より大きくなる
>
> 最大値は $f(2)$ となる!!
>
> イメージは…
>
> 条件は最大値＝6 です!!
> "i) $a>0$ のとき" でしたね!!
> ちゃんと確認しておこう!!
> $a=2$ は，$a>0$ をみたすね♥

ii) $a<0$ のとき

$0\leqq x\leqq 2$ の範囲で増減表をかくと，

x	0	…	1	…	2
$f'(x)$		$+$	0	$-$	
$f(x)$		↗	極大	↘	

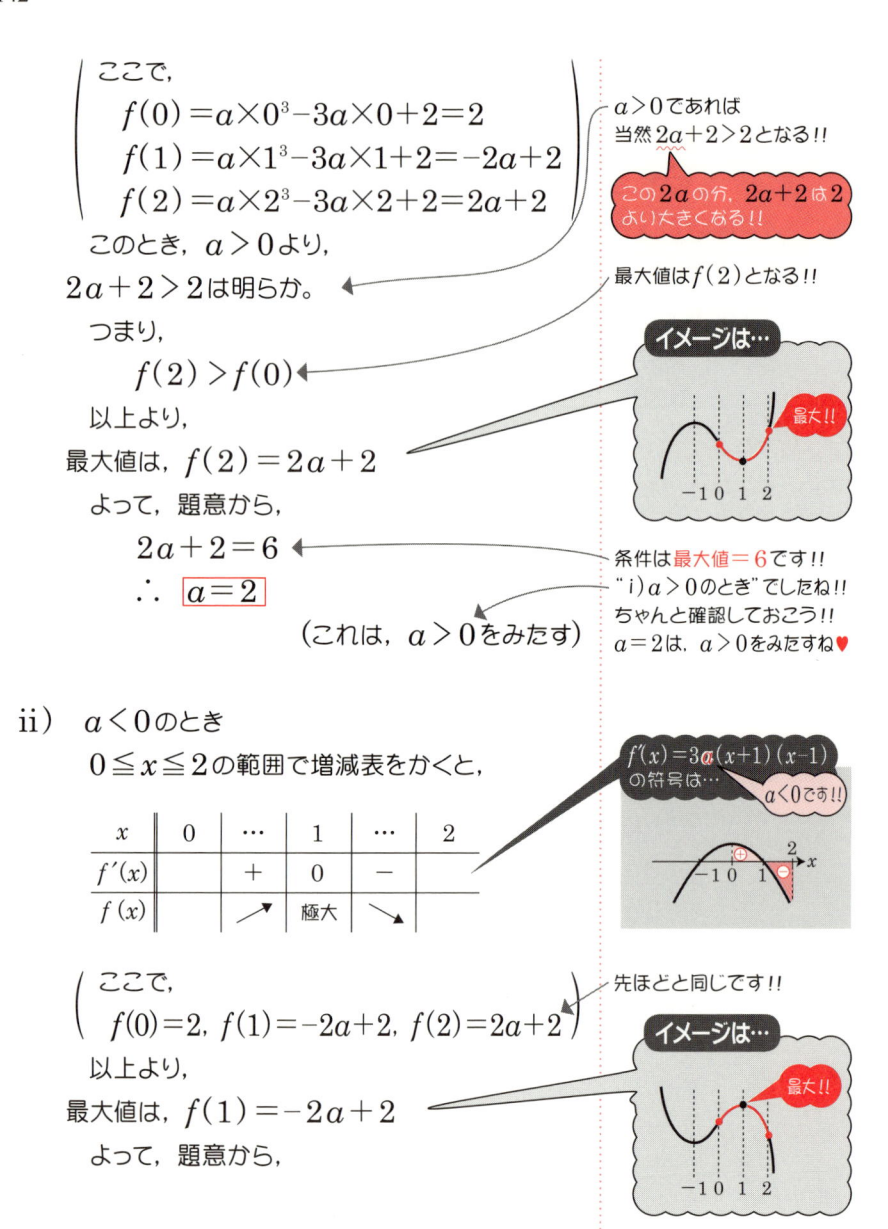

$\left(\begin{array}{l}\text{ここで,}\\ \quad f(0)=2,\ f(1)=-2a+2,\ f(2)=2a+2\end{array}\right.$

以上より，

最大値は，$f(1)=-2a+2$

よって，題意から，

> $f'(x)=3a(x+1)(x-1)$
> の符号は… $a<0$ です!!
>
> 先ほどと同じです!!
>
> イメージは…
> 最大!!

$-2a+2=6$

$\therefore \boxed{a=-2}$ （これは，$a<0$ をみたす）

条件は最大値＝6です!!
"ii) $a<0$ のとき"ですよっ!!
ちゃんと確認しなきゃね♥
$a=-2$ は $a<0$ をみたしまっせ!!

i)ii)から，求めるべき定数 a の値は，

$a=\pm 2$ …(答)

i)の場合から，$a=2$
ii)の場合から，$a=-2$

(2) $f(x)=2ax^3-3ax^2-12ax+b$

$f'(x)=6ax^2-6ax-12a$
$=6a(x^2-x-2)$
$=6a(x+1)(x-2)$

$f'(x)=2a\times3x^2-3a\times2x-12a$
$=6ax^2-6ax-12a$

因数分解さえできれば，あとは楽勝♥

i) $a>0$ のとき

$-2\leqq x\leqq 1$ の範囲で増減表をかくと，

x	-2	$\cdots$	-1	$\cdots$	1
$f'(x)$		$+$	0	$-$	
$f(x)$		↗	極大	↘	

(1)と同様!!
$a>0$ or $a<0$ で場合分け!!

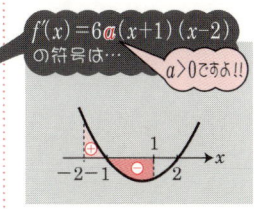

$f'(x)=6a(x+1)(x-2)$ の符号は…
$a>0$ ですよ!!

ここで，

$\begin{cases} f(-2)=2a\times(-2)^3-3a\times(-2)^2-12a\times(-2)+b=-4a+b \\ f(-1)=2a\times(-1)^3-3a\times(-1)^2-12a\times(-1)+b=7a+b \\ f(1)=2a\times1^3-3a\times1^2-12a\times1+b=-13a+b \end{cases}$

このとき，$a>0$ より，

$-4a+b>-13a+b$ は明らか。

つまり，

$f(-2)>f(1)$

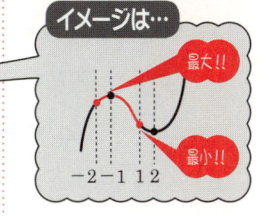

以上より，

$\begin{cases} \text{最大値は} \ f(-1)=7a+b \\ \text{最小値は} \ f(1)=-13a+b \end{cases}$

$a>0$ であれば，
当然 $-4a+b>-13a+b$ となる!!

$4a<13a$ となるから，$-13a+b$ のほうがいっぱい b から引いているのでこっちが小さい!!

イメージは…
最大!!
最小!!
$-2\ -1\ 1\ 2$

よって，題意から，
$$\begin{cases} 7a+b=12 & \cdots ① \\ -13a+b=-8 & \cdots ② \end{cases}$$

①，②より，
$$\boxed{a=1,\ b=5}$$

（これは，$a>0$をみたす）

最大値$=12$
最小値$=-8$

①$-$②より，
$7a+b=12 \cdots ①$
$-)\ -13a+b=-8 \cdots ②$
$\overline{20a=20}$
$\therefore\ a=1$

"ⅰ）$a>0$のとき"でしたね!!
ちゃんと確認しよう!!
$a=1$は$a>0$をみたしますよ♥

ⅱ）$a<0$のとき

$-2 \leqq x \leqq 1$の範囲で増減表をかくと，

x	-2	$\cdots$	-1	$\cdots$	1
$f'(x)$		$-$	0	$+$	
$f(x)$		↘	極小	↗	

$f'(x)=6a(x+1)(x-2)$
の符号は…
$a<0$ですよ!!

ここで，
$f(-2)=-4a+b,\ f(-1)=7a+b,\ f(1)=-13a+b$

このとき，$a<0$より，
$-4a+b<-13a+b$は明らか。

つまり，
$$f(-2)<f(1)$$

先ほどとまったく同じです!!

$a<0$のとき
$-4a$，$-13a$はともに正となる。よって，$-13a+b$のほうが$-4a+b$より同じbにいっぱい加えていることになるので大きくなる!!

以上より，
$$\begin{cases} 最大値はf(1)=-13a+b \\ 最小値はf(-1)=7a+b \end{cases}$$

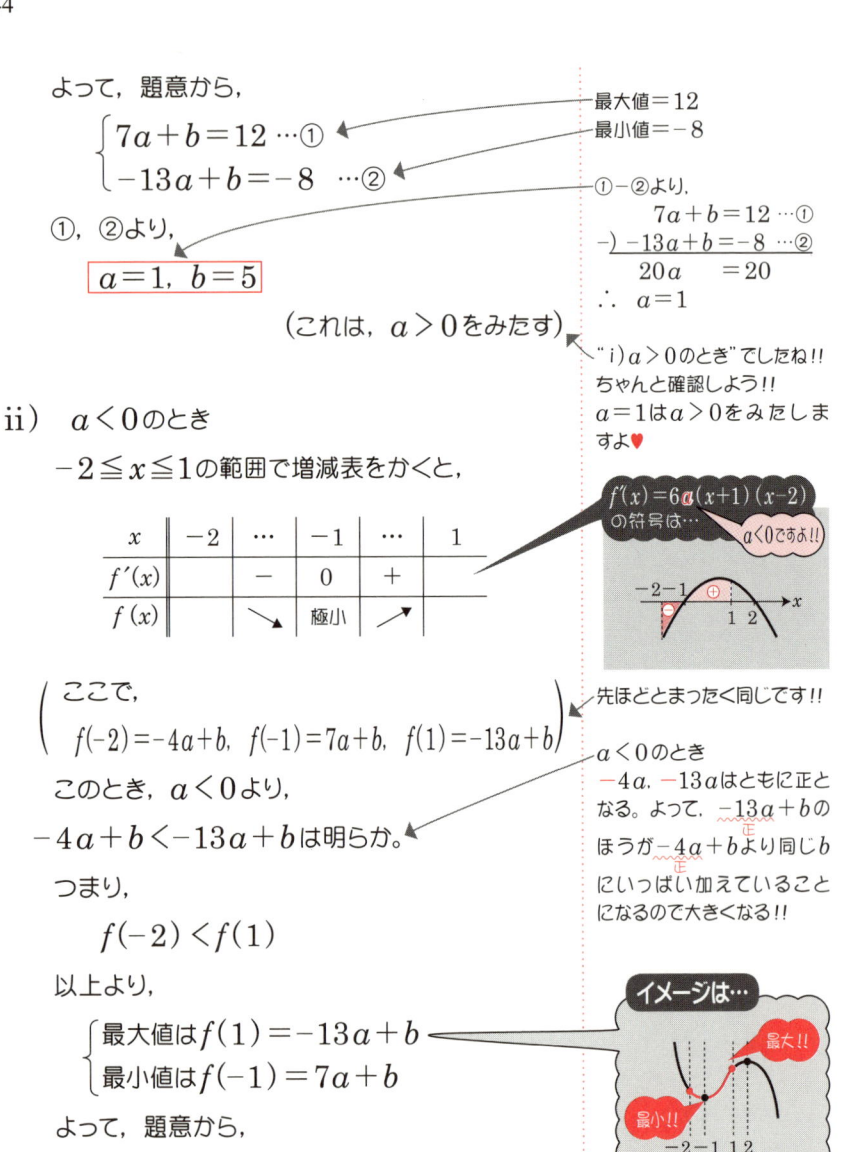

よって，題意から，
$$\begin{cases} -13a+b=12 & \cdots ③ \\ 7a+b=-8 & \cdots ④ \end{cases}$$

イメージは…
最大!!
最小!!

最大値$=12$
最小値$=-8$

③, ④より,

$\boxed{a = -1, \ b = -1}$

（これは, $a < 0$ をみたす）

③-④より,
$-13a + b = 12 \ \cdots ③$
$\underline{-)\ \ 7a + b = -8\ \cdots ④}$
$-20a = 20$
$\therefore \ a = -1$

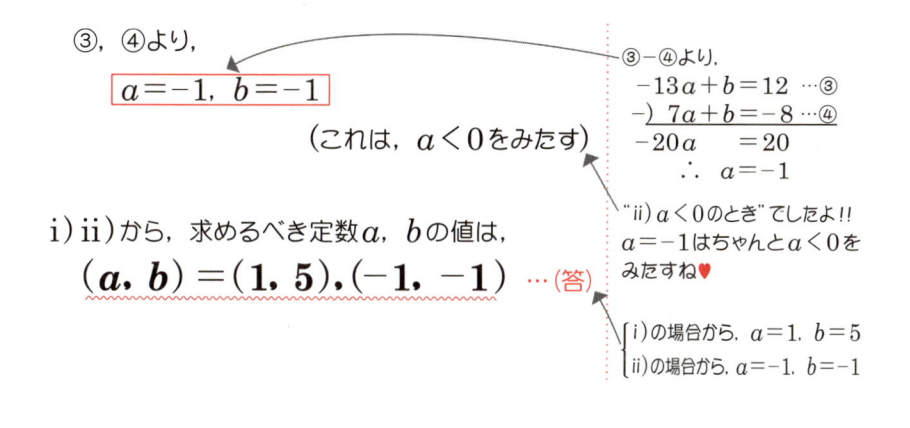

"ii) $a < 0$ のとき" でしたよ!!
$a = -1$ はちゃんと $a < 0$ をみたすね♥

i) ii) から, 求めるべき定数 a, b の値は,

$(a, b) = (1, 5), (-1, -1)$ …(答)

i)の場合から, $a = 1$, $b = 5$
ii)の場合から, $a = -1$, $b = -1$

✿ **プロフィール**
✿ **チューリーちゃん（6才）**
✿ 妖精学校「花組」の福を招く少女妖精。
✿ 「虫組」ティンカーベルとは大の仲良し!! 妖精界に年齢
✿ は関係ないようだ…

Theme 12 場合分けをしっかりと!!

定義域に文字を含むときの最大&最小

手はじめに，こいつから…

問題12-1　ちょいムズ

$f(x) = 2x^3 - 3x^2 + 1$ とする。

(1) $f(x)$ のグラフの概形をかけ。
(2) 区間 $0 \leq x \leq t$（ただし $t > 0$）における $f(x)$ の最大値 M を求めよ。
(3) 区間 $0 \leq x \leq t$（ただし $t > 0$）における $f(x)$ の最小値 m を求めよ。

ナイスな導入

(1)は解答参照!!　(2)(3)が問題です!!

てなわけで $f(x)$ のグラフは以下のようになります。

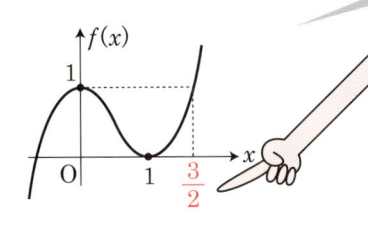

解答でござる 参照!!

$f(x) = 2x^3 - 3x^2 + 1 = 1$ のとき
$2x^3 - 3x^2 = 0$
$x^2(2x - 3) = 0$
$x = 0, \dfrac{3}{2}$

この値があとでカギとなる!!

$f(0) = 1$ であることはグラフを見りゃわかる!!

(2) 区間 $0 \leq x \leq t$ における $f(x)$ の最大値 M は t の値により，どのように変化するのであろうか…??

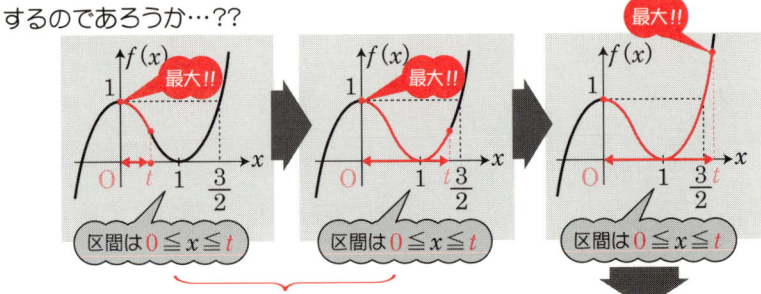

区間は $0 \leq x \leq t$　　区間は $0 \leq x \leq t$　　区間は $0 \leq x \leq t$

いずれも，$x = 0$ のとき最大値!!　　この場合だけ，$x = t$ のとき最大値!!

Theme 12 場合分けをしっかりと!! 147

よって!!

今回の場合分けは，次の**2つ**とな〜る!!

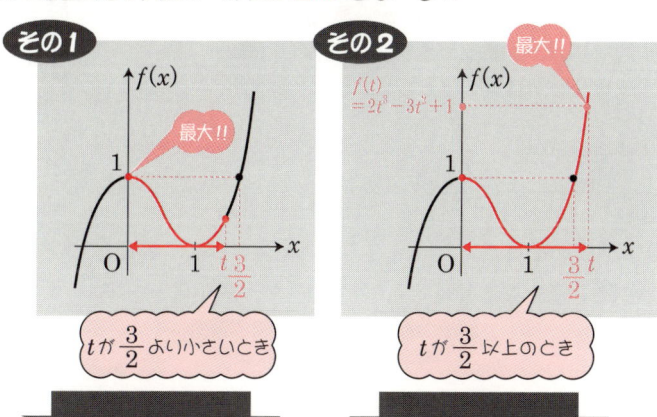

その1

tが$\frac{3}{2}$より小さいとき

その2

tが$\frac{3}{2}$以上のとき

i) $0 < t < \frac{3}{2}$ のとき

> $t > 0$ は問題文に書いてありますよ!!
> この $\frac{3}{2}$ が場合分けの境目となる!!

最大値 M は，
$M = f(0)$
$= 1$

> $x = 0$ のとき最大!!
> 計算しなくてもグラフから一目瞭然!!

ii) $\frac{3}{2} \leq t$ のとき

> このイコールは i) と ii) のいずれか一方につければよい!!
> 別に，i) のほうにイコールをつけて
> i) $0 < t \leq \frac{3}{2}$ と ii) $\frac{3}{2} < t$
> に場合分けしても OK !!

最大値 M は，
$M = f(t)$
$= 2 \times t^3 - 3 \times t^2 + 1$
$= 2t^3 - 3t^2 + 1$

> $x = t$ のとき最大!!
> $f(x) = 2x^3 - 3x^2 + 1$ に $x = t$ を代入!!

つまーり!!

i) $0 < t < \frac{3}{2}$ のとき $M = 1$

ii) $\frac{3}{2} \leq t$ のとき $M = 2t^3 - 3t^2 + 1$

答でーす!!

> くどいかもしれないけど，このイコールは，
> i) のほうにつけても OK !

(3) 区間 $0 \leqq x \leqq t$ における $f(x)$ の最小値 m は t の値により，どのように変化するのでしょうか？？

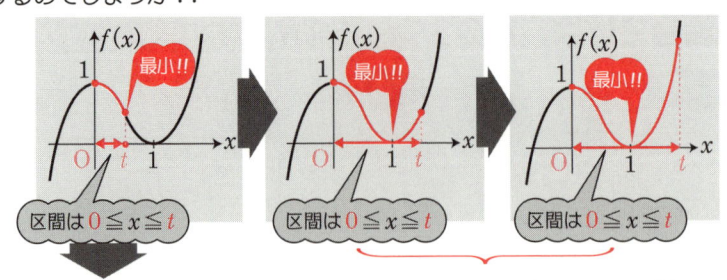

t が1の手前にあるとき
$x = t$ のとき最小値となる!!

t が1を超えればどこまで t が大きくなっても
$x = 1$ のとき，最小値となる!!

よって!!

今回の場合分けも，次の 2 つとな〜る!!

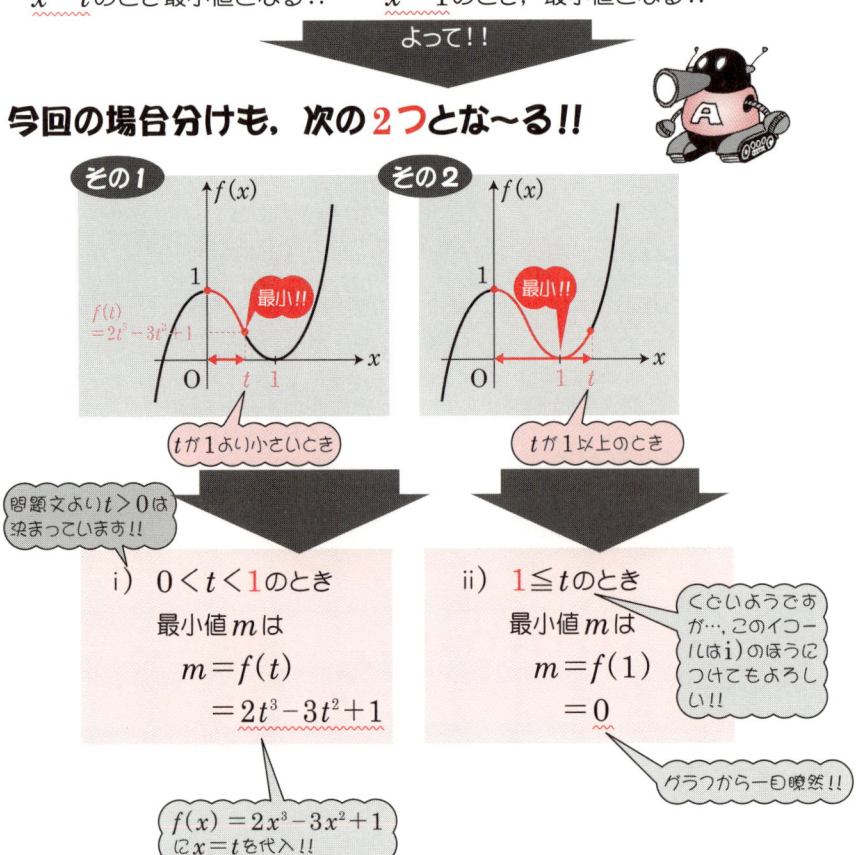

その1
t が1より小さいとき

$f(t) = 2t^3 - 3t^2 + 1$

問題文より $t > 0$ は決まっています!!

i) $0 < t < 1$ のとき
 最小値 m は
 $m = f(t)$
 $= 2t^3 - 3t^2 + 1$

$f(x) = 2x^3 - 3x^2 + 1$ に $x = t$ を代入!!

その2
t が1以上のとき

ii) $1 \leqq t$ のとき
 最小値 m は
 $m = f(1)$
 $= 0$

くどいようですが…，このイコールは i) のほうにつけてもよろしい!!

グラフから一目瞭然!!

Theme 12　場合分けをしっかりと!!　149

つまーり!!

i) $0 < t < 1$ のとき　$m = 2t^3 - 3t^2 + 1$
ii) $1 \leqq t$ のとき　$m = 0$

なるほど…

答でーす!!

同じことを何回もいって恐縮ですが…
このイコールは i)のほうにつけてもOKですよ♥

解答でござる

(1)　$f(x) = 2x^3 - 3x^2 + 1$
　　　$f'(x) = 6x^2 - 6x$
　　　　　　$= 6x(x-1)$

$f'(x) = 2 \times 3x^2 - 3 \times 2x$
　　　　$= 6x^2 - 6x$

増減表をかくと，

x	$\cdots$	0	$\cdots$	1	$\cdots$
$f'(x)$	+	0	−	0	+
$f(x)$	↗	極大 1	↘	極小 0	↗

$f'(x) = 6x(x-1)$ の符号は…

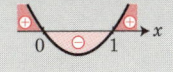

$f(0) = 2 \times 0^3 - 3 \times 0^2 + 1 = 1$
$f(1) = 2 \times 1^3 - 3 \times 1^2 + 1 = 0$

以上より，グラフをかくと，

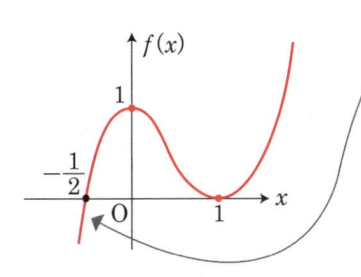

指示がないので，求める必要はありませんが，本問では簡単に求められるので参考までに…

$f(x) = 2x^3 - 3x^2 + 1 = 0$
　　　とすると…
$(x-1)^2(2x+1) = 0$

x軸と $x=1$ で接しているので，$(x-1)^2$ を因数にもつ!! これを見抜けば，因数分解は容易である♥
P.121 問題 10-1 (3)〜(5)の ナイスな導入 参照!!

∴ $x = 1$ (重解)，$-\dfrac{1}{2}$

(2) $\begin{pmatrix} f(x)=1 \text{のとき} \\ 2x^3-3x^2+1=1 \\ 2x^3-3x^2=0 \\ x^2(2x-3)=0 \\ \therefore\ x=0,\ \dfrac{3}{2} \end{pmatrix}$

先手必勝!! 求めておくべきものは求めておきましょう!!

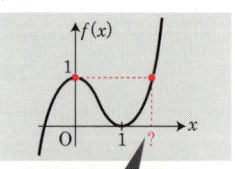

この x 座標がホシイ!!

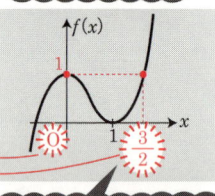

この $\dfrac{3}{2}$ が場合分けの境目!! 詳しくは ナイスな導入 参照!!

i) $0<t<\dfrac{3}{2}$ のとき

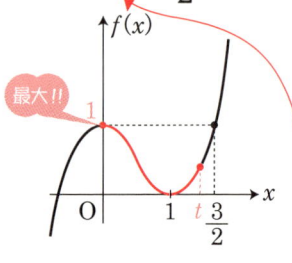

区間 $0\leqq x\leqq t$ における最大値 M は,
$M=f(0)$
$=1$

$x=0$ のとき最大値 1 です!! グラフより一目瞭然!!

$t>0$ は問題文で決まってます!!

ii) $\dfrac{3}{2}\leqq t$ のとき

区間 $0\leqq x\leqq t$ における最大値 M は,
$M=f(t)$
$=2t^3-3t^2+1$

$f(x)=2x^3-3x^2+1$ より
$f(t)=2t^3-3t^2+1$ です!!

$x=t$ のとき最大!!

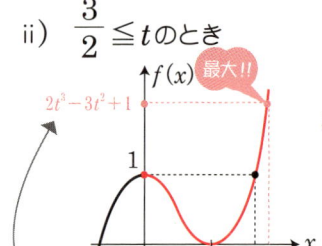

以上, i), ii) をまとめて,

$\begin{cases} \text{i)}\ 0<t<\dfrac{3}{2}\text{のとき,}\ M=1 \\ \text{ii)}\ \dfrac{3}{2}\leqq t\text{のとき,}\ M=2t^3-3t^2+1 \end{cases}$ …(答)

t の位置で場合分け!!

何度もいっていますが… イコールの位置を変えて
i) $0<t\leqq\dfrac{3}{2}$ と
ii) $\dfrac{3}{2}<t$ に場合分けしても OK!! ただし, どちらかには必ずイコールをつけてくださいよ!!

Theme 12 場合分けをしっかりと!! 151

(3) ⅰ) $0 < t < 1$ のとき

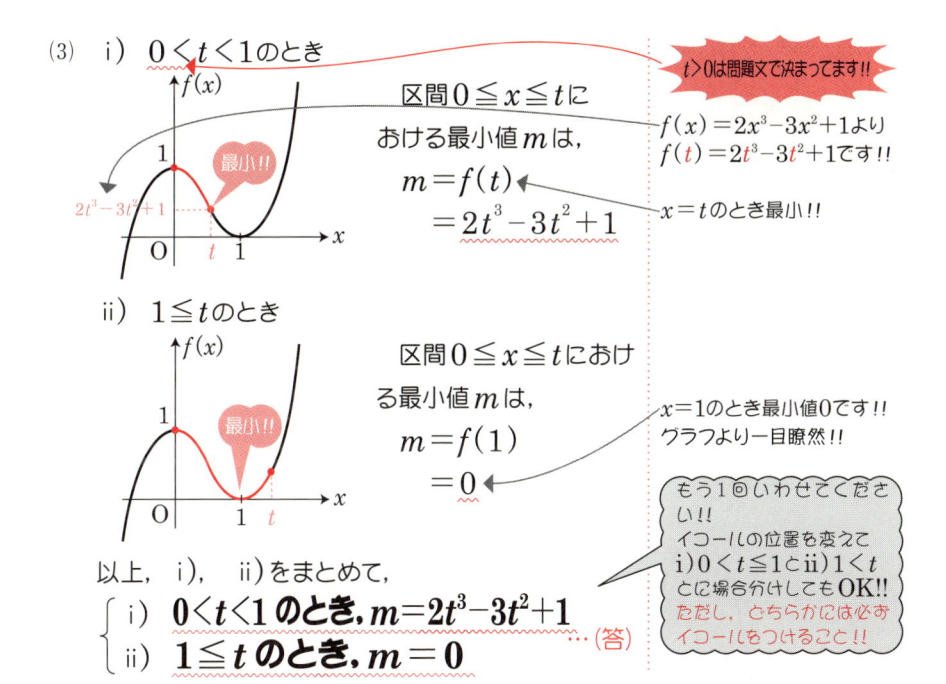

$t > 0$ は問題文で決まってます!!

区間 $0 \leq x \leq t$ における最小値 m は，
$$m = f(t)$$
$$= 2t^3 - 3t^2 + 1$$

$f(x) = 2x^3 - 3x^2 + 1$ より
$f(t) = 2t^3 - 3t^2 + 1$ です!!

$x = t$ のとき最小!!

ⅱ) $1 \leq t$ のとき

区間 $0 \leq x \leq t$ における最小値 m は，
$$m = f(1)$$
$$= 0$$

$x = 1$ のとき最小値 0 です!!
グラフより一目瞭然!!

もう1回いわせてください!!
イコールの位置を変えて
ⅰ) $0 < t \leq 1$ とⅱ) $1 < t$
とに場合分けしても OK!!
ただし，どちらかには必ずイコールをつけること!!

以上，ⅰ)，ⅱ) をまとめて，
$$\begin{cases} ⅰ) \ \mathbf{0 < t < 1 \text{ のとき, } m = 2t^3 - 3t^2 + 1} \\ ⅱ) \ \mathbf{1 \leq t \text{ のとき, } m = 0} \end{cases} \cdots (答)$$

確認コーナー 　場合分けの境目のイコールをどちらにつけても OK な理由

(2)で $\begin{cases} ⅰ) \ 0 < t < \dfrac{3}{2} \text{ のとき, } M = 1 \text{ (一定)} \\ ⅱ) \ \dfrac{3}{2} \leq t \text{ のとき, } M = 2t^3 - 3t^2 + 1 \end{cases}$

$t = \dfrac{3}{2}$ のとき，$M = 1$

$t = \dfrac{3}{2}$ のとき，
$M = 2 \times \left(\dfrac{3}{2}\right)^3 - 3 \times \left(\dfrac{3}{2}\right)^2 + 1 = 1$

一致!!

(3)で $\begin{cases} ⅰ) \ 0 < t < 1 \text{ のとき, } m = 2t^3 - 3t^2 + 1 \\ ⅱ) \ 1 \leq t \text{ のとき, } m = 0 \text{ (一定)} \end{cases}$

$t = 1$ のとき，$m = 0$

$t = 1$ のとき，
$m = 2 \times 1^3 - 3 \times 1^2 + 1 = 0$

一致!!

以上からも，おわかりのとおり，場合分けの境目での値は必ず一致します!!

だから，イコールの位置は好きにして OK なんです!!

さぁ、どんどんいきまっせ♥

問題12-2 　ちょいムズ

$f(x) = x^3 - 3x^2 + 4$ とする。

(1) $f(x)$ のグラフの概形をかけ。

(2) 区間 $t \leqq x \leqq t+1$ における $f(x)$ の最大値 M を求めよ。

ナイスな導入

(1)は 解答でござる 参照!!　(2)がメインですから…

とゆーわけで, $f(x)$ のグラフは次のとおり!!

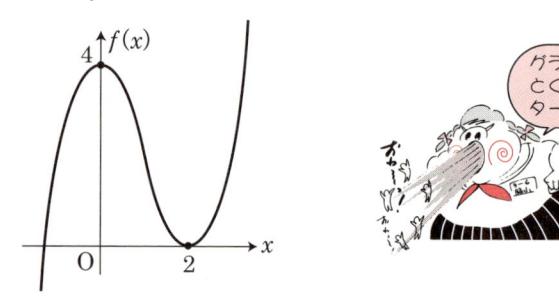

（グラフをかくことくらいはマスターしとけよ!!）

(2) 区間 $t \leqq x \leqq t+1$ における $f(x)$ の最大値 M は, t の値によりどのように変化するのであろうか…??

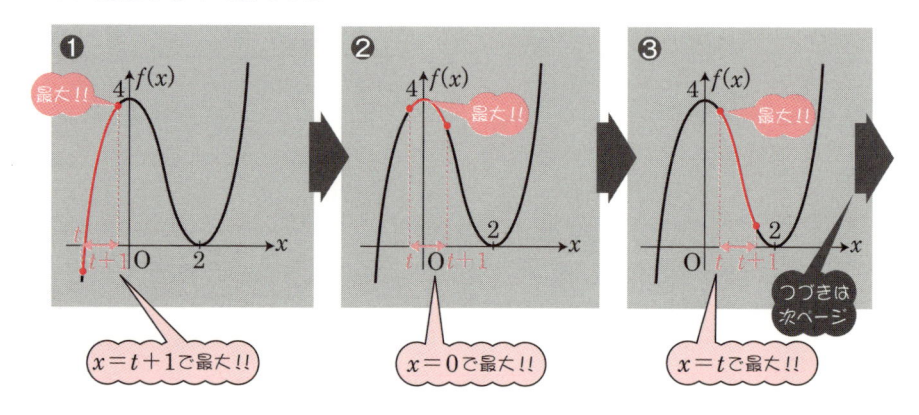

❶ $x = t+1$ で最大!!

❷ $x = 0$ で最大!!

❸ $x = t$ で最大!!

つづきは次ページ

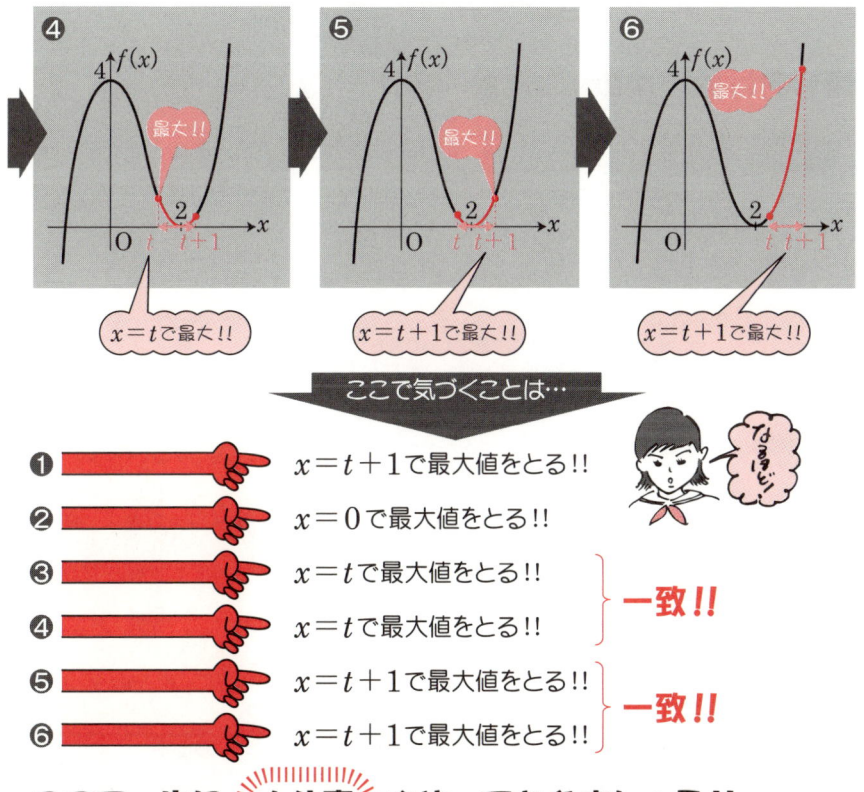

Theme 12　場合分けをしっかりと!!　153

❹　$x = t$ で最大!!

❺　$x = t+1$ で最大!!

❻　$x = t+1$ で最大!!

ここで気づくことは…

❶ $x = t+1$ で最大値をとる!!
❷ $x = 0$ で最大値をとる!!
❸ $x = t$ で最大値をとる!!　⎫
❹ $x = t$ で最大値をとる!!　⎭ 一致!!
❺ $x = t+1$ で最大値をとる!!　⎫
❻ $x = t+1$ で最大値をとる!!　⎭ 一致!!

ここで，先に 大仕事 をやっておきましょう!!

それは，上の❹と❺との境目の t の値を求めておくことです!!

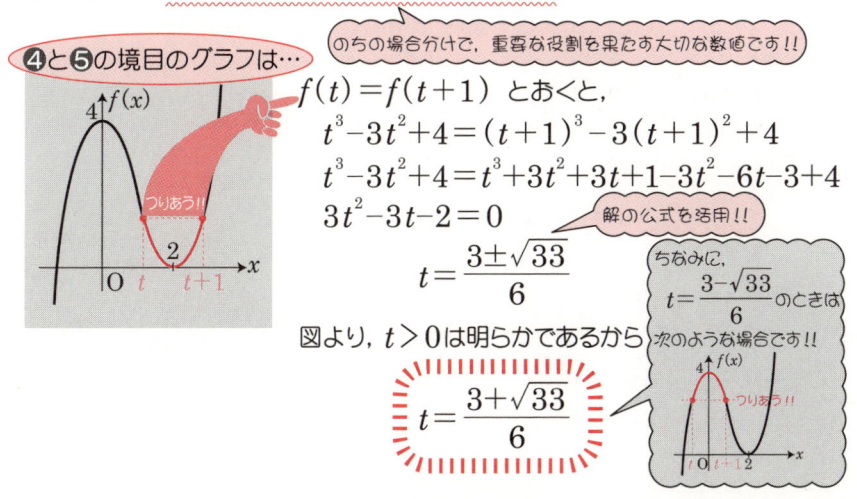

❹と❺の境目のグラフは…

のちの場合分けで、重要な役割を果たす大切な数値です!!

$f(t) = f(t+1)$ とおくと，
$t^3 - 3t^2 + 4 = (t+1)^3 - 3(t+1)^2 + 4$
$t^3 - 3t^2 + 4 = t^3 + 3t^2 + 3t + 1 - 3t^2 - 6t - 3 + 4$
$3t^2 - 3t - 2 = 0$

解の公式を活用!!

$$t = \frac{3 \pm \sqrt{33}}{6}$$

図より，$t > 0$ は明らかであるから

$$t = \frac{3 + \sqrt{33}}{6}$$

ちなみに，$t = \dfrac{3 - \sqrt{33}}{6}$ のときは次のような場合です!!

場合分けは，次の4つとな～る!!

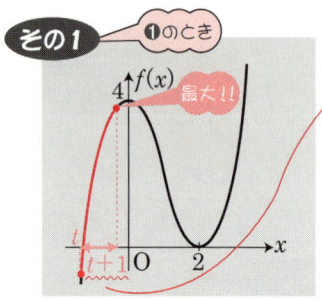

その1 （❶のとき）

i) $t+1<0$ つまり $t<-1$ のとき

区間 $t\leq x\leq t+1$ における最大値 M は，
$$M=f(t+1)$$
$x=t+1$ のとき，最大値をとる!!
$$=(t+1)^3-3(t+1)^2+4$$
$$=t^3+3t^2+3t+1-3t^2-6t-3+4$$
$$=t^3-3t+2$$

その2 （❷のとき）

ii) $t<0\leq t+1$ つまり $-1\leq t<0$ のとき

i)でイコールをつけなかったのでこっちにつけました!!

区間 $t\leq x\leq t+1$ における最大値 M は，
$$M=f(0)=4$$

グラフより $x=0$ で最大値 4 をとることは明らか!!

$t<\boxed{0\leq t+1}$
$t<0$　$0\leq t+1$
　　　　$-1\leq t$
合体!!
$-1\leq t<0$

その3 （❸&❹のとき）

iii) $0\leq t<\dfrac{3+\sqrt{33}}{6}$ のとき

ii)でイコールをつけなかったのでこっちにつけました!!

P.153参照!!
❹と❺の境目の t です!!

区間 $t\leq x\leq t+1$ における最大値 M は，
$$M=f(t)$$
$x=t$ のとき，最大値をとる!!
$$=t^3-3t^2+4$$

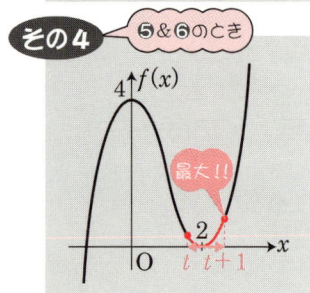

その4 （❺&❻のとき）

iv) $\dfrac{3+\sqrt{33}}{6}\leq t$ のとき

P.153参照!!
❹と❺の境目の t です!!

iii)でイコールをつけなかったのでこっちにつけました!!

区間 $t\leq x\leq t+1$ における最大値 M は，
$$M=f(t+1)$$
$x=t+1$ のとき，最大値をとる!!
$$=(t+1)^3-3(t+1)^2+4$$
$$=t^3-3t+2$$

Theme 12 場合分けをしっかりと!! 155

つまり解答は…

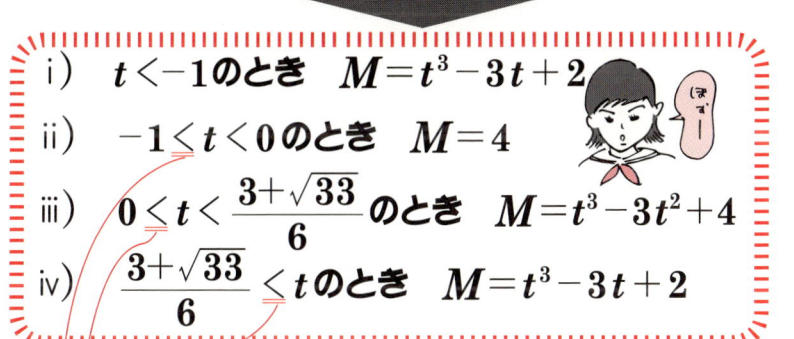

i) $t < -1$ のとき $M = t^3 - 3t + 2$

ii) $-1 \leq t < 0$ のとき $M = 4$

iii) $0 \leq t < \dfrac{3+\sqrt{33}}{6}$ のとき $M = t^3 - 3t^2 + 4$

iv) $\dfrac{3+\sqrt{33}}{6} \leq t$ のとき $M = t^3 - 3t + 2$

答でーす!!

注 このイコールはどこにつけてもOK!! どれかの場合の中に $t = -1$, $t = 0$, $t = \dfrac{3+\sqrt{33}}{6}$ のときが含まれていればOKです!!

では,解答をまとめておきましょう!!

解答でござる

(1) $f(x) = x^3 - 3x^2 + 4$
$f'(x) = 3x^2 - 6x$
$ = 3x(x-2)$

$f'(x) = 3x^2 - 3 \times 2x$
$ = 3x^2 - 6x$

増減表をかくと,

x	$\cdots$	0	$\cdots$	2	$\cdots$
$f'(x)$	+	0	−	0	+
$f(x)$	↗	極大 4	↘	極小 0	↗

$f'(x) = 3x(x-2)$ の符号は…

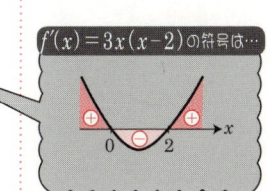

以上より，グラフをかくと，

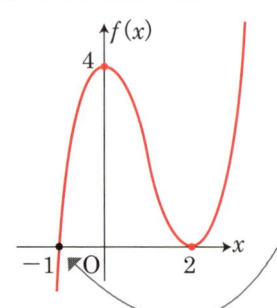

指示がないので，求める必要はありません!! しかし，本問では簡単に求められるので，参考までに…

$f(x) = x^3 - 3x^2 + 4 = 0$
とすると…
$(x-2)^2(x+1) = 0$

x軸と$x=2$で接しているから，$(x-2)^2$を因数にもつ!! これを見抜いてしまえば，因数分解は造作もないこと!!
P.121 問題10-1 (3)〜(5)のナイスな導入を参照せよ!!

(2) $t > 0$として，
$f(t) = f(t+1)$のとき
$t^3 - 3t^2 + 4 = (t+1)^3 - 3(t+1)^2 + 4$
$3t^2 - 3t - 2 = 0$
$\therefore t = \dfrac{3 \pm \sqrt{33}}{6}$
$t > 0$より，$t = \dfrac{3 + \sqrt{33}}{6}$

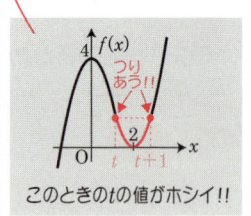

このときのtの値がホシイ!!

この値が，のちに役に立つ!!

i) $t+1 < 0$つまり$t < -1$のとき

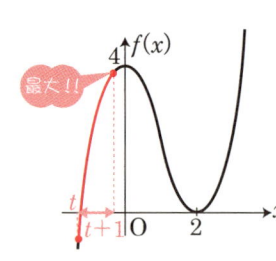

区間$t \leq x \leq t+1$における最大値Mは，
$M = f(t+1)$
$\quad = (t+1)^3 - 3(t+1)^2 + 4$
$\quad = t^3 - 3t + 2$

最大!!

$t+1 < 0$より$t < -1$
$x = t+1$のとき最大値をとる!!
なるほど…
展開してまとめました!!

ii) $t<0\leqq t+1$ つまり $-1\leqq t<0$ のとき

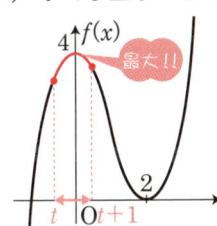

区間 $t\leqq x\leqq t+1$ における最大値 M は，
$$M=f(0)=4$$

$\boxed{t<\boxed{0}\leqq t+1}$

$t<0$　$0\leqq t+1$
　　　　$-1\leqq t$
合体!!
$-1\leqq t<0$

$x=0$ のとき，最大値 4 をとることはグラフより明らか!!

iii) $0\leqq t<\dfrac{3+\sqrt{33}}{6}$ のとき

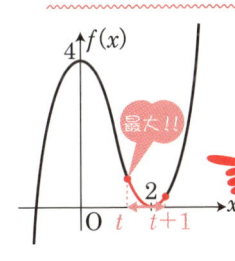

区間 $t\leqq x\leqq t+1$ における最大値 M は，
$$M=f(t)=t^3-3t^2+4$$

$t=\dfrac{3+\sqrt{33}}{6}$ のとき，次の図のようになる!!

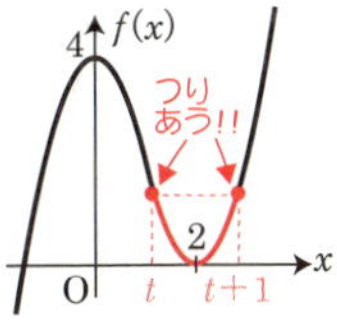

つりあう!!

この瞬間より t の値が小さくなるとき，図は左のとおり!!

iv) $\dfrac{3+\sqrt{33}}{6}\leqq t$ のとき

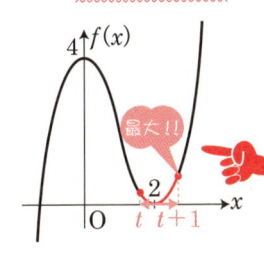

区間 $t\leqq x\leqq t+1$ における最大値 M は，
$$M=f(t+1)=(t+1)^3-3(t+1)^2+4=t^3-3t+2$$

$t=\dfrac{3+\sqrt{33}}{6}$ のとき，図は上のようになる!! この瞬間より t の値が大きくなるとき，図は左のとおり!!

以上 i)～iv) より,

i) $t<-1$ のとき　$M=t^3-3t+2$
ii) $-1\leqq t<0$ のとき　$M=4$
iii) $0\leqq t<\dfrac{3+\sqrt{33}}{6}$ のとき　$M=t^3-3t^2+4$
iv) $\dfrac{3+\sqrt{33}}{6}\leqq t$ のとき　$M=t^3-3t+2$

…(答)

なるほど!

何度もいいますが，場合分けでの $t=-1, 0, \dfrac{3+\sqrt{33}}{6}$ のときのイコールは，どこにつけても OK です!!

さらに，もう一発!!

問題12-3 ちょいムズ

関数 $f(x) = x^3 - 6ax^2 + 9a^2 x$ の区間 $0 \leq x \leq 2$ における $f(x)$ の最大値 M を求めよ。ただし，$a > 0$ とする。

ナイスな導入

$$f(x) = x^3 - 6ax^2 + 9a^2 x$$
$$f'(x) = 3x^2 - 6a \times 2x + 9a^2$$
$$= 3x^2 - 12ax + 9a^2$$
$$= 3(x^2 - 4ax + 3a^2)$$
$$= 3(x-a)(x-3a)$$

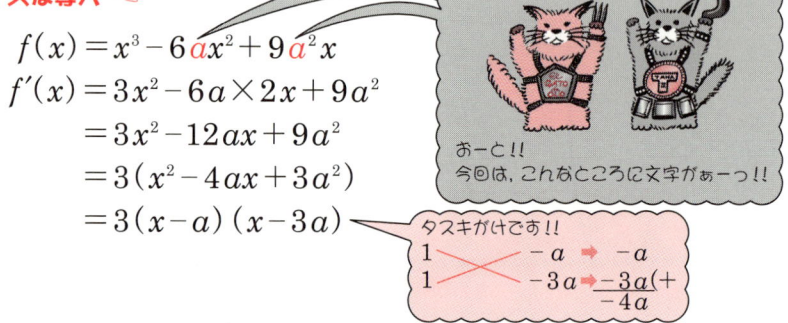

おーと!!
今回は，こんなところに文字がぁーっ!!

タスキがけです!!
$1 \quad -a \rightarrow -a$
$1 \quad -3a \rightarrow -3a$ (+
$\qquad\qquad -4a$

ここで，$f'(x) = 0$ とすると，$x = a, 3a$ が得られる。

条件より，$a > 0$ であるから，$a < 3a$ とな〜る!!

$a > 0$ ならば a より $3a$ のほうがデカイ!!

よって，増減表をかくと…

x	…	a	…	$3a$	…
$f'(x)$	+	0	−	0	+
$f(x)$	↗	極大	↘	極小	↗

$f'(x) = 3(x-a)(x-3a)$ の符号は…

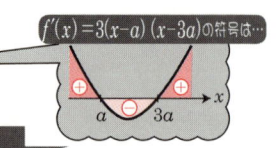

よってグラフは…

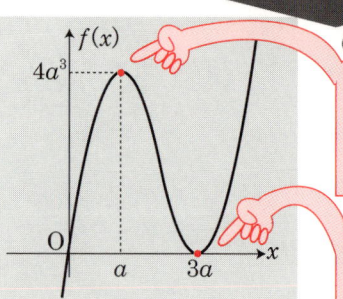

極大値は…
$$f(a) = a^3 - 6a \times a^2 + 9a^2 \times a$$
$$= a^3 - 6a^3 + 9a^3$$
$$= 4a^3$$

極小値は…
$$f(3a) = (3a)^3 - 6a \times (3a)^2 + 9a^2 \times 3a$$
$$= 27a^3 - 54a^3 + 27a^3$$
$$= 0$$

さて，区間 $0 \leq x \leq 2$ における $f(x)$ の最大値 M は a の値により，どのように変化するのであろうか…??
　ここで!!　まず求めておくべき値がっ!!

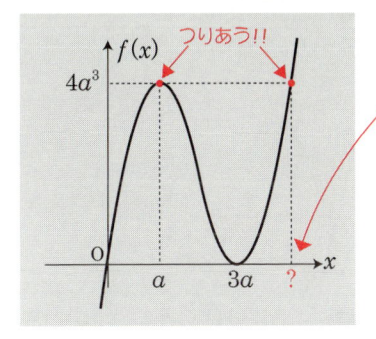

つりあう!!

この値がホシイ!!

$f(x) = 4a^3$ のとき，
$x^3 - 6ax^2 + 9a^2 x = 4a^3$
$x^3 - 6ax^2 + 9a^2 x - 4a^3 = 0$
$(x-a)^2 (x-4a) = 0$
∴ $x = a,\ 4a$

解決!!

接する!!

重解!!

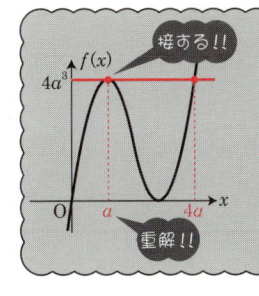

関数 $f(x)$ のグラフは，左図のように $x=a$ で直線 $y=4a^3$ (一定) と接する!!
　あっ，$f(x) = 4a^3$ としたとき，$x=a$ の重解をもつことは明らかか。つまり $(x-a)^2$ を因数にもつ!!
　これを見抜けば，組立除法による因数分解が速い!!

P.367 ナイスフォローその4 参照!!

そこで!!

場合分けは，次の3つとなーる!!

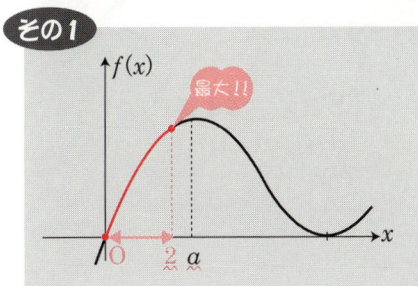

その1

最大!!

i) $2 < a$ のとき
　区間 $0 \leq x \leq 2$ における $f(x)$ の最大値 M は，
$$M = f(2)$$
$$= 2^3 - 6a \times 2^2 + 9a^2 \times 2$$
$$= 18a^2 - 24a + 8$$

$x=2$ で最大値となる!!

その2

ii) $a \leq 2 < 4a$ つまり $\frac{1}{2} < a \leq 2$ のとき

区間 $0 \leq x \leq 2$ における $f(x)$ の最大値 M は，
$$M = f(a) = 4a^3$$

(グラフ: $f(x)$ が $x=a$ で最大値 $4a^3$ をとる)
最大!!

この $4a$ については，前ページ参照!!

$a \leq \boxed{2} < 4a$
→ $a \leq 2$
→ $2 < 4a$ → $\frac{1}{2} < a$
合体!! $\frac{1}{2} < a \leq 2$

$x = a$ で最大値 $4a^3$ をとる!! グラフより明白!!

その3

iii) $4a \leq 2$ つまり $0 < a \leq \frac{1}{2}$ のとき

問題文に"ただし $a > 0$"とあります!!

区間 $0 \leq x \leq 2$ における $f(x)$ の最大値 M は，
$$M = f(2)$$
$$= 2^3 - 6a \times 2^2 + 9a^2 \times 2$$
$$= 18a^2 - 24a + 8$$

$x = 2$ で最大!!
最大!!

つまーり!!

$a = 2$ と $a = \frac{1}{2}$ のときのイコールは，どこにつけてもOKだよ!!

i) $2 < a$ のとき $M = 18a^2 - 24a + 8$

ii) $\frac{1}{2} < a \leq 2$ のとき $M = 4a^3$

iii) $0 < a \leq \frac{1}{2}$ のとき $M = 18a^2 - 24a + 8$

答でーす!!

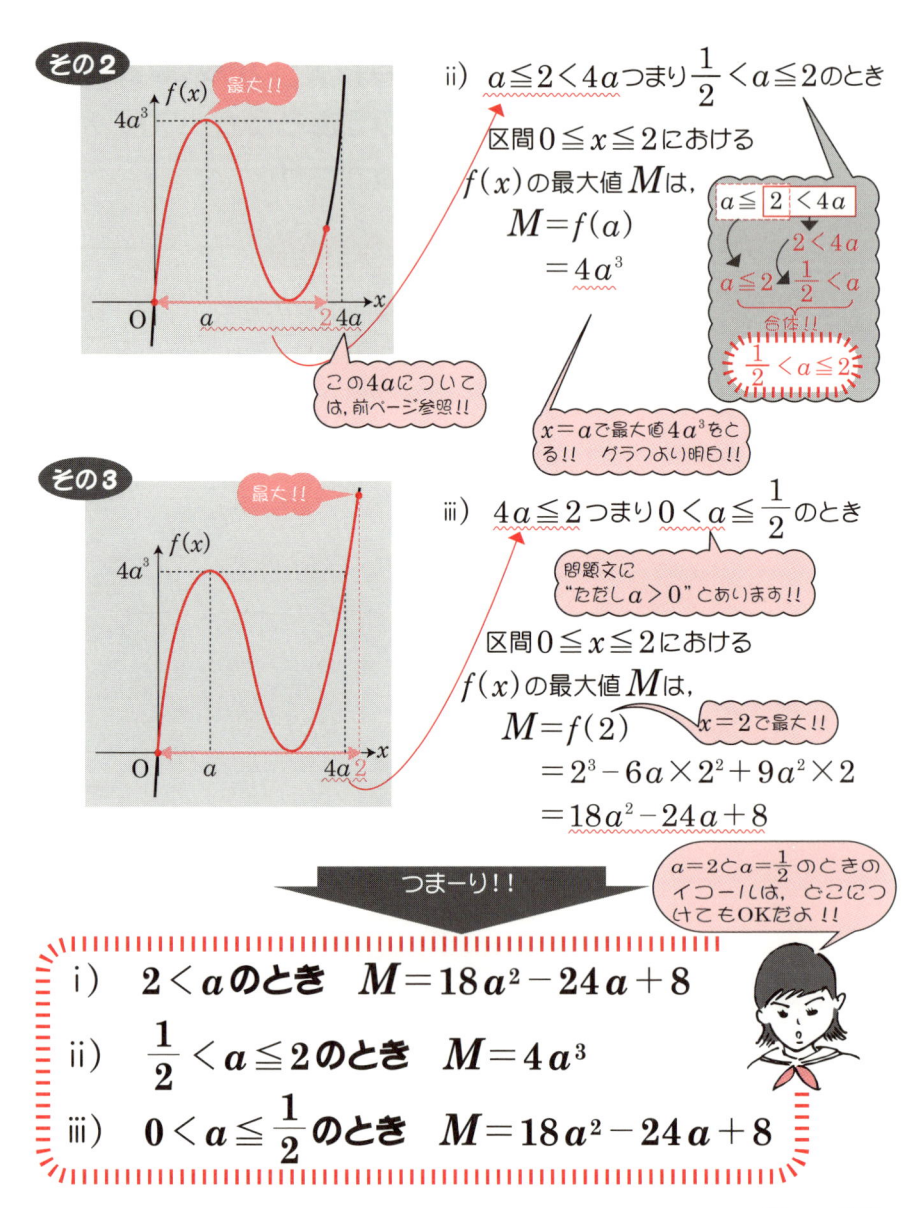

解答でござる

$f(x) = x^3 - 6ax^2 + 9a^2 x$
$f'(x) = 3x^2 - 12ax + 9a^2$
$\qquad = 3(x^2 - 4ax + 3a^2)$
$\qquad = 3(x-a)(x-3a)$

$a > 0$ より，$a < 3a$ である。

増減表をかくと，

x	$\cdots$	a	$\cdots$	$3a$	$\cdots$
$f'(x)$	$+$	0	$-$	0	$+$
$f(x)$	↗	極大	↘	極小	↗

ここで，
 極大値は $f(a) = 4a^3$
 極小値は $f(3a) = 0$

さらに，
$f(x) = 4a^3$ のとき，
$\qquad x^3 - 6ax^2 + 9a^2 x = 4a^3$
$x^3 - 6ax^2 + 9a^2 x - 4a^3 = 0$
$\qquad (x-a)^2(x-4a) = 0$
$\therefore\ x = a,\ 4a$

右側メモ：

$f'(x) = 3x^2 - 6a \times 2x + 9a^2$
$\qquad = 3x^2 - 12ax + 9a^2$

タスキがけです!!
$1 \searrow -a \Rightarrow -a$
$1 \nearrow -3a \Rightarrow \underline{-3a}(+$
$\qquad\qquad\qquad -4a$

$a > 0$ のとき，a より $3a$ のほうが大きいでしょ!?

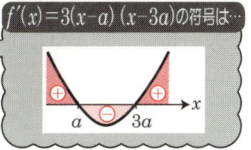

$f'(x) = 3(x-a)(x-3a)$ の符号は…

$f(a) = a^3 - 6a \times a^2 + 9a^2 \times a$
$\qquad = 4a^3$
$f(3a) = (3a)^3 - 6a \times (3a)^2 + 9a^2 \times 3a$
$\qquad = 0$

前もって求めておこう!!
あとで，楽ですよ♥

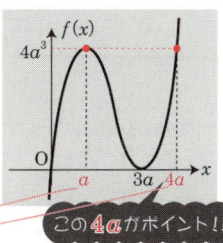

この $4a$ がポイント!!

詳しくは ナイスな導入 参照!!
組立除法については P.367
ナイスフォローその4参照!!

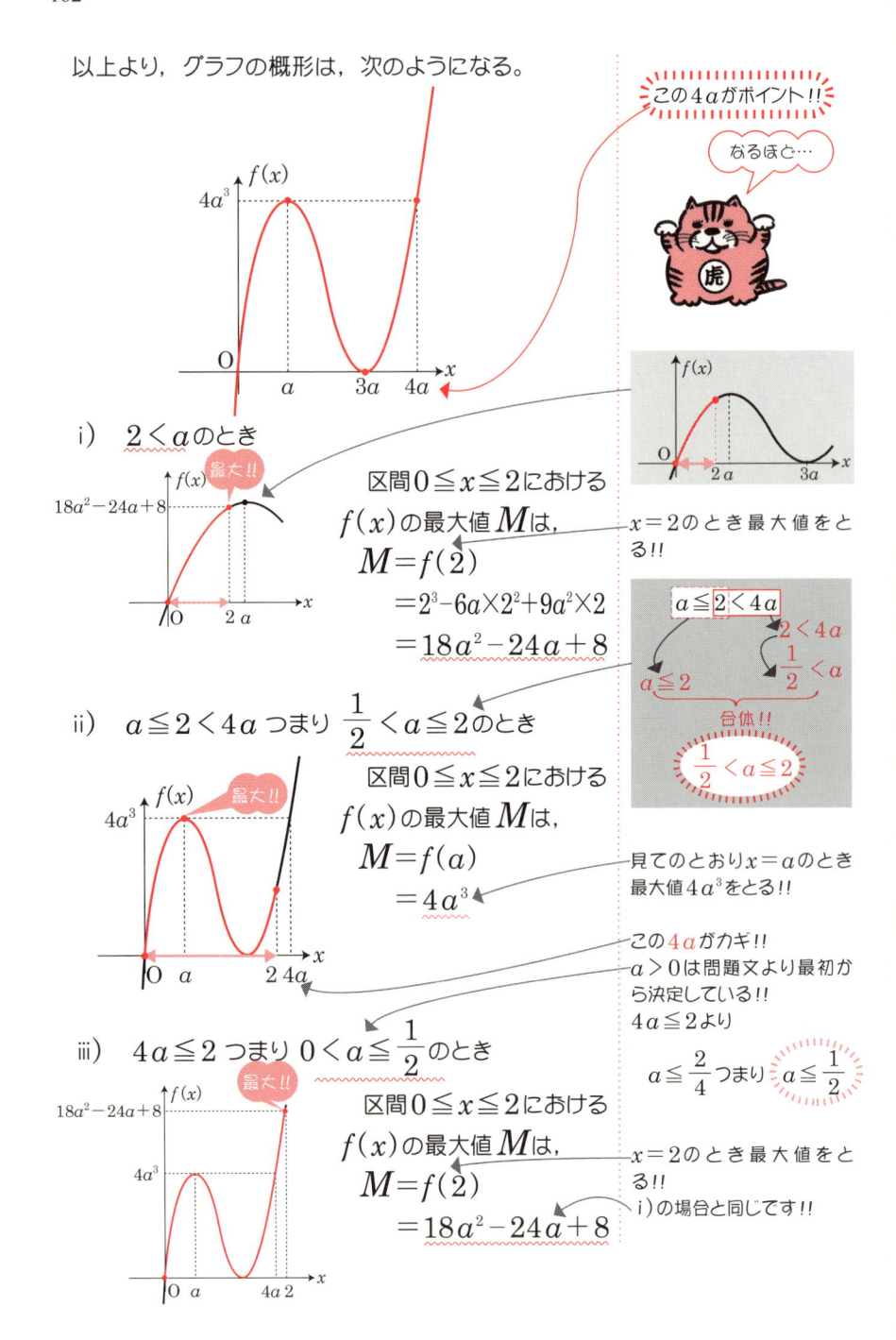

以上より，グラフの概形は，次のようになる。

> この $4a$ がポイント!!
> なるほど…

i) $2 < a$ のとき

区間 $0 \leqq x \leqq 2$ における $f(x)$ の最大値 M は，
$$M = f(2)$$
$$= 2^3 - 6a \times 2^2 + 9a^2 \times 2$$
$$= \underline{18a^2 - 24a + 8}$$

$x = 2$ のとき最大値をとる!!

ii) $a \leqq 2 < 4a$ つまり $\dfrac{1}{2} < a \leqq 2$ のとき

区間 $0 \leqq x \leqq 2$ における $f(x)$ の最大値 M は，
$$M = f(a)$$
$$= \underline{4a^3}$$

$a \leqq 2 < 4a$
$a \leqq 2$ $2 < 4a$ → $\dfrac{1}{2} < a$
合体!!
$\dfrac{1}{2} < a \leqq 2$

見てのとおり $x = a$ のとき最大値 $4a^3$ をとる!!

この $4a$ がカギ!!
$a > 0$ は問題文より最初から決定している!!
$4a \leqq 2$ より
$a \leqq \dfrac{2}{4}$ つまり $a \leqq \dfrac{1}{2}$

iii) $4a \leqq 2$ つまり $0 < a \leqq \dfrac{1}{2}$ のとき

区間 $0 \leqq x \leqq 2$ における $f(x)$ の最大値 M は，
$$M = f(2)$$
$$= \underline{18a^2 - 24a + 8}$$

$x = 2$ のとき最大値をとる!!
i) の場合と同じです!!

Theme 12 場合分けをしっかりと!! 163

以上i)〜iii)より,

$$\begin{cases} \text{i)} & 2<a \text{ のとき} \\ & M=18a^2-24a+8 \\ \text{ii)} & \dfrac{1}{2}<a\leqq 2 \text{ のとき} \\ & M=4a^3 \\ \text{iii)} & 0<a\leqq \dfrac{1}{2} \text{ のとき} \\ & M=18a^2-24a+8 \end{cases}$$

…(答)

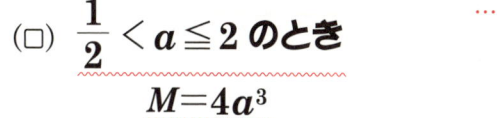

$a=2$ とすると,ともに $M=32$ が得られる!!

$a=\dfrac{1}{2}$ とすると,ともに $M=\dfrac{1}{2}$ が得られる!!

場合分けの境目での値が一致することに注意せよ!! これが,イコールの位置をどこにつけてもよい理由である!!

ちょっと言わせて

i)とiii)の場合が同一となるので,次のようにまとめて解答を書いてもOK!!

$$\begin{cases} (\text{イ}) & 0<a\leqq \dfrac{1}{2}, \ 2<a \text{ のとき} \\ & M=18a^2-24a+8 \\ (\text{ロ}) & \dfrac{1}{2}<a\leqq 2 \text{ のとき} \\ & M=4a^3 \end{cases}$$

…(答)

i)とiii)をあわせました!!

なるほど!

Theme 13 方程式との愛のコラボレーション ♥

とりあえず基礎固めを…

問題13-1 基礎

次の方程式の異なる実数解の個数を求めよ。
(1) $2x^3 - 3x^2 - 36x + 2 = 0$
(2) $x^3 - 4x^2 + 4x = 0$
(3) $4x^3 - 6x^2 + 5 = 0$

ナイスな導入

異なる実数解の **個数** が問題となっているだけなので，まともに解く必要はありません!!

そこで!!

グラフを活用しましょう!!

グラっ〜

(1)を例にして解説しましょう♥

$f(x) = 2x^3 - 3x^2 - 36x + 2$　とおく!!
$f'(x) = 2 \times 3x^2 - 3 \times 2x - 36$
$ = 6x^2 - 6x - 36$
$ = 6(x^2 - x - 6)$
$ = 6(x+2)(x-3)$

増減表をかくと…

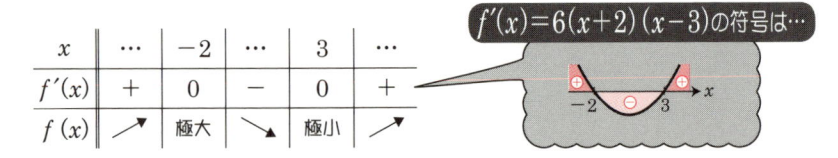

x	$\cdots$	-2	$\cdots$	3	$\cdots$
$f'(x)$	$+$	0	$-$	0	$+$
$f(x)$	↗	極大	↘	極小	↗

$f'(x) = 6(x+2)(x-3)$ の符号は…

このとき!!

極大値は,
$$f(-2) = 2\times(-2)^3 - 3\times(-2)^2 - 36\times(-2) + 2$$
$$= -16 - 12 + 72 + 2$$
$$= 46 > 0 \quad \text{(極大値>0です!!)}$$

極小値は,
$$f(3) = 2\times 3^3 - 3\times 3^2 - 36\times 3 + 2$$
$$= 54 - 27 - 108 + 2$$
$$= -79 < 0 \quad \text{(極小値<0です!!)}$$

▼ つまり…

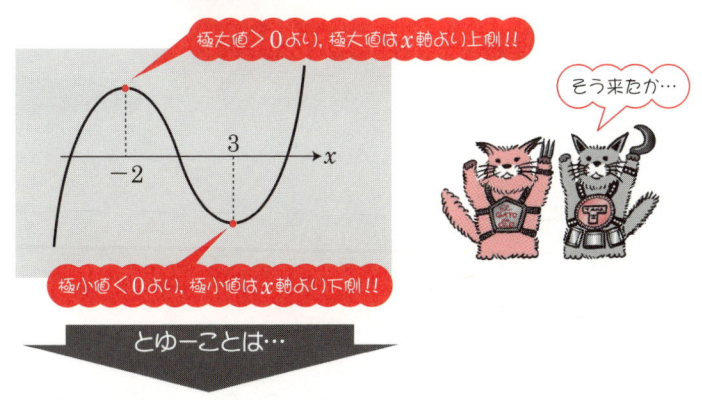

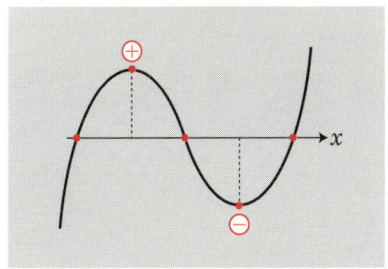

極大値>0より,極大値はx軸より上側!!

極小値<0より,極小値はx軸より下側!!

そう来たか…

▼ とゆーことは…

x軸と異なる3点で交わる!!

よって!!

$f(x) = 0$ は **異なる3つの実数解をもつ!!**

つまり，$2x^3 - 3x^2 - 36x + 2 = 0$

答で一す!!

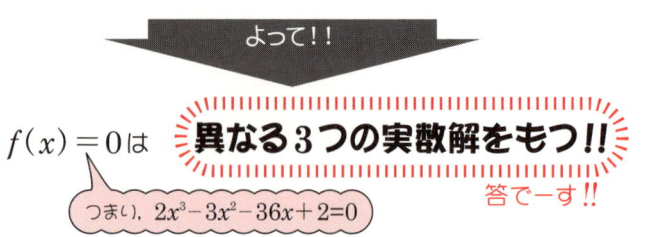

(2), (3)も，この調子でGO!!

解答でござる

(1) $2x^3 - 3x^2 - 36x + 2 = 0$ …(*)

$f(x) = 2x^3 - 3x^2 - 36x + 2$ とおく。

$f'(x) = 6x^2 - 6x - 36$
$= 6(x^2 - x - 6)$
$= 6(x+2)(x-3)$

$f'(x) = 2 \times 3x^2 - 3 \times 2x - 36$
$= 6x^2 - 6x - 36$

増減表をかくと，

x	…	-2	…	3	…
$f'(x)$	+	0	−	0	+
$f(x)$	↗	極大 46	↘	極小 -79	↗

$f'(x) = 6(x+2)(x-3)$ の符号は…

極大値は，
$f(-2) = 2 \times (-2)^3 - 3 \times (-2)^2 - 36 \times (-2) + 2$
$= -16 - 12 + 72 + 2$
$= 46$

極大値 > 0 かつ極小値 < 0 となるから，関数 $f(x)$ は，x 軸と異なる3つの共有点をもつ。

よって，方程式(*)の異なる実数解の個数は，

3個 …(答)

極小値は，
$f(3) = 2 \times 3^3 - 3 \times 3^2 - 36 \times 3 + 2$
$= 54 - 27 - 108 + 2$
$= -79$

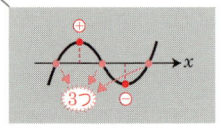

(2) $x^3 - 4x^2 + 4x = 0$ …(*)

$f(x) = x^3 - 4x^2 + 4x$ とおく。

$f'(x) = 3x^2 - 8x + 4$
$= (3x - 2)(x - 2)$

$f'(x) = 3x^2 - 4 \times 2x + 4$
$= 3x^2 - 8x + 4$

増減表をかくと，

x	$\cdots$	$\frac{2}{3}$	$\cdots$	2	$\cdots$
$f'(x)$	$+$	0	$-$	0	$+$
$f(x)$	↗	極大 $\frac{32}{27}$	↘	極小 0	↗

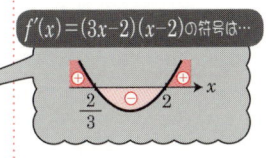

$f'(x)=(3x-2)(x-2)$ の符号は…

極大値は，
$f\left(\dfrac{2}{3}\right)=\left(\dfrac{2}{3}\right)^3-4\times\left(\dfrac{2}{3}\right)^2+4\times\dfrac{2}{3}$
$=\dfrac{8}{27}-\dfrac{16}{9}+\dfrac{8}{3}$
$=\dfrac{32}{27}$

極小値は，
$f(2)=2^3-4\times 2^2+4\times 2$
$=8-16+8$
$=0$

極大値＞0かつ極小値＝0となるから，関数 $f(x)$ は，x 軸と異なる2つの共有点をもつ。

よって，方程式 (*) の異なる実数解の個数は，

2個 …(答)

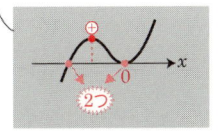

(3) $4x^3-6x^2+5=0$ …(*)

$f(x)=4x^3-6x^2+5$ とおく。

$f'(x)=12x^2-12x$
$=12x(x-1)$

$f'(x)=4\times 3x^2-6\times 2x$
$=12x^2-12x$

増減表をかくと，

x	$\cdots$	0	$\cdots$	1	$\cdots$
$f'(x)$	$+$	0	$-$	0	$+$
$f(x)$	↗	極大 5	↘	極小 3	↗

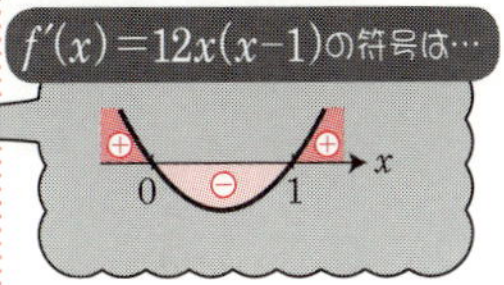

$f'(x)=12x(x-1)$ の符号は…

極大値は，
$f(0)=4\times 0^3-6\times 0^2+5=5$

極小値は，
$f(1)=4\times 1^3-6\times 1^2+5=3$

極大値＞0かつ極小値＞0となるから，関数 $f(x)$ は x 軸と1つのみの共有点をもつ。

よって，方程式 (*) の異なる実数解の個数は，

1個 …(答)

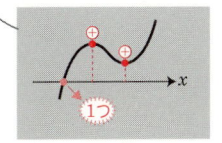

ここからが本番です!!

問題13-2 〔標準〕

3次方程式 $2x^3 - 3(a+1)x^2 + 6ax = 0$ が異なる3つの実数解をもつように，定数 a の値の範囲を求めよ。

ナイスな導入

ズバリ!! 前問 問題13-1 の応用パターンです!!

$f(x) = 2x^3 - 3(a+1)x^2 + 6ax$ とおく!!

$$f'(x) = 2 \times 3x^2 - 3(a+1) \times 2x + 6a$$
$$= 6x^2 - 6(a+1)x + 6a$$
$$= 6\{x^2 - (a+1)x + a\}$$
$$= 6(x-1)(x-a)$$

タスキがけ!!
$1 \quad -1 \to -1$
$1 \quad -a \to -a\,(+$
　　　　　$-(a+1)$

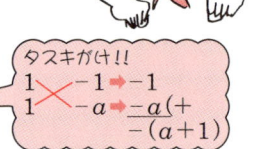

$f'(x) = 0$ とすると，$x = 1, a$ が得られる!!

この 1 と a の大小関係が決まってないことに注意せよ!!

ここで!!

次の **3つ** に **場合分け** する必要あり!!

 i) $a < 1$ のとき　　ii) $a = 1$ のとき　　iii) $1 < a$ のとき

あとは **グラフをイメージ** して，x軸との共有点の個数が **3つ** となるような条件を考えればOK!!

解答でござる

$$2x^3 - 3(a+1)x^2 + 6ax = 0 \cdots (*)$$

$f(x) = 2x^3 - 3(a+1)x^2 + 6ax$ とおく。← グラフで考えよう!!

Theme 13 方程式との愛のコラボレーション♥

$$f'(x) = 6x^2 - 6(a+1)x + 6a$$
$$= 6\{x^2 - (a+1)x + a\}$$
$$= 6(x-1)(x-a)$$

$f'(x) = 0$ とすると，$x = 1, a$ が得られる。

i) $a < 1$ のとき

増減表をかくと，

x	$\cdots$	a	$\cdots$	1	$\cdots$
$f'(x)$	$+$	0	$-$	0	$+$
$f(x)$	↗	極大	↘	極小	↗

ここで，
極大値は，
$$f(a) = 2 \times a^3 - 3(a+1) \times a^2 + 6a \times a$$
$$= -a^3 + 3a^2$$
極小値は，
$$f(1) = 2 \times 1^3 - 3(a+1) \times 1^2 + 6a \times 1$$
$$= 3a - 1$$

(∗) が異なる3つの実数解をもつ
$\iff$ 極大値 $f(a) > 0$ …① かつ 極小値 $f(1) < 0$ …②

よって，①から，
$$f(a) = -a^3 + 3a^2 > 0$$
$$a^3 - 3a^2 < 0$$
$$a^2(a-3) < 0$$
$$\therefore\ a < 0,\ 0 < a < 3 \cdots ①'$$

②から，
$$f(1) = 3a - 1 < 0$$
$$\therefore\ a < \frac{1}{3} \cdots ②'$$

$f'(x) = 2 \times 3x^2 - 3(a+1) \times 2x + 6a$
$= 6x^2 - 6(a+1)x + 6a$

タスキがけ!!
$1 \searrow -1 \to -1$
$1 \nearrow -a \to \underline{-a}(+$
$\qquad\qquad -(a+1))$

この1とaの大小関係が決まっていないので，場合分けが必要!!

$f'(x) = 6(x-1)(x-a)$ の符号は…

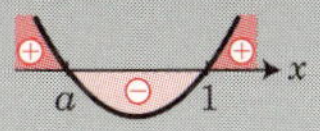

$f(x) = 2x^3 - 3(a+1)x^2 + 6ax$ に $x = a$ を代入!!

$f(x) = 2x^3 - 3(a+1)x^2 + 6ax$ に $x = 1$ を代入!!

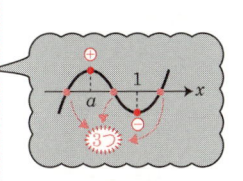

-1 倍しました!!

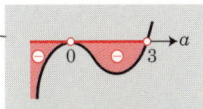

3次不等式の解法については 問題10-1 を参照せよ!!

①′かつ②′かつ $a<1$ より，

$$a<0,\ 0<a<\frac{1}{3}\ \cdots\text{①}$$

※ i) $a<1$ のとき"です!!

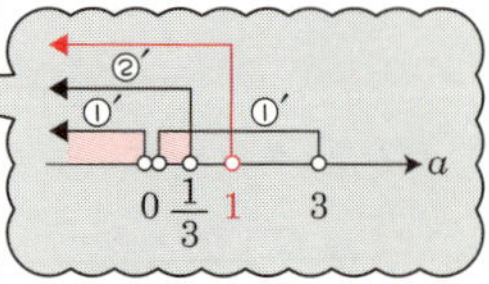

ii) $a=1$ のとき

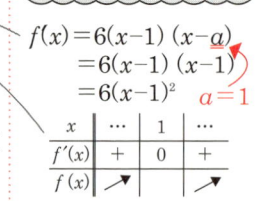

$$f'(x)=6(x-1)^2\geqq 0$$

であるから，$f(x)$ は単調増加となる。

よって，関数 $f(x)$ が x 軸と異なる3つの共有点をもつことはない。したがって（*）が異なる3つの実数解をもつことはない。よって，この場合は不適。

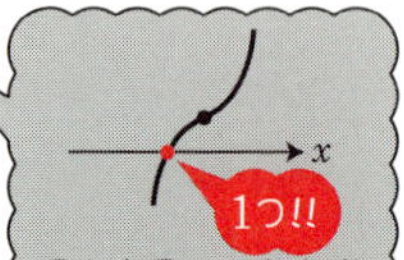

$f(x)=6(x-1)(x-a)$
　　$=6(x-1)(x-1)$
　　$=6(x-1)^2$　$a=1$

x	$\cdots$	1	$\cdots$
$f'(x)$	$+$	0	$+$
$f(x)$	↗		↗

iii) $1<a$ のとき

増減表をかくと，

x	$\cdots$	1	$\cdots$	a	$\cdots$
$f'(x)$	$+$	0	$-$	0	$+$
$f(x)$	↗	極大	↘	極小	↗

これを見りゃおわかりのとおり，x軸との共有点が3つになることはありえない!!

$f'(x)=6(x-1)(x-a)$ の符号は…

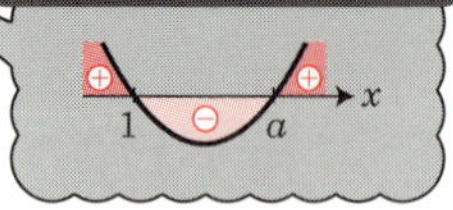

$\left(\begin{array}{l}\text{ここで，}\\ \text{極大値は } f(1)=3a-1\\ \text{極小値は } f(a)=-a^3+3a^2\end{array}\right)$

i)の場合と計算は同じ!!

（*）が異なる3つの実数解をもつ

$\iff$ 極大値 $f(1)>0\cdots$③ かつ極小値 $f(a)<0\cdots$④

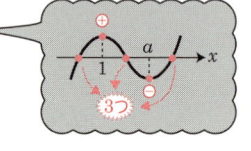

よって，③から，

$$f(1)=3a-1>0$$
$$\therefore\ a>\frac{1}{3}\ \cdots\text{③}'$$

④から，

$$f(a)=-a^3+3a^2<0$$
$$a^3-3a^2>0$$
$$a^2(a-3)>0$$

両辺を -1 倍する!!

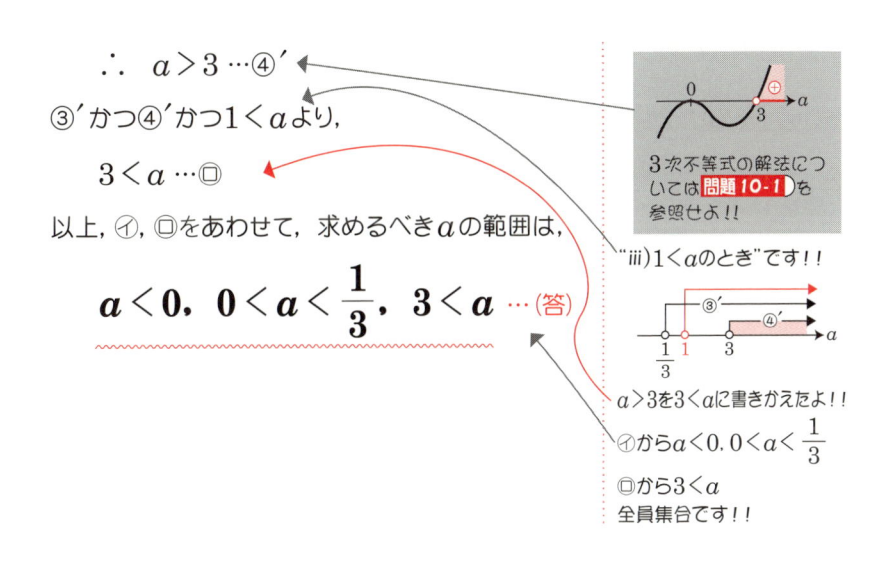

Theme 13 方程式との愛のコラボレーション♥

∴ $a > 3$ …④′

③′かつ④′かつ$1 < a$より,

$3 < a$ …回

以上, ⑦, 回をあわせて, 求めるべきaの範囲は,

$$a < 0, \ 0 < a < \frac{1}{3}, \ 3 < a \quad \text{…(答)}$$

3次不等式の解法については問題 10-1 を参照せよ!!

"ⅲ) $1 < a$のとき"です!!

$a > 3$を$3 < a$に書きかえたよ!!

⑦から$a < 0, \ 0 < a < \frac{1}{3}$

回から$3 < a$
全員集合です!!

大切なもんでもう一発!!

問題 13-3 標準

3次方程式 $2x^3-3ax^2+a=0$ が1つのみの実数解をもつように，定数 a の値の範囲を求めよ。

解答でござる　問題13-2 と同じでっせ♥　ごすから、いきなりまいります!!

$$2x^3-3ax^2+a=0 \cdots (*)$$
$f(x)=2x^3-3ax^2+a$ とおく。
$$f'(x)=6x^2-6ax$$
$$=6x(x-a)$$
$f'(x)=0$ とすると，$x=0, a$ が得られる。

$f'(x)=2\times 3x^2-3a\times 2x$
$=6x^2-6ax$

この，0 と a の大小関係が決まっていないので場合分けをしなきゃいけないよ!!

i) $a<0$ のとき

増減表をかくと，

x	$\cdots$	a	$\cdots$	0	$\cdots$
$f'(x)$	$+$	0	$-$	0	$+$
$f(x)$	↗	極大	↘	極小	↗

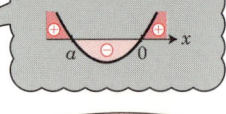

$f'(x)=6x(x-a)$ の符号は…

ここで，
極大値は，
$$f(a)=2a^3-3a\times a^2+a$$
$$=-a^3+a$$
極小値は，
$$f(0)=a$$

また場合分けかよ!!

"i) $a<0$ のとき"です!!

このとき，極小値 $f(0)=\boxed{a<0}$ となることに注意して，$(*)$ が1つのみの実数解をもつための条件は，極大値 $f(a)<0$ となることである。

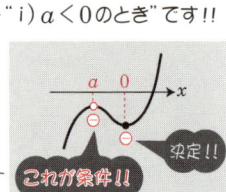

これが条件!!
決定!!

よって，
$$-a^3 + a < 0$$ ← $f(a) < 0$ より
$$a^3 - a > 0$$ ← 両辺を-1倍!!
$$a(a^2 - 1) > 0$$
$$a(a+1)(a-1) > 0$$
$a < 0$ より，$-1 < a < 0$ …㋐

ii) $a = 0$ のとき
$$f'(x) = 6x^2 \geqq 0$$
であるから，$f(x)$ は，単調増加となる。
　よって，$f(x)$ は，x 軸とただ 1 つの共有点をもつ。
　すなわち，$(*)$ は 1 つのみの実数解をもつ。
　つまり，$a = 0$ …㋑ は条件をみたす。

iii) $0 < a$ のとき
　増減表をかくと，

x	$\cdots$	0	$\cdots$	a	$\cdots$
$f'(x)$	$+$	0	$-$	0	$+$
$f(x)$	↗	極大	↘	極小	↗

ここで，
極大値は $f(0) = a$
極小値は $f(a) = -a^3 + a$

このとき，極大値 $f(0) = \boxed{a > 0}$ となることに注意して，$(*)$ が 1 つのみの実数解をもつための条件は，極小値 $f(a) > 0$ となることである。

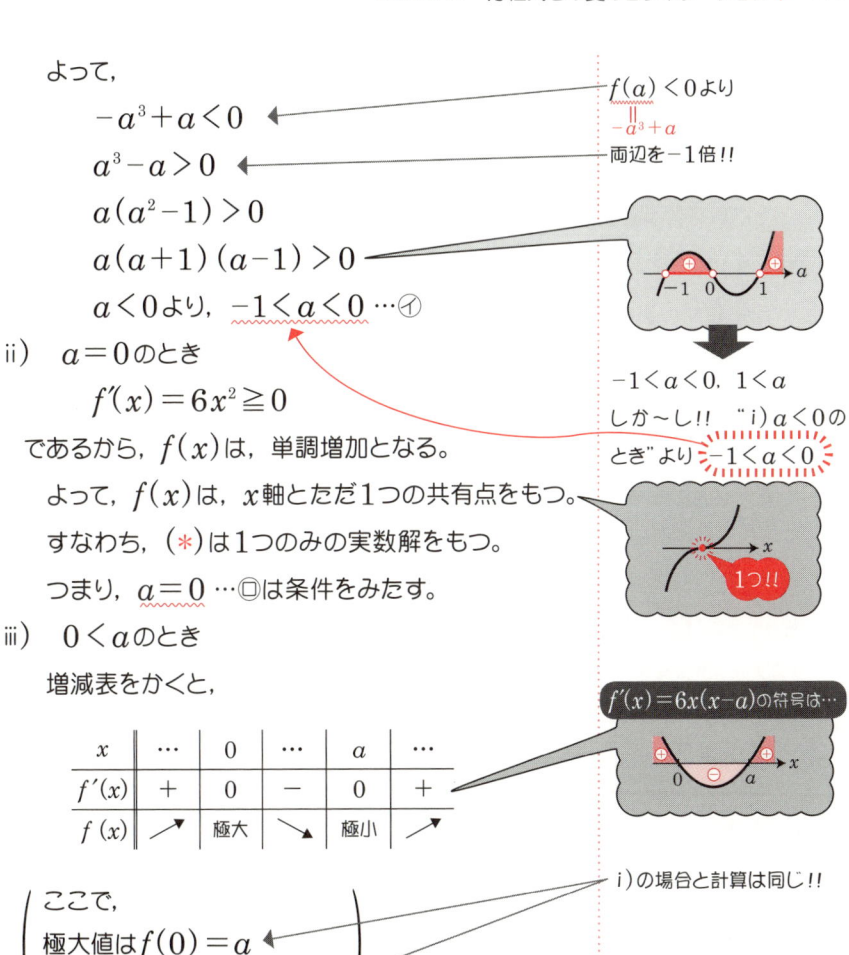

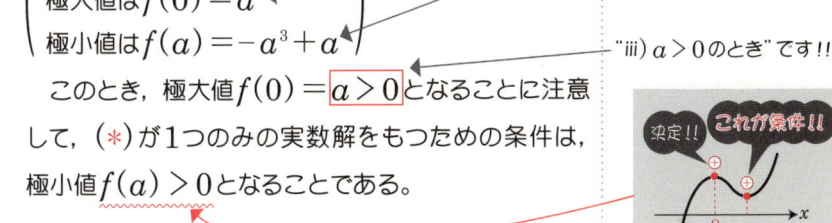

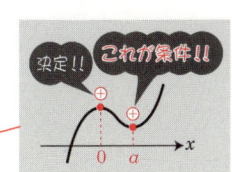

よって，

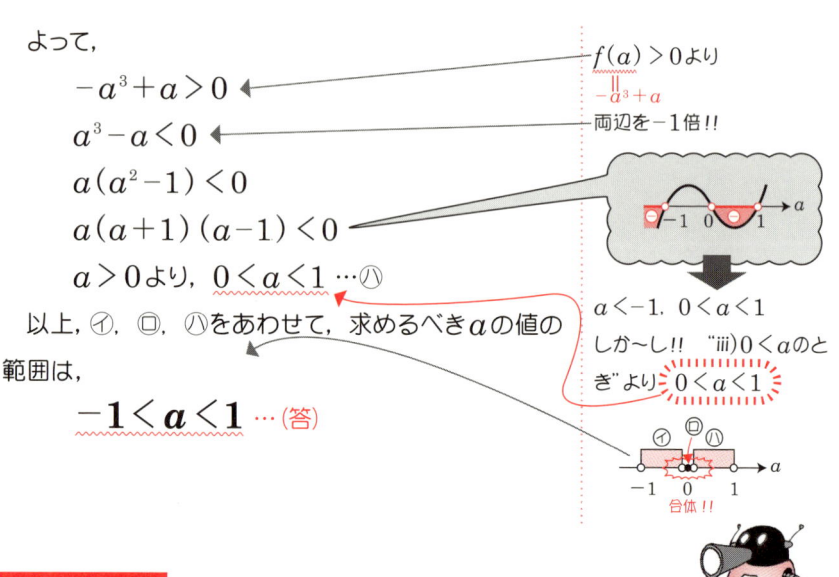

$-a^3+a>0$ ← $f(a)>0$ より
　　　　　　　$\underline{\underline{=}}$
　　　　　　　$-a^3+a$

$a^3-a<0$ ← 両辺を-1倍!!

$a(a^2-1)<0$

$a(a+1)(a-1)<0$

$a>0$ より, $0<a<1$ …⑶

以上，⑴．⑵．⑶をあわせて，求めるべきaの値の範囲は，

$a<-1$, $0<a<1$
しか～し!! "ⅲ) $0<a$ のとき"より $0<a<1$

$$-1<a<1 \cdots \text{(答)}$$

ちょっと言わせて

関数$f(x)$が3次関数とするとき，3次方程式 $f(x)=0$ の異なる実数解の個数は次のように分類できる!!

その イチッ!!　実数解が**1個**のみのとき!!

$\Longleftrightarrow$ 　　 i)　$f(x)$が極値をもたない。
　　　　　または
　　　　ⅱ)　$f(x)$が極値をもち，(極大値)×(極小値)>0
　　　　　（極大値と極小値が 同符号 となるもんで…）

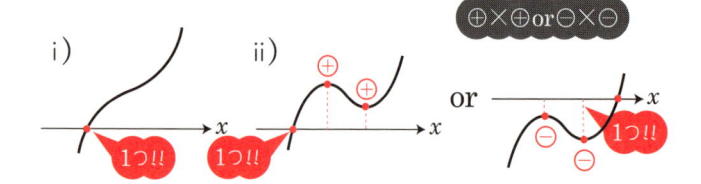

$\oplus\times\oplus$ or $\ominus\times\ominus$

i)　　　　ⅱ)

1つ!!　1つ!!　or　1つ!!

Theme 13 方程式との愛のコラボレーション♥

その② 実数解が**2個**のとき!!

$\iff f(x)$ が極値をもち, (極大値)×(極小値) $= 0$

(極大値$=0$　または　極小値$=0$　なもんで…)

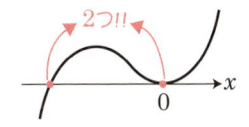

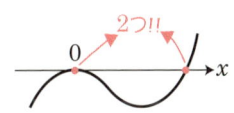

その③ 実数解が**3個**のとき!!

$\iff f(x)$ が極値をもち, (極大値)×(極小値) < 0

(極大値と極小値が 異符号 なもんで…)
 ⊕×⊖

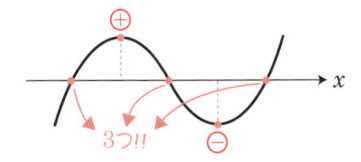

これを活用して答案を作ってみよう!!

別解

$2x^3 - 3ax^2 + a = 0 \ \cdots (*)$

$f(x) = 2x^3 - 3ax^2 + a$ とおく。← このへんはさっきと同じ!!

$f'(x) = 6x^2 - 6ax$
$ = 6x(x-a)$

i)　$a = 0$ のとき ← まず極値をもてないときから!!

$f'(x) = 6x^2 \geqq 0$

であるから, $f(x)$ は単調増加となる。

よって, $f(x)$ は x 軸とただ1つの共有点をもつ。 ← 実数解が**1個**のみのとき!! の i) のタイプです

すなわち(∗)は1つのみの実数解をもつ。
つまり，$a=0$ …㋐は条件をみたす。

ii) $a \neq 0$ のとき

3次関数$f(x)$は$x=0, a$で極大値と極小値をもつ。
このとき，

(∗)が1つのみの実数解をもつ
$\iff$ $f(x)$がx軸とただ1つの共有点をもつ
$\iff$ 極大値と極小値が同符号である
$\iff$ $f(0) \times f(a) > 0$

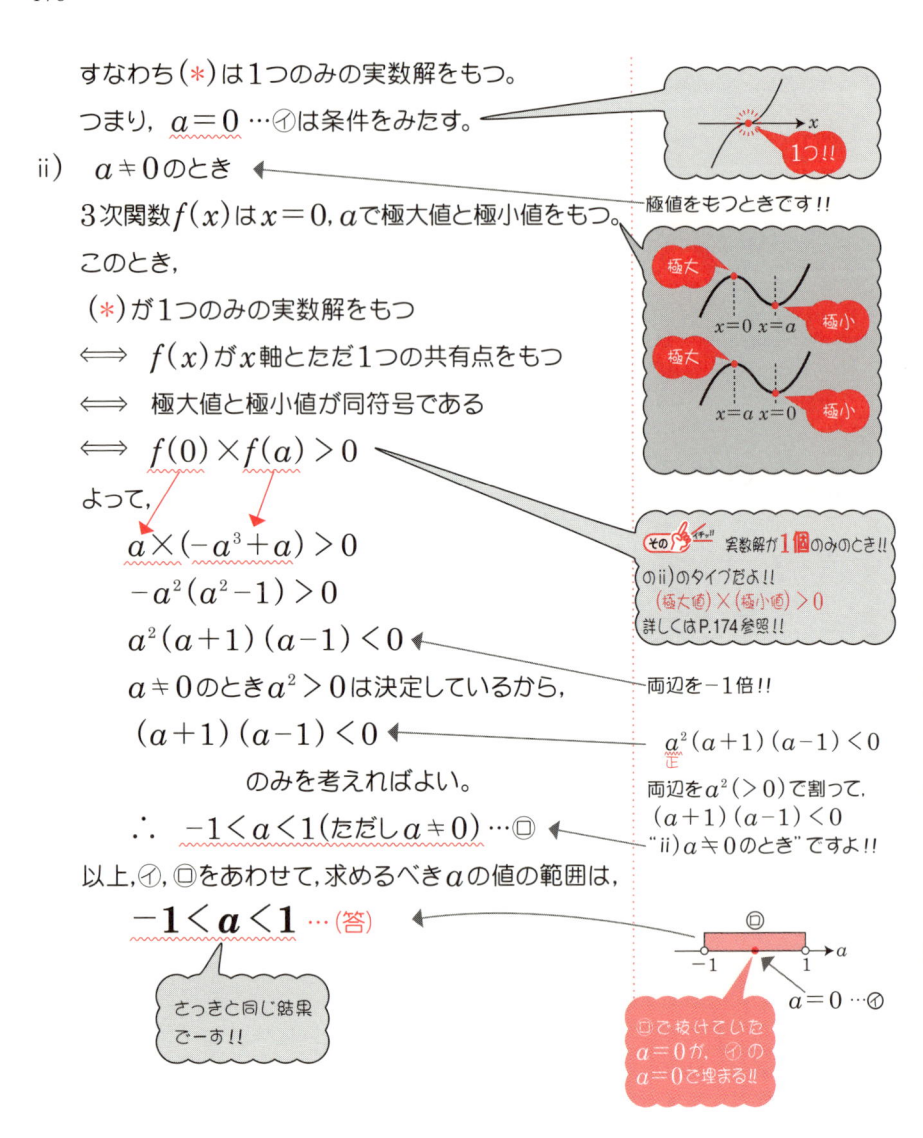

よって，
$$a \times (-a^3 + a) > 0$$
$$-a^2(a^2 - 1) > 0$$
$$a^2(a+1)(a-1) < 0$$

$a \neq 0$ のとき$a^2 > 0$は決定しているから，
$$(a+1)(a-1) < 0$$
のみを考えればよい。

∴ $-1 < a < 1$（ただし$a \neq 0$）…㋑

以上，㋐, ㋑をあわせて，求めるべきaの値の範囲は，

$$-1 < a < 1 \quad \cdots(答)$$

Theme 13　方程式との愛のコラボレーション♥

ちょっとしたテクニックを…

問題13-4　　　　　　　　　　　　　　　　　　　　　　　基礎

次の方程式の異なる実数解の個数を求めよ。ただし，a は定数である。
(1)　$2x^3 - 3x^2 - 12x - a = 0$
(2)　$x^3 - 12x + a + 3 = 0$
(3)　$2x^3 - 6x^2 + 6x - a = 0$
(4)　$x^4 - 4x^3 - 2x^2 + 12x - a = 0$

ナイスな導入

思い出そう!!

$\begin{cases} y = x^2 + 2x \cdots ① \\ y = 3 \cdots ② \end{cases}$ とするとき，

①と②の共有点の個数を求めよ。

さて，できますかぁ??　①と②から…
　　　$x^2 + 2x = 3$　← y を消去!!
　　　$x^2 + 2x - 3 = 0 \cdots (*)$
　　$(x+3)(x-1) = 0$
　　$\therefore\ x = -3,\ 1$　← 2つの解!!

$(*)$ が異なる2つの実数解をもつので，①と②の共有点の個数は **2個**!!

つまり!!　　①と②の共有点の個数 ＝ $(*)$ の異なる実数解の個数

そこで次のようなテクニックがあります!!

本問では，問題13-2 & 問題13-3 と違って，a が 定数項 として紛れ込んでいます!!

　　x^3 や x^2 や x の係数でない!!

こんなときは…

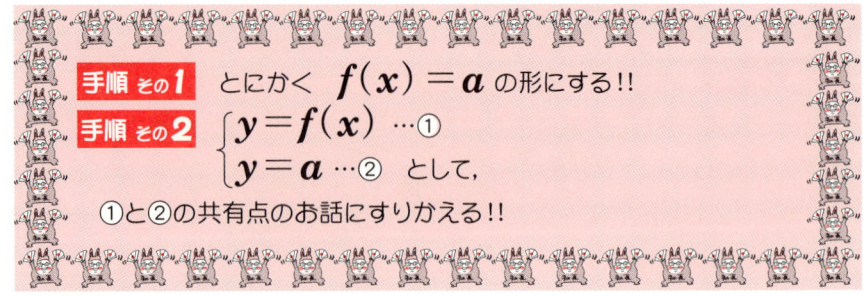

| 手順その1 | とにかく $f(x)=a$ の形にする!! |
| 手順その2 | $\begin{cases} y=f(x) \cdots ① \\ y=a \cdots ② \end{cases}$ として, |

①と②の共有点のお話にすりかえる!!

では，さっそくやってみますかぁーっ!!

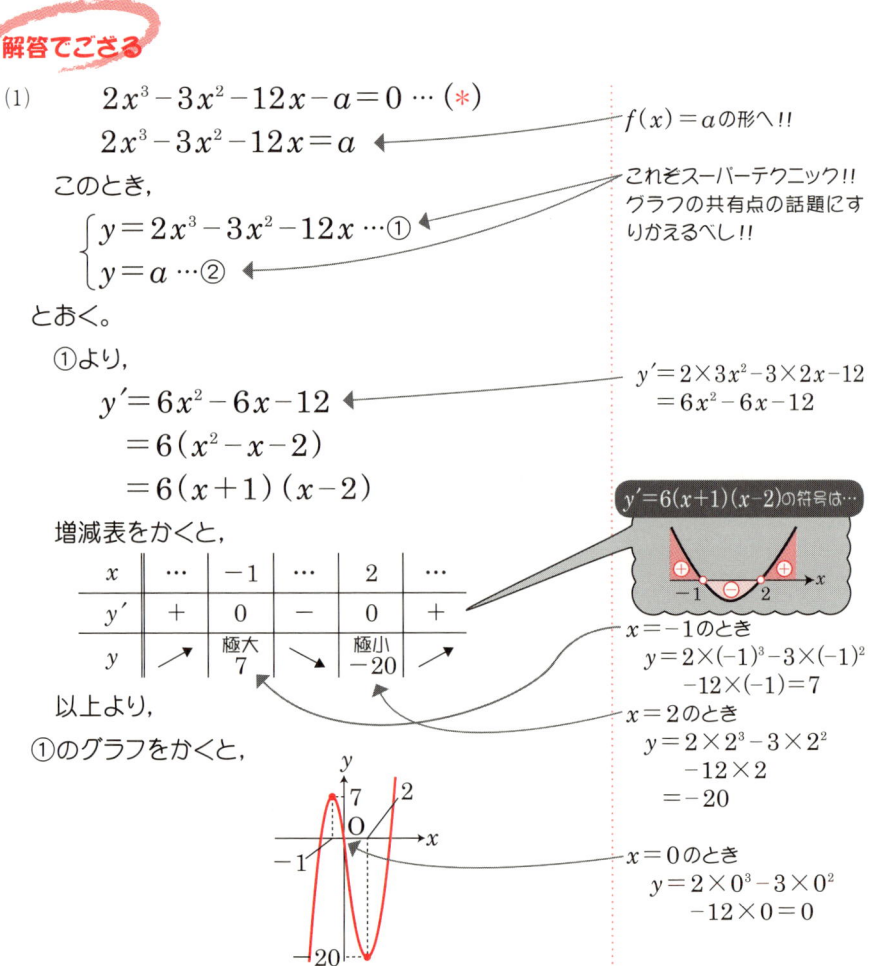

解答でござる

(1) $2x^3-3x^2-12x-a=0 \cdots (*)$

$2x^3-3x^2-12x=a$ ← $f(x)=a$の形へ!!

このとき，

$\begin{cases} y=2x^3-3x^2-12x \cdots ① \\ y=a \cdots ② \end{cases}$

これぞスーパーテクニック!!
グラフの共有点の話題にすりかえるべし!!

とおく。

①より，

$y'=6x^2-6x-12$
$\quad =6(x^2-x-2)$
$\quad =6(x+1)(x-2)$

$y'=2\times 3x^2-3\times 2x-12$
$\quad =6x^2-6x-12$

増減表をかくと，

x	$\cdots$	-1	$\cdots$	2	$\cdots$
y'		$+$	0	$-$	0	$+$
y	↗	極大 7	↘	極小 -20	↗

$y'=6(x+1)(x-2)$の符号は…

$x=-1$のとき
$y=2\times(-1)^3-3\times(-1)^2$
$\quad -12\times(-1)=7$

$x=2$のとき
$y=2\times 2^3-3\times 2^2$
$\quad -12\times 2$
$\quad =-20$

以上より，

①のグラフをかくと，

$x=0$のとき
$y=2\times 0^3-3\times 0^2$
$\quad -12\times 0=0$

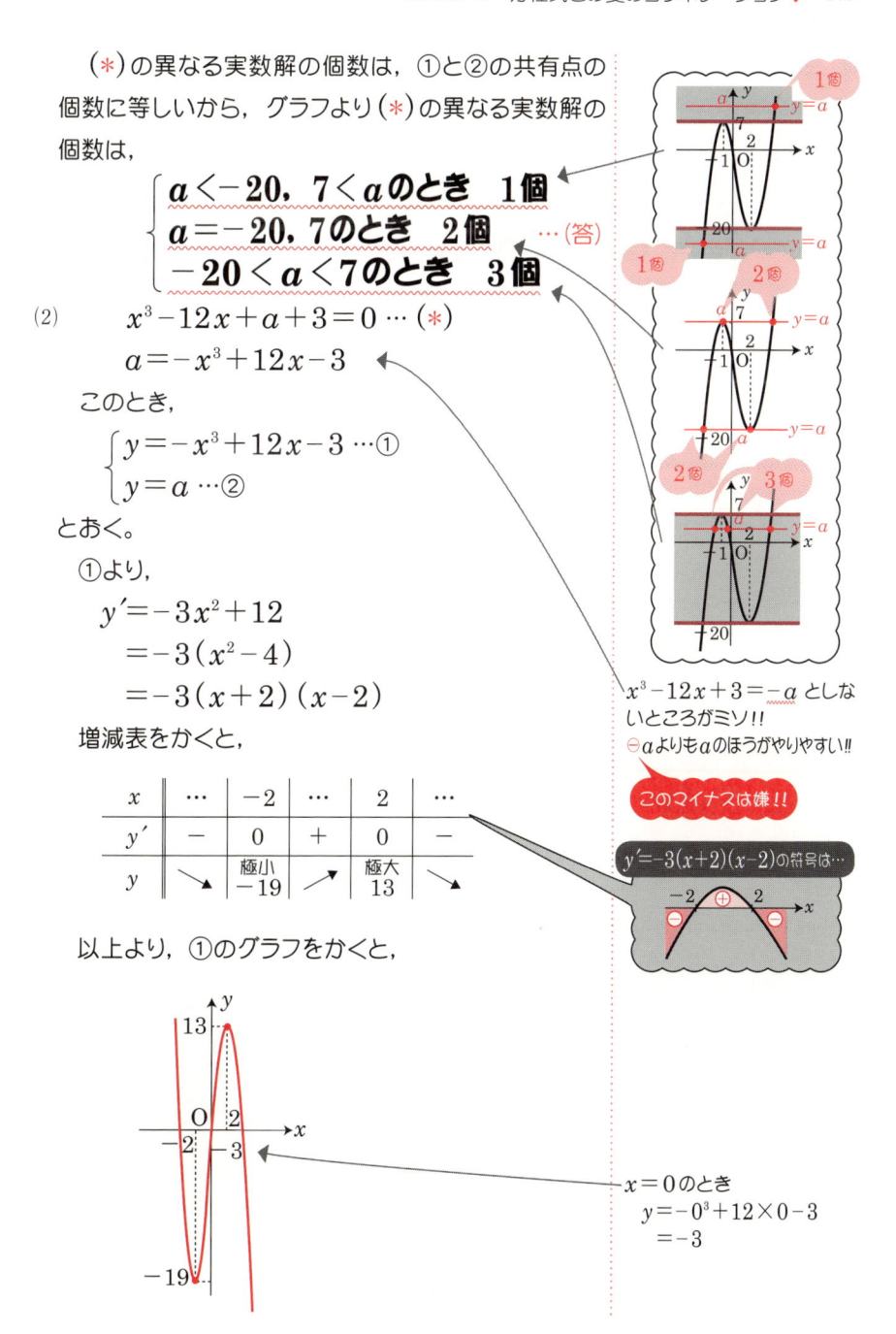

（＊）の異なる実数解の個数は，①と②の共有点の個数に等しいから，グラフより（＊）の異なる実数解の個数は，

$$\begin{cases} a<-20, 7<a のとき & 1個 \\ a=-20, 7のとき & 2個 \\ -20<a<7のとき & 3個 \end{cases} \cdots（答）$$

(2) $x^3-12x+a+3=0 \cdots（＊）$
$a=-x^3+12x-3$

このとき，
$$\begin{cases} y=-x^3+12x-3 \cdots ① \\ y=a \cdots ② \end{cases}$$

とおく。

①より，
$y'=-3x^2+12$
$=-3(x^2-4)$
$=-3(x+2)(x-2)$

増減表をかくと，

x	$\cdots$	-2	$\cdots$	2	$\cdots$
y'		$-$	0	$+$	0	$-$
y	$\searrow$	極小 -19	$\nearrow$	極大 13	$\searrow$

以上より，①のグラフをかくと，

$x^3-12x+3=-a$ としないところがミソ!!
$\ominus a$ よりも a のほうがやりやすい!!

このマイナスは嫌!!

$y'=-3(x+2)(x-2)$ の符号は…

$x=0$ のとき
$y=-0^3+12\times 0-3$
$=-3$

(∗)の異なる実数解の個数は，①と②の共有点の個数に等しいから，グラフより(∗)の異なる実数解の個数は，

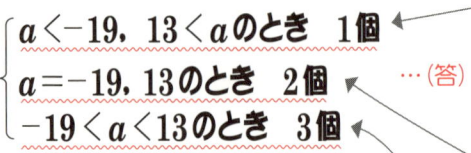

$$\begin{cases} a<-19, \ 13<a \ \text{のとき} \quad 1\text{個} \\ a=-19, \ 13 \ \text{のとき} \quad 2\text{個} \\ -19<a<13 \ \text{のとき} \quad 3\text{個} \end{cases}$$ …(答)

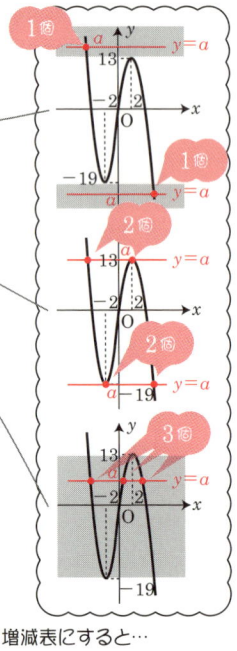

(3) $2x^3-6x^2+6x-a=0$ …(∗)

$2x^3-6x^2+6x=a$

このとき，

$$\begin{cases} y=2x^3-6x^2+6x \ \cdots ① \\ y=a \ \cdots ② \end{cases}$$

とおく。

①より，

$y'=6x^2-12x+6$
$=6(x^2-2x+1)$
$=6(x-1)^2 \geqq 0$

よって，y は単調増加である。

①のグラフをかくと，

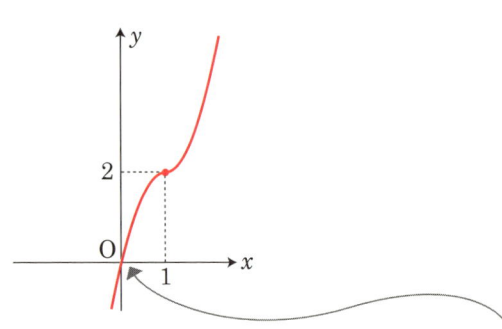

増減表にすると…

x	$\cdots$	1	$\cdots$
y'	$+$	0	$+$
y	↗	2	↗

$x=1$ のとき
$y=2\times 1^3-6\times 1^2+6\times 1$
$=2$

この形が久々に登場!!

$x=0$ のとき
$y=2\times 0^3-6\times 0^2+6\times 0$
$=0$

(∗)の異なる実数解の個数は，①と②の共有点の個数に等しいから，グラフより(∗)の異なる実数解の個数は，

a にかかわらず **1個** …(答)

(4)　　$x^4-4x^3-2x^2+12x-a=0$ …(∗)
　　　　$x^4-4x^3-2x^2+12x=a$

このとき,
$\begin{cases} y=x^4-4x^3-2x^2+12x \cdots ① \\ y=a \cdots ② \end{cases}$

とおく。

①より,
$\begin{aligned} y' &=4x^3-12x^2-4x+12 \\ &=4x^2(x-3)-4(x-3) \\ &=4(x-3)(x^2-1) \\ &=4(x-3)(x+1)(x-1) \\ &=4(x+1)(x-1)(x-3) \end{aligned}$

係数のバランスがよいので2項ずつ組み合わせて因数分解します!!

$4(x-3)$ でくくりました!!

増減表をかくと,

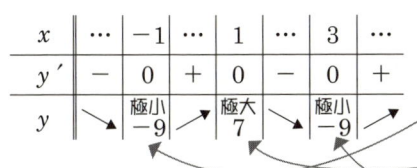

x	…	-1	…	1	…	3	…
y'	$-$	0	$+$	0	$-$	0	$+$
y	↘	極小 -9	↗	極大 7	↘	極小 -9	↗

以上より, ①のグラフをかくと,

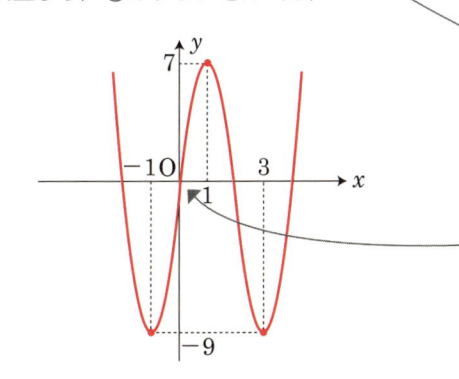

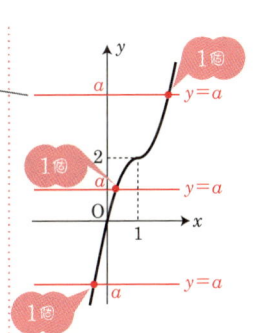

$y=a$ がどこにきても共有点は必ず1個!!

$x=-1$ のとき
$\begin{aligned} y &=(-1)^4-4\times(-1)^3-2\times(-1)^2 \\ &\quad +12\times(-1) \\ &=1+4-2-12 \\ &=-9 \end{aligned}$

$x=1$ のとき
$\begin{aligned} y &=1^4-4\times1^3-2\times1^2+12\times1 \\ &=1-4-2+12 \\ &=7 \end{aligned}$

$x=3$ のとき
$\begin{aligned} y &=3^4-4\times3^3-2\times3^2+12\times3 \\ &=81-108-18+36 \\ &=-9 \end{aligned}$

$x=0$ のとき
$\begin{aligned} y &=0^4-4\times0^3-2\times0^2+12\times0 \\ &=0 \end{aligned}$

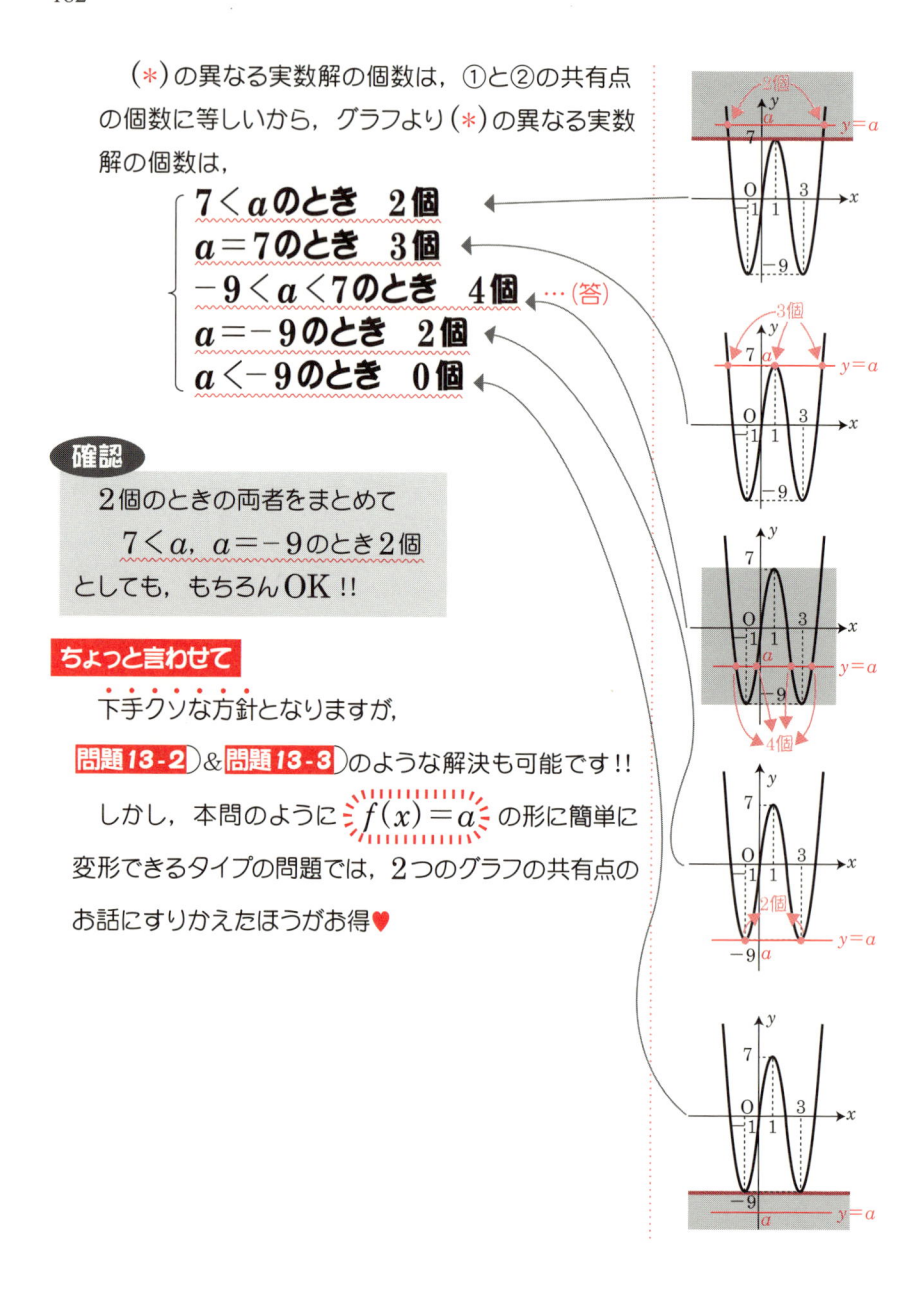

(＊)の異なる実数解の個数は，①と②の共有点の個数に等しいから，グラフより(＊)の異なる実数解の個数は，

$$\begin{cases} 7 < a \text{ のとき} & 2\text{個} \\ a = 7 \text{ のとき} & 3\text{個} \\ -9 < a < 7 \text{ のとき} & 4\text{個} \\ a = -9 \text{ のとき} & 2\text{個} \\ a < -9 \text{ のとき} & 0\text{個} \end{cases}$$ ……(答)

確認

2個のときの両者をまとめて
　　$7 < a$，$a = -9$ のとき 2個
としても，もちろんOK！！

ちょっと言わせて

下手クソな方針となりますが，
問題13-2 & 問題13-3 のような解決も可能です！！
しかし，本問のように $f(x) = a$ の形に簡単に変形できるタイプの問題では，2つのグラフの共有点のお話にすりかえたほうがお得♥

Theme 13 方程式との愛のコラボレーション♥

さらに深く掘り下げて!!

問題13-5 ちょいムズ

3次方程式 $x^3-3x+2-a=0$ について，次の各問いに答えよ。
(1) この3次方程式が異なる2つの正の解と，1つの負の解をもつように，定数 a の値の範囲を定めよ。
(2) この3次方程式が異なる3つの実数解をもつとき，この3解を小さい順に α, β, γ とする。このとき，α, β, γ のとり得る値の範囲をそれぞれ求めよ。

ナイスな導入

これは，問題13-4のパワーアップバージョンです!!

$$x^3-3x+2-a=0 \cdots (*)$$
$$x^3-3x+2=a \quad \text{← } f(x)=a \text{の形にしたよ!!}$$

このとき，
$$\begin{cases} y=x^3-3x+2 \cdots ① \\ y=a \cdots ② \end{cases} \text{とおく。}$$

キター!! (°∀°)
これぞスーパーテクニック!!

①のグラフをかくと，解答でござる参照!!

$x=0$ のとき
$y=0^3-3\times 0+2=2$

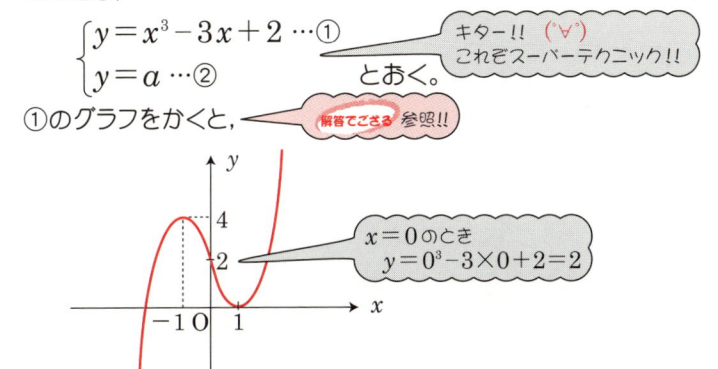

(1)では，①と②が $x<0$ で1個，$0<x$ で異なる2個の共有点をもてばよい!!

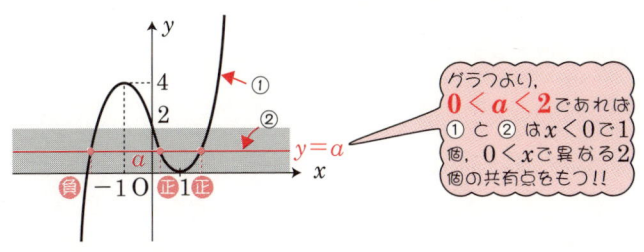

グラフより，$0<a<2$ であれば
①と②は $x<0$ で1個，$0<x$ で異なる2個の共有点をもつ!!

つまーり!!

(*)が異なる2つの正の解と1つの負の解をもつような，定数aの範囲は…

$$0 < a < 2$$

答でーす!!

(2) (*)が異なる3つの実数解をもつ
 $\iff$ ①と②が異なる3つの共有点をもつ

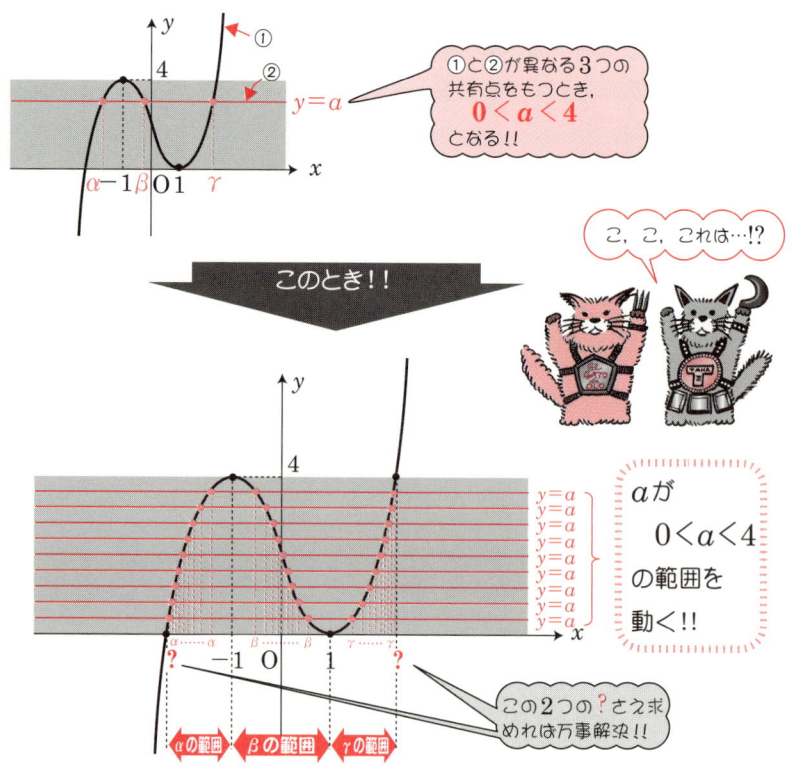

①と②が異なる3つの共有点をもつとき，$0 < a < 4$ となる!!

このとき!!

こ，こ，これは…!?

aが $0 < a < 4$ の範囲を動く!!

αの範囲　βの範囲　γの範囲

この2つの？を求めれば万事解決!!

つづきは解答にて…

Theme 13 方程式との愛のコラボレーション♥

🖊 解答でござる

$$x^3 - 3x + 2 - a = 0 \cdots (*)$$
$$x^3 - 3x + 2 = a$$

このとき,
$$\begin{cases} y = x^3 - 3x + 2 \cdots ① \\ y = a \cdots ② \end{cases}$$

とおく。

①と②の共有点のお話にすりかえる!!

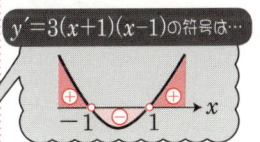

①より,
$$y' = 3x^2 - 3$$
$$= 3(x^2 - 1)$$
$$= 3(x+1)(x-1)$$

$y' = 3(x+1)(x-1)$ の符号は…

増減表をかくと,

x	$\cdots$	-1	$\cdots$	1	$\cdots$
y'	$+$	0	$-$	0	$+$
y	↗	極大 4	↘	極小 0	↗

$x = -1$ のとき
$y = (-1)^3 - 3 \times (-1) + 2$
$= -1 + 3 + 2$
$= 4$

$x = 1$ のとき
$y = 1^3 - 3 \times 1 + 2$
$= 0$

$x = 0$ のとき
$y = 0^3 - 3 \times 0 + 2$
$= 2$

$y = 0$ のとき
$x^3 - 3x + 2 = 0$
$(x-1)^2(x+2) = 0$
$\therefore \ x = 1, -2$

以上より, ①のグラフをかくと,

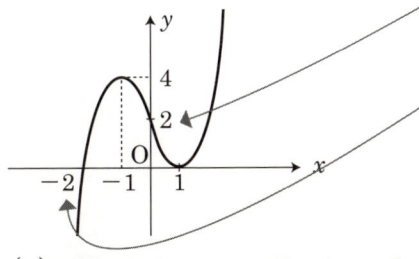

⚠ グラフより $x = 1$(重解)をもつことは明らか!! よって, $(x-1)^2$ を因数にもつ。これを見抜けば因数分解は迅速に済む!!
組立除法については, P.367ナイスフォローその4を参照せよ!!

(1) $(*)$ が異なる2つの正の解と1つの負の解をもつ
$\iff$ ①と②が $x > 0$ の範囲に異なる2個, $x < 0$ の範囲に1個の共有点をもつ。

よって，グラフより，求めるべき a の値の範囲は，

$$0 < a < 2 \quad \text{…(答)}$$

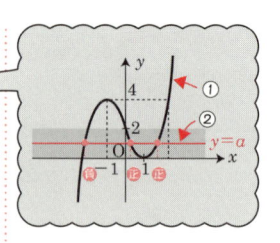

(2) ①で $y = 4$ のとき
$$x^3 - 3x + 2 = 4$$
$$x^3 - 3x - 2 = 0$$
$$(x+1)^2(x-2) = 0$$
$$\therefore \quad x = -1, \ 2$$

よって，次の図を得る。

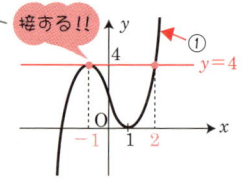

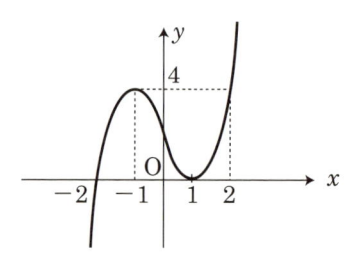

上図より，求めるべき（∗）の異なる3つの実数解 α，β，γ の範囲は，

$$\begin{cases} -2 < \alpha < -1 \\ -1 < \beta < 1 \\ 1 < \gamma < 2 \end{cases} \quad \text{…(答)}$$

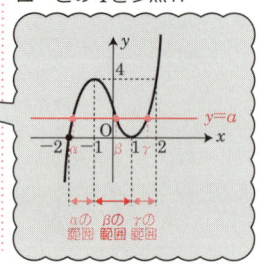

接する!!

上図からも明らかなように，①と $y = 4$ は，$x = -1$ で接する!! つまり，$x = -1$ （重解）をもつことになるので，$(x+1)^2$ を因数にもつ!! これを見抜けば因数分解は簡単♥ 組立除法についてはP.367ナイスフォローその4を参照!!

αの範囲　βの範囲　γの範囲

この問題はタメになったなぁ…

Theme 14　3次関数の裏話

次の Theme 15 にも微妙にからむ問題です。
なかなか骨のある問題なもんで，あと回しにしてもOKです。

問題 14-1　　　　　　　　　　　　　　　　　　　　　モロ難

3次関数 $f(x) = ax^3 + bx^2 + cx + d\ (a \neq 0)$ のグラフがそのグラフ上の点 $M(p,\ f(p))$ に関して点対称であるような p の値を求めよ。

ナイスな導入

イメージは…

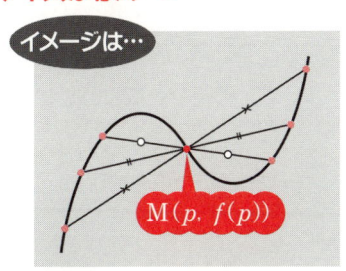

M($p,\ f(p)$)

「グラフ上の点M($p,\ f(p)$)に関して点対称である」とは，左のような状況なんだね♥

方針は…

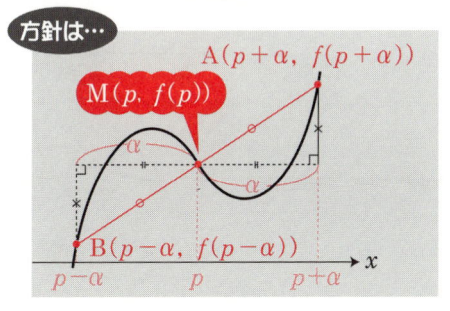

A($p+\alpha,\ f(p+\alpha)$)
M($p,\ f(p)$)
B($p-\alpha,\ f(p-\alpha)$)

左図のように3次関数 $f(x)$ 上で点 $M(p,\ f(p))$ に関して点対称な2点を…

$A(p+\alpha,\ f(p+\alpha))$
$B(p-\alpha,\ f(p-\alpha))$

とおく!!

このとき!!

2点A,Bの中点が点Mであるから,点Mのy座標に注目して,

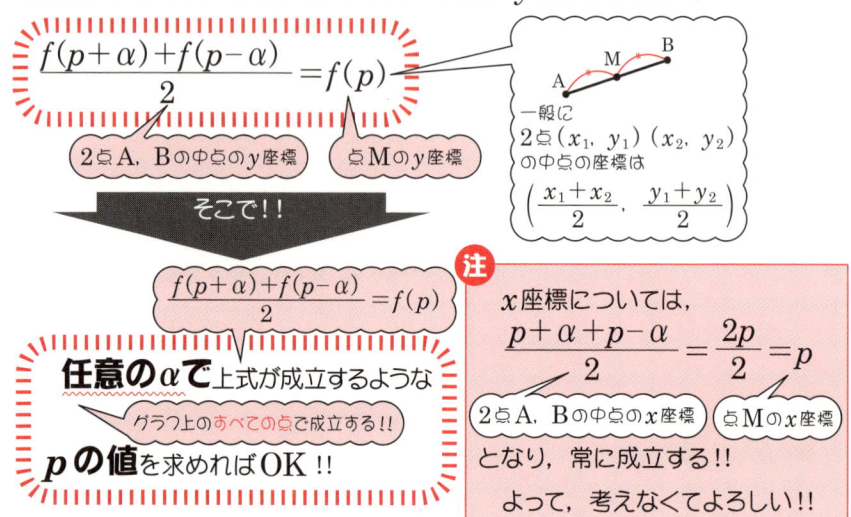

$$\frac{f(p+\alpha)+f(p-\alpha)}{2}=f(p)$$

- 2点A,Bの中点のy座標
- 点Mのy座標

一般に2点(x_1, y_1),(x_2, y_2)の中点の座標は
$$\left(\frac{x_1+x_2}{2}, \frac{y_1+y_2}{2}\right)$$

そこで!!

$$\frac{f(p+\alpha)+f(p-\alpha)}{2}=f(p)$$

任意のαで上式が成立するような
(グラフ上のすべての点で成立する!!)
pの値を求めればOK!!

注: x座標については,
$$\frac{p+\alpha+p-\alpha}{2}=\frac{2p}{2}=p$$
- 2点A,Bの中点のx座標
- 点Mのx座標

となり,常に成立する!!
よって,考えなくてよろしい!!

では,さっそくやってみましょう!!

解答でござる

$$f(x)=ax^3+bx^2+cx+d \quad (a\neq 0) \cdots (\ast)$$

$(\ast)$上の点M$(p,f(p))$に関して点対称である$(\ast)$上の2点を,

$$A(p+\alpha, f(p+\alpha))$$
$$B(p-\alpha, f(p-\alpha))$$

とおく。

このとき,

$$f(p+\alpha)=a(p+\alpha)^3+b(p+\alpha)^2+c(p+\alpha)+d$$
$$=a(p^3+3p^2\alpha+3p\alpha^2+\alpha^3)+b(p^2+2p\alpha+\alpha^2)+c(p+\alpha)+d$$
$$=ap^3+(3a\alpha+b)p^2+(3a\alpha^2+2b\alpha+c)p+a\alpha^3+b\alpha^2+c\alpha+d \cdots ①$$

$f(x)=ax^3+bx^2+cx+d$ に $x=p+\alpha$ を代入!!

Theme 14　3次関数の裏話　189

$$f(p-\alpha)$$
$$=a(p-\alpha)^3+b(p-\alpha)^2+c(p-\alpha)+d$$
$$=a(p^3-3p^2\alpha+3p\alpha^2-\alpha^3)+b(p^2-2p\alpha+\alpha^2)+c(p-\alpha)+d$$
$$=ap^3-(3a\alpha-b)p^2+(3a\alpha^2-2b\alpha+c)p-a\alpha^3+b\alpha^2-c\alpha+d\cdots②$$
$$f(p)=ap^3+bp^2+cp+d\cdots③$$

$f(x)=ax^3+bx^2+cx+d$ に $x=p-\alpha$ を代入!!
$f(x)=ax^3+bx^2+cx+d$ に $x=p$ を代入!!
2点A, Bの中点のy座標=点Mのy座標

2点A, Bの中点が点Mより,

$$\frac{f(p+\alpha)+f(p-\alpha)}{2}=f(p)$$

$$\therefore\ f(p+\alpha)+f(p-\alpha)=2f(p)\cdots④$$

左辺の分母の2を払った!!

$f(p+\alpha)+f(p-\alpha)=2f(p)\cdots④$
　①　　　②　　　③

④に①, ②, ③を代入して,

$$ap^3+(3a\alpha+b)p^2+(3a\alpha^2+2b\alpha+c)p+$$
$$a\alpha^3+b\alpha^2+c\alpha+d+ap^3-(3a\alpha-b)p^2+$$
$$(3a\alpha^2-2b\alpha+c)p-a\alpha^3+b\alpha^2-c\alpha+d$$
$$=2(ap^3+bp^2+cp+d)$$
$$6ap\alpha^2+2b\alpha^2=0$$
$$(3ap+b)\alpha^2=0\cdots⑤$$

整理したらいっぱい消えてこれだけになっちゃった♥

α^2 でくくりました!!

関数$f(x)$のグラフ自体が点Mに関して点対称となるので，任意のαで④つまり⑤は成立!!

点Aと点Bは固定されていない!!

⑤が任意のαで成立するためには,
$$3ap+b=0\cdots⑥$$
が条件。

$(3ap+b)\alpha^2=0\cdots⑤$
　　0
αにかかわらず⑤が成立するためには
$3ap+b=0$ が条件!!

⑥より, $a\neq0$であるから,

$$p=-\frac{b}{3a}\ \cdots(答)$$

$3ap+b=0$ より $3ap=-b$
$a\neq0$ であるから,
$$p=-\frac{b}{3a}$$
$a\neq0$ より, a で割ることが許される!!

ちょっと言わせて

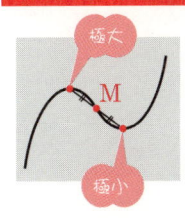

3次関数が極値をもつとき，当然，極大となる点と極小となる点の2点も，問題の点Mに関して，点対称となる!!　つまり，極大となる点と極小となる点の中点が点Mとなる!!

Theme 15 はたして接線が何本引けるかな??

のっけから問題で恐縮です🖐

問題15-1　　　　　　　　　　　　　　　ちょいムズ

曲線 $y=x^3$ に点 $(2, a)$ から，接線が3本引けるときの定数 a の値の範囲を求めよ。

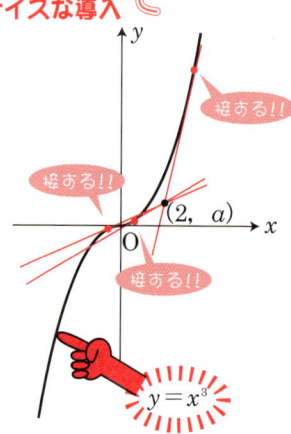

ナイスな導入

左図のように，点 $(2, a)$ から **3本** の接線が引ければOK!!

そこで!!

3つの接点のうち1つの接点を代表して，

(t, t^3) とおく。

（$y=x^3$ より，$x=t$ のとき $y=t^3$）

このとき!!

$y=x^3$ より，$y'=3x^2$

よって，接線の傾きは $3t^2$

以上から…

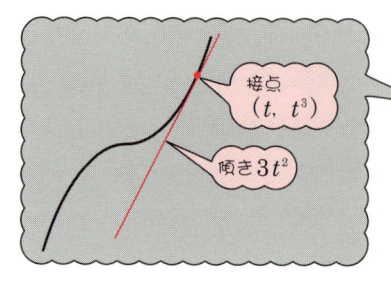

接線の方程式は，

$$y - t^3 = 3t^2(x - t)$$

（点 (t, t^3) を通り傾き $3t^2$ の直線）

接点 (t, t^3)
傾き $3t^2$

まとめて，

$$y = 3t^2 x - 2t^3 \quad \cdots ①$$

そして!!

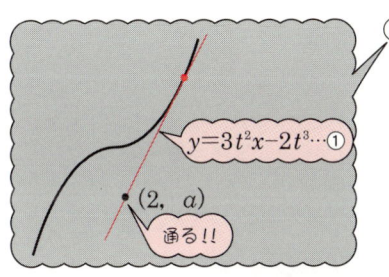

Theme 15 はたして接線が何本引けるかな?? 191

①が点 $(2, a)$ を通るから，
$$a = 3t^2 \times 2 - 2t^3$$
$$\therefore \ 2t^3 - 6t^2 + a = 0 \ \cdots ②$$

$y = 3t^2 x - 2t^3 \cdots ①$

$(2, a)$
通る!!

おっ!! この形は…
問題13-4 でおなじみの形!!

なるほど…

で!!

接線が3本存在する!!
$\iff t$ **が3種類存在する!!**
$\iff t$ の3次方程式②が**異なる3つの実数解をもつ!!**

t が3種類あれば①より接線も3本存在することになる!!

つまーり!!

②より，$a = -2t^3 + 6t^2$

お!! この変形は… もしや…

このとき，
$$\begin{cases} y = -2t^3 + 6t^2 \cdots ③ \\ y = a \cdots ④ \end{cases} \text{とおく!!}$$

問題13-4 で使ったテクニックですね♥

仕上げは…

③と④が異なる3つの共有点をもつような，a の値の範囲を求めれば終了!!

つづきは解答にて…

解答でござる

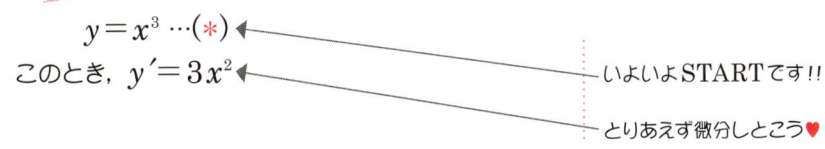

$y = x^3 \cdots (*)$
このとき，$y' = 3x^2$

いよいよSTARTです!!
とりあえず微分しとこう♥

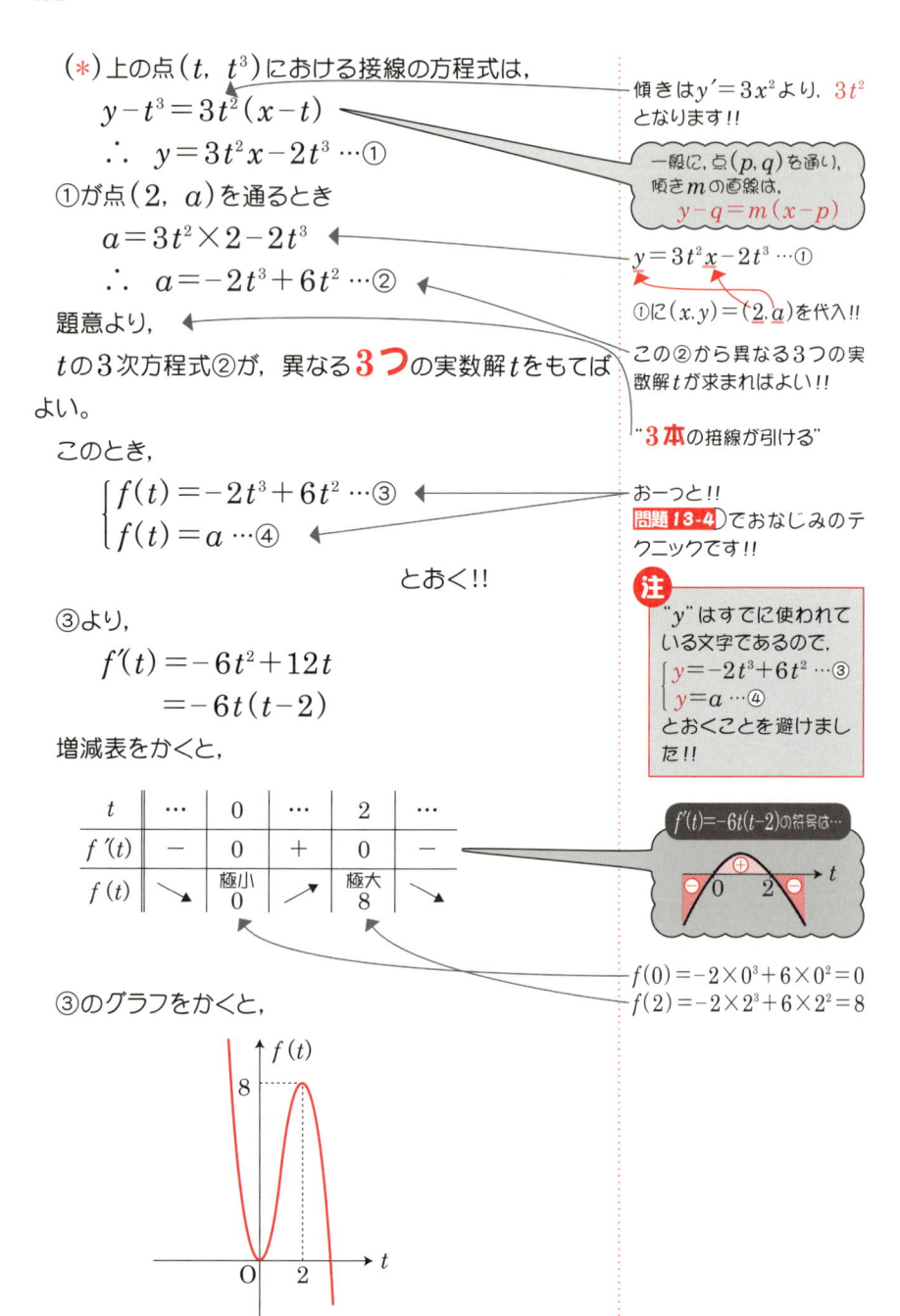

(＊)上の点(t, t^3)における接線の方程式は，
$$y - t^3 = 3t^2(x - t)$$
$$\therefore \quad y = 3t^2 x - 2t^3 \cdots ①$$

①が点$(2, a)$を通るとき
$$a = 3t^2 \times 2 - 2t^3$$
$$\therefore \quad a = -2t^3 + 6t^2 \cdots ②$$

題意より，
tの3次方程式②が，異なる**3つ**の実数解tをもてばよい。

このとき，
$$\begin{cases} f(t) = -2t^3 + 6t^2 \cdots ③ \\ f(t) = a \cdots ④ \end{cases}$$
とおく!!

③より，
$$f'(t) = -6t^2 + 12t$$
$$= -6t(t-2)$$

増減表をかくと，

t	$\cdots$	0	$\cdots$	2	$\cdots$
$f'(t)$	$-$	0	$+$	0	$-$
$f(t)$	↘	極小 0	↗	極大 8	↘

③のグラフをかくと，

――――――――――
傾きは$y' = 3x^2$より，$3t^2$となります!!

一般に，点(p, q)を通り，傾きmの直線は，
$y - q = m(x - p)$

$y = 3t^2 x - 2t^3 \cdots ①$
①に$(x, y) = (2, a)$を代入!!

この②から異なる3つの実数解tが求まればよい!!
"**3本**の接線が引ける"

おーっと!!
問題13-4でおなじみのテクニックです!!

注
"y"はすでに使われている文字であるので，
$\begin{cases} y = -2t^3 + 6t^2 \cdots ③ \\ y = a \cdots ④ \end{cases}$
とおくことを避けました!!

$f'(t) = -6t(t-2)$の符号は…

$f(0) = -2 \times 0^3 + 6 \times 0^2 = 0$
$f(2) = -2 \times 2^3 + 6 \times 2^2 = 8$

③と④が異なる**3つ**の共有点をもてばよいから，グラフより求めるべき a の値の範囲は，

$$0 < a < 8 \cdots \text{(答)}$$

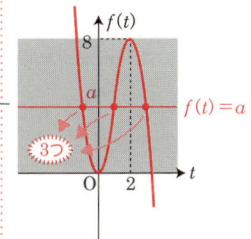

さあ!!　バンバンいきまっせ♥

問題 15-2　ちょいムズ

次の各問いに答えよ。
(1) 曲線 $y = x^3 + 3x^2 + x + 2$ に点 $(1, a)$ から接線が3本引けるときの定数 a の値の範囲を求めよ。
(2) 曲線 $y = x^3 - 9x^2 + 15x + 3$ に点 $(0, a)$ から接線が1本のみ引けるときの定数 a の値の範囲を求めよ。

解答でござる

問題 15-1 と，まったく同じです!!　さっそくまいりましょう!!

(1)　　$y = x^3 + 3x^2 + x + 2 \cdots (*)$

このとき，$y' = 3x^2 + 6x + 1$

$(*)$ 上の点 $(t, t^3 + 3t^2 + t + 2)$ における接線の方程式は，

$$y - (t^3 + 3t^2 + t + 2) = (3t^2 + 6t + 1)(x - t)$$

$$\therefore \ y = (3t^2 + 6t + 1)x - 2t^3 - 3t^2 + 2 \cdots ①$$

①が点 $(1, a)$ を通るとき，

$$a = (3t^2 + 6t + 1) \times 1 - 2t^3 - 3t^2 + 2$$

$$\therefore \ a = -2t^3 + 6t + 3 \cdots ②$$

$y' = 3x^2 + 3 \times 2x + 1$
　　$= 3x^2 + 6x + 1$

$y = x^3 + 3x^2 + x + 2$ より
$x = t$ のとき. $y = t^3 + 3t^2 + t + 2$

$y' = 3x^2 + 6x + 1$ より.
接線の傾きは $3t^2 + 6t + 1$

一般に点 (p, q) を通り
傾き m の直線は.
$y - q = m(x - p)$

$y = mx + n$ の形にまとめました!!
$y = (3t^2 + 6t + 1)x - 2t^3 - 3t^2 + 2 \cdots ①$
①に $(x, y) = (1, a)$ を代入!!

題意より，t の3次方程式②が，異なる **3つ** の実数解 t をもてばよい。

このとき，
$$\begin{cases} f(t) = -2t^3 + 6t + 3 \cdots ③ \\ f(t) = a \cdots ④ \end{cases}$$
とおく。

③より，
$$f'(t) = -6t^2 + 6 \\ = -6(t^2 - 1) \\ = -6(t+1)(t-1)$$

増減表をかくと，

t	$\cdots$	-1	$\cdots$	1	$\cdots$
$f'(t)$	$-$	0	$+$	0	$-$
$f(t)$	↘	極小 -1	↗	極大 7	↘

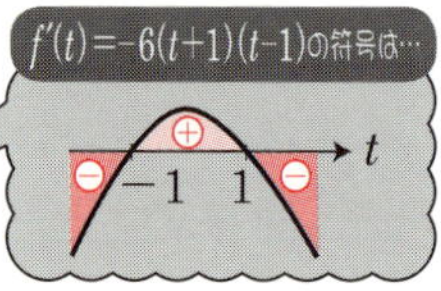

③のグラフをかくと，

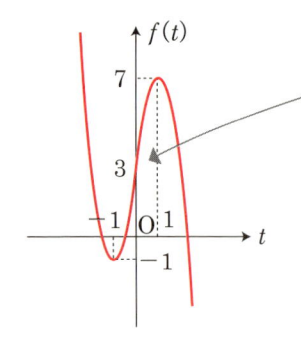

③と④が異なる **3つ** の共有点をもてばよいから，グラフより求めるべき a の値の範囲は

$$\underline{-1 < a < 7} \cdots \text{(答)}$$

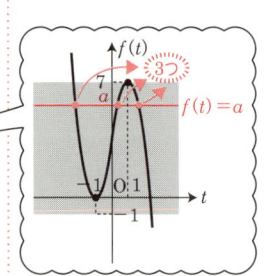

---

t が **3つ** あれば，①より接線も **3本** となる!!

キタッ!! (°∀°)
問題 **13-4** でおなじみのテクニックでーす!!

$f'(t) = -2 \times 3t^2 + 6 \\ = -6t^2 + 6$

$f'(t) = -6(t+1)(t-1)$ の符号は…

$f(-1) = -2 \times (-1)^3 + 6 \times (-1) + 3 \\ = -1$

$f(1) = -2 \times 1^3 + 6 \times 1 + 3 = 7$

$f(0) = -2 \times 0^3 + 6 \times 0 + 3 = 3$

(2) $y = x^3 - 9x^2 + 15x + 3$ …(*)

このとき, $y' = 3x^2 - 18x + 15$

(*)上の点 $(t, t^3 - 9t^2 + 15t + 3)$ における接線の方程式は,

$$y - (t^3 - 9t^2 + 15t + 3) = (3t^2 - 18t + 15)(x - t)$$

∴ $y = (3t^2 - 18t + 15)x - 2t^3 + 9t^2 + 3$ …①

①が点 $(0, a)$ を通るとき

$$a = (3t^2 - 18t + 15) \times 0 - 2t^3 + 9t^2 + 3$$

∴ $a = -2t^3 + 9t^2 + 3$ …②

題意より,

t の3次方程式②がただ**1つ**の実数解 t をもてばよい。

このとき,

$$\begin{cases} f(t) = -2t^3 + 9t^2 + 3 \text{ …③} \\ f(t) = a \text{ …④} \end{cases}$$

とおく。

③より,

$$f'(t) = -6t^2 + 18t = -6t(t - 3)$$

増減表をかくと,

t	…	0	…	3	…
$f'(t)$	−	0	+	0	−
$f(t)$	↘	極小 3	↗	極大 30	↘

③のグラフをかくと,

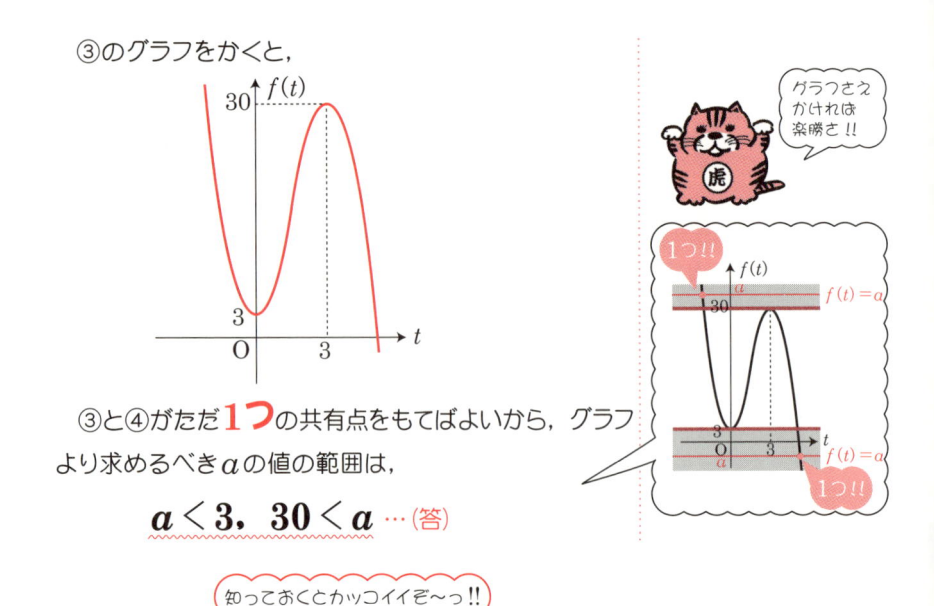

③と④がただ**1つ**の共有点をもてばよいから，グラフより求めるべき a の値の範囲は，

$$a < 3, \ 30 < a \quad \cdots \text{(答)}$$

> グラフさえかければ楽勝さ!!

> 1つ!!
> $f(t) = a$
> 1つ!!

研究コーナー

> 知っておくとカッコイイぞ～っ!!

すでに Theme ⑭ でご存じのとおり，3次関数のグラフは必ず**ある点**で点対称になっております。この点を**変曲点**と申します。この変曲点Mは下図のような点で，ドライブでいえば，ハンドルを切りかえる地点，つまり**カーブが変化する点**となります。

> すでにP.68で登場!!「数学Ⅲ」で本格的に学習しますよ!!

Mでカーブが変わる!!　Mでカーブが変わる!!　Mでカーブが変わる!!

Theme 15　はたして接線が何本引けるかな？？　197

変曲点Mにおける接線は点Mで交わる!!

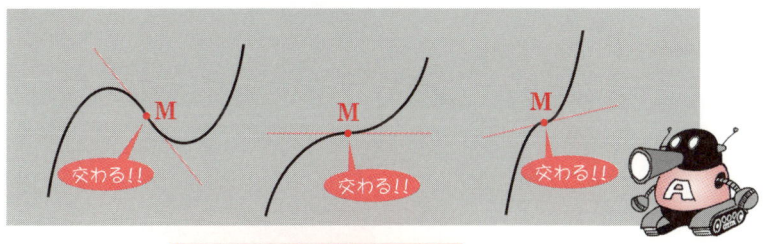

これが物語の始まりだった…

上の3タイプのうち，1つを例にしましょう!!

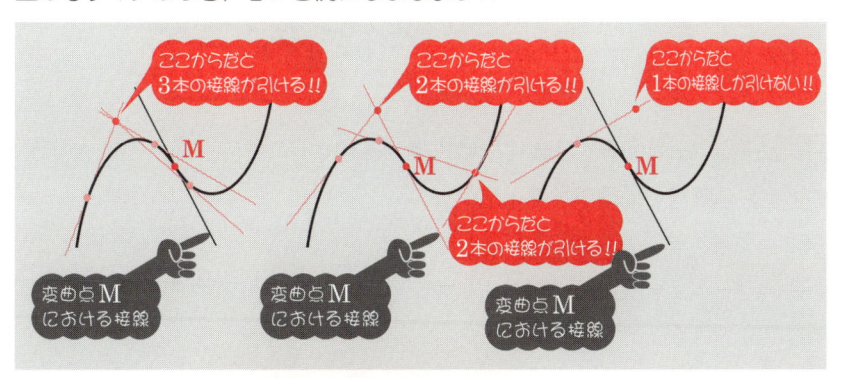

- ここからだと3本の接線が引ける!!
- ここからだと2本の接線が引ける!!
- ここからだと1本の接線しか引けない!!
- ここからだと2本の接線が引ける!!

変曲点Mにおける接線

よって!!

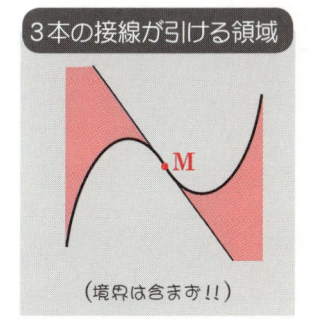

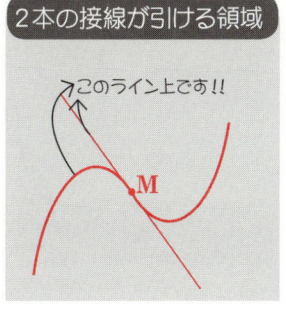

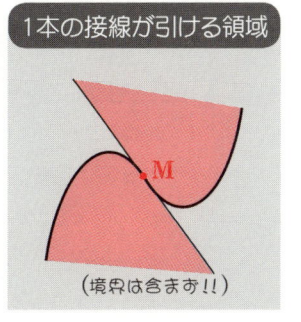

3本の接線が引ける領域	2本の接線が引ける領域	1本の接線が引ける領域
（境界は含まず!!）	このライン上です!!	（境界は含まず!!）

思い出そう…

問題15-1では…

接線が**3本**引ける領域は…

（境界は含まず!!）

よって!!

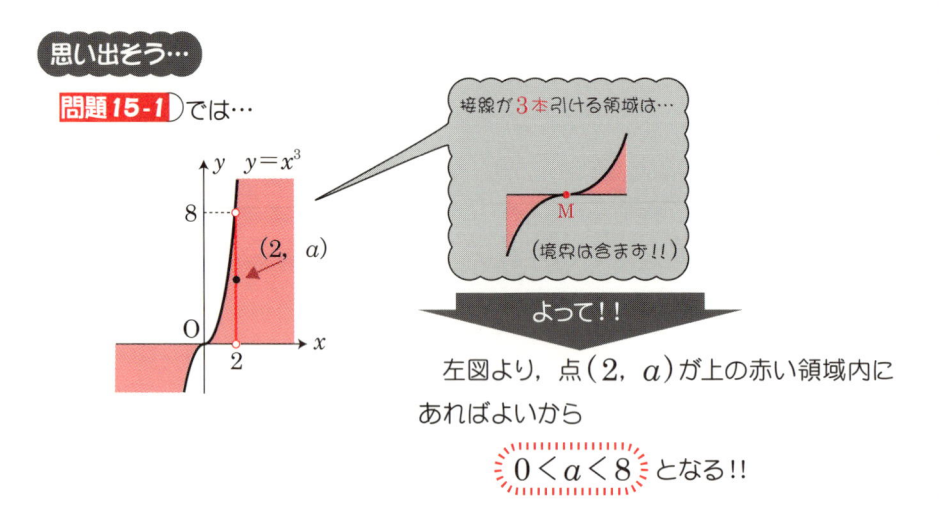

左図より，点$(2, a)$が上の赤い領域内にあればよいから

$0 < a < 8$ となる!!

問題15-2の(1), (2)もこの理屈で処理できます!!
イメージだけかいておきます。

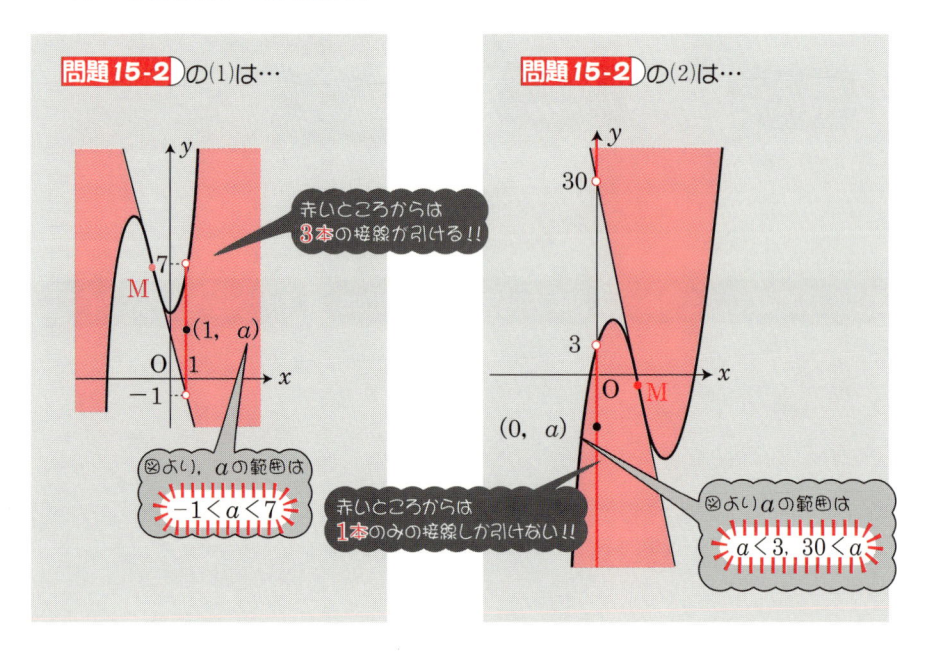

問題15-2の(1)は…

赤いところからは**3本**の接線が引ける!!

図より，aの範囲は
$-1 < a < 7$

赤いところからは**1本**のみの接線しか引けない!!

問題15-2の(2)は…

図よりaの範囲は
$a < 3,\ 30 < a$

このテーマを扱った問題って，メジャーなんですよ♥

問題15-3　　　　　　　　　　　　　　　　　　　　　　　モロ難

$f(x) = x^3 - 4x$ とする。
(1) 曲線 $y = f(x)$ 上の点 $(t, f(t))$ における接線が点 (a, b) を通るとき，a, b, t のみたすべき関係式を求めよ。
(2) 曲線 $y = f(x)$ に3本の接線が引けるような点 (a, b) の存在すべき範囲を図示せよ。

ナイスな導入

(1)は(2)のヒントとなってます!!
解法のカギは 問題15-1 & 問題15-2 と同様!!

3本の接線が存在!! ⟺ 異なる t が3つある!!

ということです!!
(2)の答えの予想はつきますね…?
では，Let's Go!!

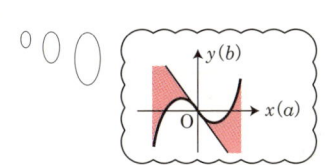

なるほど…

解答でござる

(1)　　　$f(x) = x^3 - 4x$ …(*)

　　　　$f'(x) = 3x^2 - 4$

　　(*)上の点 $(t, t^3 - 4t)$ における接線の方程式は，

　　　　$y - (t^3 - 4t) = (3t^2 - 4)(x - t)$

　　∴　$y = (3t^2 - 4)x - 2t^3$ …①

$f(x) = x^3 - 4x$ より
$f(t) = t^3 - 4t$

接線の傾きです!!
$f'(t) = 3t^2 - 4$

$y = mx + n$ の形に…

①が点(a, b)を通るから，
$$b = (3t^2 - 4)a - 2t^3$$
$$\therefore\ 2t^3 - 3at^2 + 4a + b = 0 \quad \cdots\text{(答)}$$

> $y = (3t^2 - 4)x - 2t^3 \cdots$①
> に$(x, y) = (a, b)$を代入!!
> これがa, b, tの満たすべき関係式です!! 配列はどうでもよいです

(2) (1)より，
$$2t^3 - 3at^2 + 4a + b = 0 \quad \cdots ②$$
題意
$\iff t$の3次方程式②が異なる3つの実数解をもつ。
ここで，
$$g(t) = 2t^3 - 3at^2 + 4a + b$$
とおく。
$$g'(t) = 6t^2 - 6at$$
$$= 6t(t - a)$$
$g'(t) = 0$のとき，$t = 0, a$が得られる。

> 今回は式が複雑なため，"例の作戦"が使えません
> 問題15-1 & 問題15-2 のような…
> 正攻法でいきます!! 問題13-2 と 問題13-3 参照!!
> この0とaの大小関係が不明なので場合分けです!!

i) $a > 0$のとき
増減表をかくと，

t	$\cdots$	0	$\cdots$	a	$\cdots$
$g'(t)$	$+$	0	$-$	0	$+$
$g(t)$	↗	極大	↘	極小	↗

> $g'(t) = 6t(t-a)$の符号は…

条件は，
極大値$g(0) > 0$かつ極小値$g(a) < 0$
$$\iff \begin{cases} g(0) = 4a + b > 0 \\ g(a) = -a^3 + 4a + b < 0 \end{cases}$$
$$\iff \begin{cases} b > -4a \\ b < a^3 - 4a \end{cases} \cdots ③$$

> $g(a) = 2a^3 - 3a \times a^2 + 4a + b = -a^3 + 4a + b$
> $a > 0$のとき，これが，(a, b)の存在すべき範囲です!!

ii) $a < 0$ のとき
増減表をかくと,

t	$\cdots$	a	$\cdots$	0	$\cdots$
$g'(t)$	$+$	0	$-$	0	$+$
$g(t)$	↗	極大	↘	極小	↗

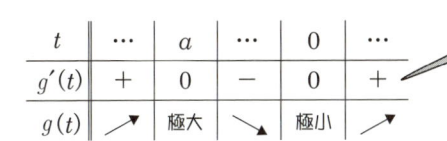

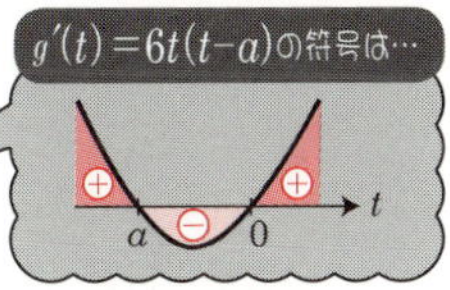

条件は,
極大値 $g(a) > 0$ かつ極小値 $g(0) < 0$

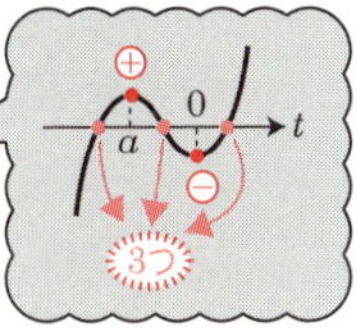

$\Longleftrightarrow \begin{cases} g(a) = -a^3 + 4a + b > 0 \\ g(0) = 4a + b < 0 \end{cases}$

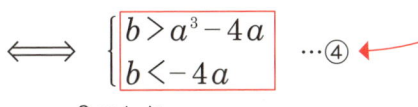

$\Longleftrightarrow \begin{cases} b > a^3 - 4a \\ b < -4a \end{cases} \quad \cdots ④$

iii) $a = 0$ のとき
$g'(t) = 6t^2 \geqq 0$

これより, $g(t)$ は単調増加となるので題意をみたすことはない。

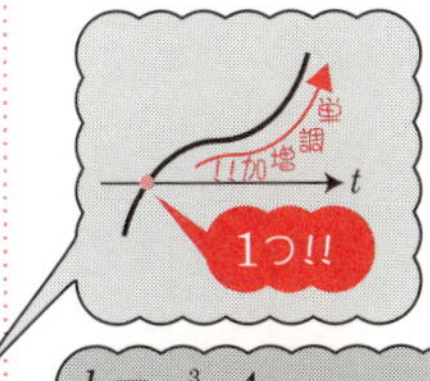

以上より, "$a > 0$ かつ③" と "$a < 0$ かつ④" を図示すれば, それが求めるべき (a, b) の領域となる。これを図示して,

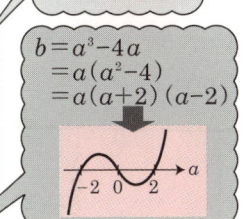

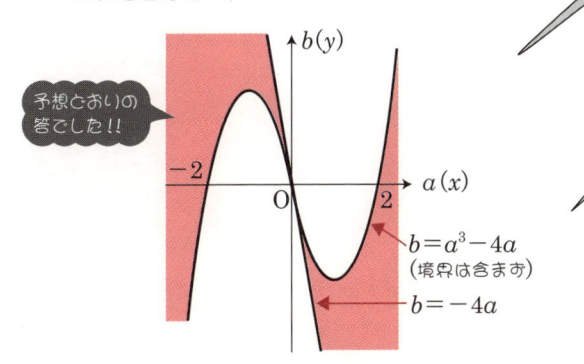

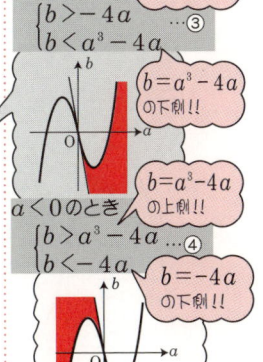

（境界は含まず）
$b = a^3 - 4a$
$b = -4a$

予想どおりの答でした!!

$g'(t) = 6t(t-a)$ の符号は…

$a < 0$ のとき, これが (a, b) の存在すべき範囲です!!

$b = a^3 - 4a$
$= a(a^2 - 4)$
$= a(a+2)(a-2)$

$a > 0$ のとき,
$\begin{cases} b > -4a \\ b < a^3 - 4a \end{cases} \cdots ③$

$b = -4a$ の上側!!

$b = a^3 - 4a$ の下側!!

$a < 0$ のとき,
$\begin{cases} b > a^3 - 4a \\ b < -4a \end{cases} \cdots ④$

$b = a^3 - 4a$ の上側!!

$b = -4a$ の下側!!

確認コーナー

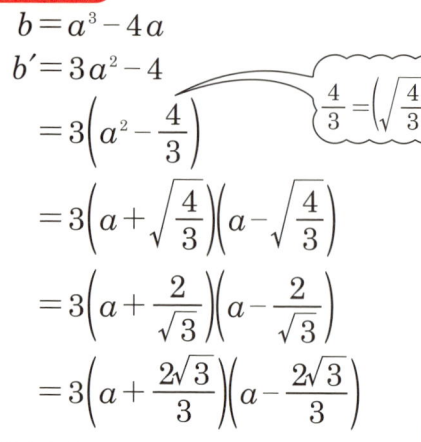

$b = a^3 - 4a$

$b' = 3a^2 - 4$

$\quad = 3\left(a^2 - \dfrac{4}{3}\right)$ 　　$\dfrac{4}{3} = \left(\sqrt{\dfrac{4}{3}}\right)^2$

$\quad = 3\left(a + \sqrt{\dfrac{4}{3}}\right)\left(a - \sqrt{\dfrac{4}{3}}\right)$

$\quad = 3\left(a + \dfrac{2}{\sqrt{3}}\right)\left(a - \dfrac{2}{\sqrt{3}}\right)$

$\quad = 3\left(a + \dfrac{2\sqrt{3}}{3}\right)\left(a - \dfrac{2\sqrt{3}}{3}\right)$

前ページの段階で解答は終了なんですが もっとリアルに図示してみると…

増減表をかくと,

a	…	$-\dfrac{2\sqrt{3}}{3}$	…	$\dfrac{2\sqrt{3}}{3}$	…
b'	$+$	0	$-$	0	$+$
b	↗	極大	↘	極小	↗

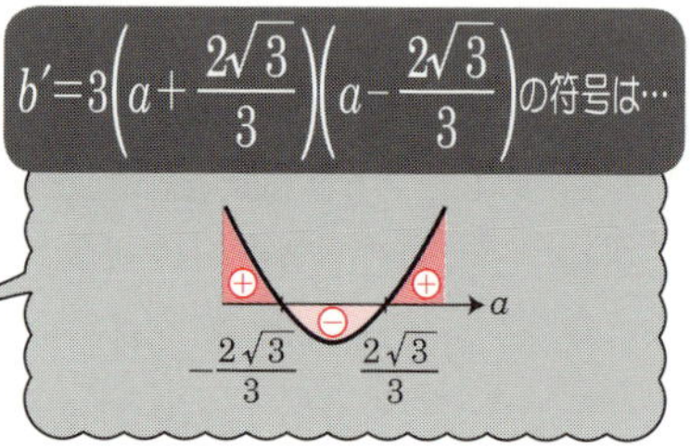

$b' = 3\left(a + \dfrac{2\sqrt{3}}{3}\right)\left(a - \dfrac{2\sqrt{3}}{3}\right)$ の符号は…

$\left\{\begin{array}{l}\text{ここで,}\\ \text{極大値}\ b = \left(-\dfrac{2\sqrt{3}}{3}\right)^3 - 4 \times \left(-\dfrac{2\sqrt{3}}{3}\right) = -\dfrac{8\sqrt{3}}{9} + \dfrac{8\sqrt{3}}{3} = \dfrac{16\sqrt{3}}{9} \\ \text{極小値}\ b = \left(\dfrac{2\sqrt{3}}{3}\right)^3 - 4 \times \dfrac{2\sqrt{3}}{3} = \dfrac{8\sqrt{3}}{9} - \dfrac{8\sqrt{3}}{3} = -\dfrac{16\sqrt{3}}{9}\end{array}\right.$

先ほどの領域をリアルにかくと…

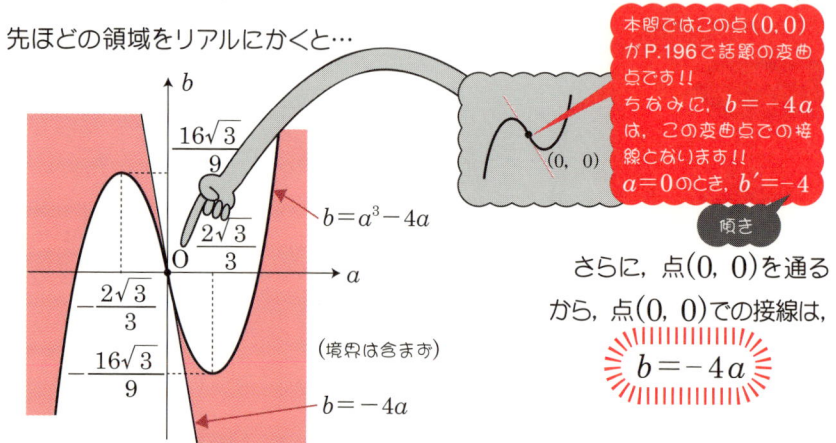

$b = a^3 - 4a$

(境界は含まず)

$b = -4a$

本問ではこの点$(0, 0)$がP.196で話題の変曲点です!! ちなみに, $b = -4a$ は, この変曲点での接線となります!! $a = 0$のとき, $b' = -4$ 傾き

さらに, 点$(0, 0)$を通るから, 点$(0, 0)$での接線は,

$b = -4a$

Theme 16 不等式との夢のコラボレーション ♥

とりあえず実例を…

問題 16-1 〔基礎〕

次の不等式が成り立つことを証明せよ。
(1) $x \geqq 0$ のとき,$x^3 + 4 \geqq 3x^2$
(2) $x \geqq 3$ のとき,$x^3 + 9x \geqq 6x^2$

ナイスな導入

(1) $x^3 + 4 \geqq 3x^2$ 〔右辺を移項する!!〕 $x^3 - 3x^2 + 4 \geqq 0$

そこで!! $f(x) = x^3 - 3x^2 + 4$ として,

グラフで解決じゃ〜っ!!

とゆーわけで…

$f(x) = x^3 - 3x^2 + 4$

このとき,
$f'(x) = 3x^2 - 6x$
$ = 3x(x-2)$

〔微分したせっ!! $f'(x) = 3x^2 - 3 \times 2x$〕

〔もう大丈夫だっこは!!〕

そこで!! 増減表だあ〜っ!!

x	…	0	…	2	…
$f'(x)$	+	0	−	0	+
$f(x)$	↗	4	↘	0	↗

〔$f'(x) = 3x(x-2)$の符号は…〕

$f(0) = 0^3 - 3 \times 0^2 + 4 = 4$ $f(2) = 2^3 - 3 \times 2^2 + 4 = 0$

よってグラフは…

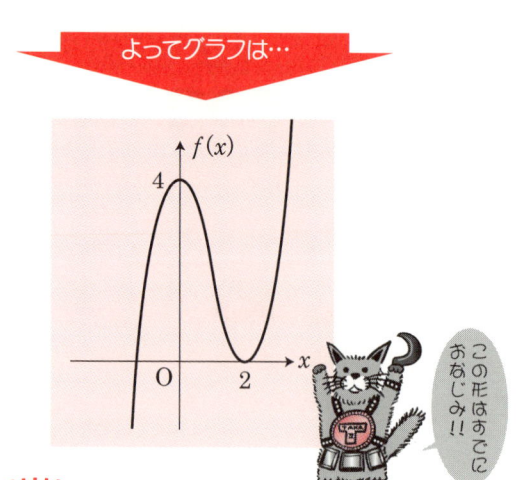

[グラフ: $f(x)$ のグラフ、極大値4、極小値 $x=2$]

この形はすでにおなじみ!!

そこで!! $x \geq 0$ の範囲に注目すると…

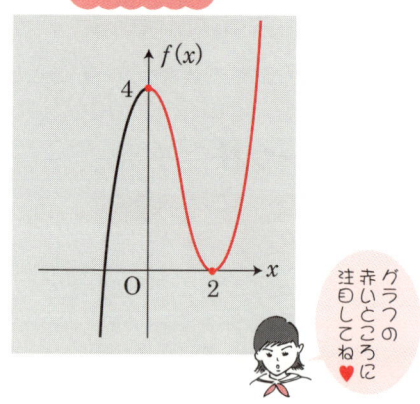

問題文参照!!

[グラフ: $x \geq 0$ の範囲を赤色で強調]

グラフの赤いところに注目してね♥

グラフからも一目瞭然!!
$x \geq 0$ において
$f(x) \geq 0$ つまり $x^3 - 3x^2 + 4 \geq 0$ は明らか

$f(x) = x^3 - 3x^2 + 4$ です!!

すなわち!!

$x \geq 0$ において
$x^3 + 4 \geq 3x^2$ は明らか!!

Theme 16 不等式との夢のコラボレーション ♥

ちなみに等号成立は，$x=2$ のときで——す!!

(2)も同様です!! ではではLet's Try!!

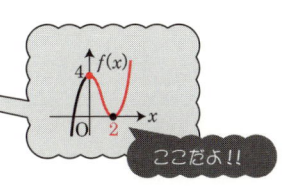

ここだよ!!

解答でござる

(1) $f(x)=x^3-3x^2+4$ とおく。

$f'(x)=3x^2-6x$
$\quad\quad =3x(x-2)$

$x \geqq 0$ の範囲で増減表をかくと，

x	0	$\cdots$	2	$\cdots$
$f'(x)$	0	$-$	0	$+$
$f(x)$	4	↘	0	↗

この増減表より，

$x \geqq 0$ のとき，$f(x) \geqq 0$ は明らか。

つまり，

$x \geqq 0$ のとき，$x^3+4 \geqq 3x^2$ は証明された。

（ただし，等号成立は $x=2$ のとき）

（証明おわり）

P.206に別解があるので必ず目を通すこと!!

(2) $f(x)=x^3-6x^2+9x$ とおく。

$f'(x)=3x^2-12x+9$
$\quad\quad =3(x^2-4x+3)$
$\quad\quad =3(x-1)(x-3)$

$x \geqq 3$ の範囲で増減表をかくと，

$x^3+4 \geqq 3x^2$
$\Leftrightarrow \underline{x^3-3x^2+4 \geqq 0}$
↓
$f(x)=\boxed{x^3-3x^2+4}$ とおく!!
もはやおなじみ!! 微分しました!!

これぞ省エネ!! 必要なところだけ増減表をかけばOK!!

$f'(x)=3x(x-2)$ の符号は…

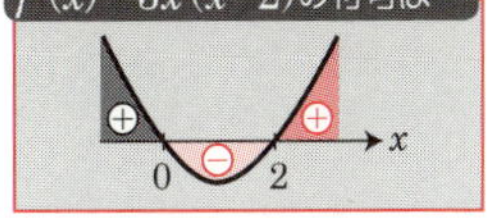

$f(0)=0^3-3\times 0^2+4=4$
$f(2)=2^3-3\times 2^2+4=0$
グラフは無用!! 増減表があれば十分である!!

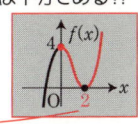

$f(x) \geqq 0$
$\Leftrightarrow x^3-3x^2+4 \geqq 0$
$\Leftrightarrow x^3+4 \geqq 3x^2$
$x^3+9x \geqq 6x^2$
$\Leftrightarrow x^3-6x^2+9x \geqq 0$
↓
$f(x)=\boxed{x^3-6x^2+9x}$ とおく!!

またまた省エネ!! 必要なところだけ増減表をかくべし!!

x		3	$\cdots$
$f'(x)$		0	$+$
$f(x)$		0	↗

この増減表より，

$x \geqq 3$ のとき $f(x) \geqq 0$ は明らか。

つまり，

$x \geqq 3$ のとき $x^3 + 9x \geqq 6x^2$ は証明された。

（ただし，等号成立は $x = 3$ のとき）

（証明おわり）

別解

(2) $\quad f(x) = x^3 - 6x^2 + 9x$

$\quad f'(x) = 3x^2 - 12x + 9$

$\qquad\quad = 3(x^2 - 4x + 3)$

$\qquad\quad = 3(x-1)(x-3)$

$x \geqq 3$ のとき，$f'(x) \geqq 0$

ゆえに，$f(x)$ は，$x \geqq 3$ の範囲で単調増加（増加関数）である。

さらに，

$\quad f(3) = 3^3 - 6 \times 3^2 + 9 \times 3 = 0$

となるから，

$\quad x \geqq 3$ のとき，$f(x) \geqq 0$

つまり，

$\quad x \geqq 3$ のとき $x^3 + 9x \geqq 6x^2$ である。

（ただし，等号成立は $x = 3$ のとき）

（証明おわり）

（右側の注記）

$f'(x) = 3(x-1)(x-3)$ の符号は…

$f(3) = 3^3 - 6 \times 3^2 + 9 \times 3 = 0$

増減表から一目瞭然!!

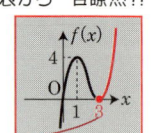

$f(x) \geqq 0$
$\Leftrightarrow x^3 - 6x^2 + 9x \geqq 0$
$\Leftrightarrow x^3 + 9x \geqq 6x^2$

(2)のように

わざわざ表す意味が…

情けない増減表

になってしまうタイプではよりスマートな答案を!!

このあたりまでは先ほどと同じ!!

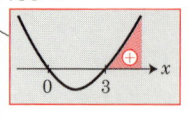

$f'(x) \geqq 0 \Leftrightarrow f(x)$ は増加関数

$f(3) = \mathbf{0}$ でかつ $x \geqq 3$ で $f(x)$ は単調増加であるから

$\quad f(x) \geqq \mathbf{0}$

このように文章で攻めるのもカッコイイなぁ

Theme 16 不等式との夢のコラボレーション♥

本格的な問題を紹介しましょう♥

問題 16-2 　　　　　　　　　　　　　　　　　　　**標準**

次の各問いに答えよ。

(1) $x \geqq 0$ のとき，不等式 $2x^3 - 3x^2 - 12x + a \geqq 0$ が成り立つような定数 a の値の範囲を求めよ。

(2) $x > 0$ のとき，不等式 $ax^3 - 3x^2 + 4 > 0$ が成り立つような a の値の範囲を求めよ。ただし $a > 0$ とする。

(3) 不等式 $3x^4 - 4ax^3 - 6x^2 + 12ax + 16 \geqq 0$ が，すべての実数 x に対して成り立つような定数 a の値の範囲を求めよ。

ナイスな導入

本問も**ズバリ!!**

グラフで解決すればOK!!

やばい…

ただ(3)で…　　おーっと!!　4次関数ですかぁーっ!!

$f(x) = 3x^4 - 4ax^3 - 6x^2 + 12ax + 16$ とおく。

$f'(x) = 12x^3 - 12ax^2 - 12x + 12a$ ←微分しました!!
　　　$= 12(x^3 - ax^2 - x + a)$ ←12でくくりました!!
　　　$= 12\{x^2(x-a) - (x-a)\}$ ←2項ずつくくりました!!
　　　$= 12(x-a)(x^2 - 1)$ ←$(x-a)$でくくる!!
　　　$= 12(x-a)(x+1)(x-1)$ ←$x^2-1=(x+1)(x-1)$です!!

ここで!!　**大問題発生!!**　そっ、そんなぁ…

そーです!!　a の値によってさまざまな場合が

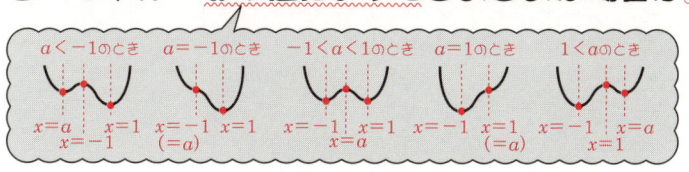

$a<-1$のとき	$a=-1$のとき	$-1<a<1$のとき	$a=1$のとき	$1<a$のとき
$x=a$, $x=1$, $x=-1$	$x=-1(=a)$, $x=1$	$x=-1$, $x=1$, $x=a$	$x=-1$, $x=1(=a)$	$x=-1$, $x=a$, $x=1$

これらのタイプについてはP.127の 問題10-2 で習得しましたね♥
しかしながら，場合分けはつらいですねえ…。

そこで!!　最良の方針が〜っ!!

何ぃ〜!?

前ページのどのグラフであれ，最小値となるべきところは…

$x = a$ または $x = -1$ または $x = 1$

のいずれかですよね!?

そりゃそーですよ。**極小かつ最小**となるところですからね♥

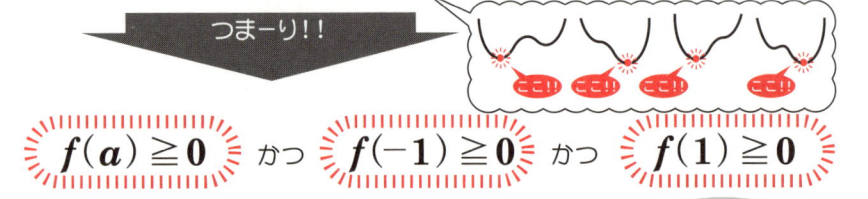

つまーり!!

ここ!! ここ!! ここ!! ここ!!

$f(a) \geqq 0$ かつ $f(-1) \geqq 0$ かつ $f(1) \geqq 0$

をみたせば**OK**ってことです!!
あとは，これらを解けば万事解決!!

3つのうちどれかが
必ず最小になるから
そこにもをつけたわけか!!
なかなかやるじゃん!!

解答でござる

(1)　　$f(x) = 2x^3 - 3x^2 - 12x + a$ とおく。
　　　$f'(x) = 6x^2 - 6x - 12$
　　　　　　$= 6(x^2 - x - 2)$
　　　　　　$= 6(x+1)(x-2)$

$2x^3 - 3x^2 - 12x + a \geqq 0$ より.
⇒
$f(x) = \underline{2x^3 - 3x^2 - 12x + a}$
とおく

微分しました!!

$x \geqq 0$ の範囲で増減表をかくと,

x	0	$\cdots$	2	$\cdots$
$f'(x)$		$-$	0	$+$
$f(x)$		↘	最小	↗

増減表からも明らかなように,
$x=2$ のとき, $f(x)$ は極小かつ最小となる。
よって, 最小値は,
$$f(2) = 2 \times 2^3 - 3 \times 2^2 - 12 \times 2 + a$$
$$= a - 20$$
となる。
ここで, 題意をみたすためには,
$$f(2) \geqq 0$$
が条件である。
つまり,
$$a - 20 \geqq 0$$
$$\therefore \underline{\underline{a \geqq 20}} \quad \cdots \text{(答)}$$

(2) $f(x) = ax^3 - 3x^2 + 4$ とおく。
$f'(x) = 3ax^2 - 6x$
$\quad\quad = 3x(ax-2)$
$f'(x) = 0$ のとき,
$x = 0, \dfrac{2}{a}$

ここで, $a > 0$ より $\dfrac{2}{a} > 0$ である。
これに注意して, $x \geqq 0$ の範囲で増減表をかくと,

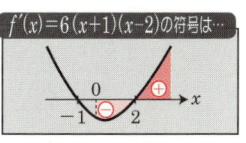

$f'(x) = 6(x+1)(x-2)$ の符号は…

$x = 0$ のときの値はどうでもよいので (最小値には無関係!!) 空欄のままでよろしい!!

最小値 $\geqq 0$ より $f(2) \geqq 0$

$f(2) = a - 20 \geqq 0$

これが, 求めるべき a の範囲だ!!
$ax^3 - 3x^2 + 4 > 0$ より,
↓
$f(x) = \boxed{ax^3 - 3x^2 + 4}$ とおく微分したぜっ!!
$3x$ でくくったよ♥
$ax - 2 = 0$ より,
$ax = 2 \quad \therefore x = \dfrac{2}{a}$

問題文より, $a > 0$ より $a = 0$ となる心配なし!!

問題文では $x > 0$ となっているが, 増減表では $x \geqq 0$ として $x = 0$ も入れておいたほうが表現しやすい!!

x	0	$\cdots$	$\dfrac{2}{a}$	$\cdots$
$f'(x)$		$-$	0	$+$
$f(x)$		↘	最小	↗

増減表からも明らかなように，

$x = \dfrac{2}{a}$ のとき，$f(x)$ は極小かつ最小となる。

よって，最小値は，

$$f\left(\dfrac{2}{a}\right) = a \times \left(\dfrac{2}{a}\right)^3 - 3 \times \left(\dfrac{2}{a}\right)^2 + 4$$

$$= \dfrac{8}{a^2} - \dfrac{12}{a^2} + 4$$

$$= -\dfrac{4}{a^2} + 4$$

となる。

ここで，題意をみたすためには，

$$f\left(\dfrac{2}{a}\right) > 0$$

が条件である。

つまり，

$$-\dfrac{4}{a^2} + 4 > 0$$

両辺を $a^2 (>0)$ 倍して，

$$-4 + 4a^2 > 0$$

$$a^2 - 1 > 0$$

$$(a+1)(a-1) > 0$$

$$\therefore\ a < -1,\ 1 < a$$

ところが $a > 0$ であるから，求めるべき a の値の範囲は，

$$\underline{a > 1} \cdots (答)$$

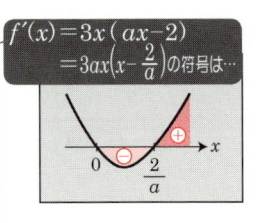

―――――――――――――――――

$f'(x) = 3x(ax-2)$
$= 3ax\left(x - \dfrac{2}{a}\right)$ の符号は…

$x=0$ のところは空欄でよし！！

$f(x) = ax^3 - 3x^2 + 4$
に，$x = \dfrac{2}{a}$ を代入！！

なるほど…

最小値 >0 より，$f\left(\dfrac{2}{a}\right) > 0$

$f\left(\dfrac{2}{a}\right) = -\dfrac{4}{a^2} + 4 > 0$

$-\dfrac{4}{a^2} + 4 > 0 \quad \times a^2$

$-\dfrac{4}{a^2} \times a^2 + 4 \times a^2 > 0$

$\therefore -4 + 4a^2 > 0$

両辺を4で割って並べかえた！！

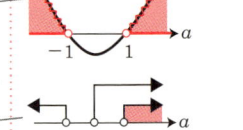

ちなみに $a>1$ と $1<a$ は同じことだよ！！ まぁ，念のため…

Theme 16 不等式との夢のコラボレーション♥ 211

(3) $f(x) = 3x^4 - 4ax^3 - 6x^2 + 12ax + 16$ とおく。

$$f'(x) = 12x^3 - 12ax^2 - 12x + 12a$$
$$= 12(x^3 - ax^2 - x + a)$$
$$= 12\{x^2(x-a) - (x-a)\}$$
$$= 12(x-a)(x^2-1)$$
$$= 12(x-a)(x+1)(x-1)$$

このとき，$f(x)$ は a の値にかかわらず
$x=a$ または $x=-1$ または $x=1$ で，
極小かつ最小となる。

よって，条件は，
$$f(a) \geqq 0 \cdots \text{①}$$
かつ
$$f(-1) \geqq 0 \cdots \text{②}$$
かつ
$$f(1) \geqq 0 \cdots \text{③}$$
のすべてをみたすことである。

注 いきなりこうするのは一見乱暴な答案と思われがちですが，4次関数の形はメジャー（P.127 問題10-2）を参照!!）なのでこのように書いておけば大丈夫!! 案じることはありませんよ♥

①より，
$$f(a) = 3a^4 - 4a \times a^3 - 6a^2 + 12a \times a + 16 \geqq 0$$
$$-a^4 + 6a^2 + 16 \geqq 0$$
$$a^4 - 6a^2 - 16 \leqq 0$$
$$(a^2)^2 - 6a^2 - 16 \leqq 0$$
$$(a^2 + 2)(a^2 - 8) \leqq 0$$

このとき，$a^2 + 2 > 0$ であるから，
$$a^2 - 8 \leqq 0$$
$$a^2 - (2\sqrt{2})^2 \leqq 0$$
$$(a + 2\sqrt{2})(a - 2\sqrt{2}) \leqq 0$$
$$\therefore \quad -2\sqrt{2} \leqq a \leqq 2\sqrt{2} \cdots \text{①}'$$

$3x^4 - 4ax^3 - 6x^2 + 12ax + 16 \geqq 0$ より
$f(x) = \boxed{3x^4 - 4ax^3 - 6x^2 + 12ax + 16}$
とおく!!

$a < -1$ のとき
$x=a$ $x=1$
$x=-1$

$a=-1$ のとき
$x=-1$ $x=1$
$(=a)$

$-1<a<1$ のとき
$x=-1$ $x=1$
$x=a$

$a=1$ のとき
$x=-1$ $x=1$
$(=a)$

$1<a$ のとき
$x=-1$ $x=a$
$x=1$

いずれにせよ
$x=a$ or $x=-1$ or $x=1$ で
最小値とな〜る!!

両辺を -1 倍!!
$(a^2+2)(a^2-8) \leqq 0$
必ず正!!
$a^2+2(>0)$ で両辺を割って
$a^2-8 \leqq 0$

$-2\sqrt{2}$ 〜 $2\sqrt{2}$ → a

②より，
$$f(-1) = 3 \times (-1)^4 - 4a \times (-1)^3 - 6 \times (-1)^2 + 12a \times (-1) + 16 \geqq 0$$
$$3 + 4a - 6 - 12a + 16 \geqq 0$$
$$-8a + 13 \geqq 0$$
$$-8a \geqq -13$$
$$\therefore \ a \leqq \frac{13}{8} \quad \cdots ②'$$

③より，
$$f(1) = 3 \times 1^4 - 4a \times 1^3 - 6 \times 1^2 + 12a \times 1 + 16 \geqq 0$$
$$3 - 4a - 6 + 12a + 16 \geqq 0$$
$$8a + 13 \geqq 0$$
$$8a \geqq -13$$
$$\therefore \ a \geqq -\frac{13}{8} \quad \cdots ③'$$

①'，②'，③' から，求めるべき a の値の範囲は，

$$-\frac{13}{8} \leqq a \leqq \frac{13}{8} \quad \cdots \text{(答)}$$

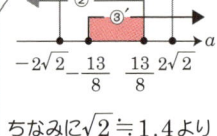

$f(a)$ or $f(-1)$ or $f(1)$ が最小値となるから，$f(a) \geqq 0$ かつ $f(-1) \geqq 0$ かつ $f(1) \geqq 0$ のすべてをやればOKってことがぁ～っ!!

ちなみに $\sqrt{2} \fallingdotseq 1.4$ より $2\sqrt{2} \fallingdotseq 2.8$ ですよ!!

Theme 17 不定積分とは何ぞや??

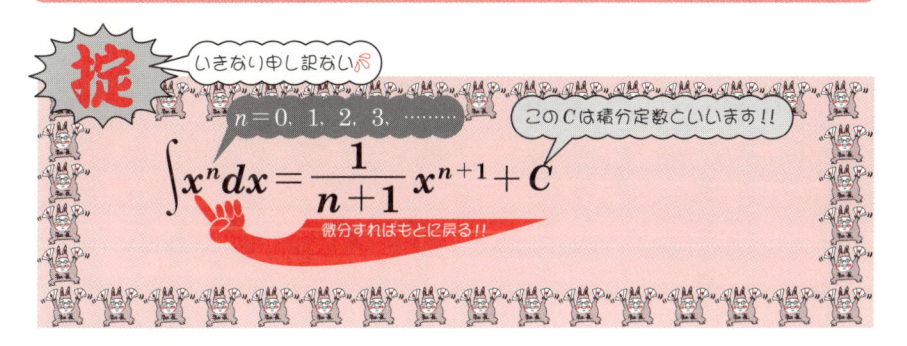

掟

いきなり申し訳ない💦

$n = 0, 1, 2, 3, \ldots$

このCは積分定数といいます!!

$$\int x^n dx = \frac{1}{n+1} x^{n+1} + C$$

微分すればもとに戻る!!

確認その1

$$\int \odot dx \longrightarrow \odot を x で積分するという意味!!$$

この $\int$ を「インテグラル」と申します!!

このように $\int \odot dx$ によって求まった関数を**不定積分**と呼び，この不定積分を求めることを「**積分する**」といいます。

確認その2

本来，**積分**とは"**微分しちゃった関数をもとの関数に戻す**"ための計算でございます♥

例 $\int x^2 dx = \frac{1}{3} x^3 + C$ となりまーす!!

掟により $\frac{1}{2+1} x^{2+1}$

このとき，右辺を微分してみましょう!!

$$\left(\frac{1}{3} x^3 + C \right)' = \frac{1}{3} \times 3 x^2 = \boxed{x^2} \quad と，もとに戻る!!$$

つまり，Cは10だろうが，100だろうが，$\frac{1}{10}$ だろうが，$\sqrt{3}$ だろうが，

積分定数

どうせ消えてしまいます!! つまり，実数の定数でさえあれば，何でも成り立つわけです!! よって，とりあえず **C** としているわけです。

では，ちょこっと試運転とまいりましょう!!

問題 17-1 　　　　　　　　　　　　　　　　　　　　基礎の基礎

次の不定積分を求めよ。

(1) $\int x^4 dx$ 　　　(2) $\int x^9 dx$

(3) $\int 12x^5 dx$ 　　(4) $\int 4x dx$

(5) $\int dx$ 　　　　(6) $\int 7 dx$

ナイスな導入

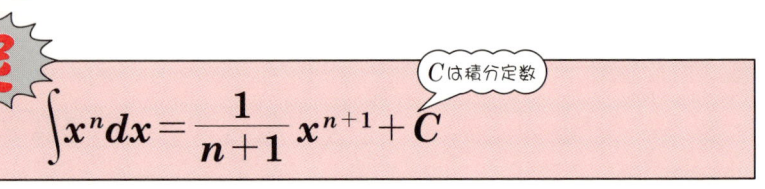

掟
$$\int x^n dx = \frac{1}{n+1} x^{n+1} + C$$
（Cは積分定数）

を活用すればOKです!!

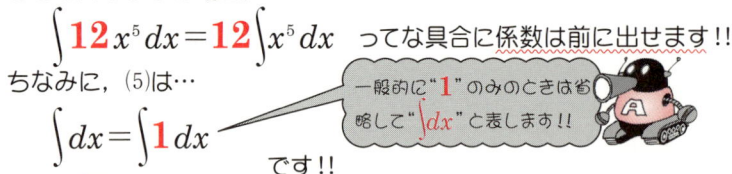

ここで(3)のような場合，
$$\int 12x^5 dx = 12 \int x^5 dx$$
ってな具合に係数は前に出せます!!

ちなみに，(5)は…
$$\int dx = \int 1 dx$$
です!!

（一般的に "1" のみのときは省略して "$\int dx$" と表します!!）

解答でござる

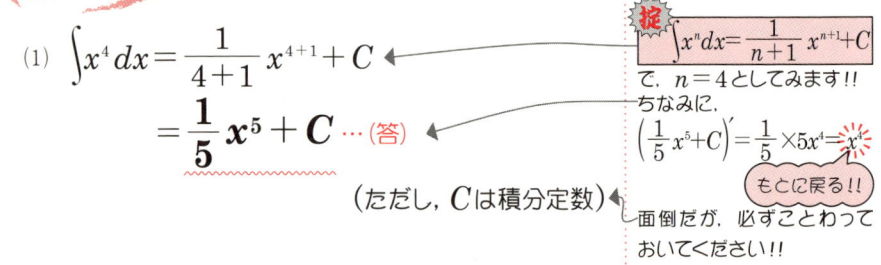

(1) $\int x^4 dx = \dfrac{1}{4+1} x^{4+1} + C$

　　　　　$= \dfrac{1}{5} x^5 + C$ …(答)

（ただし，Cは積分定数）

掟 $\int x^n dx = \dfrac{1}{n+1} x^{n+1} + C$

で，$n=4$としてみます!!
ちなみに,
$\left(\dfrac{1}{5}x^5 + C\right)' = \dfrac{1}{5} \times 5x^4 = x^4$

（もとに戻る!!）

面倒だが，必ずことわっておいてください!!

Theme 17 不定積分とは何ぞや?? 215

(2) $\displaystyle\int x^9 dx = \dfrac{1}{9+1} x^{9+1} + C$

$\qquad\qquad = \dfrac{1}{10} x^{10} + C$ …(答)

（ただし，Cは積分定数）

掟 $\displaystyle\int x^n dx = \dfrac{1}{n+1} x^{n+1} + C$

で，$n=9$ とします!!

ちなみに
$\left(\dfrac{1}{10} x^{10} + C\right)' = \dfrac{1}{10} \times 10 x^9 = x^9$

もとに戻る!!

面倒だが必ずことわること!!

(3) $\displaystyle\int 12 x^5 dx = 12 \int x^5 dx$

$\qquad\qquad = 12 \times \dfrac{1}{5+1} x^{5+1} + C$

$\qquad\qquad = 12 \times \dfrac{1}{6} x^6 + C$

$\qquad\qquad = 2x^6 + C$ …(答)

（ただし，Cは積分定数）

12は前に出せるよ♥

掟 $\displaystyle\int x^n dx = \dfrac{1}{n+1} x^{n+1} + C$

で，$n=5$ としてみます!!

ちなみに，
$(2x^6 + C)' = 2 \times 6 x^5 = 12 x^5$

もとに戻る!!

面倒だが必ずことわること!!

(4) $\displaystyle\int 4x dx = 4 \int x^1 dx$

$\qquad\qquad = 4 \times \dfrac{1}{1+1} x^{1+1} + C$

$\qquad\qquad = 4 \times \dfrac{1}{2} x^2 + C$

$\qquad\qquad = 2x^2 + C$ …(答)

（ただし，Cは積分定数）

4は前に出せるよ♥

掟 $\displaystyle\int x^n dx = \dfrac{1}{n+1} x^{n+1} + C$

で，$n=1$ としてみます!!

ちなみに，
$(2x^2 + C)' = 2 \times 2x = 4x$

もとに戻る!!

面倒だが必ず書いといてね!!

(5) $\displaystyle\int dx = \int 1 dx$

$\qquad = \int x^0 dx$

$\qquad = \dfrac{1}{0+1} x^{0+1} + C$

$\qquad = x + C$ …(答)

（ただし，Cは積分定数）

$\displaystyle\int dx$ と $\displaystyle\int 1 dx$ は同じ意味です!!

$x^0 = 1$ です!!

掟 $\displaystyle\int x^n dx = \dfrac{1}{n+1} x^{n+1} + C$

で，$n=0$ としてみます!!

ちなみに，
$(x + C)' = 1$

もとに戻る!!

これを忘れずに!!

(6) $\int 7\,dx = 7\int 1\,dx$

$= 7 \times x + C$

$= \bm{7x + C}$ …(答)

（ただし，C は積分定数）

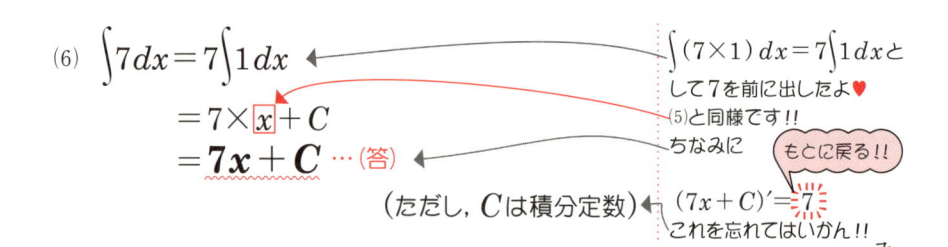

→ $\int (7 \times 1)\,dx = 7\int 1\,dx$ として7を前に出したよ♥
(5)と同様です!!
ちなみに
$(7x + C)' = 7$
これを忘れてはいかん!!
もとに戻る!!

ぶっちゃけコーナー

いきなりですが…

じつはですねぇ…(5)と(6)は回りくどすぎます💦

まぁ 掟 $\int x^n\,dx = \dfrac{1}{n+1}x^{n+1} + C$ に当てはまってることを証明する意味もあって，公式に忠実な表現をして参りましたが，定数を不定積分するときは一般に，次のように覚えておくと便利ですよ♥

掟のようなもの…

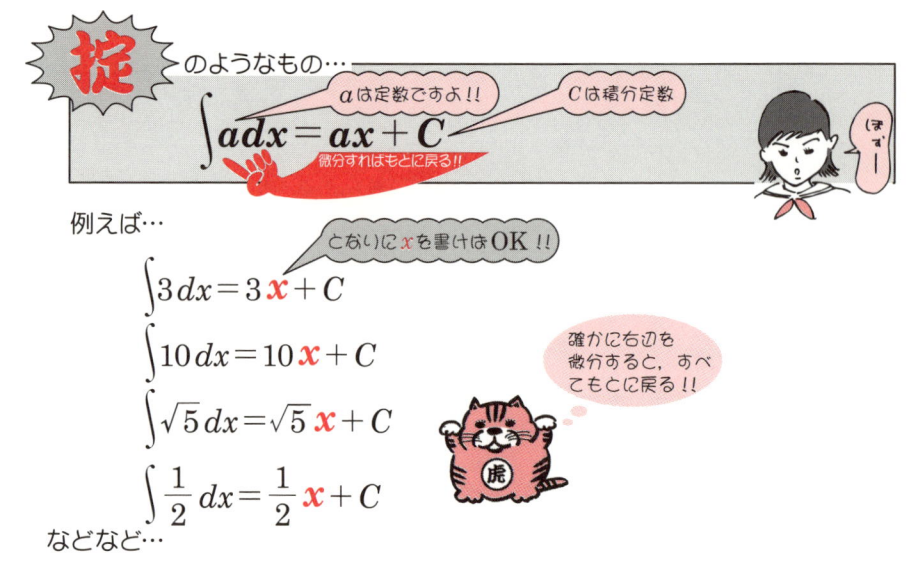

$$\int a\,dx = ax + C$$

a は定数ですよ!!
C は積分定数
微分すればもとに戻る!!

例えば…

となりに x を書けばOK!!

$\int 3\,dx = 3\bm{x} + C$

$\int 10\,dx = 10\bm{x} + C$

$\int \sqrt{5}\,dx = \sqrt{5}\bm{x} + C$

$\int \dfrac{1}{2}\,dx = \dfrac{1}{2}\bm{x} + C$

などなど…

確かに右辺を微分すると，すべてもとに戻る!!

Theme 17 不定積分とは何ぞや?? 217

では,実用に向けて…

問題 17-2 基礎の基礎

次の不定積分を求めよ.

(1) $\displaystyle\int (8x^3-12x^2+6x-3)\,dx$

(2) $\displaystyle\int (5x^4+12x^3-6x^2+10x+2)\,dx$

(3) $\displaystyle\int x(x+3)\,dx$

(4) $\displaystyle\int (x-2)(x^2+x-3)\,dx$

(5) $\displaystyle\int (2x+3)^2\,dx - \int (2x-3)^2\,dx$

ナイスな導入

一般に,次の公式が成立する!!

その1 （k は定数!!）（前に出すことができる!!）
$$\int kf(x)\,dx = k\int f(x)\,dx$$

その2 （分けて表せますよ!!）
$$\int \{f(x)\pm g(x)\}\,dx = \int f(x)\,dx \pm \int g(x)\,dx$$

まぁ,これらの公式については,問題を通して,体験していただきましょう!!

解答でござる

(1) $\displaystyle\int (8x^3-12x^2+6x-3)\,dx$

$\displaystyle =\int 8x^3\,dx - \int 12x^2\,dx + \int 6x\,dx - \int 3\,dx$

$\displaystyle =8\int x^3\,dx - 12\int x^2\,dx + 6\int x\,dx - \int 3\,dx$

公式 **その2** です!!
和&差で表された関数の不定積分に分けて表すことができます!!

公式 **その1** です!!
係数は前に出せまっせ♥

$$= 8 \times \boxed{\frac{1}{4}} x^4 - 12 \times \boxed{\frac{1}{3}} x^3 + 6 \times \boxed{\frac{1}{2}} x^2 - \boxed{3x} + C$$

$$= \boldsymbol{2x^4 - 4x^3 + 3x^2 - 3x + C} \quad \cdots \text{(答)}$$

（ただし，C は積分定数）

掟： $\int x^n dx = \dfrac{1}{n+1} x^{n+1} + C$

掟のようなもの… $\int a\,dx = ax + C$

C は最後に1つつければOK!!
ちなみに
$(2x^4 - 4x^3 + 3x^2 - 3x + C)'$
$= 2 \times 4x^3 - 4 \times 3x^2 + 3 \times 2x - 3$
$= 8x^3 - 12x^2 + 6x - 3$
もとに戻りますね!!

(2) $\displaystyle\int (5x^4 + 12x^3 - 6x^2 + 10x + 2)\,dx$

$$= \int 5x^4 dx + \int 12x^3 dx - \int 6x^2 dx + \int 10x\,dx + \int 2\,dx$$

$$= 5\int x^4 dx + 12\int x^3 dx - 6\int x^2 dx + 10\int x\,dx + \int 2\,dx$$

$$= 5 \times \frac{1}{5} x^5 + 12 \times \frac{1}{4} x^4 - 6 \times \frac{1}{3} x^3 + 10 \times \frac{1}{2} x^2 + 2x + C$$

$$= \boldsymbol{x^5 + 3x^4 - 2x^3 + 5x^2 + 2x + C} \quad \cdots \text{(答)}$$

（ただし，C は積分定数）

これをお忘れなく!!
公式 その2 です!!
公式 その1 です!!
掟に従うべし!!
微分するともとに戻るよ!!
ちゃんとことわるべし!!

(3) $\displaystyle\int x(x+3)\,dx$ — 展開しなきゃダメ!!

$$= \int (x^2 + 3x)\,dx$$

$$= \int x^2 dx + \int 3x\,dx$$

$$= \int x^2 dx + 3\int x\,dx$$

$$= \frac{1}{3} x^3 + 3 \times \frac{1}{2} x^2 + C$$

$$= \boldsymbol{\frac{1}{3} x^3 + \frac{3}{2} x^2 + C} \quad \cdots \text{(答)}$$

（ただし，C は積分定数）

公式 その2 です!!
公式 その1 です!!
掟： $\int x^n dx = \dfrac{1}{n+1} x^{n+1} + C$
に従ったまでさ…
微分するともとにもどります!!

Theme 17 不定積分とは何ぞや?? 219

(4) $\int (x-2)(x^2+x-3)\,dx$ ← まず,展開するべし!!

$\quad (x-2)(x^2+x-3)$
$= x(x^2+x-3)-2(x^2+x-3)$
$= x^3+x^2-3x-2x^2-2x+6$
$= x^3-x^2-5x+6$

$= \int (x^3-x^2-5x+6)\,dx$

$= \int x^3\,dx - \int x^2\,dx - \int 5x\,dx + \int 6\,dx$ ← 公式 その2 を活用!!

$= \int x^3\,dx - \int x^2\,dx - 5\int x\,dx + \int 6\,dx$ ← 公式 その1 を活用!!

$= \dfrac{1}{4}x^4 - \dfrac{1}{3}x^3 - 5\times\dfrac{1}{2}x^2 + 6x + C$ ← 掟 どおりですね!!

$= \boldsymbol{\dfrac{1}{4}x^4 - \dfrac{1}{3}x^3 - \dfrac{5}{2}x^2 + 6x + C}$ …(答) ← 微分するともとにもどります♥

（ただし,C は積分定数）

(5) $\int (2x+3)^2\,dx - \int (2x-3)^2\,dx$ ← まずは展開!!

$= \int (4x^2+12x+9)\,dx - \int (4x^2-12x+9)\,dx$

$= \int \{(4x^2+12x+9)-(4x^2-12x+9)\}\,dx$ ← 公式 その2 です!! 逆にまとめることもできますよ♥

$= \int 24x\,dx$ ← コンパクトに!!

$= 24\int x\,dx$ ← 公式 その1 を活用!!

$= 24\times\dfrac{1}{2}x^2 + C$ ← いつもの不定積分の計算です!!

$= \boldsymbol{12x^2 + C}$ …(答) ← ハイ!! できあがり♥

（ただし,C は積分定数） ← 書き忘れるなよ!!

またまた ぶっちゃけコーナー

これからは，ごちゃごちゃ行数を増やすのはやめようぜ!!
例えば，(1)では…

$$\int (8x^3 - 12x^2 + 6x - 3)\, dx$$
$$= 8 \times \frac{1}{4}x^4 - 12 \times \frac{1}{3}x^3 + 6 \times \frac{1}{2}x^2 - 3x + C$$
$$= 2x^4 - 4x^3 + 3x^2 - 3x + C$$

（いきおいいっちゃえ!!）
（なるほどねぇ…）
答でーす!!

このほうが実用的で楽チンでしょ!?
だから，これからはイチイチ，

（分けたり）

$$\int (x^2 + 3x)\, dx = \int x^2\, dx + \int 3x\, dx$$

と書き直したり，

（係数を前に出したり）

$$\int 2x^3\, dx = 2\int x^3\, dx$$

と書き直したりしないので，ご了承くださいませ♥

Theme 18 もっと突っ込んで,不定積分!!

原始関数 とは…

$F'(x) = f(x)$ となる関数 $F(x)$ を $f(x)$ の 原始関数 という。

よって!!

$F(x)$ が $f(x)$ の原始関数のとき $F(x) = \int f(x)\,dx$ となる。

> 微分した関数 $F'(x)$, つまり $f(x)$ を積分するともとにもどる!!

このお話を実践してみましょう♥

問題18-1 | 基礎

次の条件をみたす関数 $F(x)$ を求めよ。
(1) $F'(x) = 4x + 3$, $F(1) = 10$
(2) $F'(x) = 6x^2 - 6x + 6$, $F(2) = 8$

ナイスな導入

原始関数 $F(x)$ の決定が本問のテーマです!!

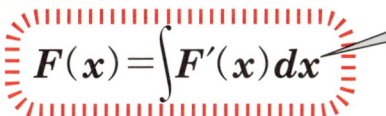

$$F(x) = \int F'(x)\,dx$$

> 微分された関数 $F'(x)$ を積分すると,もとの関数,つまり 原始関数 $F(x)$ となる!!

何はともあれ,やってみようぜ!!

解答でござる

(1) $F(x) = \int F'(x)\,dx$ ← $F'(x)$を積分するともとの関数$F(x)$にな〜る!!

$\quad\quad\quad = \int (4x+3)\,dx$ ← $F'(x) = 4x+3$です!! まいど!! 不定積分を求める計算です!!

$\quad\quad\quad = 4 \times \dfrac{1}{2}x^2 + 3x + C$

$\quad\quad\quad = 2x^2 + 3x + C$

$\quad\quad\quad\quad\quad\quad$(ただし，$C$は積分定数)

このとき，
$F(1) = 10$より， ← この条件により，積分定数Cの値が求まる!!

$\quad 2\times 1^2 + 3\times 1 + C = 10$ ← $F(x) = 2x^2+3x+C$より $F(1) = 2\times 1^2 + 3\times 1 + C$

$\quad\quad\quad\quad 5 + C = 10$

$\quad\quad\quad\quad \therefore\ C = 5$ ← Cが決まったね♥

よって，
$$F(x) = \underline{\boldsymbol{2x^2 + 3x + 5}}\ \cdots \text{(答)}$$ ← 一丁あがり!!

(2) $F(x) = \int F'(x)\,dx$ ← $F'(x)$を積分するともとの関数$F(x)$になるよ!!

$\quad\quad\quad = \int (6x^2 - 6x + 6)\,dx$ ← $F'(x) = 6x^2 - 6x + 6$です!!

$\quad\quad\quad = 6 \times \dfrac{1}{3}x^3 - 6 \times \dfrac{1}{2}x^2 + 6x + C$ ← いつもの計算です!!

$\quad\quad\quad = 2x^3 - 3x^2 + 6x + C$

$\quad\quad\quad\quad\quad\quad$(ただし，$C$は積分定数)

このとき，
$F(2) = 8$より， ← この条件により，積分定数Cの値が求まる!!

$\quad 2\times 2^3 - 3\times 2^2 + 6\times 2 + C = 8$ ← $F(x) = 2x^3 - 3x^2 + 6x + C$より $F(2) = 2\times 2^3 - 3\times 2^2 + 6\times 2 + C$

$\quad\quad\quad\quad 16 + C = 8$

$\quad\quad\quad\quad \therefore\ C = -8$ ← Cが求まりました!!

よって，
$$F(x) = \underline{\boldsymbol{2x^3 - 3x^2 + 6x - 8}}\ \cdots \text{(答)}$$ ← ハイ，おしまい♥

Theme 18 もっと突っ込んで，不定積分!!

さらに突っ込んで…

問題18-2 　標準

次の各問いに答えよ。

(1) 曲線 $y = f(x)$ が，点 $(2, 5)$ を通り，点 $(x, f(x))$ における接線の傾きが $3x^2 - 4x + 1$ であるとき，曲線の方程式 $f(x)$ を求めよ。

(2) 曲線 $y = f(x)$ が，点 $(3, -1)$ を通り，点 $(x, f(x))$ における接線の傾きが $-2x^2 + 6x - 2$ であるとき，曲線の方程式 $f(x)$ を求めよ。

(3) 曲線 $y = f(x)$ が，点 $(-1, -6)$，$(1, 14)$ を通り，点 $(x, f(x))$ における接線の傾きが $6x^2 - 2x + a$（ただし，a は定数）であるとき，この曲線の方程式 $f(x)$ を求めよ。

ナイスな導入

本問でのテーマはズバリ!!

曲線 $y = f(x)$ の，点 $(x, f(x))$ における接線の傾きは $f'(x)$ でした!!

（Theme⑤以降，おなじみのお話です!!）

つま〜り!!

(1)では… 　$f'(x) = 3x^2 - 4x + 1$
(2)では… 　$f'(x) = -2x^2 + 6x - 2$
(3)では… 　$f'(x) = 6x^2 - 2x + a$

ということになりまっせ♥

てなわけで，前問 **問題18-1** のような展開となりま――す!!
では，さっそくまいりましょう。

解答でござる

(1) 曲線 $y=f(x)$ の，点 $(x, f(x))$ における接線の傾きは $f'(x)$ であるから，
$$f'(x)=3x^2-4x+1$$

これがポイント!!
接線の傾きといえば $f'(x)$ です!!

さあ，STARTです♥

よって，
$$\begin{aligned}f(x)&=\int f'(x)\,dx\\&=\int(3x^2-4x+1)\,dx\\&=3\times\frac{1}{3}x^3-4\times\frac{1}{2}x^2+x+C\\&=x^3-2x^2+x+C\end{aligned}$$
（ただし，C は積分定数）

$f'(x)$ を積分するともとの関数 $f(x)$ になる!!

$f'(x)=3x^2-4x+1$ です

いつもの演算!!

C をお忘れなく!!

ここで，曲線 $y=f(x)$ は点 $(2, 5)$ を通るから，
$$f(2)=5$$
となる。

$x=2$ のとき $y=5$
つまり！
$f(2)=5$

すなわち，
$$2^3-2\times 2^2+2+C=5$$
$$2+C=5$$
$$\therefore\ C=3$$

$f(x)=x^3-2x^2+x+C$ より
$f(2)=2^3-2\times 2^2+2+C$

C が求まったよ!!

つまり，求めるべき曲線の方程式は，
$$f(x)=\boldsymbol{x^3-2x^2+x+3}\ \cdots\text{(答)}$$

$y=x^3-2x^2+x+3$
としてもOK!!

(2) 曲線 $y=f(x)$ の，点 $(x, f(x))$ における接線の傾きは $f'(x)$ であるから，
$$f'(x) = -2x^2 + 6x - 2$$

＜接線の傾きといえば $f'(x)$ です!!

＜これさえ理解できればあとは楽勝!!

よって，
$$\begin{aligned}f(x) &= \int f'(x)\,dx \\ &= \int (-2x^2 + 6x - 2)\,dx \\ &= -2 \times \frac{1}{3}x^3 + 6 \times \frac{1}{2}x^2 - 2x + C \\ &= -\frac{2}{3}x^3 + 3x^2 - 2x + C\end{aligned}$$
（ただし，C は積分定数）

＜$f'(x)$ を積分するともとの関数 $f(x)$ になる!!

＜$f'(x) = -2x^2 + 6x - 2$

＜いつもの演算です!!

＜C の書き忘れに注意せよ!!

ここで，曲線 $y=f(x)$ は，点 $(3, -1)$ を通るから，
$$f(3) = -1$$
となる。

＜$x=3$ のとき $y=-1$
つまり!!
$f(3)=-1$

すなわち，
$$-\frac{2}{3} \times 3^3 + 3 \times 3^2 - 2 \times 3 + C = -1$$
$$3 + C = -1$$
$$\therefore\ C = -4$$

$f(x) = -\frac{2}{3}x^3 + 3x^2 - 2x + C$ より，
$f(3) = -\frac{2}{3} \times 3^3 + 3 \times 3^2 - 2 \times 3 + C$ です!!

＜C が求まりました!!

つまり，求めるべき曲線の方程式は，
$$f(x) = -\frac{2}{3}x^3 + 3x^2 - 2x - 4 \quad \cdots \text{(答)}$$

$y = -\frac{2}{3}x^3 + 3x^2 - 2x - 4$ としてもOKでーす♥

(3) 曲線 $y=f(x)$ の，点 $(x, f(x))$ における接線の傾きは $f'(x)$ であるから，
$$f'(x) = 6x^2 - 2x + a$$

＜接線の傾きといえば $f'(x)$ でござる

よって,
$$f(x) = \int f'(x)\,dx$$
$$= \int (6x^2 - 2x + a)\,dx$$
$$= 6 \times \frac{1}{3}x^3 - 2 \times \frac{1}{2}x^2 + ax + C$$
$$= 2x^3 - x^2 + ax + C$$
(ただし, C は積分定数)

ここで, 曲線 $y = f(x)$ は, 点 $(-1, -6), (1, 14)$ を通るから,
$$f(-1) = -6,\ f(1) = 14$$

すなわち,
$$\begin{cases} 2 \times (-1)^3 - (-1)^2 + a \times (-1) + C = -6 \\ 2 \times 1^3 - 1^2 + a \times 1 + C = 14 \end{cases}$$
$$\Leftrightarrow \begin{cases} -2 - 1 - a + C = -6 \\ 2 - 1 + a + C = 14 \end{cases}$$
$$\Leftrightarrow \begin{cases} -a + C = -3 \quad \cdots ① \\ a + C = 13 \quad \cdots ② \end{cases}$$

①, ②より,
$$a = 8,\ C = 5$$

以上より, 求めるべき曲線の方程式は,
$$f(x) = \mathbf{2x^3 - x^2 + 8x + 5} \quad \cdots (答)$$

Theme 19 関数を決定する問題いろいろ

不定積分 上級編

例題としてふさわしいものからまいりましょう。

問題 19-1 〔標準〕

次の方程式をみたす整式 $f(x)$ を求めよ。

(1) $xf(x) + \int f(x)\,dx = 3x^2 + 6x + 2$

(2) $\int f(x)\,dx + xf'(x) = 2x^3 + 8x^2 - 3x - 5$

ナイスな導入

教訓 その1　（次数が1次下がる!!）

$f(x)$ が n 次式のとき $f'(x)$ は $n-1$ 次式となる!!

例　（3次式）（2次式）

$f(x) = x^3 - 3x^2 + 6x + 2$ のとき　$f'(x) = 3x^2 - 6x + 6$

教訓 その2　（次数が1次上がる!!）

$f(x)$ が n 次式のとき $\int f(x)\,dx$ は $n+1$ 次式となる!!

例　（2次式）（3次式）

$f(x) = x^2 - x + 3$ のとき　$\int f(x)\,dx = \dfrac{1}{3}x^3 - \dfrac{1}{2}x^2 + 3x + C$

C は積分定数!!

これらのことを参考にして…

(1)では…　$xf(x) + \int f(x)\,dx = 3x^2 + 6x + 2$ …(∗)

をみたす整式 $f(x)$ を求めればよいわけだ!!

$f(x)$ ☞ n 次式であるとすると…

$xf(x)$ ☞ $n+1$ 次式!!

$x \times f(x) = xf(x)$
⇓
x の1次式 × x の n 次式 = x の $n+1$ 次式

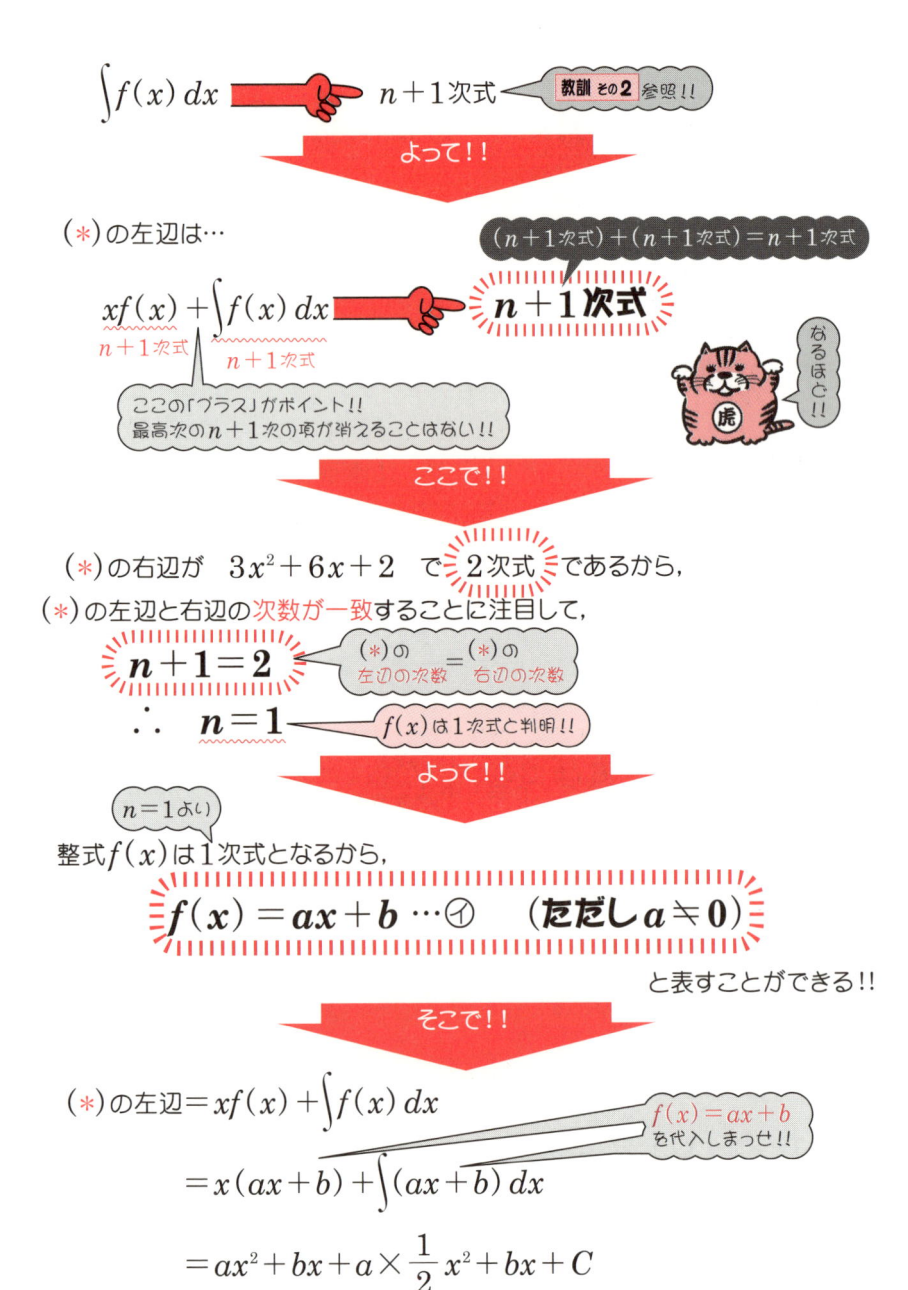

$\int f(x)\,dx$ → $n+1$ 次式　教訓 その2 参照!!

よって!!

(∗)の左辺は…

$xf(x) + \int f(x)\,dx$ → $n+1$ 次式

($n+1$ 次式) + ($n+1$ 次式) = $n+1$ 次式

下線部 $xf(x)$: $n+1$ 次式
下線部 $\int f(x)\,dx$: $n+1$ 次式

ここの「プラス」がポイント!!
最高次の $n+1$ 次の項が消えることはない!!

なるほど!! 虎

ここで!!

(∗)の右辺が $3x^2+6x+2$ で 2次式 であるから,
(∗)の左辺と右辺の次数が一致することに注目して,

$n+1=2$ 　（(∗)の左辺の次数 = (∗)の右辺の次数）

∴ $n=1$ 　（$f(x)$ は1次式と判明!!）

よって!!

$n=1$ より

整式 $f(x)$ は1次式となるから,

$$f(x) = ax + b \ \cdots ①　(ただし\ a \neq 0)$$

と表すことができる!!

そこで!!

(∗)の左辺 $= xf(x) + \int f(x)\,dx$

　　　　　$f(x)=ax+b$ を代入しまっせ!!

$= x(ax+b) + \int (ax+b)\,dx$

$= ax^2 + bx + a \times \dfrac{1}{2}x^2 + bx + C$

$= \dfrac{3}{2}ax^2 + 2bx + C \ \cdots ②$

不定積分 上級編
Theme 19 関数を決定する問題いろいろ

一方,
　$(*)$ の右辺 $= 3x^2 + 6x + 2$ …㋐

㋺と㋐の係数を比較して, (恒等式の考え方です!! $(*)$の左辺と$(*)$の右辺が一致!!)

$\begin{cases} \dfrac{3}{2}a = 3 & \cdots ① \\ 2b = 6 & \cdots ② \\ C = 2 & \cdots ③ \end{cases}$

$\dfrac{3}{2}a\,x^2 + 2b\,x + C \cdots ㋺$
$3\,x^2 + 6\,x + 2 \cdots ㋐$

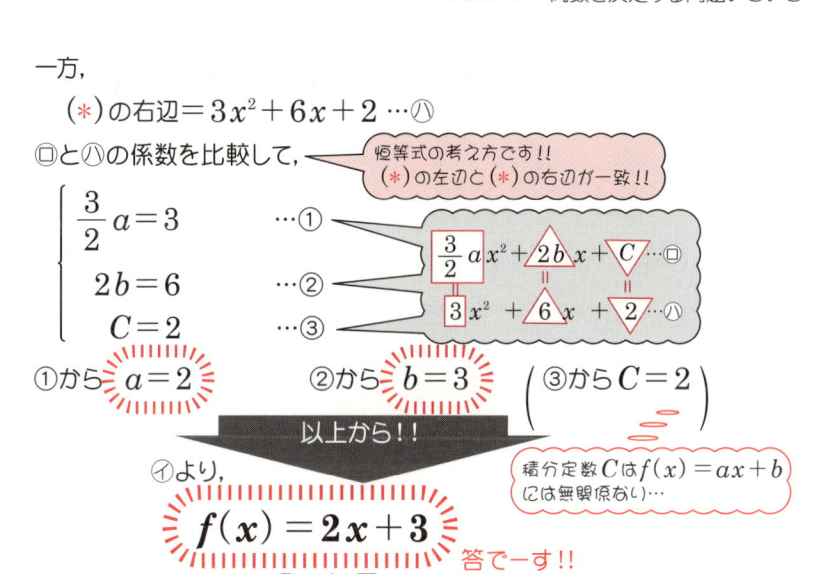

①から $a = 2$　　②から $b = 3$　　（③から $C = 2$）

以上から!!

㋑より,

$$f(x) = 2x + 3$$

答でーす!!

(積分定数 C は $f(x) = ax + b$ には無関係なり…)

(2)も同様です!!　では Let's Try !!

解答でござる

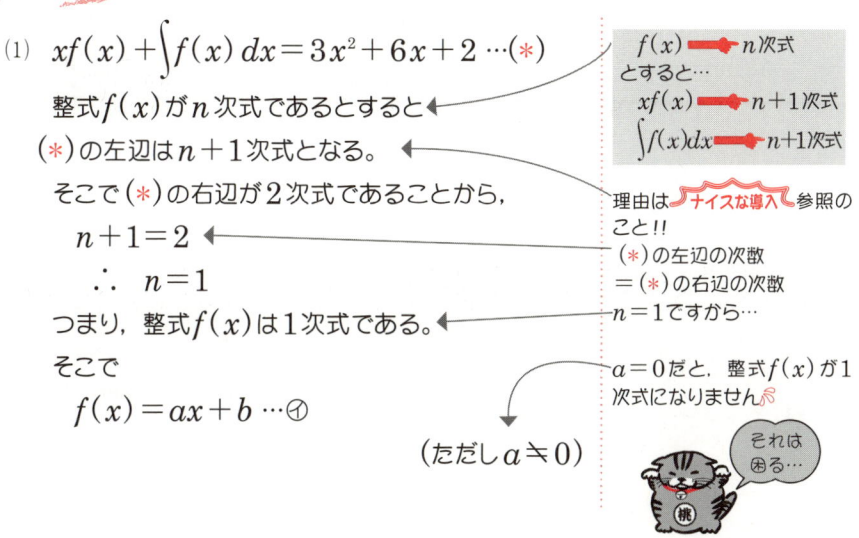

(1)　$xf(x) + \displaystyle\int f(x)\,dx = 3x^2 + 6x + 2 \cdots (*)$

　整式 $f(x)$ が n 次式であるとすると
　$(*)$ の左辺は $n+1$ 次式となる。
　そこで $(*)$ の右辺が 2 次式であることから,
　　$n + 1 = 2$
　　$\therefore\ n = 1$
　つまり, 整式 $f(x)$ は 1 次式である。
　そこで
　　$f(x) = ax + b \cdots ㋑$
　　　　　　　　　　（ただし $a \neq 0$）

$f(x) \Longrightarrow n$ 次式
とすると…
　$xf(x) \Longrightarrow n+1$ 次式
　$\int f(x)dx \Longrightarrow n+1$ 次式

理由は ナイスな導入 参照のこと!!
$(*)$の左辺の次数
$=(*)$の右辺の次数
$n=1$ ですから…

$a=0$ だと, 整式 $f(x)$ が 1 次式になりません

それは困る…

このとき，

$(*)$ の左辺 $= xf(x) + \int f(x)\,dx$

$= x(ax+b) + \int (ax+b)\,dx$

$= ax^2 + bx + \dfrac{a}{2}x^2 + bx + C$

$= \dfrac{3}{2}ax^2 + 2bx + C \cdots$ ㋺

（ただし，C は積分定数）

> $f(x) = ax+b$ を代入!!
>
> $\int (ax+b)\,dx$
> $= a \times \dfrac{1}{2}x^2 + bx + C$
> $= \dfrac{a}{2}x^2 + bx + C$
>
> 不定積分の演算はもう大丈夫だよね♥

一方，

$(*)$ の右辺 $= 3x^2 + 6x + 2 \cdots$ ㋑　である。

㋺と㋑は恒等的に成り立つから，

$\begin{cases} \dfrac{3}{2}a = 3 & \cdots ① \\ 2b = 6 & \cdots ② \\ C = 2 \end{cases}$

> カッコイイ言い回しをしていますが，平たく言えば「式が一致する!!」ってことです
>
> **恒等式の考え方です!!**
>
> $\dfrac{3}{2}a\,x^2 + 2b\,x + C \cdots$ ㋺
> ‖　　　‖　　‖
> $3\,x^2 + 6\,x + 2 \cdots$ ㋑
>
> 積分定数 C は無関係なので放置します

①から，

$a = 2$

②から，

$b = 3$

よって，㋐から求めるべき整式 $f(x)$ は，

$f(x) = \underline{\boldsymbol{2x + 3}} \cdots$（答）

> $f(x) = \underline{a}x + \underline{b} \cdots$ ㋐
> 　　　　$a=2$　$b=3$

(2) $\int f(x)\,dx + xf'(x) = 2x^3 + 8x^2 - 3x - 5 \cdots (*)$

整式 $f(x)$ が n 次式であるとすると，

> $f(x)$ ― n 次式
> とすると…
> $\int f(x)\,dx$ ― $n+1$ 次式
> $f'(x)$ は $n-1$ 次式より
> $xf'(x)$ ― $n-1+1$ 次式
>
> **1次 UP!!**

不定積分 上級編
Theme 19 関数を決定する問題いろいろ

(∗)の左辺は $n+1$ 次式となる。
ここで (∗) の右辺が3次式であるから，
$$n+1=3$$
$$\therefore\ n=2$$
つまり，整式 $f(x)$ は2次式である。
そこで，
$$f(x)=px^2+qx+r\ \cdots ㋐$$
（ただし $p\neq 0$）

このとき，
$$\begin{aligned}(\text{∗})の左辺&=\int f(x)\,dx+xf'(x)\\&=\int(px^2+qx+r)\,dx+x(2px+q)\\&=\frac{p}{3}x^3+\frac{q}{2}x^2+rx+C+2px^2+qx\\&=\frac{p}{3}x^3+\left(2p+\frac{q}{2}\right)x^2+(q+r)x+C\ \cdots ㋑\end{aligned}$$
（ただし，C は積分定数）

一方，
$$(\text{∗})の右辺=2x^3+8x^2-3x-5\ \cdots ㋒\ \ である。$$
㋑と㋒は恒等的に成り立つから，
$$\begin{cases}\dfrac{p}{3}=2\ \cdots ①\\ 2p+\dfrac{q}{2}=8\ \cdots ②\\ q+r=-3\ \cdots ③\\ C=-5\end{cases}$$

$\underbrace{\int f(x)\,dx}_{n+1\text{次式}}+\underbrace{xf'(x)}_{n\text{次式}}$

とゆーことは…

$n+1$ 次式

次数の高い $\int f(x)\,dx$ が主導権を握る!!

(∗)の右辺 $=2x^3+8x^2-3x-5$

$f(x)=ax^2+bx+c$
とおくと，
後で登場する積分定数 C とまぎらわしい

$p=0$ だと $f(x)$ は2次式にならん!!

$f(x)=px^2+qx+r$ より
$f'(x)=p\times 2x+q$
$\quad =2px+q$

$\int(px^2+qx+r)\,dx$
$=p\times\dfrac{1}{3}x^3+q\times\dfrac{1}{2}x^2+rx+C$
$=\dfrac{p}{3}x^3+\dfrac{q}{2}x^2+rx+C$

要するに「式が一致する!!」ということです!!

恒等式の考えです!!

$\dfrac{p}{3}x^2+\left(2p+\dfrac{q}{2}\right)x^2+(q+r)x+C\ \cdots ㋑$
$2x^3+8x^2-3x-5\ \cdots ㋒$

積分定数 C は無関係なので放置の方向で…

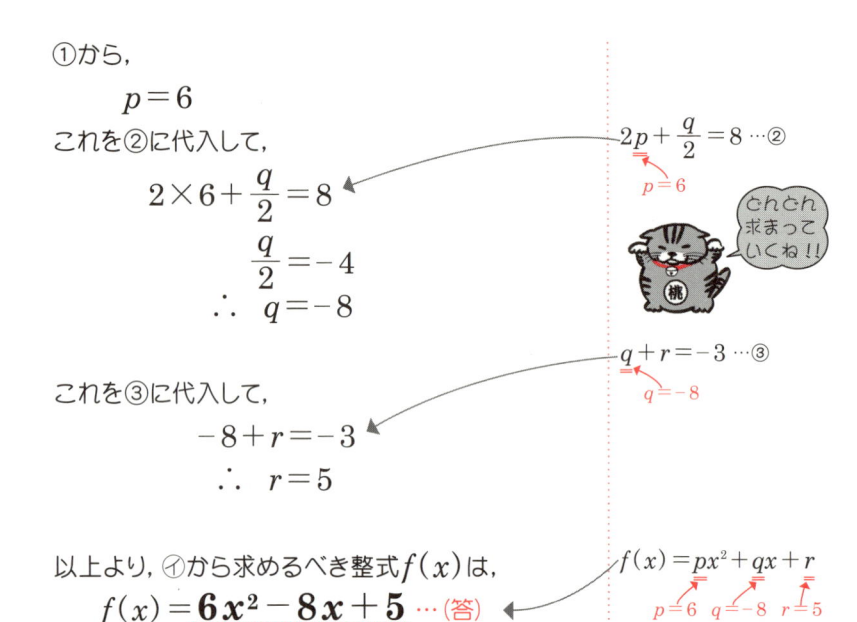

①から，
$$p=6$$
これを②に代入して，
$$2\times 6+\frac{q}{2}=8$$
$$\frac{q}{2}=-4$$
$$\therefore\ q=-8$$

これを③に代入して，
$$-8+r=-3$$
$$\therefore\ r=5$$

以上より，㋐から求めるべき整式$f(x)$は，
$$f(x)=6x^2-8x+5 \cdots \text{(答)}$$

$2p+\dfrac{q}{2}=8 \cdots ②$
$p=6$

どんどん求まっていくね!!

$q+r=-3 \cdots ③$
$q=-8$

$f(x)=px^2+qx+r$
$p=6\ \ q=-8\ \ r=5$

プロフィール
豚山中納言（16才）
花も恥じらう女子高生。2m40cmの長身もさることながら怪力の持ち主！あらゆる拳法を体得！無敵である。

不定積分 上級編
Theme 19 関数を決定する問題いろいろ 233

さてさて，レベルを上げてみましょうね♥ 嫌です…

問題 19-2 ちょいムズ

次の等式をみたす整式 $f(x), g(x)$ を求めよ．

$$\begin{cases} f(x) - \dfrac{1}{2}xg'(1) - g'(-1) = 3x^2 - 10x - 6 & \cdots ① \\ f'(x) + g'(x) = 18x + 2 & \cdots ② \\ f(0) + g(0) = 1 & \cdots ③ \end{cases}$$

ナイスな導入

まず①を見てください!! $g'(1)$ と $g'(-1)$ は定数ですよ!!

$f(x) - \dfrac{1}{2}xg'(1) - g'(-1) = 3x^2 - 10x - 6$ …①

?次式 1次式 定数項 2次式

①の左辺と右辺が一致するためには……
$f(x)$ が 2次式 でかつ最高次が $3x^2$ でなければならない!!

つまり!!

$$f(x) = 3x^2 + px + q \quad \cdots ④$$

と表せます!!

とゆーわけで…

$f'(x) = 3 \times 2x + p$
$\quad\quad = 6x + p$ $f(x) = 3x^2 + px + q$

これを②に活用しましょう♥

$f'(x) + g'(x) = 18x + 2$ …②

$6x + p + g'(x) = 18x + 2$

$$g'(x) = 12x + 2 - p \quad \cdots ⑤$$

$f'(x) = 6x + p$ です!!

ここまできたら…

$$g(x) = \int g'(x)\,dx$$
$$= \int (12x + 2 - p)\,dx$$
$$= 12 \times \frac{1}{2}x^2 + (2-p)x + C$$

（$g'(x)$を積分すると，もとの関数$g(x)$にもどる!!）

（$g'(x) = 12x + 2 - p$です!!）

（毎度おなじみ!!　不定積分の演算です♥）

よって，

$$\boxed{g(x) = 6x^2 + (2-p)x + C} \quad \cdots ⑥$$

（Cは積分定数）

仕上げは，④，⑤，⑥を①，③に用いれば楽勝!!

では，まいりましょう!!

（代入するだけ!!）

解答でござる

$$\begin{cases} f(x) - \dfrac{1}{2}xg'(1) - g'(-1) = 3x^2 - 10x - 6 \quad \cdots ① \\ f'(x) + g'(x) = 18x + 2 \quad \cdots ② \\ f(0) + g(0) = 1 \quad \cdots ③ \end{cases}$$

①より，
$$f(x) = 3x^2 + px + q \quad \cdots ④$$

とおける。

④より，
$$f'(x) = 6x + p$$

これを②に代入して，
$$6x + p + g'(x) = 18x + 2$$
$$\therefore \quad g'(x) = 12x + 2 - p \quad \cdots ⑤$$

①の右辺の最高次の項は $3x^2$ である!!

ナイスな導入でも解説したとおり，$\dfrac{1}{2}xg'(1)$や$g'(-1)$は2次式にはなれない!!

つまり→

$f(x) = 3x^2 + px + q$

となるしかない!!

微分しました!!

$\underline{f'(x) + g'(x)} = 18x + 2$
$f'(x) = 6x + p$

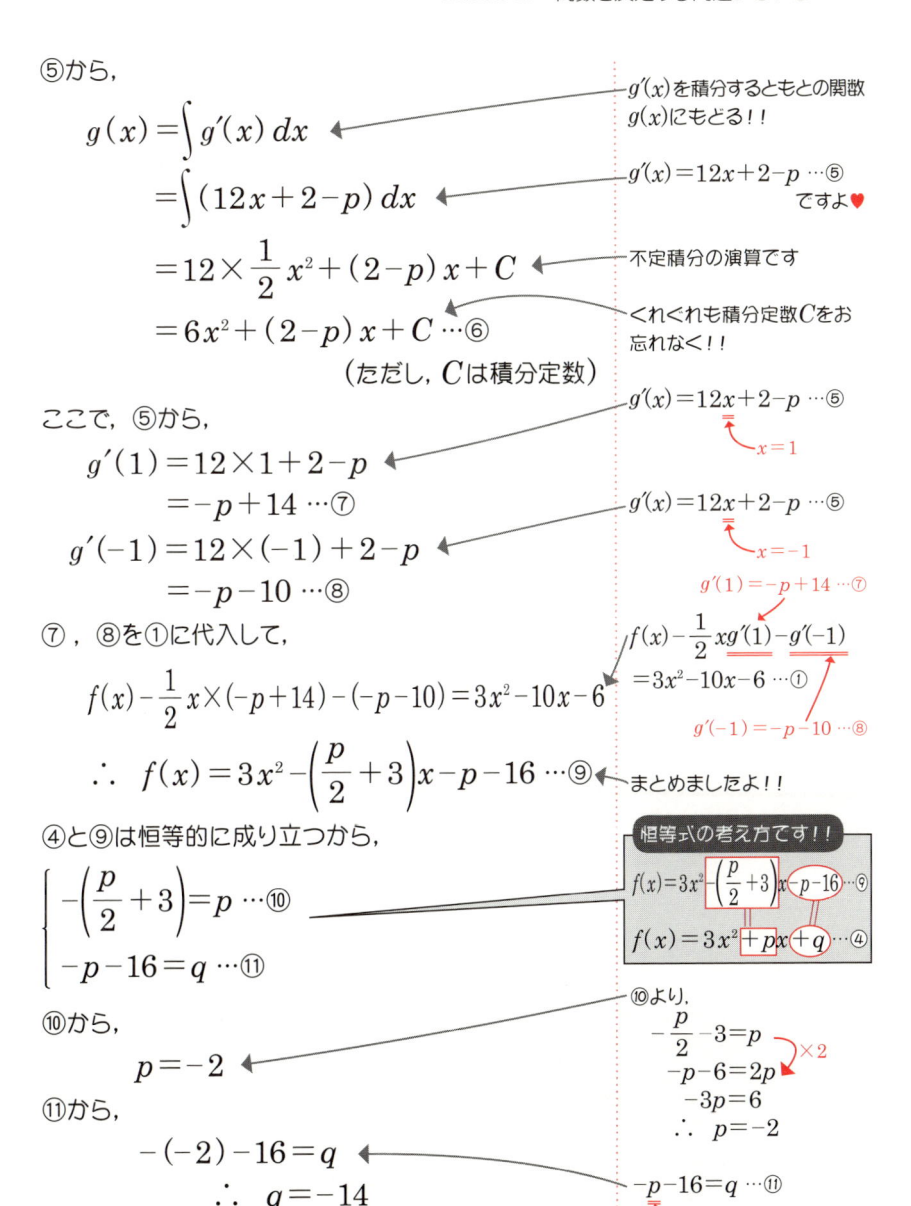

不定積分 上級編
Theme 19　関数を決定する問題いろいろ

⑤から，
$$g(x) = \int g'(x)\,dx$$
$$= \int (12x+2-p)\,dx$$
$$= 12 \times \frac{1}{2}x^2 + (2-p)x + C$$
$$= 6x^2 + (2-p)x + C \cdots ⑥$$
（ただし，C は積分定数）

ここで，⑤から，
$$g'(1) = 12 \times 1 + 2 - p$$
$$= -p + 14 \cdots ⑦$$
$$g'(-1) = 12 \times (-1) + 2 - p$$
$$= -p - 10 \cdots ⑧$$

⑦，⑧を①に代入して，
$$f(x) - \frac{1}{2}x \times (-p+14) - (-p-10) = 3x^2 - 10x - 6$$
$$\therefore\ f(x) = 3x^2 - \left(\frac{p}{2}+3\right)x - p - 16 \cdots ⑨$$

④と⑨は恒等的に成り立つから，
$$\begin{cases} -\left(\dfrac{p}{2}+3\right) = p \cdots ⑩ \\ -p-16 = q \cdots ⑪ \end{cases}$$

⑩から，
$$p = -2$$

⑪から，
$$-(-2) - 16 = q$$
$$\therefore\ q = -14$$

― $g'(x)$ を積分するともとの関数 $g(x)$ にもどる！！

― $g'(x) = 12x + 2 - p\ \cdots ⑤$
　ですよ♥

― 不定積分の演算です

― くれぐれも積分定数 C をお忘れなく！！

― $g'(x) = 12x + 2 - p\ \cdots ⑤$
　　$x = 1$

― $g'(x) = 12x + 2 - p\ \cdots ⑤$
　　$x = -1$

$g'(1) = -p + 14\ \cdots ⑦$
$f(x) - \dfrac{1}{2}xg'(1) - g'(-1)$
$= 3x^2 - 10x - 6\ \cdots ①$
$g'(-1) = -p - 10\ \cdots ⑧$

― まとめましたよ！！

恒等式の考え方です！！
$f(x) = 3x^2 - \left(\dfrac{p}{2}+3\right)x \boxed{-p-16}\ \cdots ⑨$
$f(x) = 3x^2 + px + q\ \cdots ④$

⑩より，
$-\dfrac{p}{2} - 3 = p$　　×2
$-p - 6 = 2p$
$-3p = 6$
$\therefore\ p = -2$

$-p - 16 = q\ \cdots ⑪$
　　$p = -2$

このとき，④から，
$$f(x) = 3x^2 - 2x - 14 \cdots ⑫$$
⑥から，
$$g(x) = 6x^2 + 4x + C \cdots ⑬$$
ここで，⑫より，$f(0) = -14$，⑬より，$g(0) = C$
これらを③に代入して，
$$-14 + C = 1$$
$$\therefore C = 15$$
以上から，求めるべき整式 $f(x)$, $g(x)$ は，
$$f(x) = \underline{\underline{3x^2 - 2x - 14}} \cdots (答)$$
⑬より，
$$g(x) = \underline{\underline{6x^2 + 4x + 15}} \cdots (答)$$

$f(x) = 3x^2 + px + q \cdots ④$
$p = -2$ $q = -14$

$g(x) = 6x^2 + (2-p)x + C \cdots ⑥$
$p = -2$

$f(0) + g(0) = 1 \cdots ③$
$f(0) = -14$ $g(0) = C$

⑫の段階で，すでに解決してましたね♥

$g(x) = 6x^2 + 4x + C \cdots ⑬$
$C = 15$

プロフィール

浜畑直次郎（43才）

　生真面目なサラリーマン。郊外の庭付きマイホームから長距離出勤の毎日。並外れたモミアゲのボリュームから，人呼んで『モミー』。
　見るからに運が悪そうな奴。

Theme 20 記号をナメたらいかんぜよ!!

今さらですが $\int \odot dx$ の dx って何でしょうか??
そこに，今回はズームインッ!!

押さえておこう!!

$\int f(x)\ dx$ の意味は…

「関数 $f(x)$ を x を積分変数として積分する」です!!

（さっきまで何も考えずに演算してましたが…）
（x が主役ってことです!!）

そこで…!!

例1

$$\int (3t^2 + 6t - 2)\, dt = 3 \times \frac{1}{3}t^3 + 6 \times \frac{1}{2}t^2 - 2t + C$$
$$= t^3 + 3t^2 - 2t + C$$

（t が主役ですよ!!）

（ただし，C は積分定数）

例2

（t が主役ですよ!!）

$$\int x^3\, dt = x^3 t + C$$

（dt より t が積分変数なので，この x^3 は定数扱いです!!!）

（ただし，C は積分定数）

くれぐれも

$$\int x^3\, dt = \frac{1}{4}x^4 + C$$

としないように!!

（今回は t が主役ですから x で積分してはいかんぞ!!）

（そんな裏があったとは…）

では，確認の意味も込めて…

問題 20-1 基礎

次の不定積分を求めよ。

(1) $\int 3\,dt$

(2) $\int (x^2 + xt^2 - 3t)\,dt$

(3) $\int t^3\,du$

(4) $\int (x^3y - 3xy^2 + 8y^3)\,dy$

いきなりまいりまーす!!

解答でござる

(1) $\int 3\,dt$
$= \boldsymbol{3t + C}$ …(答)

（ただし，C は積分定数）

― t が積分変数です!!
つまり，t が主役ですよ♥

(2) $\int (x^2 + xt^2 - 3t)\,dt$
$= x^2 t + x \times \dfrac{1}{3}t^3 - 3 \times \dfrac{1}{2}t^2 + C$
$= \dfrac{\boldsymbol{x}}{\boldsymbol{3}}\boldsymbol{t^3} - \dfrac{\boldsymbol{3}}{\boldsymbol{2}}\boldsymbol{t^2} + \boldsymbol{x^2 t} + \boldsymbol{C}$ …(答)

（ただし，C は積分定数）

― t が積分変数です!!
つまり，t が主役ですよ♥
― x は定数扱いです!!

(3) $\int t^3\,du$
$= \boldsymbol{t^3 u + C}$ …(答)

（ただし，C は積分定数）

― u が積分変数です!!
つまり，u が主役ですよ♥
― t^3 は定数扱いでっせ!!

(4) $\int (x^3y - 3xy^2 + 8y^3)\, dy$ ← yが積分変数です!! つまり、yが主役ですよ♥

$= x^3 \times \dfrac{1}{2}y^2 - 3x \times \dfrac{1}{3}y^3 + 8 \times \dfrac{1}{4}y^4 + C$ ← xは定数扱いです!!

$= \mathbf{2y^4 - xy^3 + \dfrac{x^3}{2}y^2 + C}$ …(答)

（ただし、C は積分定数）

Theme 21 定積分とは何ぞや??

定積分 とは…

関数 $f(x)$ の不定積分の1つを $F(x)$ とするとき，2つの実数 α，β に対して $F(\beta)-F(\alpha)$ を関数 $f(x)$ の α から β までの定積分と呼び，記号 $\int_{\alpha}^{\beta} f(x)dx$ で表す。また $F(\beta)-F(\alpha)$ を $\Bigl[F(x)\Bigr]_{\alpha}^{\beta}$ で表す。

$$\int_{\alpha}^{\beta} f(x)dx = \Bigl[F(x)\Bigr]_{\alpha}^{\beta} = F(\beta) - F(\alpha)$$

注 $F(x)$ を $f(x)$ の不定積分の1つとして，C を定数とすると，

$$\Bigl[F(x)+C\Bigr]_{\alpha}^{\beta} = \{F(\beta)+C\} - \{F(\alpha)+C\} = F(\beta) - F(\alpha)$$
$$= \Bigl[F(x)\Bigr]_{\alpha}^{\beta}$$

つまり，定積分の値は，C の値に無関係。よって，定積分の値は不定積分の選び方に関係なく一定の値となる。

例 定積分 $\int_{1}^{3} x^2 dx$ の値を求めてみよう！！

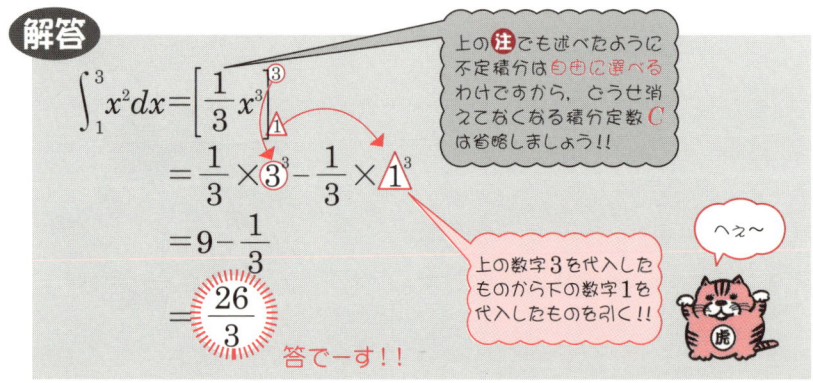

解答

$$\int_{1}^{3} x^2 dx = \left[\frac{1}{3}x^3\right]_{1}^{3}$$
$$= \frac{1}{3} \times 3^3 - \frac{1}{3} \times 1^3$$
$$= 9 - \frac{1}{3}$$
$$= \frac{26}{3}$$

上の注でも述べたように不定積分は自由に選べるわけですから，どうせ消えてなくなる積分定数 C は省略しましょう！！

上の数字3を代入したものから下の数字1を代入したものを引く！！

答でーす！！

Theme 21 定積分とは何ぞや??

定積分を実感していただきたい♥

問題 21-1 　　　　　　　　　　　　　　　　　基礎の基礎

次の定積分を求めよ。

(1) $\displaystyle\int_{2}^{3} 3x^2\, dx$

(2) $\displaystyle\int_{-2}^{1} (6x^2 - 2x - 3)\, dx$

(3) $\displaystyle\int_{1}^{2} (8x^3 - 9x^2 + 4x - 5)\, dx$

(4) $\displaystyle\int_{0}^{4} (x+1)(x^2 - 2x - 4)\, dx$

(5) $\displaystyle\int_{-2}^{3} t(t-2)(t+3)\, dt$

解答でござる　　いきなりいくせ〜っ!!

(1) $\displaystyle\int_{2}^{3} 3x^2\, dx$ ← 関数 $3x^2$ の 2 から 3 までの定積分です

$= \left[x^3 \right]_{2}^{3}$ ← $3 \times \dfrac{1}{3} x^3$

$= 3^3 - 2^3$ 　　積分定数 C は無駄なのでカット!!

$= 27 - 8$

$= \underline{\underline{19}}$ …(答) ← これが定積分の値です!!

(2) $\displaystyle\int_{-2}^{1} (6x^2 - 2x - 3)\, dx$ ← 関数 $6x^2 - 2x - 3$ の -2 から 1 までの定積分です

$= \left[2x^3 - x^2 - 3x \right]_{-2}^{1}$ ← $6 \times \dfrac{1}{3} x^3 - 2 \times \dfrac{1}{2} x^2 - 3x$

$= 2 \times 1^3 - 1^2 - 3 \times 1 - \{2 \times (-2)^3 - (-2)^2 - 3 \times (-2)\}$ 　積分定数 C はどうせ消えるから書きません

$= 2 - 1 - 3 - (-16 - 4 + 6)$

$= \underline{\underline{12}}$ …(答) ← ハイ，てきあがり♥

(3) $\int_1^2 (8x^3-9x^2+4x-5)\,dx$ ← 関数 $8x^3-9x^2+4x-5$ の1から2までの定積分です

$= [2x^4-3x^3+2x^2-5x]_1^2$ ← $8\times\dfrac{1}{4}x^4-9\times\dfrac{1}{3}x^3$
$+4\times\dfrac{1}{2}x^2-5x$

$= 2\times 2^4-3\times 2^3+2\times 2^2-5\times 2$
$\quad -(2\times 1^4-3\times 1^3+2\times 1^2-5\times 1)$

$= 32-24+8-10-(2-3+2-5)$

$= \mathbf{10}$ …(答) ← これが，求めるべき定積分の値です

意外に簡単じゃん!!

(4) $\int_0^4 (x+1)(x^2-2x-4)\,dx$ ← まず展開しようぜ!!

$= \int_0^4 (x^3-x^2-6x-4)\,dx$ ← 関数 x^3-x^2-6x-4 の0から4までの定積分!!

$= \left[\dfrac{1}{4}x^4-\dfrac{1}{3}x^3-3x^2-4x\right]_0^4$

$= \dfrac{1}{4}\times 4^4-\dfrac{1}{3}\times 4^3-3\times 4^2-4\times 4-0$ ← x に **0** を代入すると当然 **0** です!! つまり，0 がからむと計算が楽チンになります

$= 64-\dfrac{64}{3}-48-16$

$= -\dfrac{\mathbf{64}}{\mathbf{3}}$ …(答) ← これが定積分の値だぞ!!

(5) $\int_{-2}^3 t(t-2)(t+3)\,dt$ ← t が主役になっただけです（積分変数が t です!!）

$= \int_{-2}^3 (t^3+t^2-6t)\,dt$ ← 展開しました

$= \left[\dfrac{1}{4}t^4+\dfrac{1}{3}t^3-3t^2\right]_{-2}^3$ ← t に変わっただけだね♥

$= \dfrac{1}{4}\times 3^4+\dfrac{1}{3}\times 3^3-3\times 3^2$

$\quad -\left\{\dfrac{1}{4}\times(-2)^4+\dfrac{1}{3}\times(-2)^3-3\times(-2)^2\right\}$

$$= \frac{81}{4} + 9 - 27 - \left(4 - \frac{8}{3} - 12\right)$$

$$= \frac{81}{4} + \frac{8}{3} - 10 \quad \longleftarrow \text{仕上げは通分です}$$

$$= \frac{155}{12} \cdots \text{(答)} \quad \longleftarrow \text{一丁あがり!!}$$

公式をまとめるために…

問題 21-2　　　　　　　　　　　　　　　　　　　　**基礎**

次の定積分を求めよ。

(1) $\displaystyle\int_1^2 (x+3)^2 dx - \int_1^2 (x-3)^2 dx$

(2) $\displaystyle\int_{-2}^3 (2x+5)^2 dx + \int_3^{-2} (2x-5)^2 dx$

(3) $\displaystyle\int_{10}^{10} (x^6 + 5x^4 - 7x^3 + 8x - 25) dx$

(4) $\displaystyle\int_1^2 3x^2 dx + \int_2^3 3x^2 dx$

(5) $\displaystyle\int_{-1}^2 (4x-5) dx + \int_5^2 (5-4x) dx$

ナイスな導入

定積分を求めるにあたり，公式をいろいろチェックしておきましょう!!

公式その1

$$\int_\alpha^\beta \{f(x) + g(x)\} dx = \int_\alpha^\beta f(x) dx + \int_\alpha^\beta g(x) dx$$

(1)のようなタイプのときに役立つぞ!!　　　　　　　**まとまる!!**

$$\int_1^2 (x+3)^2 dx - \int_1^2 (x-3)^2 dx = \int_1^2 \{(x+3)^2 - (x-3)^2\} dx$$

公式その2

$$\int_\alpha^\beta f(x)\,dx = -\int_\beta^\alpha f(x)\,dx$$

証明コーナー

関数 $f(x)$ の不定積分の1つを $F(x)$ とする。

$$\begin{aligned}
\text{左辺} &= \int_\alpha^\beta f(x)\,dx \\
&= \Big[F(x)\Big]_\alpha^\beta \\
&= F(\beta) - F(\alpha) \\
&= -\{F(\alpha) - F(\beta)\} \\
&= -\Big[F(x)\Big]_\beta^\alpha \\
&= -\int_\beta^\alpha f(x)\,dx \\
&= \text{右辺}
\end{aligned}$$

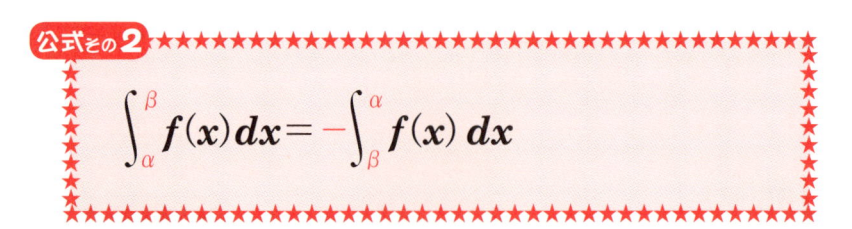

マイナスをくくり出したよ!!

証明おわり♥

公式その3

$$\int_\alpha^\alpha f(x)\,dx = 0$$

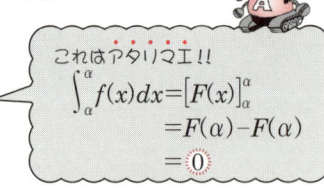

これはアタリマエ!!
$$\int_\alpha^\alpha f(x)\,dx = \Big[F(x)\Big]_\alpha^\alpha$$
$$= F(\alpha) - F(\alpha)$$
$$= 0$$

公式その4

$$\int_\alpha^\beta f(x)\,dx + \int_\beta^\gamma f(x)\,dx = \int_\alpha^\gamma f(x)\,dx$$

証明コーナー

関数 $f(x)$ の不定積分の1つを $F(x)$ とする。

$$\begin{aligned}
\text{左辺} &= \int_\alpha^\beta f(x)\,dx + \int_\beta^\gamma f(x)\,dx \\
&= \Big[F(x)\Big]_\alpha^\beta + \Big[F(x)\Big]_\beta^\gamma \\
&= F(\beta) - F(\alpha) + F(\gamma) - F(\beta) \\
&= F(\gamma) - F(\alpha)
\end{aligned}$$

これもじつは単純なお話

$F(\beta)$ が消えるぞ!!

Theme 21 定積分とは何ぞや?? 245

$$= \left[F(x) \right]_\alpha^\gamma$$
$$= \int_\alpha^\gamma f(x)dx$$
$$= 右辺$$

なるほど!!

証明おわり♥

これらの公式を活用して Let's Try!!

解答でござる

(1) $\int_1^2 (x+3)^2 dx - \int_1^2 (x-3)^2 dx$

$= \int_1^2 \{(x+3)^2 - (x-3)^2\} dx$

$= \int_1^2 12x \, dx$

$= \left[6x^2 \right]_1^2$

$= 6 \times 2^2 - 6 \times 1^2$

$= \underline{18}$ …(答)

(2) $\int_{-2}^3 (2x+5)^2 dx + \int_3^{-2} (2x-5)^2 dx$

$= \int_{-2}^3 (2x+5)^2 dx - \int_{-2}^3 (2x-5)^2 dx$

$= \int_{-2}^3 \{(2x+5)^2 - (2x-5)^2\} dx$

$= \int_{-2}^3 40x \, dx$

$= \left[20x^2 \right]_{-2}^3$

$= 20 \times 3^2 - 20 \times (-2)^2$

$= \underline{100}$ …(答)

公式その1
$$\int_\alpha^\beta \{f(x)+g(x)\}dx$$
$$= \int_\alpha^\beta f(x)dx + \int_\alpha^\beta g(x)dx$$

逆に!! まとめる方向で活用しました!!
$(x+3)^2 - (x-3)^2$
$= x^2+6x+9-(x^2-6x+9)$
$= 12x$

$12 \times \frac{1}{2}x^2 = 6x^2$

楽チンだね♥

公式その2
$$\int_\alpha^\beta f(x)dx = -\int_\beta^\alpha f(x)dx$$

この場合は,
$\int_3^{-2}(2x-5)^2 dx = -\int_{-2}^3 (2x-5)^2 dx$

公式その1
$$\int_\alpha^\beta \{f(x)+g(x)\}dx$$
$$= \int_\alpha^\beta f(x)dx + \int_\alpha^\beta g(x)dx$$

逆に, まとめる方向で活用!!
$(2x+5)^2 - (2x-5)^2$
$= 4x^2+20x+25-(4x^2-20x+25)$
$= 40x$

$40 \times \frac{1}{2}x^2 = 20x^2$

一丁あがり〜っ!!

(3) $\int_{10}^{10} (x^6 + 5x^4 - 7x^3 + 8x - 25)\, dx$
$= \underline{\mathbf{0}} \cdots \text{(答)}$

公式その3
$\int_a^a f(x)\,dx = 0$

くれぐれもまともに計算しないようにね!!

(4) $\int_1^2 3x^2 dx + \int_2^3 3x^2 dx$
$= \int_1^3 3x^2 dx$
$= \left[x^3 \right]_1^3$
$= 3^3 - 1^3$
$= \underline{\mathbf{26}} \cdots \text{(答)}$

公式その4
$\int_\alpha^\beta f(x)dx + \int_\beta^\gamma f(x)dx$
$= \int_\alpha^\gamma f(x)dx$

$3 \times \dfrac{1}{3} x^3 = x^3$

簡単だね♥

(5) $\int_{-1}^2 (4x-5)\,dx + \int_5^2 (5-4x)\,dx$
$= \int_{-1}^2 (4x-5)\,dx + \left\{ -\int_2^5 (5-4x)\,dx \right\}$
$= \int_{-1}^2 (4x-5)\,dx + \int_2^5 (4x-5)\,dx$
$= \int_{-1}^5 (4x-5)\,dx$
$= \left[2x^2 - 5x \right]_{-1}^5$
$= 2 \times 5^2 - 5 \times 5 - \{2 \times (-1)^2 - 5 \times (-1)\}$
$= \underline{\mathbf{18}} \cdots \text{(答)}$

公式その2
$\int_\alpha^\beta f(x)dx = -\int_\beta^\alpha f(x)dx$

$-\int_2^5 (5-4x)\,dx$
$= \int_2^5 -(5-4x)\,dx$
$= \int_2^5 (4x-5)\,dx$

公式その4
$\int_\alpha^\beta f(x)dx + \int_\beta^\gamma f(x)dx$
$= \int_\alpha^\gamma f(x)dx$

$4 \times \dfrac{1}{2} x^2 - 5x = 2x^2 - 5x$

ハイ．おしまい♥

しっかりとした答案を作りましょう!!

Theme 22 役に立つヤツら

証明からまいりましょう♥

問題 22-1　**標準**

次の等式を証明せよ。ただし，$n=0, 1, 2, 3, \cdots\cdots$とする。

(1) $\displaystyle\int_{-\alpha}^{\alpha} x^{2n} dx = 2\int_{0}^{\alpha} x^{2n} dx$

(2) $\displaystyle\int_{-\alpha}^{\alpha} x^{2n+1} dx = 0$

証明でござる　　いきなりいくぞ〜っ!!

(1) 左辺 $= \displaystyle\int_{-\alpha}^{\alpha} x^{2n} dx$　　$\displaystyle\int_{-\alpha}^{\alpha} x^{偶数} dx$ってことだよ

$= \left[\dfrac{1}{2n+1} x^{2n+1} \right]_{-\alpha}^{\alpha}$

$= \dfrac{1}{2n+1} \alpha^{2n+1} - \dfrac{1}{2n+1} (-\alpha)^{2n+1}$

$= \dfrac{1}{2n+1} \alpha^{2n+1} - \dfrac{1}{2n+1} (-\alpha^{2n+1})$

$= \dfrac{1}{2n+1} \alpha^{2n+1} + \dfrac{1}{2n+1} \alpha^{2n+1}$

$= \dfrac{2}{2n+1} \alpha^{2n+1}$　…①

右辺 $= 2\displaystyle\int_{0}^{\alpha} x^{2n} dx$

$= 2 \times \left[\dfrac{1}{2n+1} x^{2n+1} \right]_{0}^{\alpha}$

$= 2 \times \dfrac{1}{2n+1} \alpha^{2n+1}$

$= \dfrac{2}{2n+1} \alpha^{2n+1}$　…②

もはやおなじみ
$\displaystyle\int x^n dx = \dfrac{1}{n+1} x^{n+1} + C$
の n が $2n$ になっただけです

これがポイント!!
$(-\alpha)^{2n+1} = -\alpha^{2n+1}$
$2n+1$が奇数であることに注意せよ!!
例えば…
$(-3)^5 = -3^5$でしょ♥

$-\dfrac{1}{2n+1}(-\alpha^{2n+1})$
$= \dfrac{1}{2n+1}\alpha^{2n+1}$

$2 \times \left(\dfrac{1}{2n+1}\alpha^{2n+1} - \dfrac{1}{2n+1} \times 0^{2n+1} \right)$
$= 2 \times \left(\dfrac{1}{2n+1}\alpha^{2n+1} - 0 \right)$
$= 2 \times \dfrac{1}{2n+1}\alpha^{2n+1}$

①，②より，
　　左辺＝右辺

（証明おわり）　①＝②でしょっ!!

$\int_{-\alpha}^{\alpha} x^{奇数} dx$ ってことです

(2)　左辺 $= \int_{-\alpha}^{\alpha} x^{2n+1} dx$

$= \left[\dfrac{1}{2n+2} x^{2n+2} \right]_{-\alpha}^{\alpha}$

$= \dfrac{1}{2n+2} \alpha^{2n+2} - \dfrac{1}{2n+2} (-\alpha)^{2n+2}$

$= \dfrac{1}{2n+2} \alpha^{2n+2} - \dfrac{1}{2n+2} \alpha^{2n+2}$

$= 0$

$=$ 右辺

（証明おわり）

$\int x^n dx = \dfrac{1}{n+1} x^{n+1} + C$

の n が $2n+1$ になっただけよ

$\dfrac{1}{2n+1+1} x^{2n+1+1}$
$= \dfrac{1}{2n+2} x^{2n+2}$

ここがポイント!!
$(-\alpha)^{2n+2} = \alpha^{2n+2}$
$2n+2 = 2(n+1)$ が偶数であることに注意せよ!!
例えば…
$(-3)^4 = 3^4$ でしょ♥

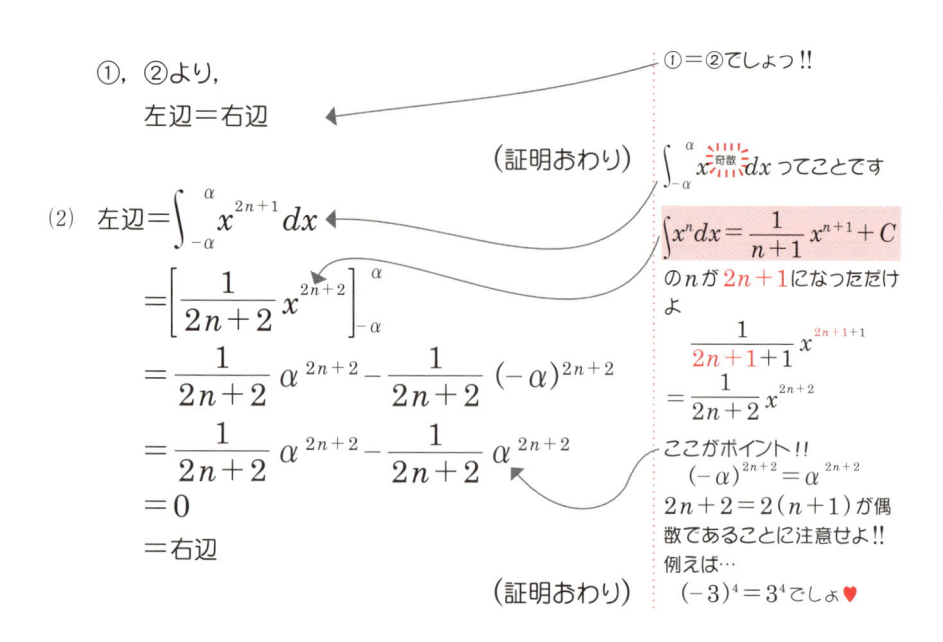

では，まとめておきましょう!!

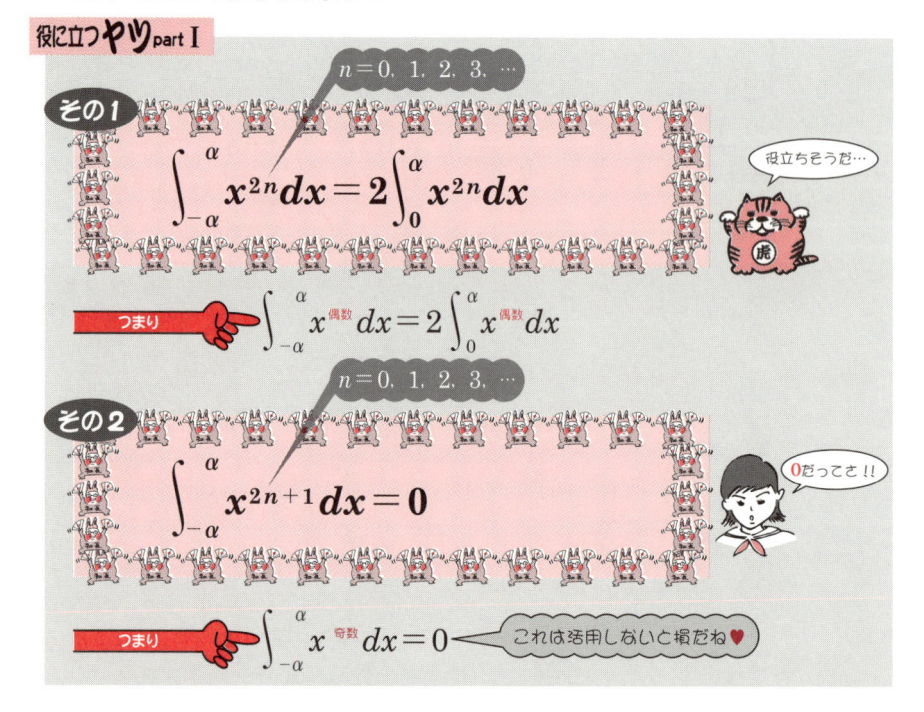

役に立つヤツ part I

その1　$n = 0, 1, 2, 3, \cdots$

$$\int_{-\alpha}^{\alpha} x^{2n} dx = 2 \int_{0}^{\alpha} x^{2n} dx$$

役立ちそうだ…

つまり　$\int_{-\alpha}^{\alpha} x^{偶数} dx = 2 \int_{0}^{\alpha} x^{偶数} dx$

その2　$n = 0, 1, 2, 3, \cdots$

$$\int_{-\alpha}^{\alpha} x^{2n+1} dx = 0$$

0だってさ!!

つまり　$\int_{-\alpha}^{\alpha} x^{奇数} dx = 0$　これは活用しないと損だね♥

この「役に立つヤツ」をフル活用しようぜっ♥

問題 22-2 基礎

次の定積分を求めよ。

(1) $\displaystyle\int_{-3}^{3} x^2\,dx$

(2) $\displaystyle\int_{-10}^{10} x^5\,dx$

(3) $\displaystyle\int_{-2}^{2} (4x^3+6x^2-10x+3)\,dx$

(4) $\displaystyle\int_{-1}^{1} (2x+3)(3x^2-4x+5)\,dx$

ナイスな導入

すべて $\displaystyle\int_{-\alpha}^{\alpha} f(x)\,dx$ の形になっていることを見逃すな！！

見逃してました

とゆーことは！！

前ページ 役に立つヤツ part I　その 1 ＆ その 2 を活用せよ！！

解答でござる

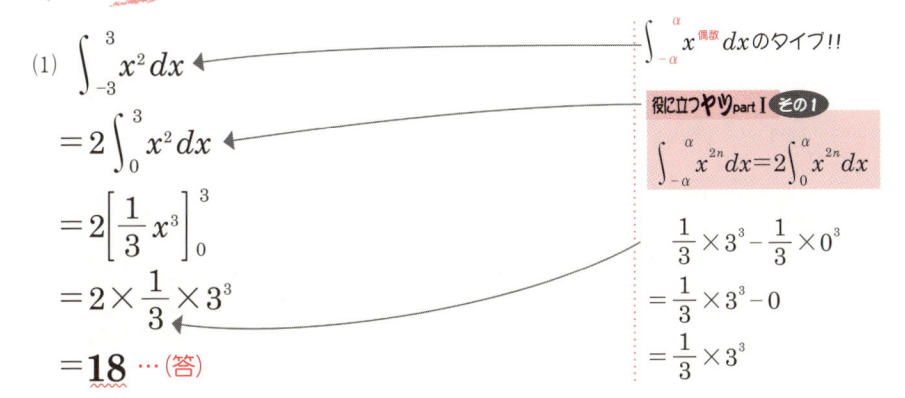

(1) $\displaystyle\int_{-3}^{3} x^2\,dx$ ← $\displaystyle\int_{-\alpha}^{\alpha} x^{偶数}\,dx$ のタイプ!!

役に立つヤツ part I　その1
$\displaystyle\int_{-\alpha}^{\alpha} x^{2n}\,dx = 2\int_{0}^{\alpha} x^{2n}\,dx$

$= 2\displaystyle\int_{0}^{3} x^2\,dx$

$= 2\left[\dfrac{1}{3}x^3\right]_0^3$

$\dfrac{1}{3}\times 3^3 - \dfrac{1}{3}\times 0^3$
$= \dfrac{1}{3}\times 3^3 - 0$
$= \dfrac{1}{3}\times 3^3$

$= 2\times \dfrac{1}{3}\times 3^3$

$= \underline{18}$ …(答)

(2) $\int_{-10}^{10} x^5 dx$

$= \mathbf{0}$ …(答)

(3) $\int_{-2}^{2} (4x^3 + 6x^2 - 10x + 3) \, dx$

$= \int_{-2}^{2} (4x^3 - 10x) \, dx + \int_{-2}^{2} (6x^2 + 3) \, dx$

$= 0 + 2\int_{0}^{2} (6x^2 + 3) \, dx$

$= 2\left[2x^3 + 3x \right]_{0}^{2}$

$= 2(2 \times 2^3 + 3 \times 2)$

$= \mathbf{44}$ …(答)

(4) $\int_{-1}^{1} (2x+3)(3x^2 - 4x + 5) \, dx$

$= \int_{-1}^{1} (6x^3 + x^2 - 2x + 15) \, dx$

$= \int_{-1}^{1} (6x^3 - 2x) \, dx + \int_{-1}^{1} (x^2 + 15) \, dx$

$= 0 + 2\int_{0}^{1} (x^2 + 15) \, dx$

$= 2\left[\frac{1}{3}x^3 + 15x \right]_{0}^{1}$

$= 2\left(\frac{1}{3} \times 1^3 + 15 \times 1 \right)$

$= \dfrac{\mathbf{92}}{\mathbf{3}}$ …(答)

$\int_{-\alpha}^{\alpha} x^{奇数} dx$ のタイプ!!

役に立つヤツpart I その2

$\int_{-\alpha}^{\alpha} x^{2n+1} dx = 0$

$3 = 3 \times x^0$ 0は偶数!!

$x^{奇数}$組と$x^{偶数}$組に分けよう!!

$\int_{-2}^{2}(4x^3 - 10x)dx$
$= 4\int_{-2}^{2} x^3 dx - 10\int_{-2}^{2} x dx$
$= 4 \times 0 - 10 \times 0$
$= 0$

しか〜し!! イチイチ分けて表すのは面倒です。まとめて0とすべし!!

ぶっちゃけ!!

$\int_{-\alpha}^{\alpha} (x^{奇数}の多項式)dx$
$= 2\int_{0}^{\alpha} (x^{偶数}の多項式)dx$
$\int_{-\alpha}^{\alpha} (x^{奇数}の多項式)dx = 0$

まずは展開せよ!!

$15 = 15 \times x^0$ 0は偶数!!

$x^{奇数}$組と$x^{偶数}$組に分けよう!!

ぶっちゃけ!!

$\int_{-\alpha}^{\alpha} (x^{奇数}の多項式)dx$
$= 2\int_{0}^{\alpha} (x^{偶数}の多項式)dx$
$\int_{-\alpha}^{\alpha} (x^{奇数}の多項式)dx = 0$

一丁あがり♥

Theme 22 役に立つヤツら 251

またまた証明です。

問題 22-3 　　　　　　　　　　　　　　　　　　　　　標準

次の等式を証明せよ。

$$\int_\alpha^\beta (x-\alpha)(x-\beta)\,dx = -\frac{1}{6}(\beta-\alpha)^3$$

証明でござる　　P.297に別解があります♥

まず展開せよ!!

$$
\begin{aligned}
\text{左辺} &= \int_\alpha^\beta (x-\alpha)(x-\beta)\,dx \\
&= \int_\alpha^\beta \{x^2-(\alpha+\beta)x+\alpha\beta\}dx \\
&= \left[\frac{1}{3}x^3 - \frac{\alpha+\beta}{2}x^2 + \alpha\beta x\right]_\alpha^\beta \\
&= \frac{1}{3}\beta^3 - \frac{\alpha+\beta}{2}\times\beta^2 + \alpha\beta\times\beta \\
&\quad - \left(\frac{1}{3}\alpha^3 - \frac{\alpha+\beta}{2}\times\alpha^2 + \alpha\beta\times\alpha\right) \\
&= -\frac{1}{6}\beta^3 + \frac{1}{2}\alpha\beta^2 - \left(-\frac{1}{6}\alpha^3 + \frac{1}{2}\alpha^2\beta\right) \\
&= -\frac{1}{6}(\beta^3-\alpha^3) + \frac{1}{2}(\alpha\beta^2-\alpha^2\beta) \\
&= -\frac{1}{6}(\beta-\alpha)(\beta^2+\beta\alpha+\alpha^2) + \frac{1}{2}\alpha\beta(\beta-\alpha) \\
&= -\frac{1}{6}(\beta-\alpha)(\beta^2+\beta\alpha+\alpha^2) + \frac{3}{6}\alpha\beta(\beta-\alpha) \\
&= -\frac{1}{6}(\beta-\alpha)\{(\beta^2+\beta\alpha+\alpha^2) - 3\alpha\beta\} \\
&= -\frac{1}{6}(\beta-\alpha)(\beta^2-2\beta\alpha+\alpha^2) \\
&= -\frac{1}{6}(\beta-\alpha)(\beta-\alpha)^2 \\
&= -\frac{1}{6}(\beta-\alpha)^3 \\
&= \text{右辺}
\end{aligned}
$$

$(x-\alpha)(x-\beta)$
$= x^2-\alpha x-\beta x+\alpha\beta$
$= x^2-(\alpha+\beta)x+\alpha\beta$

$(\alpha+\beta)\times\frac{1}{2}x^2 = \frac{\alpha+\beta}{2}x^2$

$\frac{1}{3}\beta^3 - \frac{\alpha+\beta}{2}\times\beta^2 + \alpha\beta\times\beta$
$= \frac{1}{3}\beta^3 - \frac{1}{2}\alpha\beta^2 - \frac{1}{2}\beta^3 + \alpha\beta^2$
$= -\frac{1}{6}\beta^3 + \frac{1}{2}\alpha\beta^2$

$\frac{1}{3}\alpha^3 - \frac{\alpha+\beta}{2}\times\alpha^2 + \alpha\beta\times\alpha$
$= \frac{1}{3}\alpha^3 - \frac{1}{2}\alpha^3 - \frac{1}{2}\alpha^2\beta + \alpha^2\beta$
$= -\frac{1}{6}\alpha^3 + \frac{1}{2}\alpha^2\beta$

$\beta^3-\alpha^3=(\beta-\alpha)(\beta^2+\beta\alpha+\alpha^2)$
$\alpha\beta^2-\alpha^2\beta=\alpha\beta(\beta-\alpha)$

分母を6にして通分です!!

$-\frac{1}{6}(\beta-\alpha)$でくくりました!!

$\beta^2-2\beta\alpha+\alpha^2=(\beta-\alpha)^2$

$(\beta-\alpha)(\beta-\alpha)^2=(\beta-\alpha)^3$

（証明おわり）

またまた，まとめておきましょう！！

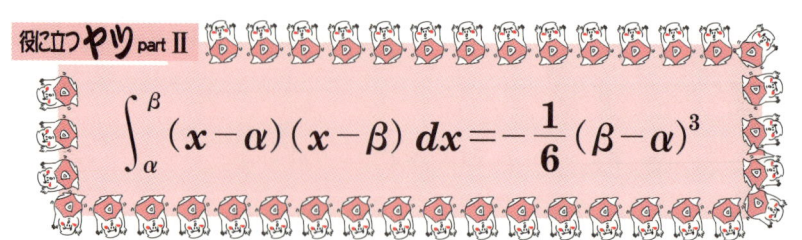

役に立つヤツ part II

$$\int_\alpha^\beta (x-\alpha)(x-\beta)\,dx = -\frac{1}{6}(\beta-\alpha)^3$$

こいつを活用してみましょう♥

問題22-4　　　　　　　　　　　　　　　　　　　　　　　標準

次の定積分を求めよ。

(1) $\displaystyle\int_1^3 (x-1)(x-3)\,dx$

(2) $\displaystyle\int_{-1}^2 (x+1)(x-2)\,dx$

(3) $\displaystyle\int_{\frac{1}{2}}^1 (2x-1)(x-1)\,dx$

(4) $\displaystyle\int_{-\frac{1}{3}}^{\frac{1}{5}} (3x+1)(5x-1)\,dx$

ナイスな導入

(1)は…

$\displaystyle\int_{\boxed{1}}^{\boxed{3}} (x-\boxed{1})(x-\boxed{3})\,dx$

これはモロに $\displaystyle\int_\alpha^\beta (x-\boxed{\alpha})(x-\boxed{\beta})\,dx$ の形ですね♥

(2)は…

$\displaystyle\int_{-1}^2 (x+1)(x-2)\,dx = \int_{\boxed{-1}}^{\boxed{2}} \{x-\boxed{(-1)}\}(x-\boxed{2})\,dx$

ということです。

(3)は…

この2はいけない！！　　2をくくり出す！！

$\displaystyle\int_{\frac{1}{2}}^1 (2x-1)(x-1)\,dx = \int_{\frac{1}{2}}^1 2\left(x-\frac{1}{2}\right)(x-1)\,dx$

$= 2\displaystyle\int_{\boxed{\frac{1}{2}}}^{\boxed{1}} \left(x-\boxed{\frac{1}{2}}\right)(x-\boxed{1})\,dx$

ここで **役に立つヤツ part II** を活用！！

(4)は…

この3はいけない!!　　3をくくり出す!!

$$\int_{-\frac{1}{3}}^{\frac{1}{5}}(3x+1)(5x-1)\,dx = \int_{-\frac{1}{3}}^{\frac{1}{5}} 3\left(x+\frac{1}{3}\right)\cdot 5\left(x-\frac{1}{5}\right)dx$$

この5はいけない!!　　5をくくり出す!!

$$= 15\int_{-\frac{1}{3}}^{\frac{1}{5}}\left\{x-\left(-\frac{1}{3}\right)\right\}\left(x-\frac{1}{5}\right)dx$$

3×5=15

ここで 役に立つヤツ part Ⅱ を活用!!

解答でござる

(1) $\displaystyle\int_{1}^{3}(x-1)(x-3)\,dx$ ← $\displaystyle\int_{\alpha}^{\beta}(x-\alpha)(x-\beta)\,dx$
で, $\alpha=1$, $\beta=3$ に対応!!

$= -\dfrac{1}{6}\times(3-1)^3$ ← $-\dfrac{1}{6}(\beta-\alpha)^3$
で, $\alpha=1$, $\beta=3$ に対応!!

$= -\dfrac{1}{6}\times 2^3$ ← 2で約分できます

$= -\dfrac{4}{3}$ …(答)

(2) $\displaystyle\int_{-1}^{2}(x+1)(x-2)\,dx$ ← $\displaystyle\int_{\alpha}^{\beta}(x-\alpha)(x-\beta)\,dx$
で, $\alpha=-1$, $\beta=2$ に対応!!

$= \displaystyle\int_{-1}^{2}\{x-(-1)\}(x-2)\,dx$ ← $-\dfrac{1}{6}(\beta-\alpha)^3$
で, $\alpha=-1$, $\beta=2$ に対応!!

$= -\dfrac{1}{6}\times\{2-(-1)\}^3$ ← 3で約分できます

$= -\dfrac{1}{6}\times 3^3$

$= -\dfrac{9}{2}$ …(答)

(3) $\displaystyle\int_{\frac{1}{2}}^{1}(2x-1)(x-1)\,dx$ ← ここに2があってはダメ!!

$=\displaystyle\int_{\frac{1}{2}}^{1}2\left(x-\frac{1}{2}\right)(x-1)\,dx$ ← 2をくくり出しました!!

$=2\displaystyle\int_{\frac{1}{2}}^{1}\left(x-\frac{1}{2}\right)(x-1)\,dx$ ← $\displaystyle\int_{\alpha}^{\beta}(x-\alpha)(x-\beta)\,dx$ で, $\alpha=\frac{1}{2}$, $\beta=1$に対応

$=2\times\left\{-\dfrac{1}{6}\times\left(1-\dfrac{1}{2}\right)^{3}\right\}$ ← $-\dfrac{1}{6}(\beta-\alpha)^{3}$ で, $\alpha=\frac{1}{2}$, $\beta=1$に対応!!

$=2\times\left\{-\dfrac{1}{6}\times\left(\dfrac{1}{2}\right)^{3}\right\}$

$=-\dfrac{1}{24}$ …(答) ← できあがり♥

(4) $\displaystyle\int_{-\frac{1}{3}}^{\frac{1}{5}}(3x+1)(5x-1)\,dx$ ← 3をくくり出しました!! 5をくくり出しました!!

$=\displaystyle\int_{-\frac{1}{3}}^{\frac{1}{5}}3\left(x+\dfrac{1}{3}\right)\cdot 5\left(x-\dfrac{1}{5}\right)dx$ ← $\displaystyle\int_{\alpha}^{\beta}(x-\alpha)(x-\beta)\,dx$ で, $\alpha=-\frac{1}{3}$, $\beta=\frac{1}{5}$に対応!!

$=15\displaystyle\int_{-\frac{1}{3}}^{\frac{1}{5}}\left\{x-\left(-\dfrac{1}{3}\right)\right\}\left(x-\dfrac{1}{5}\right)dx$

$=15\times\left[-\dfrac{1}{6}\left\{\dfrac{1}{5}-\left(-\dfrac{1}{3}\right)\right\}^{3}\right]$ ← $-\dfrac{1}{6}(\beta-\alpha)^{3}$ で, $\alpha=-\frac{1}{3}$, $\beta=\frac{1}{5}$に対応!!

$=15\times\left\{-\dfrac{1}{6}\times\left(\dfrac{8}{15}\right)^{3}\right\}$

$=-\dfrac{256}{675}$ …(答)

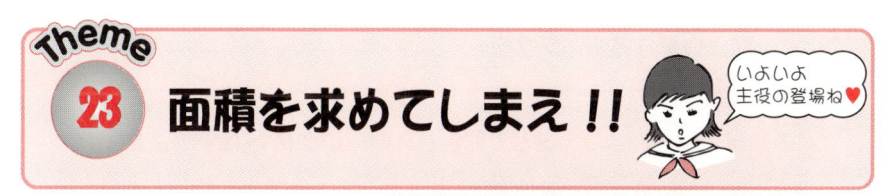

Theme 23 面積を求めてしまえ!!

いよいよ主役の登場ね♥

とにかく覚えてください!! このあたりの証明は「数学Ⅲ」のお話なのであしからず

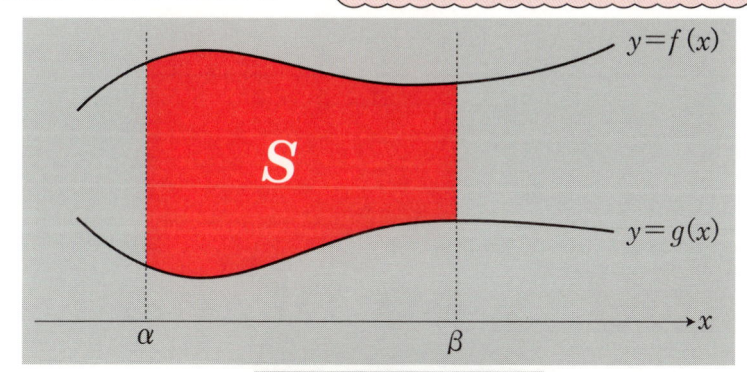

この面積 S はズバリ!!

上にある関数から、下にある関数を引く!!

$$S = \int_\alpha^\beta \{f(x) - g(x)\}\, dx$$

ん!?

特に $y = f(x)$ と $y = g(x)$ のいずれかが x 軸つまり $y = 0$ に一致するとき

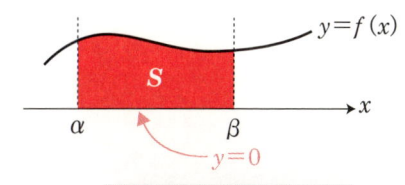

面積 S は…

$$S = \int_\alpha^\beta \{f(x) - 0\}\, dx = \int_\alpha^\beta f(x)\, dx$$

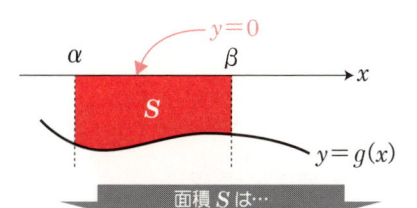

面積 S は…

$$S = \int_\alpha^\beta \{0 - g(x)\}\, dx = -\int_\alpha^\beta g(x)\, dx$$

では，x軸が登場するタイプから…

問題 23-1　　　　　　　　　　　　　　　　　　　　　　　　基礎

次の曲線や直線およびx軸とで囲まれた部分の面積Sを求めよ。
(1) $y = x^2 + 2$, $x = 1$, $x = 3$
(2) $y = x^2 - 4$, $x = -1$, $x = 2$
(3) $y = -x^2 + 3x$, $x = -1$, $x = 1$

ナイスな導入

前ページでまとめたとおり…

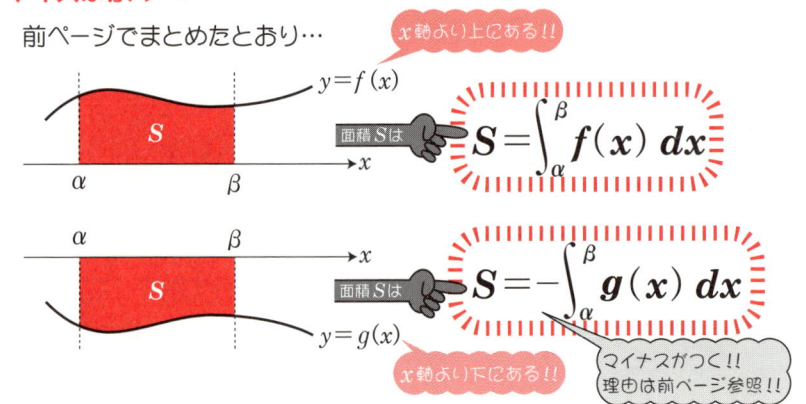

x軸より上にある!!

面積Sは　$S = \displaystyle\int_{\alpha}^{\beta} f(x)\,dx$

面積Sは　$S = -\displaystyle\int_{\alpha}^{\beta} g(x)\,dx$

x軸より下にある!!

マイナスがつく!!
理由は前ページ参照!!

では，さっそくやってみましょう!!

解答でござる

(1)

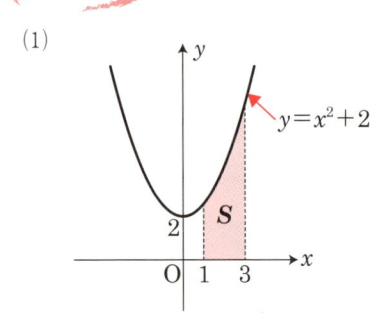

$y = x^2 + 2$

グラフを
かいて
イメージを
つかもう!!

Theme 23　面積を求めてしまえ!!　257

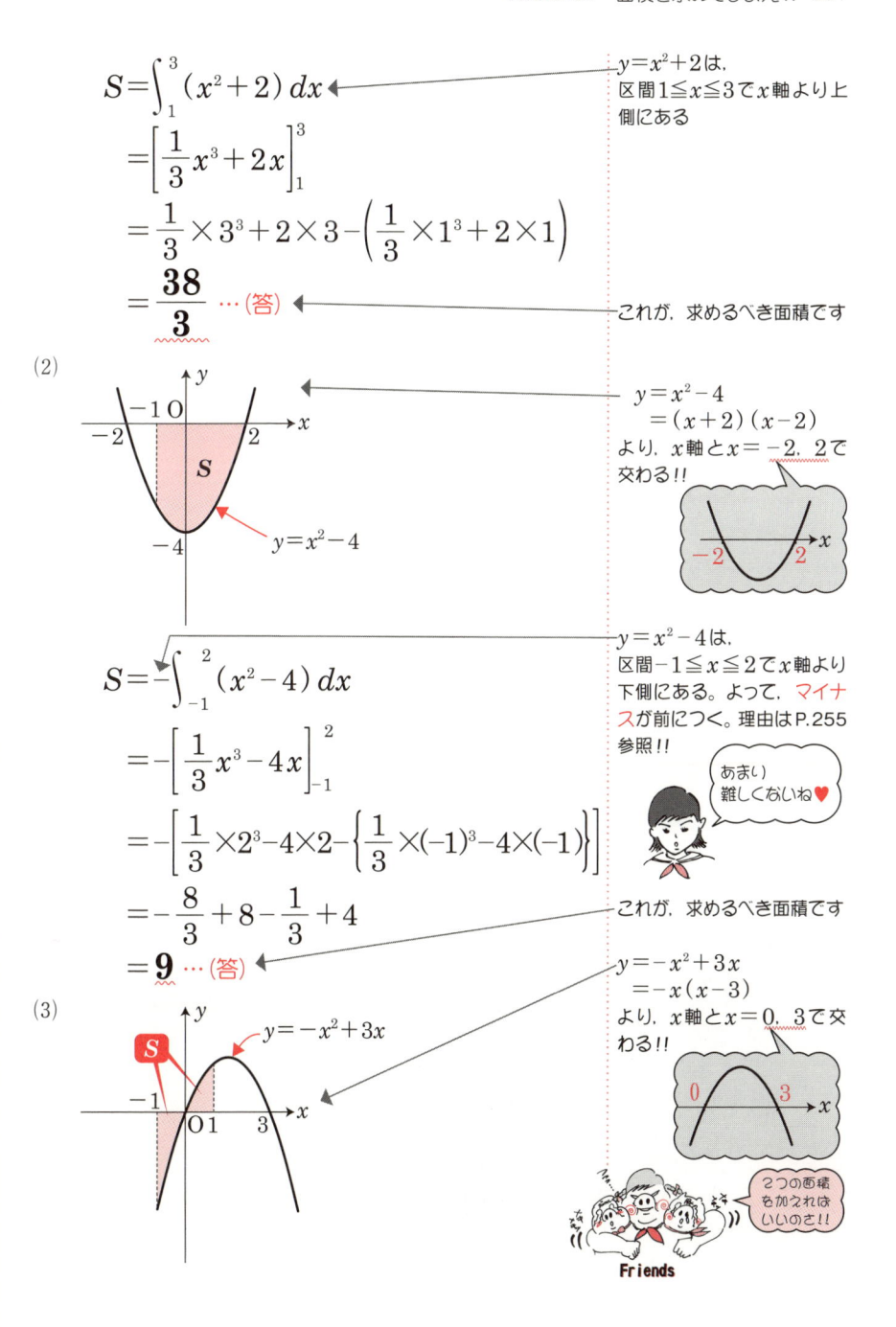

$$S = \int_1^3 (x^2+2)\,dx$$

$$= \left[\frac{1}{3}x^3 + 2x\right]_1^3$$

$$= \frac{1}{3} \times 3^3 + 2 \times 3 - \left(\frac{1}{3} \times 1^3 + 2 \times 1\right)$$

$$= \underline{\frac{38}{3}} \cdots \text{(答)}$$

← $y = x^2 + 2$ は，区間 $1 \leqq x \leqq 3$ で x 軸より上側にある

──これが，求めるべき面積です

(2)

$y = x^2 - 4$
　　$= (x+2)(x-2)$
より，x 軸と $x = -2$，2 で交わる!!

$$S = -\int_{-1}^2 (x^2 - 4)\,dx$$

$$= -\left[\frac{1}{3}x^3 - 4x\right]_{-1}^2$$

$$= -\left[\frac{1}{3} \times 2^3 - 4 \times 2 - \left\{\frac{1}{3} \times (-1)^3 - 4 \times (-1)\right\}\right]$$

$$= -\frac{8}{3} + 8 - \frac{1}{3} + 4$$

$$= \underline{9} \cdots \text{(答)}$$

← $y = x^2 - 4$ は，区間 $-1 \leqq x \leqq 2$ で x 軸より下側にある。よって，マイナスが前につく。理由は P.255 参照!!

あまり難しくないね♥

──これが，求めるべき面積です

(3)

$y = -x^2 + 3x$
　　$= -x(x-3)$
より，x 軸と $x = 0$，3 で交わる!!

2つの面積をかぞえればいいのさ!!

Friends

$$S = -\int_{-1}^{0}(-x^2+3x)dx + \int_{0}^{1}(-x^2+3x)dx$$

$$= -\left[-\frac{1}{3}x^3+\frac{3}{2}x^2\right]_{-1}^{0} + \left[-\frac{1}{3}x^3+\frac{3}{2}x^2\right]_{0}^{1}$$

$$= -\left[0-\left\{-\frac{1}{3}\times(-1)^3+\frac{3}{2}\times(-1)^2\right\}\right] - \frac{1}{3}\times1^3+\frac{3}{2}\times1^2-0$$

$$= \frac{1}{3}+\frac{3}{2}-\frac{1}{3}+\frac{3}{2}$$

$$= 3 \text{ …(答)}$$

$y=-x^2+3x$ は区間 $-1\leqq x\leqq 0$ で x 軸の下側にある。よって マイナス が前につく!!

$y=-x^2+3x$ は区間 $0\leqq x\leqq 1$ で x 軸の上側にある

この0は、もちろん省略OK!!

これが求めるべき面積です!!

さぁ，お次は…

問題23-2 基礎

曲線 $y=x^2-2x-1$ と直線 $y=x-3$ で囲まれた部分の面積 S を求めよ。

ナイスな導入

このように2つの関数のみで囲まれた部分の面積を求めるとき，次のポイントを押さえておこう!!

ポイント その1

図は，いいかげんでよい!!

えーっ

本問の場合は…

$$\begin{cases} y=x^2-2x-1 \text{ …①} \\ y=x-3 \text{ …②} \end{cases}$$

①，②より，

$$x^2-2x-1=x-3$$
$$x^2-3x+2=0 \text{ …③}$$
$$(x-1)(x-2)=0$$
$$\therefore\ x=1,\ 2$$

y を消去しました!!

この③を覚えておいてね!!

ポイント その2 で登場するよ!!

①と②は，$x=1$, 2 で交わることになる!!

Theme 23 面積を求めてしまえ!!

図はこれで**OK!!**

形状から考えて
$y=x^2-2x-1$
と
$y=x-3$
が交わるとき,左の図のようになることは明らか

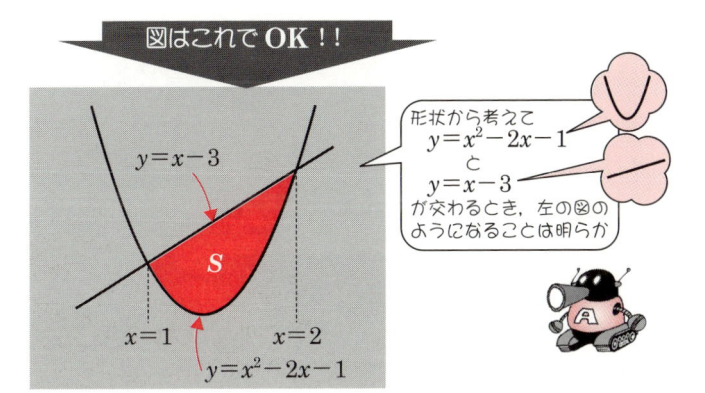

ポイント その2

「数学Ⅱ」の場合,たいてい少なくとも一方は2次関数(放物線)となる。そうなると必ず…

P.251参照!!

$$\int_\alpha^\beta (x-\alpha)(x-\beta)\,dx = -\frac{1}{6}(\beta-\alpha)^3$$

が大活躍するぞ～っ!!

本問の場合は, 上にある!! 下にある!!

$$S = \int_1^2 \{(x-3)-(x^2-2x-1)\}\,dx$$

$$= \int_1^2 (-x^2+3x-2)\,dx$$

これって前ページの③に似てる!!

$$= -\int_1^2 (x^2-3x+2)\,dx \quad \cdots ④$$

次ページに登場する!!

$$= -\int_1^2 (x-1)(x-2)\,dx$$

おーっと!! ③と同じだぁ～っ!!

$$= -\left\{-\frac{1}{6}(2-1)^3\right\}$$

こっ,こっ,これは…上の公式…

$$= \frac{1}{6} \times 1^3$$

$\int_\alpha^\beta (x-\alpha)(x-\beta)\,dx = -\frac{1}{6}(\beta-\alpha)^3$
で,$\alpha=1,\ \beta=2$に対応!!

$$= \frac{1}{6}$$

答でーす!!

このような展開になるのは，あたりまえなんです。
2つの場合を比較してみましょう。

$$x^2 - 3x + 2 = 0 \cdots ③$$

> $y = x^2 - 2x - 1 \cdots ①$ と
> $y = x - 3 \cdots ②$ の
> 共有点の x 座標を求める際
> ①の右辺＝②の右辺
> として，得られた方程式です!!

一方
$$S = -\int_1^2 (x^2 - 3x + 2)\, dx \cdots ④$$

> この $x^2 - 3x + 2$ は
> ②の右辺－①の右辺
> から得られた式です!!

つまーり!!

いずれにせよ，①の右辺と②の右辺から得られた式であるので，**一致して当然の結果だったのです!!**

解答でござる

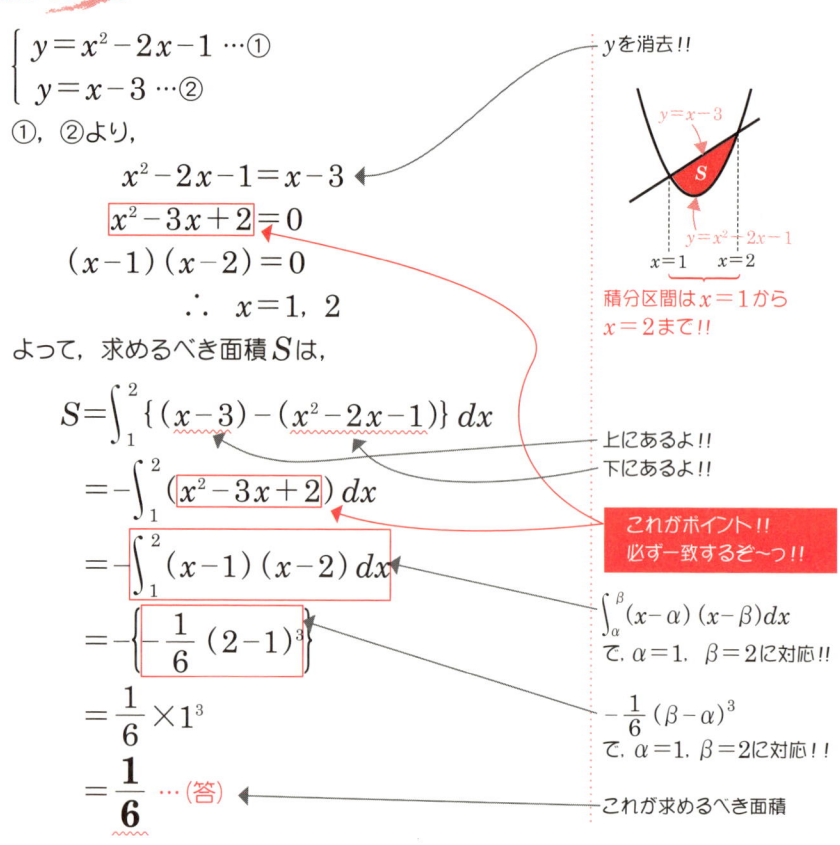

$$\begin{cases} y = x^2 - 2x - 1 \cdots ① \\ y = x - 3 \cdots ② \end{cases}$$

①，②より，
$$x^2 - 2x - 1 = x - 3$$
$$\boxed{x^2 - 3x + 2} = 0$$
$$(x-1)(x-2) = 0$$
$$\therefore\ x = 1,\ 2$$

← y を消去!!

積分区間は $x = 1$ から $x = 2$ まで!!

よって，求めるべき面積 S は，

$$S = \int_1^2 \{(x-3) - (x^2 - 2x - 1)\}\, dx$$

上にあるよ!!
下にあるよ!!

$$= -\int_1^2 (\boxed{x^2 - 3x + 2})\, dx$$

これがポイント!!
必ず一致するぞ〜っ!!

$$= -\int_1^2 (x-1)(x-2)\, dx$$

$$\int_\alpha^\beta (x-\alpha)(x-\beta)\, dx$$
で，$\alpha = 1,\ \beta = 2$ に対応!!

$$= -\left\{-\frac{1}{6}(2-1)^3\right\}$$

$-\frac{1}{6}(\beta - \alpha)^3$
で，$\alpha = 1,\ \beta = 2$ に対応!!

$$= \frac{1}{6} \times 1^3$$

$$= \frac{1}{6} \cdots (答)$$

これが求めるべき面積

Theme 23 面積を求めてしまえ!! 261

このタイプは重要なもんで，もうチョット，お付き合いください♥

問題 23-3　　　　　　　　　　　　　　　　　　　　　　　標準

次の曲線や直線で囲まれた部分の面積 S を求めよ．

(1) $y = -x^2 + 3x,\ y = 2x - 2$
(2) $y = x^2 - 4x + 2,\ y = -x^2 + 4x - 4$
(3) $y = x^2 - 5x + 5,\ x$軸
(4) $y = 2x^2 - 3x - 2,\ y = -x^2 + 2x - 3$

ナイスな導入
ズバリ!!　　ズバリ言うわよ　　アナタはもしや…

$$\int_{\alpha}^{\beta} (x-\alpha)(x-\beta)\,dx = -\frac{1}{6}(\beta-\alpha)^3$$

の活用がカギです!!

この中で一番難解な(4)で解説しましょう．

イメージは…

$\begin{cases} y = 2x^2 - 3x - 2 \cdots ① \\ y = -x^2 + 2x - 3 \cdots ② \end{cases}$

①，②より，

$2x^2 - 3x - 2 = -x^2 + 2x - 3$

$3x^2 - 5x + 1 = 0 \cdots ③$

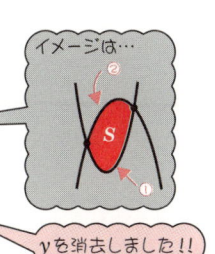

y を消去しました!!

あいゃ!!　因数分解できない

モミー　人生つらいってね…

③から，
$$x = \frac{-(-5) \pm \sqrt{(-5)^2 - 4 \times 3 \times 1}}{2 \times 3}$$
$$= \frac{5 \pm \sqrt{13}}{6}$$

> 解の公式で——す!!
> 解の公式についてはP.343ナイスつオローその1参照!!

な…，なんてブサイクな…

ここで!!

> こんなブサイクな連中に振り回されるのはごめん!! よって α，β とおいちゃえ!!

$$\alpha = \frac{5 - \sqrt{13}}{6}, \quad \beta = \frac{5 + \sqrt{13}}{6}$$

とおく!!

そこで!! 押さえておくべきポイントが2つ!!

押さえておこう その1

$3x^2 - 5x + 1 = 0$ …③

で③の2解が α と β であり③の x^2 の係数が3であることに注意して，③の左辺は…

$3x^2 - 5x + 1$ 〔変形!!〕 ➡ $3(x - \alpha)(x - \beta)$

と変形できる!!

$$3x^2 - 5x + 1$$
$$= 3\left(x^2 - \frac{5}{3}x + \frac{1}{3}\right)$$
$$= 3(x - \alpha)(x - \beta)$$

押さえておこう その2

$\beta - \alpha$ を求めておこう!!

> $\int_\alpha^\beta (x - \alpha)(x - \beta)\,dx = -\frac{1}{6}(\beta - \alpha)^3$
> を活用するわけだから，前もって材料をそろえておきましょう!!

$$\beta - \alpha = \frac{5 + \sqrt{13}}{6} - \frac{5 - \sqrt{13}}{6} = \frac{2\sqrt{13}}{6} = \boxed{\frac{\sqrt{13}}{3}} \quad \cdots ④$$

よって!!

求めるべき面積 S は，

> ②が上にある!!　①が下にある!!

$$S = \int_\alpha^\beta \{(-x^2 + 2x - 3) - (2x^2 - 3x - 2)\}\,dx$$

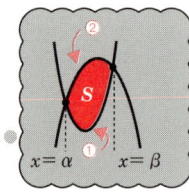

$$= \int_\alpha^\beta (-3x^2 + 5x - 1)\, dx$$
$$= -\int_\alpha^\beta (3x^2 - 5x + 1)\, dx$$

ここで 押さえておこう その1 を活用しよう!!
$3x^2 - 5x + 1$
変形!!
$3(x-\alpha)(x-\beta)$

変形!!

$$= -\int_\alpha^\beta 3(x-\alpha)(x-\beta)\, dx$$
$$= -3\int_\alpha^\beta (x-\alpha)(x-\beta)\, dx$$
$$= -3 \times \left\{-\frac{1}{6}(\beta-\alpha)^3\right\}$$

おっ,これは…
モロに公式じゃんか!!

$\int_\alpha^\beta (x-\alpha)(x-\beta)\, dx = -\frac{1}{6}(\beta-\alpha)^3$

$$= \frac{1}{2}(\beta-\alpha)^3$$

④

押さえておこう その2
$\beta - \alpha = \frac{\sqrt{13}}{3}$ …④
ご求めておいたね♥

$$= \frac{1}{2} \times \left(\frac{\sqrt{13}}{3}\right)^3$$
$$= \frac{13\sqrt{13}}{54}$$ **答でーす!!**

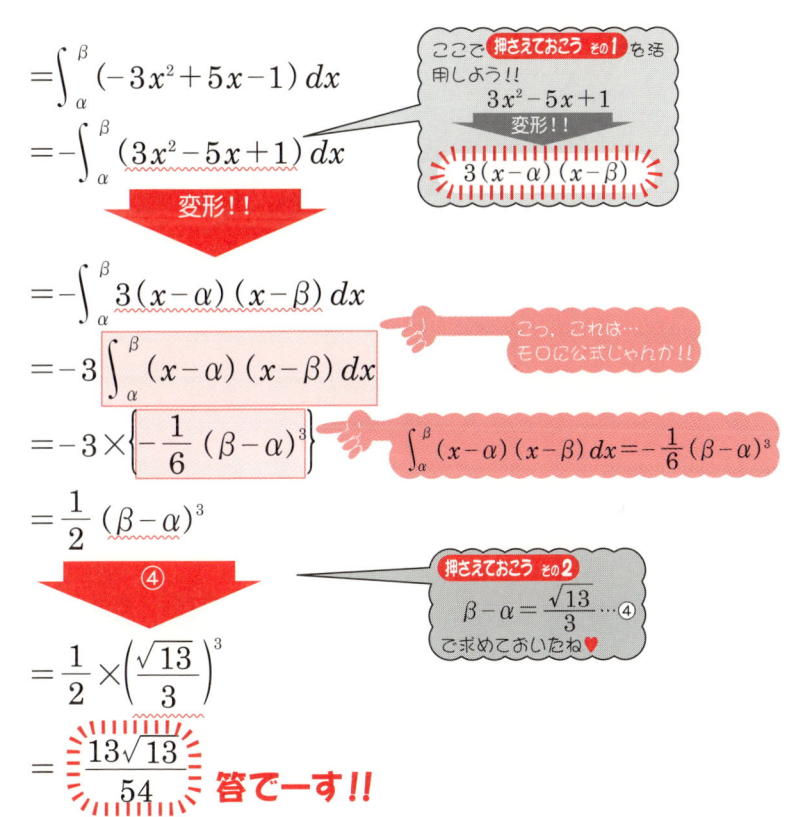

(1)〜(3)は,(4)よりは簡単です。では,解答へとまいりましょう!!

🖋 解答でござる

(1) $\begin{cases} y = -x^2 + 3x & \cdots ① \\ y = 2x - 2 & \cdots ② \end{cases}$

①,②より,
$$-x^2 + 3x = 2x - 2$$
$$x^2 - x - 2 = 0 \quad \cdots ③$$
$$(x+1)(x-2) = 0$$
$$\therefore \ x = -1,\ 2$$

yを消去!!

積分区間は$x=-1$から$x=2$まで!!

よって,求めるべき面積 S は,
$$S = \int_{-1}^{2} \{(-x^2 + 3x) - (2x - 2)\}\, dx$$
①が上　②が下

$$
\begin{aligned}
&= \int_{-1}^{2} (-x^2 + x + 2)\, dx \\
&= -\int_{-1}^{2} (\underline{x^2 - x - 2})\, dx \\
&= -\int_{-1}^{2} (x+1)(x-2)\, dx \\
&= -\int_{-1}^{2} \{x - (-1)\}(x-2)\, dx \\
&= -\left[-\frac{1}{6} \times \{2 - (-1)\}^3 \right] \\
&= \frac{1}{6} \times 3^3 \\
&= \underline{\boldsymbol{\frac{9}{2}}} \cdots \text{(答)}
\end{aligned}
$$

③の左辺と一致する!!
ここが最大のポイント!!
一致する理由はP.260参照
$x^2 - x - 2$ 変形 $(x+1)(x-2)$

$$\int_{\alpha}^{\beta} (x-\alpha)(x-\beta)\, dx$$

で, $\alpha = -1$, $\beta = 2$ に対応!!

$$-\frac{1}{6}(\beta - \alpha)^3$$

で, $\alpha = -1$, $\beta = 2$ に対応!!

これが求めるべき面積です!!

(2) $\begin{cases} y = x^2 - 4x + 2 \cdots ① \\ y = -x^2 + 4x - 4 \cdots ② \end{cases}$

①, ②より,
$$x^2 - 4x + 2 = -x^2 + 4x - 4$$
$$2x^2 - 8x + 6 = 0$$
$$x^2 - 4x + 3 = 0 \cdots ③$$
$$(x-1)(x-3) = 0$$
$$\therefore x = 1,\ 3$$

よって, 求めるべき面積 S は,
$$S = \int_{1}^{3} \{\underbrace{(-x^2 + 4x - 4)}_{②が上} - \underbrace{(x^2 - 4x + 2)}_{①が下}\}\, dx$$
$$= \int_{1}^{3} (-2x^2 + 8x - 6)\, dx$$
$$= -2 \int_{1}^{3} (\underline{x^2 - 4x + 3})\, dx$$
$$= -2 \int_{1}^{3} (x-1)(x-3)\, dx$$
$$= -2 \times \left\{ -\frac{1}{6}(3-1)^3 \right\}$$

y を消去!!
$y = -x^2 + 4x - 4 \cdots ②$
S
$y = x^2 - 4x + 2 \cdots ①$
$x = 1$ $x = 3$
積分区間は $x=1$ から $x=3$ まで!

$x^2 - 4x + 3$ 変形 $(x-1)(x-3)$

③の左辺と一致する!!
ここが最大のポイント!!

$$\int_{\alpha}^{\beta} (x-\alpha)(x-\beta)\, dx$$

で, $\alpha = 1$, $\beta = 3$ に対応!!

$$-\frac{1}{6}(\beta - \alpha)^3$$

で, $\alpha = 1$, $\beta = 3$ に対応!!

$$= \frac{1}{3} \times 2^3$$
$$= \frac{8}{3} \cdots \text{(答)}$$

←これが求めるべき面積です!!

(3) $y = x^2 - 5x + 5$ …①

①で, $y = 0$ として, ← x 軸との交点を求めたい
x 軸 ⇔ $y = 0$

$x^2 - 5x + 5 = 0$ …②

∴ $x = \dfrac{5 \pm \sqrt{5}}{2}$ ← 解の公式より.
$x = \dfrac{-(-5) \pm \sqrt{(-5)^2 - 4 \times 1 \times 5}}{2 \times 1}$

ここで,
$$\alpha = \frac{5 - \sqrt{5}}{2}, \quad \beta = \frac{5 + \sqrt{5}}{2}$$
とおく。

このとき,
$$\beta - \alpha = \frac{5 + \sqrt{5}}{2} - \frac{5 - \sqrt{5}}{2}$$

← $\beta - \alpha$ を求めておくとあとでお得ですよ♥

$$= \frac{2\sqrt{5}}{2}$$
$$= \sqrt{5} \cdots ③$$

P.255 参照!!

$$S = -\int_\alpha^\beta g(x)\, dx$$

よって, 求めるべき面積 S は,

$$S = -\int_\alpha^\beta (x^2 - 5x + 5)\, dx$$

【変形!!】

$x^2 - 5x + 5 = 0$ …②
の2解が α, β であるから, ②の左辺は
$x^2 - 5x + 5$ ☞ $(x - \alpha)(x - \beta)$
と変形できる

$$= -\int_\alpha^\beta (x - \alpha)(x - \beta)\, dx$$

$$= -\left\{ -\frac{1}{6}(\beta - \alpha)^3 \right\}$$

$$\int_\alpha^\beta (x-\alpha)(x-\beta)\,dx = -\frac{1}{6}(\beta-\alpha)^3$$

$$= \frac{1}{6}(\beta - \alpha)^3$$

の活用でございます!!

$$= \frac{1}{6} \times \sqrt{5}^3 \quad \text{(③より)}$$

← $\beta - \alpha = \sqrt{5}$ …③

$$= \frac{5\sqrt{5}}{6} \cdots \text{(答)}$$

←これが求めるべき面積!!

(4) $\begin{cases} y = 2x^2 - 3x - 2 \cdots ① \\ y = -x^2 + 2x - 3 \cdots ② \end{cases}$

①, ②より,
$$2x^2 - 3x - 2 = -x^2 + 2x - 3$$
$$3x^2 - 5x + 1 = 0 \cdots ③$$
$$\therefore \quad x = \frac{5 \pm \sqrt{13}}{6}$$

y を消去!!

解の公式です!!
$$x = \frac{-(-5) \pm \sqrt{(-5)^2 - 4 \times 3 \times 1}}{2 \times 3}$$

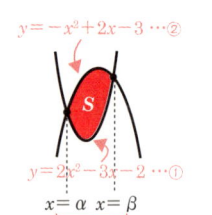

積分区間は $x = \alpha$ から $x = \beta$ まで

ここで,
$$\alpha = \frac{5 - \sqrt{13}}{6}, \quad \beta = \frac{5 + \sqrt{13}}{6}$$
とおく。

このとき,
$$\beta - \alpha = \frac{5 + \sqrt{13}}{6} - \frac{5 - \sqrt{13}}{6}$$
$$= \frac{2\sqrt{13}}{6}$$
$$= \frac{\sqrt{13}}{3} \cdots ④$$

これがあとで役に立つ!!

よって，求めるべき面積 S は，
$$S = \int_\alpha^\beta \{\underbrace{(-x^2 + 2x - 3)}_{②が上} - \underbrace{(2x^2 - 3x - 2)}_{①が下}\} dx$$
$$= \int_\alpha^\beta (-3x^2 + 5x - 1) dx$$
$$= -\int_\alpha^\beta (3x^2 - 5x + 1) dx$$

③の左辺と一致!!

変形!!
$$= -\int_\alpha^\beta 3(x - \alpha)(x - \beta) dx$$
$$= -3 \int_\alpha^\beta (x - \alpha)(x - \beta) dx$$

変形!!
$$= -3 \times \left\{ -\frac{1}{6}(\beta - \alpha)^3 \right\}$$

$3x^2 - 5x + 1 = 0 \cdots ③$ の2解が α, β であることと，③の x^2 の係数が3であることから③の左辺は…
$$3x^2 - 5x + 1$$
変形!!
$$3(x - \alpha)(x - \beta)$$
と変形できる

$$\int_\alpha^\beta (x - \alpha)(x - \beta) dx = -\frac{1}{6}(\beta - \alpha)^3$$

$$= \frac{1}{2}(\beta-\alpha)^3$$
$$= \frac{1}{2} \times \left(\frac{\sqrt{13}}{3}\right)^3$$
$$= \frac{13\sqrt{13}}{54} \cdots (答)$$

（④より）　　$\beta - \alpha = \frac{\sqrt{13}}{3}$ …④

これが求めるべき面積です!!

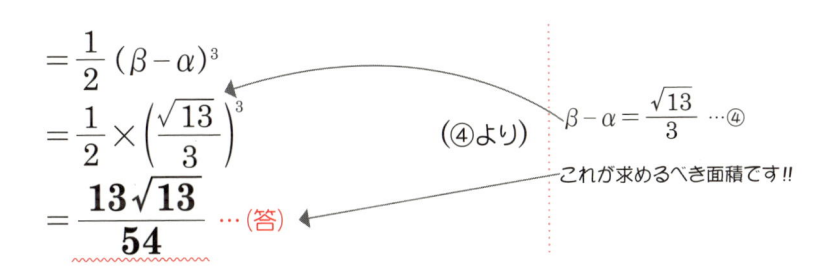

ちょっと言わせて

(3)や(4)では，**2次方程式における解と係数の関係**を用いた解法もある。

(4)で…

$3x^2 - 5x + 1 = 0$ …③

③の2解をα, β ($\alpha < \beta$)とすると，

$$\begin{cases} \alpha + \beta = -\dfrac{-5}{3} = \dfrac{5}{3} & \cdots ㋐ \\ \alpha\beta = \dfrac{1}{3} & \cdots ㋑ \end{cases}$$

一般に，
$ax^2 + bx + c = 0 \ (a \neq 0)$
の2解をα, βとするとき
$\alpha + \beta = -\dfrac{b}{a}$
$\alpha\beta = \dfrac{c}{a}$
と表される。
これが，2次方程式における解と係数の関係です!!

このとき，
$$(\beta-\alpha)^2 = \alpha^2 - 2\alpha\beta + \beta^2$$
$$= \alpha^2 + 2\alpha\beta + \beta^2 - 4\alpha\beta$$
$$= (\alpha+\beta)^2 - 4\alpha\beta$$
$$= \left(\frac{5}{3}\right)^2 - 4 \times \frac{1}{3}$$
$$= \frac{25}{9} - \frac{4}{3}$$
$$= \frac{13}{9}$$

メジャーな変形です♥

㋐と㋑を代入!!

なるほどねぇ〜

ここで，$\alpha < \beta$ より，$\beta - \alpha > 0$ であるから，

$$\beta - \alpha = \sqrt{\frac{13}{9}} = \frac{\sqrt{13}}{3} \quad \cdots ④$$

> 大 小
> $\beta - \alpha > 0$

> 解答途中での④の値が求められました!!

つづきは，先ほどの解答と同様です。
まぁ，どちらの方針を選ぶかはアナタ次第♥

> $(\beta - \alpha)^2 = \dfrac{13}{9}$ より
> $\beta - \alpha = \pm\sqrt{\dfrac{13}{9}} = \pm\dfrac{\sqrt{13}}{3}$
> となるところだが，
> $\beta - \alpha > 0$ より，$\beta - \alpha = \dfrac{\sqrt{13}}{3}$

Theme 24 もっと面積!! ドカンと一発!!

基礎固めも済んだところで…

問題 24-1 標準

曲線 $y=x^2-1$ と直線 $y=ax$ とで囲まれる部分の面積 S が $\dfrac{9}{2}$ であるとき，a の値を求めよ。

ナイスな導入

STARTはいつもと同じ♥

$$\begin{cases} y=x^2-1 \cdots ① \\ y=ax \cdots ② \end{cases}$$

①, ②より,

$x^2-1=ax$ 〈yを消去しました!!〉

$x^2-ax-1=0 \cdots ③$

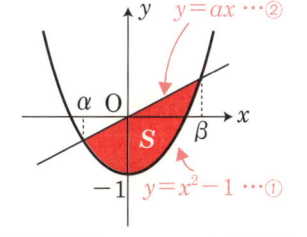

∴ $x=\dfrac{-(-a)\pm\sqrt{(-a)^2-4\times 1\times(-1)}}{2\times 1}=\dfrac{a\pm\sqrt{a^2+4}}{2}$

〈解の公式です!!〉

〈ルートの中 $D=a^2+4>0$ が必ず成立するから，①と②は必ず2点で交わることがいえる!!〉

ここで!!

$$\alpha=\dfrac{a-\sqrt{a^2+4}}{2},\ \beta=\dfrac{a+\sqrt{a^2+4}}{2}$$

〈いつもの屋開だ!!〉

とおく!!

このとき,

$\beta-\alpha=\dfrac{a+\sqrt{a^2+4}}{2}-\dfrac{a-\sqrt{a^2+4}}{2}=\dfrac{2\sqrt{a^2+4}}{2}$

$=\sqrt{a^2+4} \cdots ④$

〈これがあとで役に立つ!!〉

一方，面積 S は… (②が上にある!!)

$$S = \int_\alpha^\beta \{ax - (x^2-1)\}\, dx$$

(①が下にある!!)

またまた $\int_\alpha^\beta (x-\alpha)(x-\beta)\, dx$ の形が出てくるわけか…

$$= -\int_\alpha^\beta (x^2 - ax - 1)\, dx$$

キターッ!! ③の左辺と一致!!

【変形】

$$= -\int_\alpha^\beta (x-\alpha)(x-\beta)\, dx$$

$x^2 - ax - 1 = 0$ …③の2解が α, β あり ③の左辺は $x^2 - ax - 1 = (x-\alpha)(x-\beta)$ と変形できる!!

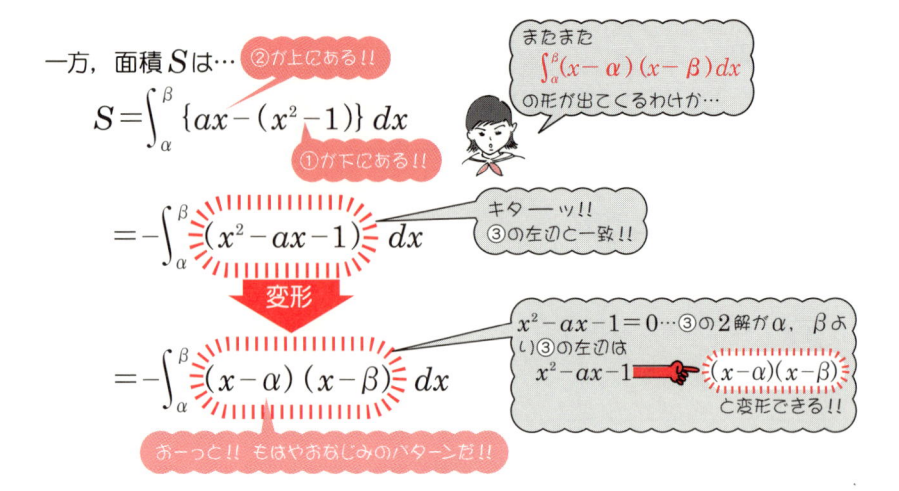

おーっと!! もはやおなじみのパターンだ!!

ここまでくればもう安心♥　仕上げは解答にて…

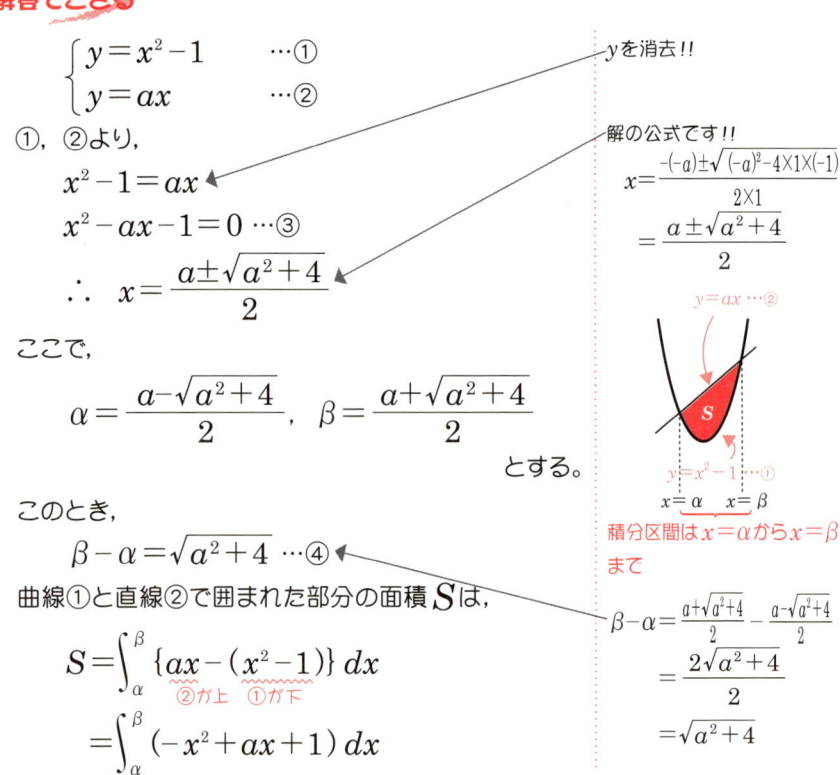

解答でござる

$$\begin{cases} y = x^2 - 1 & \cdots ① \\ y = ax & \cdots ② \end{cases}$$

y を消去!!

①，②より，

$$x^2 - 1 = ax$$
$$x^2 - ax - 1 = 0 \cdots ③$$
$$\therefore\ x = \frac{a \pm \sqrt{a^2 + 4}}{2}$$

解の公式です!!
$$x = \frac{-(-a) \pm \sqrt{(-a)^2 - 4 \times 1 \times (-1)}}{2 \times 1}$$
$$= \frac{a \pm \sqrt{a^2+4}}{2}$$

ここで，
$$\alpha = \frac{a - \sqrt{a^2+4}}{2},\quad \beta = \frac{a + \sqrt{a^2+4}}{2}$$

とする。

このとき，
$$\beta - \alpha = \sqrt{a^2 + 4} \ \cdots ④$$

積分区間は $x = \alpha$ から $x = \beta$ まで

$$\beta - \alpha = \frac{a+\sqrt{a^2+4}}{2} - \frac{a-\sqrt{a^2+4}}{2}$$
$$= \frac{2\sqrt{a^2+4}}{2}$$
$$= \sqrt{a^2+4}$$

曲線①と直線②で囲まれた部分の面積 S は，

$$S = \int_\alpha^\beta \{\underline{ax} - \underline{(x^2-1)}\}\, dx$$
(②が上　①が下)

$$= \int_\alpha^\beta (-x^2 + ax + 1)\, dx$$

$$= -\int_\alpha^\beta (x^2 - ax - 1)\, dx$$

変形!!

$$= -\int_\alpha^\beta (x-\alpha)(x-\beta)\, dx$$

$$= -\left\{-\frac{1}{6}(\beta-\alpha)^3\right\}$$

$$= \frac{1}{6}(\beta-\alpha)^3 \cdots ⑤$$

題意より, $S = \dfrac{9}{2}$ であるから, ⑤より,

$$\frac{1}{6}(\beta-\alpha)^3 = \frac{9}{2}$$

$$(\beta-\alpha)^3 = 27 (=3^3)$$

$$\therefore \ \beta - \alpha = 3 \cdots ⑥$$

⑥に④を用いて,

$$\sqrt{a^2+4} = 3$$

両辺を2乗して,

$$a^2 + 4 = 9$$

$$a^2 = 5$$

$$\therefore \ a = \pm\sqrt{5} \quad \cdots (答)$$

マイナスを出しました!!
③の左辺に一致!!
いつものパターンですね

$x^2 - ax - 1 = 0 \cdots$ ③の2解が α, β であるから③の左辺は…

$$x^2 - ax - 1$$

$$(x-\alpha)(x-\beta)$$

と変形できる!!

$$\int_\alpha^\beta (x-\alpha)(x-\beta)\,dx = -\frac{1}{6}(\beta-\alpha)^3$$

$S = \dfrac{1}{6}(\beta-\alpha)^3 \cdots ⑤$

これが $S = \dfrac{9}{2}$ に一致!!

しっかり計算すると…
$\beta - \alpha = t$ とおく
$$t^3 = 27$$
$$t^3 - 27 = 0$$
$$t^3 - 3^3 = 0$$
$$(t-3)(t^2 + 3\times t + 3^2) = 0$$
$$(t-3)(t^2 + 3t + 9) = 0$$
このとき
$t^2 + 3t + 9 = 0$ からは

$$t = \frac{-3 \pm \sqrt{-27}}{2}$$

$$= \frac{-3 \pm 3\sqrt{3}i}{2}$$

となり虚数解となってしまう!!
よって, $t = 3$ のみが解!!

つまり

$$\beta - \alpha = 3$$

しかし, この事実を答案にダラダラと書く必要はない!!

さらにレベルを上げて…

問題24-2 　ちょいムズ

点$(1, 3)$を通る直線と放物線$y=x^2$とで囲まれる部分の面積をSとする。このとき，Sの最小値と，それを与える直線の方程式を求めよ。

ナイスな導入

あらすじをまとめておこう!!

手順 その1

まず，点$(1, 3)$を通る直線を具体的に表そう!!

傾きをmとして…

$y-3=m(x-1)$

$y=mx-m+3$ …①

（点(x_0, y_0)を通り傾きmの直線は $y-y_0=m(x-x_0)$）

$y=mx-m+3$ …①
$y=x^2$ …②

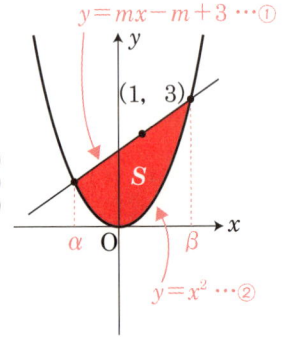

手順 その2

$\begin{cases} y=mx-m+3 \cdots① \\ y=x^2 \cdots② \end{cases}$

①と②の交点のx座標をα，β $(\alpha<\beta)$として，

$\beta-\alpha$をmの式として表しておく!!

いつものパターンだね!!

手順 その3

直線①と放物線②で囲まれた面積Sをmで表す!!

その際に，

$$\int_\alpha^\beta (x-\alpha)(x-\beta)\,dx = -\frac{1}{6}(\beta-\alpha)^3$$

が活躍することは，いうまでもない!!

では，さっそくまいりましょう♥

Theme 24　もっと面積!!　ドカンと一発!!

解答でござる

点$(1, 3)$を通り，傾きmの直線の方程式は，
$$y - 3 = m(x - 1)$$
$$\therefore \quad y = mx - m + 3 \quad \cdots ①$$

さらに，
$$y = x^2 \quad \cdots ②$$

とおく。

①，②より，
$$x^2 = mx - m + 3$$
$$x^2 - mx + m - 3 = 0 \quad \cdots ③$$

このとき，③の判別式をDとすると，
$$D = (-m)^2 - 4 \times 1 \times (m - 3)$$
$$= m^2 - 4m + 12 \quad \cdots ④$$
$$= (m - 2)^2 + 8 > 0$$

よって，③は，異なる2つの実数解をもつ。
つまり，①と②は異なる2つの共有点をもつ。
③を解くと，
$$x = \frac{m \pm \sqrt{D}}{2}$$

ここで，
$$\alpha = \frac{m - \sqrt{D}}{2}, \quad \beta = \frac{m + \sqrt{D}}{2}$$

とすると，
$$\beta - \alpha = \frac{m + \sqrt{D}}{2} - \frac{m - \sqrt{D}}{2}$$
$$= \frac{2\sqrt{D}}{2}$$
$$= \sqrt{D} \quad \cdots ⑤$$

点(x_0, y_0)を通り，傾きmの直線の方程式は，
$$\boldsymbol{y - y_0 = m(x - x_0)}$$

yを消去!!

$D = b^2 - 4ac$です!!

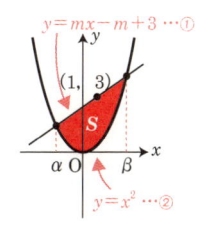

上図から①と②が必ず2点で交わることは明らかなのだが，一応，確認する姿勢を相手に見せておいたほうが無難♥

解の公式です
ルートの中は④のDです

いつものパターンだね♥

こいつが，いずれ役に立つ!!

一方，直線①と放物線②で囲まれた部分の面積 S は，

$$\begin{aligned}S &= \int_\alpha^\beta \{\underbrace{(mx-m+3)}_{\text{①が上}} - \underbrace{x^2}_{\text{②が下}}\} dx \\ &= -\int_\alpha^\beta (x^2 - mx + m - 3) dx \\ &\quad\text{変形!!} \\ &= -\int_\alpha^\beta (x-\alpha)(x-\beta) dx \\ &= -\left\{-\frac{(\beta-\alpha)^3}{6}\right\} \\ &= \frac{(\beta-\alpha)^3}{6} \\ &= \frac{(\sqrt{D})^3}{6} \quad \cdots ⑥ \quad (⑤より)\end{aligned}$$

お — っと!! いつものお話!!
③の左辺と一致してるよ♥

$x^2 - mx + m - 3 = 0 \cdots ③$ の2解が α, β より，③の左辺は…
$$x^2 - mx + m - 3$$
変形!!
$$(x-\alpha)(x-\beta)$$
と変形できる!!

$$\int_\alpha^\beta (x-\alpha)(x-\beta)dx = -\frac{1}{6}(\beta-\alpha)^3$$

$\beta - \alpha = \sqrt{D} \cdots ⑤$

ここで，④から，
$$D = m^2 - 4m + 12 = (m-2)^2 + 8$$
より，$m=2$ のとき，D は最小値 8 をとる。

このとき，⑥からも明らかなように S も最小値をとる。
よって，S の最小値は，
$$\frac{(\sqrt{8})^3}{6} = \frac{8\sqrt{2}}{3} \cdots \text{(答)}$$

このとき，①より直線の方程式は，
$$y = 2x + 1 \cdots \text{(答)}$$

D は m の2次関数

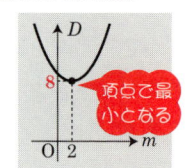

$m=2$ のとき D は最小値 8 となり，このとき S も最小!!
$y = \underline{m}x - \underline{m} + 3 \cdots ①$
  $m=2$

Theme 25 絶対値のついた定積分 初級編

まずは単純なものから…

問題25-1 標準

定積分 $\int_{-2}^{2} |x-1|\, dx$ を求めよ。

ナイスな導入

i) $x \geq 1$ のとき（$x-1 \geq 0$ のとき）
$|x-1| = x-1$

ii) $x \leq 1$ のとき（$x-1 \leq 0$ のとき）
$|x-1| = -(x-1)$

（$x-1 \leq 0$ をプラスに直すために前にマイナスをつける）

以上から

$$\int_{-2}^{2} |x-1|\, dx = \int_{-2}^{1} \{-(x-1)\}\, dx + \int_{1}^{2} (x-1)\, dx$$

$-2 \leq x \leq 1$ の範囲では $|x-1| = -(x-1)$

$1 \leq x \leq 2$ の範囲では $|x-1| = x-1$

図解すると!!

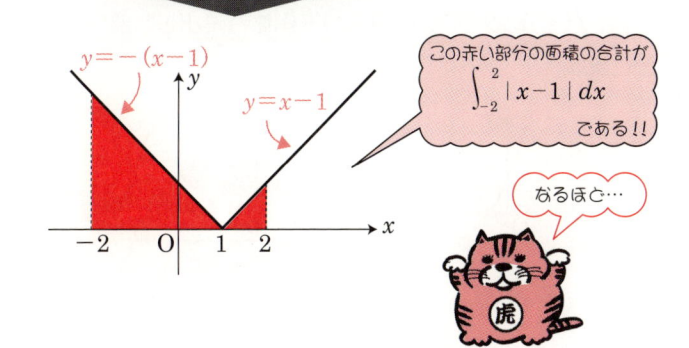

$y = -(x-1)$, $y = x-1$

この赤い部分の面積の合計が $\int_{-2}^{2}|x-1|\,dx$ である!!

なるほど…

解答でござる

$-2 \leqq x \leqq 1$ のとき，$|x-1| = -(x-1)$ ← $x \leqq 1$ のとき $|x-1| = -(x-1)$

$1 \leqq x \leqq 2$ のとき，$|x-1| = x-1$ ← $1 \leqq x$ のとき $|x-1| = x-1$

よって，

$$\int_{-2}^{2} |x-1|\, dx$$
$$= \int_{-2}^{1} \{-(x-1)\}\, dx + \int_{1}^{2} (x-1)\, dx$$
$$= -\int_{-2}^{1} (x-1)\, dx + \int_{1}^{2} (x-1)\, dx$$
$$= -\left[\frac{1}{2}x^2 - x\right]_{-2}^{1} + \left[\frac{1}{2}x^2 - x\right]_{1}^{2}$$
$$= -\left\{\frac{1}{2} - 1 - (2+2)\right\} + 2 - 2 - \left(\frac{1}{2} - 1\right)$$
$$= \mathbf{5} \cdots \text{(答)}$$

イメージは…

参考までに

$3 \times 3 \times \dfrac{1}{2} + 1 \times 1 \times \dfrac{1}{2}$

$= \dfrac{9}{2} + \dfrac{1}{2}$

$= 5$

一致しましたよ!!

ちょっと言わせて

一般に $y = |f(x)|$ のグラフは，

$y = f(x)$ のグラフの x 軸より下側にハミ出した部分を折り返すことによって得られます。

折り返せ!!

$f(x) < 0$ の部分をプラスに直せ!!

Theme 25　絶対値のついた定積分　初級編

ちなみに，本問でも，

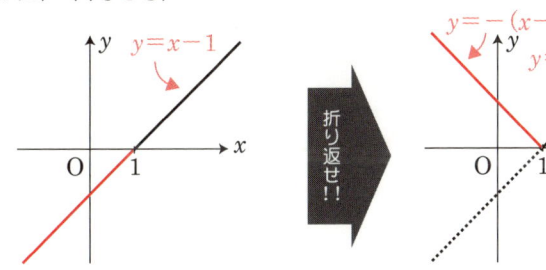

[グラフ： $y=x-1$ を折り返して $y=-(x-1)$ と $y=x-1$ のV字グラフへ]

では，この調子でもう少し……

問題 25-2　標準

次の定積分を求めよ。

(1) $\displaystyle\int_1^4 |x-3|\,dx$

(2) $\displaystyle\int_{-1}^3 |x^2-4|\,dx$

(3) $\displaystyle\int_{-2}^0 |x^2-2x-3|\,dx$

ナイスな導入

やはりこのタイプは，グラフで考えるのが得策!!

(1) $y=|x-3|$ のグラフは…

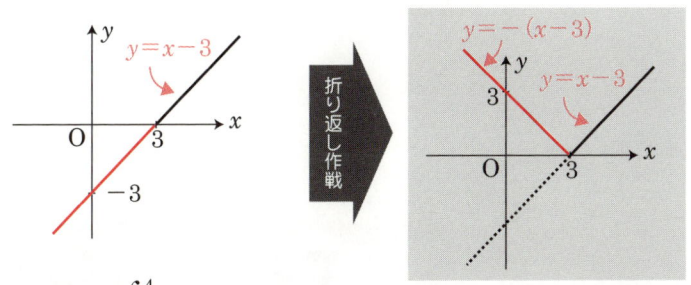

[グラフ： $y=x-3$ を折り返し作戦で $y=-(x-3)$ と $y=x-3$ のV字グラフへ]

よって，定積分 $\displaystyle\int_1^4 |x-3|\,dx$ の意味するものは，次ページの図の，赤い部分の面積!!

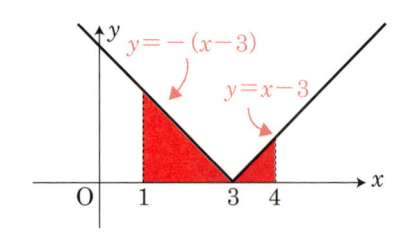

(2) $y=|x^2-4|$ のグラフは…

$y=x^2-4$
$=(x+2)(x-2)$

折り返し作戦

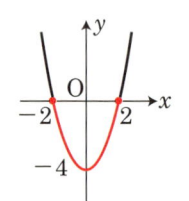

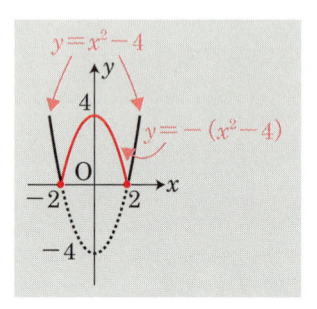

よって，定積分 $\int_{-1}^{3}|x^2-4|dx$ が意味するものは，次の図の，赤い部分の面積!!

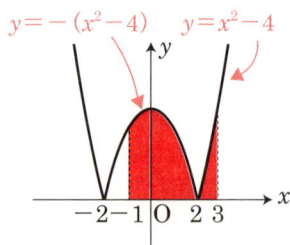

(3)も同様です。

Theme 25 絶対値のついた定積分 初級編 279

解答でござる

(1) $\displaystyle\int_1^4 |x-3|\,dx$

$= \displaystyle\int_1^3 \{-(x-3)\}\,dx + \int_3^4 (x-3)\,dx$

$= -\displaystyle\int_1^3 (x-3)\,dx + \int_3^4 (x-3)\,dx$

$= -\left[\dfrac{1}{2}x^2 - 3x\right]_1^3 + \left[\dfrac{1}{2}x^2 - 3x\right]_3^4$

$= -\left\{\dfrac{9}{2} - 9 - \left(\dfrac{1}{2} - 3\right)\right\} + 8 - 12 - \left(\dfrac{9}{2} - 9\right)$

$= \underline{\dfrac{\mathbf{5}}{\mathbf{2}}}$ …(答)

ちなみに…

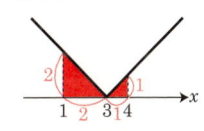

三角形の合計は…

$2 \times 2 \times \dfrac{1}{2} + 1 \times 1 \times \dfrac{1}{2} = \dfrac{5}{2}$

左の答と一致します!!

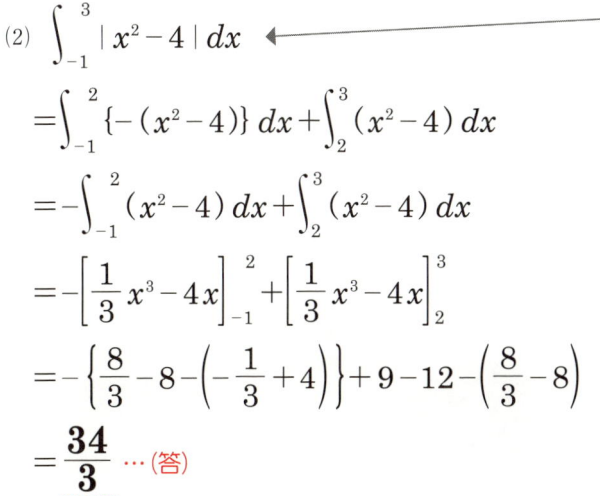

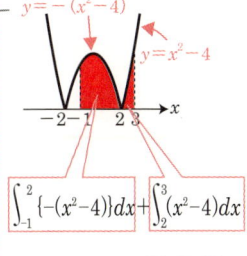

(2) $\displaystyle\int_{-1}^3 |x^2-4|\,dx$

$= \displaystyle\int_{-1}^2 \{-(x^2-4)\}\,dx + \int_2^3 (x^2-4)\,dx$

$= -\displaystyle\int_{-1}^2 (x^2-4)\,dx + \int_2^3 (x^2-4)\,dx$

$= -\left[\dfrac{1}{3}x^3 - 4x\right]_{-1}^2 + \left[\dfrac{1}{3}x^3 - 4x\right]_2^3$

$= -\left\{\dfrac{8}{3} - 8 - \left(-\dfrac{1}{3} + 4\right)\right\} + 9 - 12 - \left(\dfrac{8}{3} - 8\right)$

$= \underline{\dfrac{\mathbf{34}}{\mathbf{3}}}$ …(答)

グラフで考えると楽勝じゃん!!

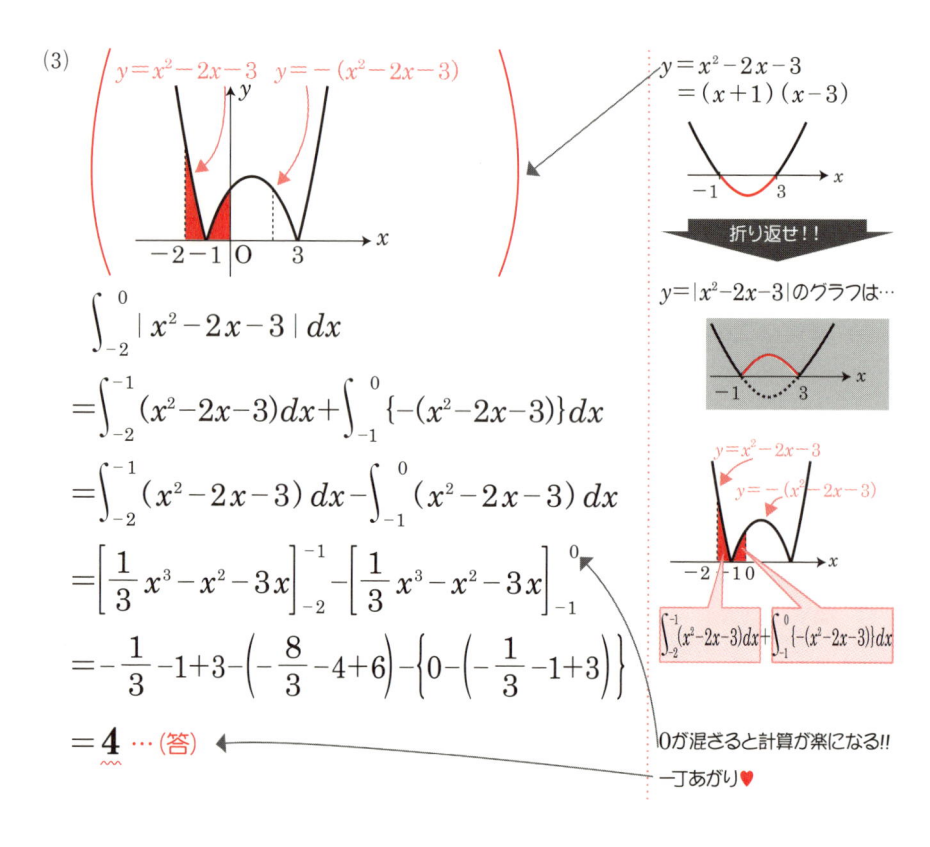

(3)

$\displaystyle\int_{-2}^{0} |x^2-2x-3|\, dx$

$= \displaystyle\int_{-2}^{-1} (x^2-2x-3)\, dx + \int_{-1}^{0} \{-(x^2-2x-3)\}\, dx$

$= \displaystyle\int_{-2}^{-1} (x^2-2x-3)\, dx - \int_{-1}^{0} (x^2-2x-3)\, dx$

$= \left[\dfrac{1}{3}x^3 - x^2 - 3x\right]_{-2}^{-1} - \left[\dfrac{1}{3}x^3 - x^2 - 3x\right]_{-1}^{0}$

$= -\dfrac{1}{3} - 1 + 3 - \left(-\dfrac{8}{3} - 4 + 6\right) - \left\{0 - \left(-\dfrac{1}{3} - 1 + 3\right)\right\}$

$= \underline{4}$ …(答)

$y = x^2 - 2x - 3 = (x+1)(x-3)$

折り返せ!!

$y = |x^2-2x-3|$ のグラフは…

0が混ざると計算が楽になる!!

一丁あがり♥

もう少しだよ ガンバレ♥

Theme 26 絶対値のついた定積分 上級編

前テーマ 25 のパワーアップバージョンです♥

問題 26-1 ちょいムズ

$f(t) = \int_0^2 |x-t|\, dx$ とする。

(1) $f(t)$ を求めよ。
(2) $f(t)$ の最小値を求めよ。

ナイスな導入

変なところに t がまぎれ込んでます!!（$\int_0^2 |x-t|\, dx$）

しか〜し，案じることはありません!!

まず，$y = |x-t|$ のグラフを考えてみよう。

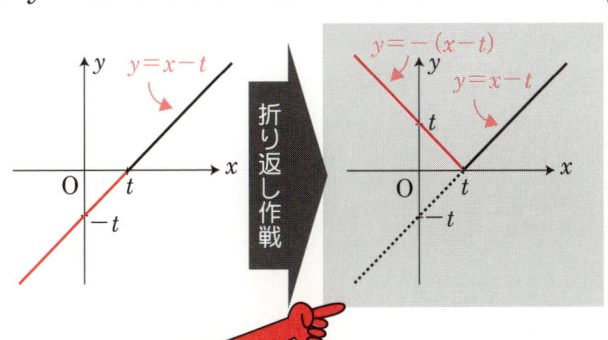

（$y = x - t$ のグラフ → 折り返し作戦 → $y = -(x-t)$ と $y = x-t$ を合わせたV字グラフ）

このグラフと積分区間 $0 \leqq x \leqq 2$ との位置関係が問題とな〜る!!（$\int_0^2 |x-t|\, dx$）

その1　$2 < t$ のとき

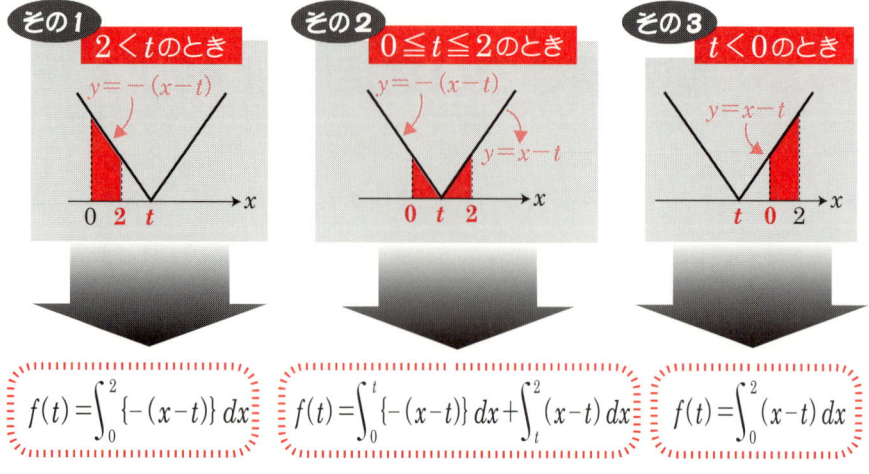

$y = -(x-t)$

$$f(t) = \int_0^2 \{-(x-t)\}\, dx$$

その2　$0 \leq t \leq 2$ のとき

$y = -(x-t)$、$y = x-t$

$$f(t) = \int_0^t \{-(x-t)\}\, dx + \int_t^2 (x-t)\, dx$$

その3　$t < 0$ のとき

$y = x-t$

$$f(t) = \int_0^2 (x-t)\, dx$$

これらを計算すれば万事解決です!!

では，参りましょう!!

解答でござる

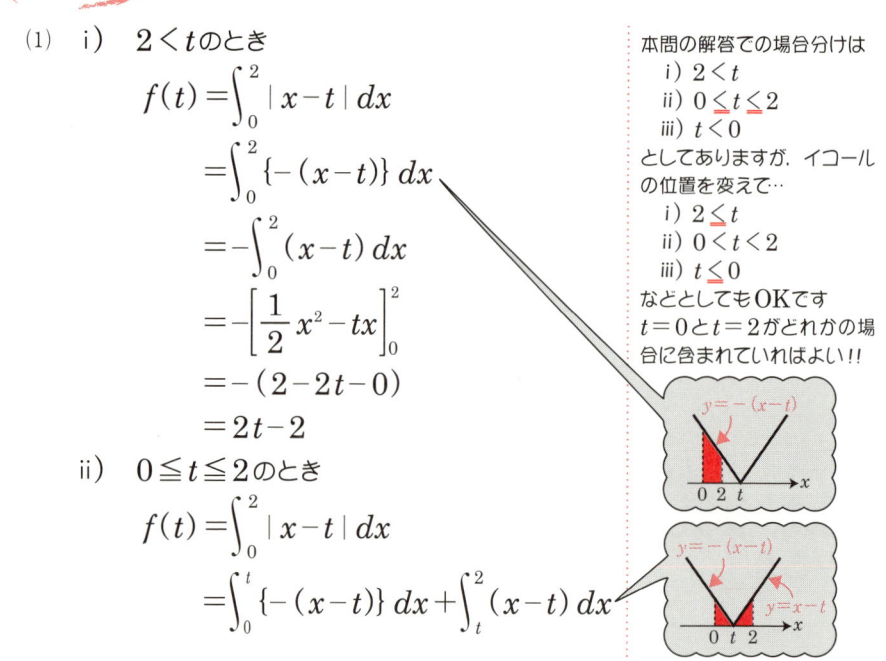

(1) ⅰ) $2 < t$ のとき

$$\begin{aligned}
f(t) &= \int_0^2 |x-t|\, dx \\
&= \int_0^2 \{-(x-t)\}\, dx \\
&= -\int_0^2 (x-t)\, dx \\
&= -\left[\frac{1}{2}x^2 - tx\right]_0^2 \\
&= -(2 - 2t - 0) \\
&= 2t - 2
\end{aligned}$$

ⅱ) $0 \leq t \leq 2$ のとき

$$\begin{aligned}
f(t) &= \int_0^2 |x-t|\, dx \\
&= \int_0^t \{-(x-t)\}\, dx + \int_t^2 (x-t)\, dx
\end{aligned}$$

本問の解答での場合分けは
 ⅰ) $2 < t$
 ⅱ) $0 \leq t \leq 2$
 ⅲ) $t < 0$
としてありますが，イコールの位置を変えて…
 ⅰ) $2 \leq t$
 ⅱ) $0 < t < 2$
 ⅲ) $t \leq 0$
などとしてもOKです
$t=0$ と $t=2$ がどれかの場合に含まれていればよい!!

$$= -\int_0^t (x-t)\,dx + \int_t^2 (x-t)\,dx$$
$$= -\left[\frac{1}{2}x^2 - tx\right]_0^t + \left[\frac{1}{2}x^2 - tx\right]_t^2$$
$$= -\left(\frac{1}{2}t^2 - t^2 - 0\right) + 2 - 2t - \left(\frac{1}{2}t^2 - t^2\right)$$
$$= t^2 - 2t + 2$$

ⅲ) $t<0$ のとき
$$f(t) = \int_0^2 |x-t|\,dx$$
$$= \int_0^2 (x-t)\,dx$$
$$= \left[\frac{1}{2}x^2 - tx\right]_0^2$$ 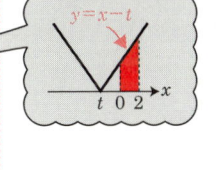
$$= 2 - 2t - 0$$
$$= -2t + 2$$

以上，ⅰ)，ⅱ)，ⅲ)をまとめて，
$$\begin{cases} f(t) = \mathbf{2t - 2}\,(2<t\text{のとき}) \\ f(t) = \mathbf{t^2 - 2t + 2}\,(0 \leq t \leq 2\text{のとき}) \\ f(t) = \mathbf{-2t + 2}\,(t<0\text{のとき}) \end{cases}$$ …(答)

(2)への準備として，これらをグラフにしておきましょう!!

ⅰ) $2<t$ のとき
$$f(t) = 2t - 2$$

ⅱ) $0 \leq t \leq 2$ のとき
$$f(t) = t^2 - 2t + 2$$
$$= (t-1)^2 + 1$$
頂点$(1, 1)$

ⅲ) $t<0$ のとき
$$f(t) = -2t + 2$$

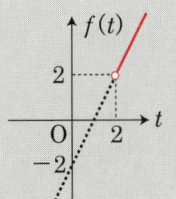

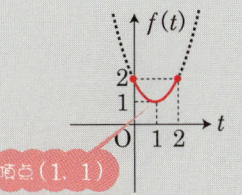

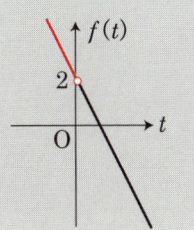

(2) (1)の結果から次のグラフが得られる。

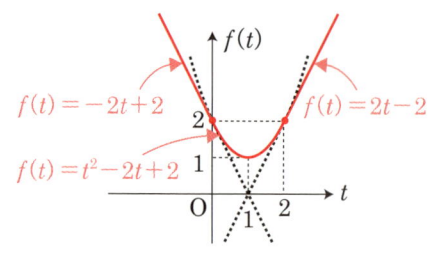

$f(t) = -2t+2$
$f(t) = 2t-2$
$f(t) = t^2-2t+2$

グラフより，最小値は，

$f(1) = 1$ …（答）

前ページの3つのグラフを合体させただけね♥

グラフより，
$t=1$ のとき最小値1です!!

Theme 26　絶対値のついた定積分　上級編

さらにトドメのもう一発!!

問題 26-2　モロ難

$$f(t) = \int_0^1 |x(x-t)|\,dx \quad \text{とする。}$$

(1) $f(t)$ を求めよ。
(2) $f(t)$ の最小値を求めよ。

ナイスな導入

$y = x(x-t)$ のグラフは…

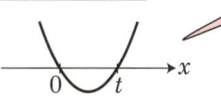

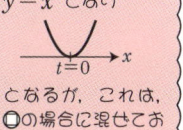

㋐ $t < 0$ のとき

㋑ $0 \leq t$ のとき

$t = 0$ のとき $y = x^2$ となり となるが、これは、㋑の場合に混ぜておいた!!

折り返し作戦

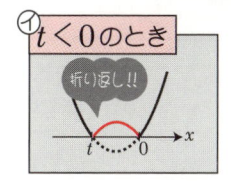

㋐ $t < 0$ のとき　折り返し!!

㋑ $0 \leq t$ のとき　折り返し!!

なるほど…

この㋐と㋑の2タイプに積分区間 $0 \leq x \leq 1$ がからんで…

$\int_0^1 |x(x-t)|\,dx$

場合分けは…

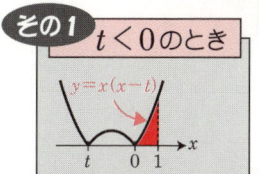

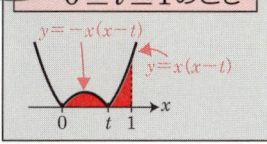

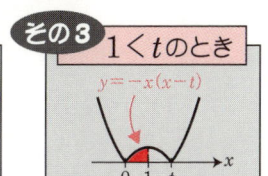

その1　$t < 0$ のとき　$y = x(x-t)$

その2　$0 \leq t \leq 1$ のとき　$y = -x(x-t)$　$y = x(x-t)$

その3　$1 < t$ のとき　$y = -x(x-t)$

ちなみにイコールの位置を変えて

その1　$t \leq 0$ のとき

その2　$0 < t < 1$ のとき

その3　$1 \leq t$ のとき

などとしても OK !!

では，まいりましょう!!

解答でござる

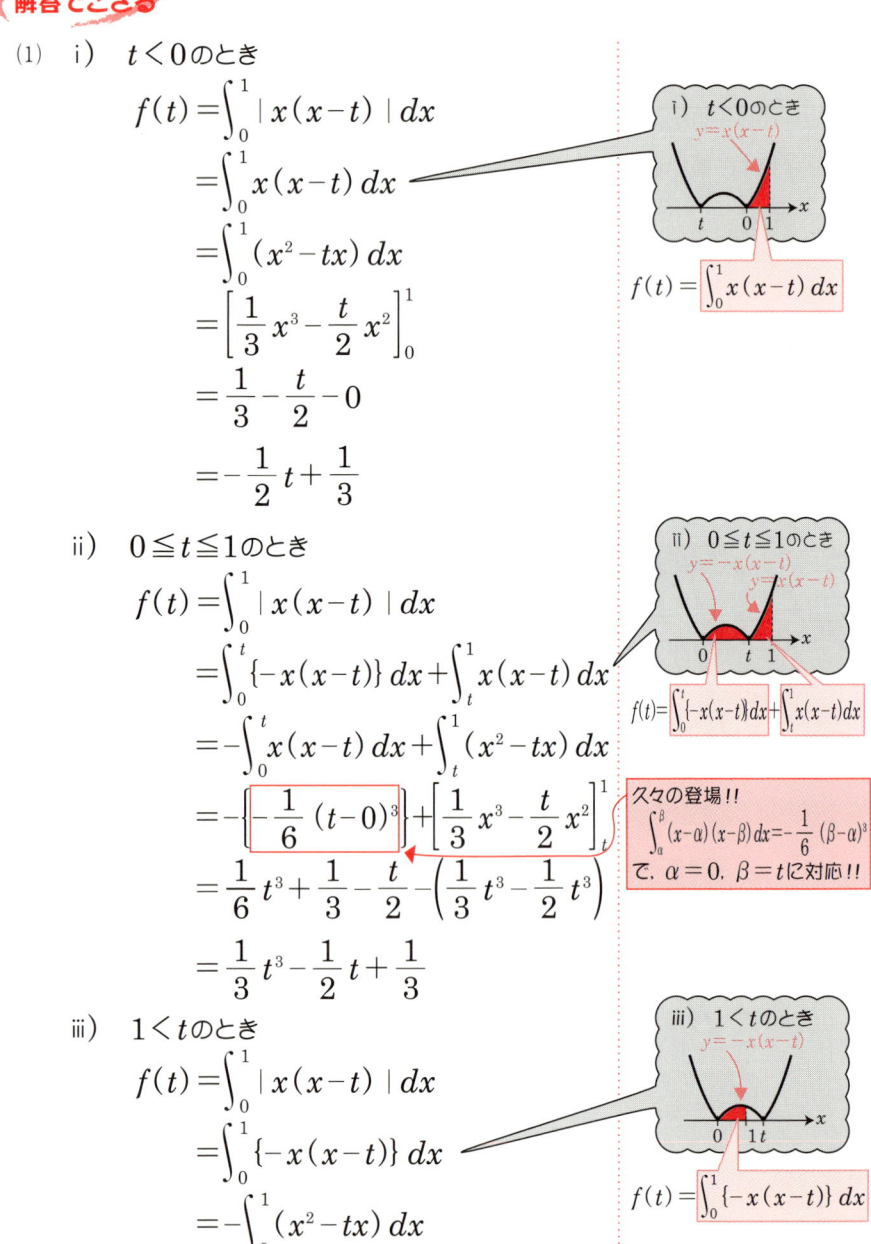

(1) i) $t < 0$ のとき

$$f(t) = \int_0^1 |x(x-t)| \, dx$$
$$= \int_0^1 x(x-t) \, dx$$
$$= \int_0^1 (x^2 - tx) \, dx$$
$$= \left[\frac{1}{3}x^3 - \frac{t}{2}x^2\right]_0^1$$
$$= \frac{1}{3} - \frac{t}{2} - 0$$
$$= -\frac{1}{2}t + \frac{1}{3}$$

i) $t < 0$ のとき
$y = x(x-t)$

$f(t) = \int_0^1 x(x-t) \, dx$

ii) $0 \leq t \leq 1$ のとき

$$f(t) = \int_0^1 |x(x-t)| \, dx$$
$$= \int_0^t \{-x(x-t)\} \, dx + \int_t^1 x(x-t) \, dx$$
$$= -\int_0^t x(x-t) \, dx + \int_t^1 (x^2 - tx) \, dx$$
$$= -\left\{-\frac{1}{6}(t-0)^3\right\} + \left[\frac{1}{3}x^3 - \frac{t}{2}x^2\right]_t^1$$
$$= \frac{1}{6}t^3 + \frac{1}{3} - \frac{t}{2} - \left(\frac{1}{3}t^3 - \frac{1}{2}t^3\right)$$
$$= \frac{1}{3}t^3 - \frac{1}{2}t + \frac{1}{3}$$

ii) $0 \leq t \leq 1$ のとき
$y = -x(x-t)$
$y = x(x-t)$

$f(t) = \int_0^t \{-x(x-t)\} dx + \int_t^1 x(x-t) dx$

久々の登場!!
$\int_\alpha^\beta (x-\alpha)(x-\beta) dx = -\frac{1}{6}(\beta-\alpha)^3$
で，$\alpha = 0$, $\beta = t$ に対応!!

iii) $1 < t$ のとき

$$f(t) = \int_0^1 |x(x-t)| \, dx$$
$$= \int_0^1 \{-x(x-t)\} \, dx$$
$$= -\int_0^1 (x^2 - tx) \, dx$$

iii) $1 < t$ のとき
$y = -x(x-t)$

$f(t) = \int_0^1 \{-x(x-t)\} \, dx$

Theme 26　絶対値のついた定積分　上級編　287

$$= -\left[\frac{1}{3}x^3 - \frac{t}{2}x^2\right]_0^1$$
$$= -\left(\frac{1}{3} - \frac{t}{2} - 0\right)$$
$$= \frac{1}{2}t - \frac{1}{3}$$

以上, ⅰ), ⅱ), ⅲ)をまとめて,

$$\begin{cases} f(t) = -\dfrac{1}{2}t + \dfrac{1}{3} & (t<0 \text{のとき}) \\ f(t) = \dfrac{1}{3}t^3 - \dfrac{1}{2}t + \dfrac{1}{3} & (0 \leq t \leq 1 \text{のとき}) \\ f(t) = \dfrac{1}{2}t - \dfrac{1}{3} & (1<t \text{のとき}) \end{cases}$$ …(答)

3つの場合から求まった$f(t)$の結果を並べておけばOK！！

(2)　ⅱ)　$0 \leq t \leq 1$ のとき

$$f'(t) = t^2 - \frac{1}{2}$$
$$= t^2 - \frac{2}{4}$$
$$= t^2 - \left(\frac{\sqrt{2}}{2}\right)^2$$
$$= \left(t + \frac{\sqrt{2}}{2}\right)\left(t - \frac{\sqrt{2}}{2}\right)$$

この場合のみ3次関数なので微分が必要です。

$f(t) = \dfrac{1}{3}t^3 - \dfrac{1}{2}t + \dfrac{1}{3}$ より

$$f'(t) = \frac{1}{3} \times 3t^2 - \frac{1}{2}$$
$$= t^2 - \frac{1}{2}$$

$\dfrac{1}{2} = \dfrac{2}{4}$ です！！
$\dfrac{2}{4} = \left(\dfrac{\sqrt{2}}{2}\right)^2$ です！！

$0 \leq t \leq 1$ の範囲で増減表をかくと,

t	0	⋯	$\dfrac{\sqrt{2}}{2}$	⋯	1
$f'(t)$		−	0	+	
$f(t)$	$\dfrac{1}{3}$	↘	極小	↗	$\dfrac{1}{6}$

$f'(t) = \left(t + \dfrac{\sqrt{2}}{2}\right)\left(t - \dfrac{\sqrt{2}}{2}\right)$ の符号は…

このとき,

$$f\left(\frac{\sqrt{2}}{2}\right) = \frac{1}{3} \times \left(\frac{\sqrt{2}}{2}\right)^3 - \frac{1}{2} \times \frac{\sqrt{2}}{2} + \frac{1}{3}$$
$$= \frac{\sqrt{2}}{12} - \frac{\sqrt{2}}{4} + \frac{1}{3}$$
$$= \frac{2-\sqrt{2}}{6}$$

$f(0) = \dfrac{1}{3} \times 0^3 - \dfrac{1}{2} \times 0 + \dfrac{1}{3} = \dfrac{1}{3}$
$f(1) = \dfrac{1}{3} \times 1^3 - \dfrac{1}{2} \times 1 + \dfrac{1}{3} = \dfrac{1}{6}$

これに，

i) $t<0$ のとき $f(t)=-\dfrac{1}{2}t+\dfrac{1}{3}$

iii) $1<t$ のとき $f(t)=\dfrac{1}{2}t-\dfrac{1}{3}$

の場合を考慮してグラフをかくと，

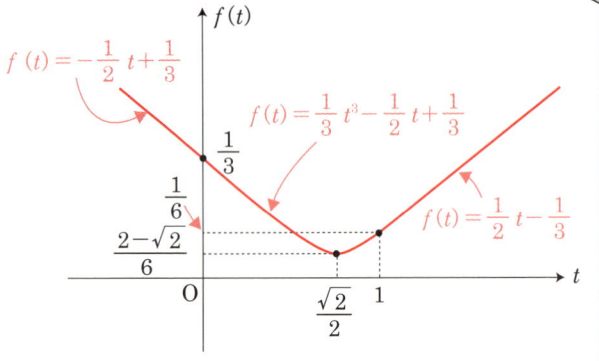

グラフより，最小値は，

$$f\left(\dfrac{\sqrt{2}}{2}\right)=\dfrac{2-\sqrt{2}}{6} \quad \cdots\text{(答)}$$

グラフから明らかなように $t=\dfrac{\sqrt{2}}{2}$ のとき，$f(t)$ は最小値 $\dfrac{2-\sqrt{2}}{6}$ をとる!!

ちょっと言わせて

わざわざグラフをかかなくても次に示すような気の利いた増減表をかけばOKですよ♥

t	$\cdots$	0	$\cdots$	$\dfrac{\sqrt{2}}{2}$	$\cdots$	1	$\cdots$
$f'(t)$	$-$		$-$	0	$+$		$+$
$f(t)$	↘	$\dfrac{1}{3}$	↘	$\dfrac{2-\sqrt{2}}{6}$	↗	$\dfrac{1}{6}$	↗

i) $t<0$ のとき
$f(t)=-\dfrac{1}{2}t+\dfrac{1}{3}$
より，減少する直線であることは明らか

ii) $0\leqq t\leqq 1$ のとき
先ほどの増減表がここにハマる!!

iii) $1<t$ のとき
$f(t)=\dfrac{1}{2}t-\dfrac{1}{3}$
より，増加する直線であることは明らか

この増減表から，最小値が $f\left(\dfrac{\sqrt{2}}{2}\right)=\dfrac{2-\sqrt{2}}{6}$ であることがわかる!!

Theme 27 上を目指すアナタへ…

まず非常に使えるヤツらを紹介いたしましょう♥

使えるヤツ その1
$$\{(ax+k)^n\}' = a \times n(ax+k)^{n-1}$$

例えば…
$$\{(3x+10)^5\}' = 3 \times 5(3x+10)^4 = 15(3x+10)^4$$

使えるヤツ その2
$$\int (ax+k)^n dx = \frac{1}{a} \times \frac{1}{n+1}(ax+k)^{n+1} + C$$

Cは積分定数

例えば…
$$\int (2x+5)^3 dx = \frac{1}{2} \times \frac{1}{4}(2x+5)^4 + C = \frac{1}{8}(2x+5)^4 + C$$

じつは両方とも「数学Ⅲ」の範囲でやるんですが，知っておくと何かと得ですよ♥

特に，$a=1$ としたタイプの公式は，「数学Ⅱ」の参考書では載せてある場合が多いですね。

使えるヤツ その1　$a=1$ バージョン
$$\{(x+k)^n\}' = n(x+k)^{n-1}$$

使えるヤツ その2　$a=1$ バージョン
$$\int (x+k)^n dx = \frac{1}{n+1}(x+k)^{n+1} + C$$

そこで，少しだけお付き合いを…

問題27-1 　標準

次の定積分を求めよ。

(1) $\int_0^2 (x+2)^2 dx$ 　(2) $\int_{-1}^3 (x-1)^3 dx$

ナイスな導入

前ページの**使えるヤツ その2** $a=1$バージョン を使ってください!!

$$\int (x+k)^n dx = \frac{1}{n+1}(x+k)^{n+1} + C$$

解答でござる

(1) $\int_0^2 (x+2)^2 dx$ ← 上の公式で $n=2$, $k=2$に対応!!

$= \left[\frac{1}{3}(x+2)^3\right]_0^2$ ← 定積分なのでCはいらん!!

$= \frac{1}{3}(2+2)^3 - \frac{1}{3}(0+2)^3$

$= \frac{1}{3} \cdot 4^3 - \frac{1}{3} \cdot 2^3$

$= \frac{64}{3} - \frac{8}{3}$

$= \dfrac{56}{3}$ …(答)

(2) $\int_{-1}^3 (x-1)^3 dx$ ← 上の公式で $n=3$, $k=-1$に対応!!

$= \left[\frac{1}{4}(x-1)^4\right]_{-1}^3$ ← 定積分なのでCは無用!!

$= \frac{1}{4}(3-1)^4 - \frac{1}{4}(-1-1)^4$

$= \frac{1}{4} \cdot 2^4 - \frac{1}{4} \cdot (-2)^4$

$= 4 - 4 = \mathbf{0}$ …(答)

このあたりで本題に…

問題 27-2 標準

放物線 $y = x^2 - x + 2$ に点 $(1, -2)$ から，2本の接線を引くとき，次の各問いに答えよ。

(1) この2本の接線の方程式を求めよ。
(2) この2本の接線と放物線とで囲まれた部分の面積 S_1 を求めよ。
(3) この2本の接線の2つの接点を結んだ直線と放物線とで囲まれた部分の面積 S_2 を求めよ。

ナイスな導入

(1) P.43 問題 6-2 で初登場して以来，結構練習しましたね♥

(2)でいうところの面積 S_1 とは…　(3)でいうところの面積 S_2 とは…

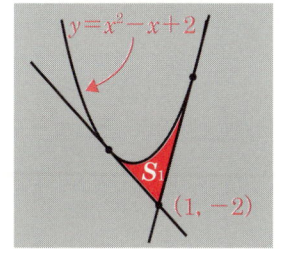

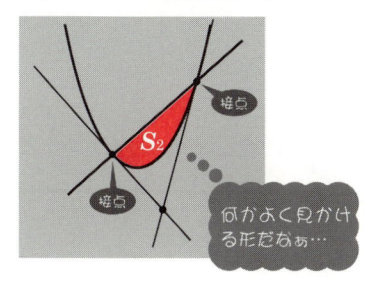

では，さっそくやってみましょうか!?

解答でござる

(1) $y = x^2 - x + 2$ …①

このとき，
$$y' = 2x - 1$$

放物線①上の点 $(t, t^2 - t + 2)$ における接線の方程式は，
$$y - (t^2 - t + 2) = (2t - 1)(x - t)$$

微分しました!!
問題 6-2 参照!!
ある点から曲線に向かって接線を引くとき，まず接点を具体的におくべし!!

$x = t$ における接線の傾きは $y' = 2x - 1$ より，$2t - 1$
$y - y_0 = m(x - x_0)$ のタイプ

$$\therefore \ y=(2t-1)x-t^2+2 \cdots ②$$

となる。

②が点$(1, -2)$を通るとき，

$$-2=(2t-1)\times 1-t^2+2$$
$$t^2-2t-3=0$$
$$(t+1)(t-3)=0$$
$$\therefore \ t=-1, \ 3$$

$t=-1$のとき，②から，$y=-3x+1$
$t=3$のとき，②から，$y=5x-7$

以上より，求めるべき2本の接線の方程式は，

$$\underline{\underline{y=-3x+1, \ y=5x-7}} \cdots (\text{答})$$

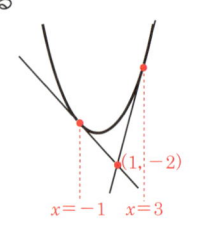

(2) S_1

$$=\int_{-1}^{1}\{(x^2-x+2)-(-3x+1)\}dx+\int_{1}^{3}\{(x^2-x+2)-(5x-7)\}dx$$

$$=\int_{-1}^{1}(x^2+2x+1)dx+\int_{1}^{3}(x^2-6x+9)dx$$

$$=\int_{-1}^{1}(x+1)^2 dx+\int_{1}^{3}(x-3)^2 dx$$

$$=\left[\frac{1}{3}(x+1)^3\right]_{-1}^{1}+\left[\frac{1}{3}(x-3)^3\right]_{1}^{3}$$

$$=\frac{1}{3}(1+1)^3-\frac{1}{3}(-1+1)^3+\frac{1}{3}(3-3)^3-\frac{1}{3}(1-3)^3$$

$$=\frac{1}{3}\cdot 2^3-0+0-\frac{1}{3}\cdot(-2)^3$$

$$=\frac{8}{3}+\frac{8}{3}$$

$$=\underline{\underline{\frac{16}{3}}} \cdots (\text{答})$$

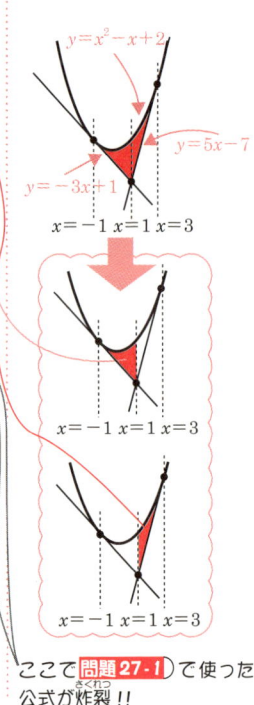

(3) 2つの接点を通る直線を,
$$y = mx + n \cdots ③$$
とおく。

このとき,
$$S_2 = \int_{-1}^{3} \{(mx+n) - (x^2 - x + 2)\} dx$$
$$= -\int_{-1}^{3} \{x^2 - (m+1)x - n + 2\} dx$$
$$= -\int_{-1}^{3} (x+1)(x-3) dx$$
$$= -\left[-\frac{1}{6}\{3-(-1)\}^3\right]$$
$$= \frac{1}{6} \cdot 4^3$$
$$= \frac{32}{3} \cdots \text{(答)}$$

ちょっと言わせて

ちなみに,
$$S_1 : S_2 = \frac{16}{3} : \frac{32}{3} = \mathbf{1 : 2}$$
となります。

この比は,覚えておいて損はないぜっ!!

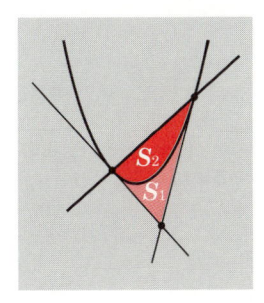

左のような場面で
$S_1 : S_2 = 1 : 2$
は必ず成り立ちますよ♥
上を目指すアナタは押さえておくべきでしょう!!

――― この直線を明らかにしないまま解答するところがポイントです!!

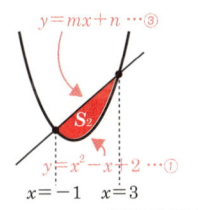

$y = mx + n \cdots ③$
$y = x^2 - x + 2 \cdots ①$
$x = -1 \quad x = 3$

yを消去!!

①③より
$x^2 - x + 2 = mx + n$
$x^2 - (m+1)x - n + 2 = 0 \cdots ④$
図からも明らかなように
④の解は当然 $x = -1, 3$
となるべきである!!

よって!!

④の左辺
$x^2 - (m+1)x - n + 2$
は…
$\{x - (-1)\}(x - 3)$
つまり
$(x+1)(x-3)$
と変形できる!!
この
$x^2 - (m+1)x - n + 2$
があります!!

問題22-3 以来,たくさんやりましたね!!

$\int_{\alpha}^{\beta} (x-\alpha)(x-\beta) dx$
$= -\frac{1}{6}(\beta - \alpha)^3$ で
$\alpha = -1, \beta = 3$ に対応!!

いいこと知った…

別の視点からもう一度♥

問題27-3 モロ難

放物線 $y = x^2$ 上の2点 $A(\alpha, \alpha^2)$, (β, β^2) を考える。ただし，$\alpha < \beta$ とする。

(1) この放物線上の点A，Bにおける接線をそれぞれ ℓ_A, ℓ_B とするとき，ℓ_A, ℓ_B の交点Mの座標を求めよ。

(2) 放物線 $y = x^2$ と ℓ_A, ℓ_B で囲まれた部分の面積 S を α, β で表せ。

ナイスな導入

あらすじを図解して示すと…

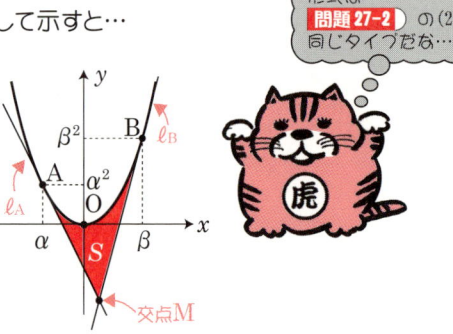

形式は **問題27-2** の(2)と同じタイプだな…

では，やってみましょう!!

解答でござる

(1)　$y = x^2$ …①

①より，

$y' = 2x$　← 微分しました!!

よって，点 $A(\alpha, \alpha^2)$ における接線 ℓ_A の方程式は，

$y - \alpha^2 = 2\alpha(x - \alpha)$

$\therefore\ y = 2\alpha x - \alpha^2$ …②

$y' = 2x$ より，$x = \alpha$ として傾き 2α を得る!!

$y - y_0 = m(x - x_0)$ の形です!!

同様に, 点 $B(\beta, \beta^2)$ における接線 ℓ_B の方程式は,
$$y - \beta^2 = 2\beta(x - \beta)$$
$$\therefore \quad y = 2\beta x - \beta^2 \cdots ③$$

$y' = 2x$ より
$x = \beta$ として傾き 2β を得る!!

②, ③より,
$$2\alpha x - \alpha^2 = 2\beta x - \beta^2$$
$$2\alpha x - 2\beta x = \alpha^2 - \beta^2$$
$$2(\alpha - \beta)x = (\alpha + \beta)(\alpha - \beta)$$
$\alpha < \beta$, つまり, $\alpha \neq \beta$ より,
$$x = \frac{\alpha + \beta}{2}$$

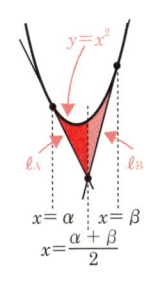

y を消去!!

$\alpha < \beta$ ということは $\alpha = \beta$ となるはずがない!!

$x = \dfrac{(\alpha + \beta)(\alpha - \beta)}{2(\alpha - \beta)}$
$= \dfrac{\alpha + \beta}{2}$

このとき, ②から,
$$y = 2\alpha \times \frac{\alpha + \beta}{2} - \alpha^2$$
$$= \alpha^2 + \alpha\beta - \alpha^2$$
$$= \alpha\beta$$

$y = 2\alpha x - \alpha^2 \cdots ②$
$x = \dfrac{\alpha + \beta}{2}$
もちろん③を活用してもOK!!

以上より, 求めるべき ℓ_A と ℓ_B の交点 M の座標は,
$$\left(\frac{\alpha + \beta}{2}, \ \alpha\beta\right) \cdots \text{(答)}$$

$x = \dfrac{\alpha + \beta}{2}$, $y = \alpha\beta$ より

(2) (1)より,
$$S = \int_\alpha^{\frac{\alpha+\beta}{2}} \{x^2 - (2\alpha x - \alpha^2)\}dx + \int_{\frac{\alpha+\beta}{2}}^\beta \{x^2 - (2\beta x - \beta^2)\}dx$$
$$= \int_\alpha^{\frac{\alpha+\beta}{2}} (x^2 - 2\alpha x + \alpha^2)dx + \int_{\frac{\alpha+\beta}{2}}^\beta (x^2 - 2\beta x + \beta^2)dx$$
$$= \int_\alpha^{\frac{\alpha+\beta}{2}} (x - \alpha)^2 dx + \int_{\frac{\alpha+\beta}{2}}^\beta (x - \beta)^2 dx$$

文字だらけだぁ…(怒)

$$= \left[\frac{1}{3}(x-\alpha)^3\right]_{\alpha}^{\frac{\alpha+\beta}{2}} + \left[\frac{1}{3}(x-\beta)^3\right]_{\frac{\alpha+\beta}{2}}^{\beta}$$

$\leftarrow \int(x+k)^n dx = \dfrac{1}{n+1}(x+k)^{n+1}+C$

どんどん式がまとまっていく!!

$$= \frac{1}{3}\left(\frac{\alpha+\beta}{2}-\alpha\right)^3 - \frac{1}{3}(\alpha-\alpha)^3 + \frac{1}{3}(\beta-\beta)^3 - \frac{1}{3}\left(\frac{\alpha+\beta}{2}-\beta\right)^3$$

$$= \frac{1}{3}\cdot\left(\frac{\beta-\alpha}{2}\right)^3 - 0 + 0 - \frac{1}{3}\cdot\left(\frac{\alpha-\beta}{2}\right)^3$$

$$= \frac{1}{3}\cdot\frac{(\beta-\alpha)^3}{8} - \frac{1}{3}\cdot\frac{\{-(\beta-\alpha)\}^3}{8}$$

$\{-(\beta-\alpha)\}^3 = -(\beta-\alpha)^3$

$$= \frac{(\beta-\alpha)^3}{24} + \frac{(\beta-\alpha)^3}{24}$$

$\dfrac{1}{12}(\beta-\alpha)^3$ としてもOK!! 要はアナタの好みです♥

$$= \frac{(\beta-\alpha)^3}{12} \quad \cdots(答)$$

ちょっと言わせて イチ!! x^2の係数が1であれば

じつは，このお話って，放物線の方程式によらず成り立つんです。

覚えておくと得な話　その1

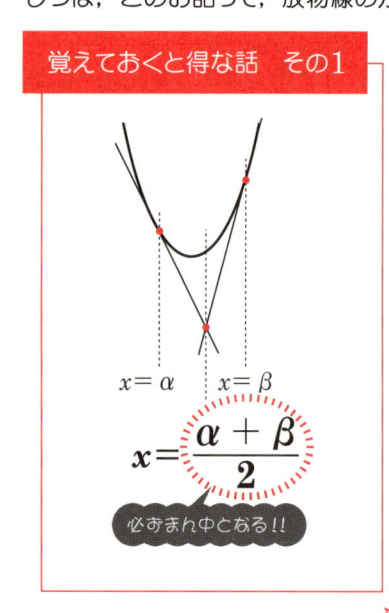

$x=\alpha \quad x=\beta$

$$x = \frac{\alpha+\beta}{2}$$

必ずまん中となる!!

覚えておくと得な話　その2

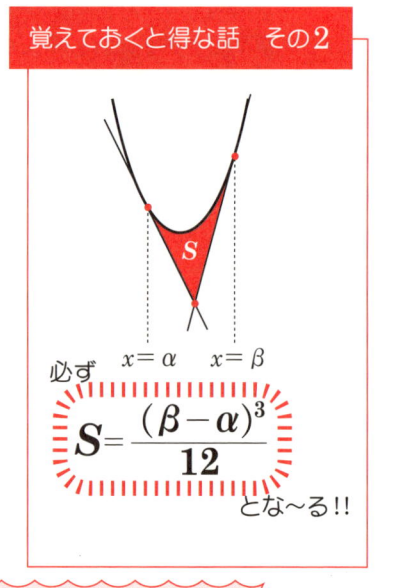

必ず $x=\alpha \quad x=\beta$

$$S = \frac{(\beta-\alpha)^3}{12}$$

とな〜る!!

ちなみに，x^2の係数が a のとき $\quad S = \dfrac{|a|(\beta-\alpha)^3}{12} \quad$ となりまーす!!

251ページの再放送で——す!!

問題 22-3 再び… やや難

テクニックを要するのご昇格!!

次の等式を証明せよ。

$$\int_\alpha^\beta (x-\alpha)(x-\beta)\,dx = -\frac{1}{6}(\beta-\alpha)^3$$

証明でござる 再び…

これぞスーパーテクニック!!
$x-\beta$
$= x - \alpha + \alpha - \beta$
$= (x-\alpha) + (\alpha-\beta)$

左辺 $= \displaystyle\int_\alpha^\beta (x-\alpha)(x-\beta)\,dx$

$= \displaystyle\int_\alpha^\beta (x-\alpha)\{(x-\alpha)+(\alpha-\beta)\}\,dx$

$\displaystyle\int (x+k)^n dx = \frac{1}{n+1}(x+k)^{n+1}+C$
をフル活用!!

$= \displaystyle\int_\alpha^\beta \{(x-\alpha)^2 + (\alpha-\beta)(x-\alpha)\}\,dx$

$= \left[\dfrac{1}{3}(x-\alpha)^3 + (\alpha-\beta)\cdot\dfrac{1}{2}(x-\alpha)^2\right]_\alpha^\beta$

$\alpha-\beta = -(\beta-\alpha)$

$= \dfrac{1}{3}(\beta-\alpha)^3 - (\beta-\alpha)\cdot\dfrac{1}{2}(\beta-\alpha)^2 - 0$

αを代入すると, すべて0です!!

計算がかなり楽チンに…

$= \dfrac{1}{3}(\beta-\alpha)^3 - \dfrac{1}{2}(\beta-\alpha)^3$

通分です

$= \dfrac{2}{6}(\beta-\alpha)^3 - \dfrac{3}{6}(\beta-\alpha)^3$

$= -\dfrac{1}{6}(\beta-\alpha)^3$

$=$ 右辺

すばらしい…

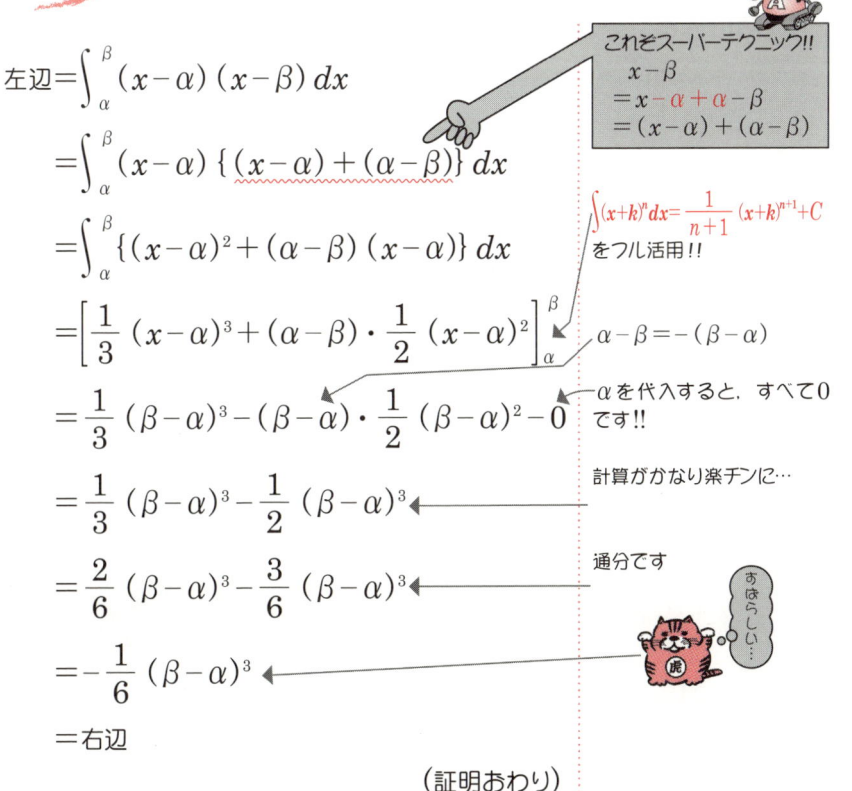

（証明おわり）

Theme 28 3次関数や4次関数が絡む面積

問題 28-1　　　　　　　　　　　　　　　　　　　ちょいムズ

次の等式を証明せよ。

(1) $\displaystyle\int_{\alpha}^{\beta}(x-\alpha)^2(x-\beta)dx = -\frac{1}{12}(\beta-\alpha)^4$

(2) $\displaystyle\int_{\alpha}^{\beta}(x-\alpha)(x-\beta)^2 dx = \frac{1}{12}(\beta-\alpha)^4$

ナイスな導入

この公式を暗記する必要はありません♪
この公式を証明する過程が重要です‼　今後役に立つよ♪

証明でござる

(1) 左辺 $= \displaystyle\int_{\alpha}^{\beta}(x-\alpha)^2(x-\beta)dx$ ← P.297の 問題22-3 でやったテクニックを使います‼

$= \displaystyle\int_{\alpha}^{\beta}(x-\alpha)^2\{(x-\alpha)+(\alpha-\beta)\}dx$

おーっと‼ 出ましたスーパーテクニック‼
$x-\beta$
$= x-\alpha+\alpha-\beta$
$= (x-\alpha)+(\alpha-\beta)$

$= \displaystyle\int_{\alpha}^{\beta}\{(x-\alpha)^3+(\alpha-\beta)(x-\alpha)^2\}dx$

$= \left[\dfrac{1}{4}(x-\alpha)^4+(\alpha-\beta)\cdot\dfrac{1}{3}(x-\alpha)^3\right]_{\alpha}^{\beta}$

公式です‼
$\displaystyle\int(x+k)^n dx = \dfrac{1}{n+1}(x+k)^{n+1}+C$

$= \dfrac{1}{4}(\beta-\alpha)^4-(\beta-\alpha)\cdot\dfrac{1}{3}(\beta-\alpha)^3-0$

$\alpha-\beta=-(\beta-\alpha)$です‼
αを代入すると，すべて0です‼

$= \dfrac{1}{4}(\beta-\alpha)^4-\dfrac{1}{3}(\beta-\alpha)^4$

$= \dfrac{3}{12}(\beta-\alpha)^4-\dfrac{4}{12}(\beta-\alpha)^4$ ← 通分です

$$= -\frac{1}{12}(\beta-\alpha)^4$$
$$= 右辺 \qquad (証明おわり)$$

すばらしい…

(2) 左辺 $= \displaystyle\int_\alpha^\beta (x-\alpha)(x-\beta)^2 dx$ ← (1)と同じ方針で

出したスーパーテクニック!!
$x-\alpha$
$= x-\beta+\beta-\alpha$
$= (x-\beta)+(\beta-\alpha)$

$$= \int_\alpha^\beta \{(x-\beta)+(\beta-\alpha)\}(x-\beta)^2 dx$$

$$= \int_\alpha^\beta \{(x-\beta)^3 + (\beta-\alpha)(x-\beta)^2\}dx$$

公式です!!
$\displaystyle\int (x+k)^n dx = \dfrac{1}{n+1}(x+k)^{n+1}+C$

$$= \left[\frac{1}{4}(x-\beta)^4 + (\beta-\alpha)\cdot\frac{1}{3}(x-\beta)^3\right]_\alpha^\beta$$

βを代入すると,すべて0です!!

$$= 0 - \left\{\frac{1}{4}(\alpha-\beta)^4 + (\beta-\alpha)\cdot\frac{1}{3}(\alpha-\beta)^3\right\}$$

$$= -\frac{1}{4}(\alpha-\beta)^4 - (\beta-\alpha)\cdot\frac{1}{3}(\alpha-\beta)^3$$

どんどんまとまっていく…

$$= -\frac{1}{4}(\alpha-\beta)^4 + (\alpha-\beta)\cdot\frac{1}{3}(\alpha-\beta)^3$$

$$= -\frac{1}{4}(\alpha-\beta)^4 + \frac{1}{3}(\alpha-\beta)^4$$

$-(\beta-\alpha)=\alpha-\beta$です!!

$$= -\frac{3}{12}(\alpha-\beta)^4 + \frac{4}{12}(\alpha-\beta)^4$$

$$= \frac{1}{12}(\alpha-\beta)^4$$

4乗は偶数乗であることに注意せよ!!
$(\alpha-\beta)^4$
$= \{-(\beta-\alpha)\}^4$
$= (-1)^4 \times (\beta-\alpha)^4$
$= 1 \times (\beta-\alpha)^4$
$= (\beta-\alpha)^4$
偶数乗のときは,入れかえ自由です。
一般に…
$(\alpha-\beta)^{偶数} = (\beta-\alpha)^{偶数}$

$$= \frac{1}{12}(\beta-\alpha)^4$$

$= 右辺 \qquad (証明おわり)$

では，本題です。

問題 28-2 [標準]

曲線 $y = x^3 - x$ 上の点 $(2, 6)$ における接線と，この曲線とで囲まれた部分の面積を求めよ。

ナイスな導入

Step 1 まずは**接線の方程式**を求めておかなければ始まりません。
Step 2 曲線と接線の**共有点の x 座標**をすべて求めます。
Step 3 曲線と接線の上下関係に注意して面積を計算します。

> 本問のような，**3次曲線と接線の囲む面積の計算**では，P.298 の 問題 28-1 で学習したテクニックを活用すると，計算がスムーズです。もちろん，公式として覚えていれば，さらにラクですが，暗記ばかりに頼ることはおすすめできません。

まぁ，やってみましょう。

解答でござる

$y = x^3 - x$ …①
$y' = 3x^2 - 1$ ← 微分しました

①上の点 $(2, 6)$ における接線の方程式は，
$y - 6 = (3 \times 2^2 - 1)(x - 2)$
$y - 6 = 11 \times (x - 2)$
$\therefore\ y = 11x - 16$ …②

公式です!!
(x_0, y_0) を通る傾き m の直線の方程式は，
$y - y_0 = m(x - x_0)$

傾きは，
$y' = 3x^2 - 1$
で，$x = 2$ を代入!!

Step 1 達成!!

①，②より，y を消去して，
$x^3 - x = 11x - 16$

$$x^3 - 12x + 16 = 0 \quad \cdots ③$$
$$(x-2)^2(x+4) = 0$$
$$\therefore \quad x = 2, \ -4 \quad \longleftarrow \text{Step 2 達成!!}$$

①と②は，$x=2$ で接しているので，$x=2$ を解にもつことは明らか。つまり，$(x-2)$ を因数にもつ!! 組立除法を活用しよう!!
（P.367参照!!）

```
  1   0  -12   16  |2
      2    4  -16
  1   2   -8    0
```

$(x-2)(x^2+2x-8) = 0$
$(x-2)(x-2)(x+4) = 0$
$(x-2)^2(x+4) = 0$

①と②は $x=2$ で接するので，$(x-2)^2$ のような，重解の因数をもつことも押さえておこう!!

曲線と接線の位置関係をイメージしよう!!

$y = x^3 - x \quad \cdots ①$ は，〔N字型です!!〕

これをふまえると，下の図を簡単に得ることができます。

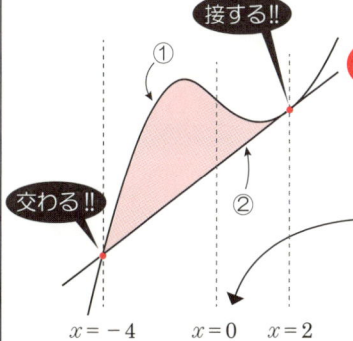

〔接する!!〕　①
〔交わる!!〕　②
$x = -4 \quad x = 0 \quad x = 2$

注 ①と②の上下関係さえわかればよいので，正確な図は必要ありません!!
ぶっちゃけ，$x=-4$ と $x=2$ の間の数字，例えば $x=0$ を代入してみよう!!
$\begin{cases} x=0 \text{のとき，①は，} y = 0^3 - 0 = 0 \\ x=0 \text{のとき，②は，} y = 11 \times 0 - 16 = -16 \end{cases}$
$-16 < 0$ より，①が②より上にあることがわかります。

したがって，求める面積 S は，
$$S = \int_{-4}^{2} \{\underbrace{(x^3-x)}_{\text{①が上}} - \underbrace{(11x-16)}_{\text{②が下}}\} dx \quad \longleftarrow \text{Step 3 開始!!}$$
$$= \int_{-4}^{2} (x^3 - 12x + 16) dx$$
$$= \int_{-4}^{2} (x-2)^2 (x+4) dx$$

当然ですが，③の左辺と同じ式が登場!!
因数分解できますよ♥
地道に積分してもよいが，例のテクニックを活用しましょう。

$$= \int_{-4}^{2} (x-2)^2 \{(x-2)+6\} dx$$

$x-2$ を作ります!!

$$= \int_{-4}^{2} \{(x-2)^3 + 6(x-2)^2\} dx$$

$$= \left[\frac{1}{4}(x-2)^4 + 6 \times \frac{1}{3}(x-2)^3 \right]_{-4}^{2}$$

公式です!!
$$\int (x+k)^n dx = \frac{1}{n+1}(x+k)^{n+1} + C$$

$$= \left[\frac{1}{4}(x-2)^4 + 2(x-2)^3 \right]_{-4}^{2}$$

これらは通分せずにGo!

$$= 0 - \left\{ \frac{1}{4} \times (-4-2)^4 + 2 \times (-4-2)^3 \right\}$$

$x=2$ を代入すると，すべて0です!!

$$= -\frac{1}{4} \times (-6)^4 - 2 \times (-6)^3$$

$$= -324 + 432$$

$$= \underline{108} \cdots \text{(答)}$$

別解でござる

$$\int_{-4}^{2} (x-2)^2 (x+4) dx$$

この段階で…

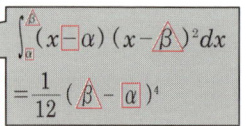

$$= \int_{\boxed{-4}}^{\boxed{2}} \{x-(\boxed{-4})\}(x-\boxed{2})^2 dx$$

$$\int_{\alpha}^{\beta} (x-\alpha)(x-\beta)^2 dx = \frac{1}{12}(\beta-\alpha)^4$$

$$= \frac{1}{12} \times \{\boxed{2}-(\boxed{-4})\}^4$$

問題28-1 (2)です!!

$$= \frac{1}{12} \times 6^4$$

$$= \underline{108} \cdots \text{(答)}$$

確かに凄いですが…　まぁ，覚えるか？　覚えないか？　はアナタしだいです!!

もう一問やりましょう‼

問題 28-3 標準

曲線 $y=x^3$ 上の点 $(-1, -1)$ における接線と，この曲線とで囲まれる部分の面積を求めよ。

ナイスな導入

前問 **問題 28-2** とまったく同じです‼

解答でござる

$y = x^3$ …①
$y' = 3x^2$ ← 微分しました

①上の $(-1, -1)$ における接線の方程式は，
$y-(-1) = \{3\times(-1)^2\}\{x-(-1)\}$
$y+1 = 3(x+1)$
$\therefore\ y = 3x+2$ …②

公式です‼
(x_0, y_0) を通る傾き m の直線の方程式は，
$y - y_0 = m(x - x_0)$

傾きは $y' = 3x^2$ で，$x=-1$ を代入‼
Step1 達成‼

①，②より，y を消去して，
$x^3 = 3x+2$
$x^3 - 3x - 2 = 0$ …③
$(x+1)^2(x-2) = 0$
$\therefore\ x = -1, 2$ **Step2** 達成‼

①と②は，$x=-1$ で接しているので，$x=-1$ を解にもつことは明らか。つまり，$(x+1)$ を因数にもつ‼組立除法（P.367参照‼）を活用して，

```
 1  0  -3  -2 ⌊-1
    -1   1   2
─────────────────
 1 -1  -2   0
```
$(x+1)(x^2-x-2)=0$
$(x+1)(x+1)(x-2)=0$
$(x+1)^2(x-2)=0$
$x=-1$ で接することから，当然 $(x+1)^2$ のような重解の因数をもつ‼

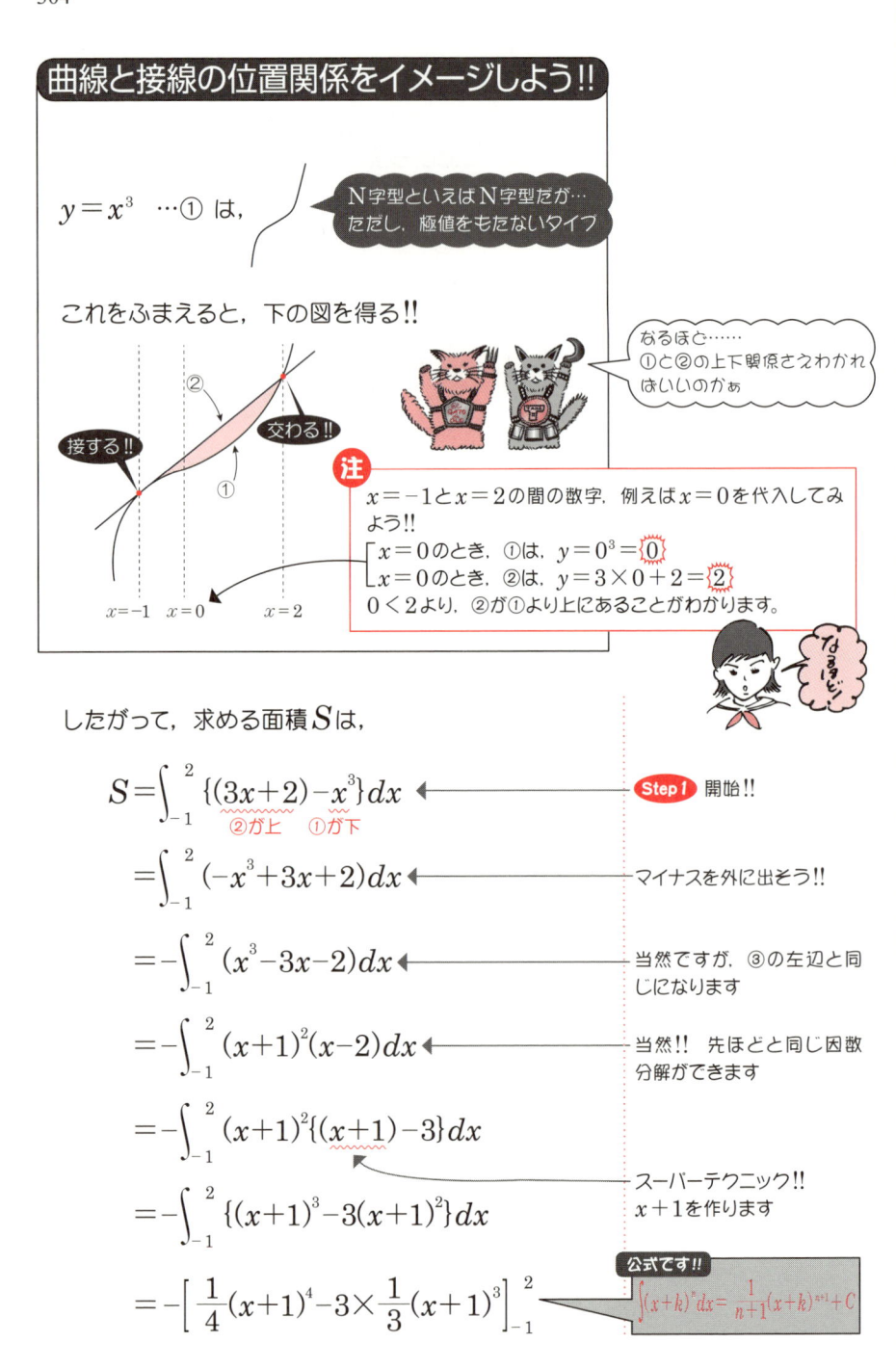

曲線と接線の位置関係をイメージしよう!!

$y=x^3$ …① は，

> N字型といえばN字型だが…
> ただし，極値をもたないタイプ

これをふまえると，下の図を得る!!

接する!!　②　交わる!!　①
$x=-1$　$x=0$　$x=2$

注 $x=-1$と$x=2$の間の数字，例えば$x=0$を代入してみよう!!

$\begin{cases} x=0\text{のとき，①は，}y=0^3=\boxed{0} \\ x=0\text{のとき，②は，}y=3\times 0+2=\boxed{2} \end{cases}$

$0<2$より，②が①より上にあることがわかります。

> なるほど……
> ①と②の上下関係さえわかればいいのかぁ

したがって，求める面積Sは，

$S=\displaystyle\int_{-1}^{2}\{(3x+2)-x^3\}dx$ ← **Step1** 開始!!
　　　　②が上　①が下

$=\displaystyle\int_{-1}^{2}(-x^3+3x+2)dx$ ← マイナスを外に出そう!!

$=-\displaystyle\int_{-1}^{2}(x^3-3x-2)dx$ ← 当然ですが，③の左辺と同じになります

$=-\displaystyle\int_{-1}^{2}(x+1)^2(x-2)dx$ ← 当然!! 先ほどと同じ因数分解ができます

$=-\displaystyle\int_{-1}^{2}(x+1)^2\{(x+1)-3\}dx$

← スーパーテクニック!! $x+1$を作ります

$=-\displaystyle\int_{-1}^{2}\{(x+1)^3-3(x+1)^2\}dx$

$=-\left[\dfrac{1}{4}(x+1)^4-3\times\dfrac{1}{3}(x+1)^3\right]_{-1}^{2}$

公式です!! $\displaystyle\int(x+k)^n dx=\dfrac{1}{n+1}(x+k)^{n+1}+C$

$$= -\left[\frac{1}{4}(x+1)^4 - (x+1)^3\right]_{-1}^{2}$$

$$= -\left\{\frac{1}{4}(2+1)^4 - (2+1)^3 - 0\right\}$$

$$= -\frac{1}{4} \times 3^4 + 3^3$$

$$= -\frac{81}{4} + 27$$

$$= \frac{27}{4} \cdots \text{(答)}$$

$x=-1$ を代入すると，すべて0になります!!

くふうしだいで，ラクに計算できるもんだなぁ……

別解でござる

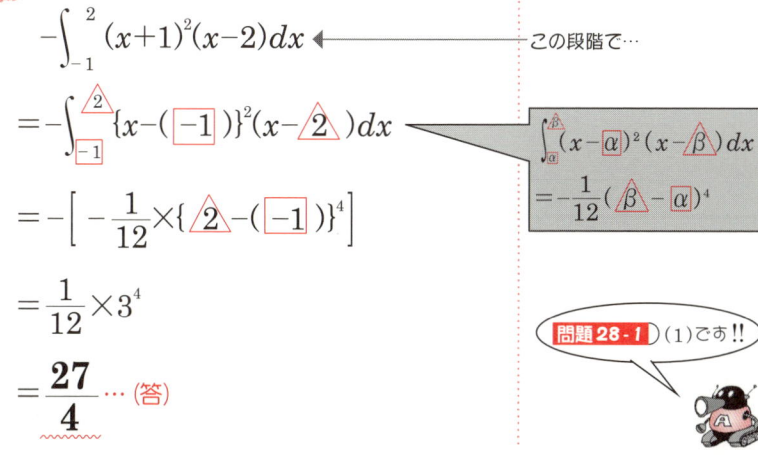

$$-\int_{-1}^{2}(x+1)^2(x-2)\,dx$$

この段階で…

$$= -\int_{\boxed{-1}}^{\boxed{2}} \{x-(\boxed{-1})\}^2 (x-\boxed{2})\,dx$$

$$\int_{\boxed{\alpha}}^{\boxed{\beta}}(x-\boxed{\alpha})^2(x-\boxed{\beta})\,dx = -\frac{1}{12}(\boxed{\beta}-\boxed{\alpha})^4$$

$$= -\left[-\frac{1}{12} \times \{\boxed{2}-(\boxed{-1})\}^4\right]$$

$$= \frac{1}{12} \times 3^4$$

$$= \frac{27}{4} \cdots \text{(答)}$$

問題**28-1**(1)です!!

確かに凄いですが，この公式を覚えることが得策とも思えません…。まぁ好きにして

少しレベルを上げてみましょう

問題 28-4 ちょいムズ

曲線 $y = x^3 - 3x^2 - x + 3$ がある。

(1) この曲線上の点 $P(-1, 0)$ を通り，Pと異なる点 Q でこの曲線に接する接線の方程式を求めよ。

(2) この曲線と(1)の接線とで囲まれた部分の面積を求めよ。

ナイスな導入

本問は，前問 **問題 28-3** と違って，接線の方程式を求めるのが面倒なだけです。接線の方程式さえ求まってしまえば…

解答でござる

(1) $y = x^3 - 3x^2 - x + 3$ …①

$y' = 3x^2 - 6x - 1$ ← 微分しました

P.43 **問題 6-2** の解法だよ♥

接点 Q の座標を $(a, a^3 - 3a^2 - a + 3)$ とおくと，点 Q における接線の方程式は，

$y - (a^3 - 3a^2 - a + 3) = (3a^2 - 6a - 1)(x - a)$

$y = (3a^2 - 6a - 1)x - 2a^3 + 3a^2 + 3$ …(*)

$y - f(a) = f'(a)(x - a)$ P.40参照!!

整理しました

(*)が $P(-1, 0)$ を通るから，

$0 = (3a^2 - 6a - 1) \times (-1) - 2a^3 + 3a^2 + 3$ ← (*)に $(-1, 0)$ を代入!!

$0 = -3a^2 + 6a + 1 - 2a^3 + 3a^2 + 3$

$2a^3 - 6a - 4 = 0$

$a^3 - 3a - 2 = 0$ ← 両辺を2で割ったよ!!

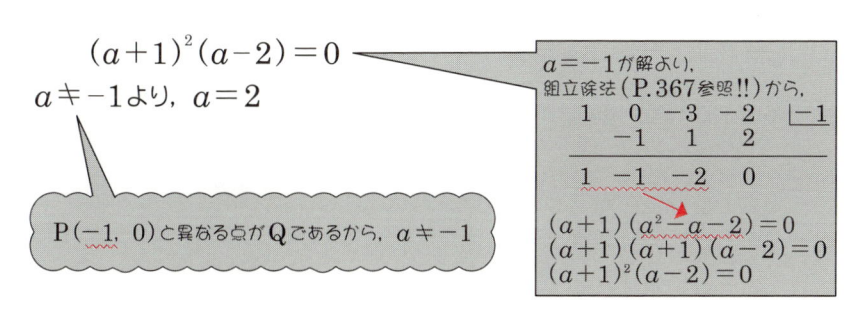

Theme 28　3次関数や4次関数が絡む面積　307

$$(a+1)^2(a-2)=0$$

$a \neq -1$ より，$a=2$

> $a=-1$ が解より，組立除法（P.367参照!!）から，
>
> ```
> 1   0  -3  -2  |-1
>      -1   1   2
> ─────────────────
> 1  -1  -2   0
> ```
>
> $(a+1)(a^2-a-2)=0$
> $(a+1)(a+1)(a-2)=0$
> $(a+1)^2(a-2)=0$

P(-1, 0) と異なる点が Q であるから，$a \neq -1$

よって，求めるべき接線の方程式は，(*) から，

$$y=(3\times 2^2 - 6\times 2 - 1)x - 2\times 2^3 + 3\times 2^2 + 3$$ ← (*) に $a=2$ を代入

∴ $\underline{y=-x-1}$ …(答)

接線の方程式が求まったぜーっ!!

(2) (1)より，$y=-x-1$ …②

曲線と接線の位置関係をイメージしよう!!

$y=x^3-3x^2-x+3$ …① は，N字型

これをふまえると，下の図を簡単に得ることができる

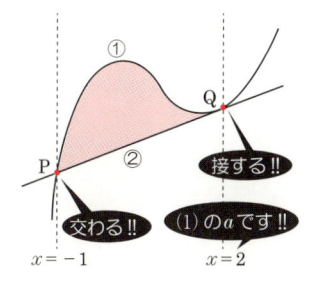

- 交わる!!　$x=-1$
- 接する!!　(1)の a です!!　$x=2$
- P, Q, ①, ②

$x=-1$ と $x=2$ の間の数字，例えば $x=0$ を代入してみよう。
$x=0$ のとき，
①は，$y=0^3-3\times 0^2-0+3=\boxed{3}$
$x=0$ のとき，
②は，$y=-0-1=\boxed{-1}$
したがって，①が②より上にあることがわかります。

したがって，求める面積 S は，

$$S = \int_{-1}^{2} \{\underbrace{(x^3-3x^2-x+3)}_{\text{①が上}} - \underbrace{(-x-1)}_{\text{②が下}}\} dx$$

$$= \int_{-1}^{2} (x^3-3x^2+4) dx$$

$$= \int_{-1}^{2} \underbrace{(x+1)(x-2)^2}_{\text{当然の結果です!!（右を参照!!）}} dx$$

$$= \int_{-1}^{2} \{\underbrace{(x-2)+3}_{\text{スーパーテクニック}}\} (x-2)^2 dx$$

$$= \int_{-1}^{2} \{(x-2)^3 + 3(x-2)^2\} dx$$

$$= \left[\frac{1}{4}(x-2)^4 + 3 \times \frac{1}{3}(x-2)^3 \right]_{-1}^{2}$$

$$= \left[\frac{1}{4}(x-2)^4 - (x-2)^3 \right]_{-1}^{2}$$

$$= 0 - \left\{ \frac{1}{4} \times (-1-2)^4 + (-1-2)^3 \right\}$$

$$= -\frac{1}{4} \times (-3)^4 - (-3)^3$$

$$= -\frac{81}{4} + 27$$

$$= \frac{27}{4} \cdots \text{(答)}$$

①，②の共有点の x 座標を求めるとき，①と②から y を消去して，
$x^3 - 3x^2 - x + 3 = -x - 1$
$x^3 - 3x^2 + 4 = 0$ …㋐
①と②は，$x = -1$ で交わり，$x = 2$ で接することから，㋐は…
$(x+1)(x-2)^2 = 0$ …㋑
重解
のように，変形できるはずです。これを知っていれば，わざわざ組立除法などを用いて因数分解することはない!!

公式です!!
$\int (x+k)^n dx = \frac{1}{n+1}(x+k)^{n+1} + C$

$x = 2$ を代入すると，すべて0です!!

意外と楽勝だなぁ…

別解でござる

$\int_{-1}^{2}(x+1)(x-2)^2 dx$

$=\int_{\boxed{-1}}^{\boxed{2}}\{x-(\boxed{-1})\}(x-\boxed{2})^2 dx$

$=\dfrac{1}{12}\times\{\boxed{2}-(\boxed{-1})\}^4$

$=\dfrac{1}{12}\times 3^4$

$=\dfrac{27}{4}$ …(答)

この段階で……

$\int_{\boxed{\alpha}}^{\boxed{\beta}}(x-\boxed{\alpha})(x-\boxed{\beta})^2 dx$
$=\dfrac{1}{12}(\beta-\alpha)^4$

問題 28-1 (2)です!!

誰かにまいる…

スーパーテクニックを伝授します!!

問題 28-5　ちょいムズ

曲線 $y = x^3 - 6x^2 + 9x$ がある。

(1) この曲線と x 軸との共有点の x 座標を求めよ。

(2) この曲線上の点 $(0, 0)$ における接線の傾きを求めよ。

(3) $0 < m < 9$ のとき，直線 $y = mx$ とこの曲線とで囲まれる2つの図形の面積が等しくなるように，定数 m の値を求めよ。

ナイスな導入

一般的なお話を…

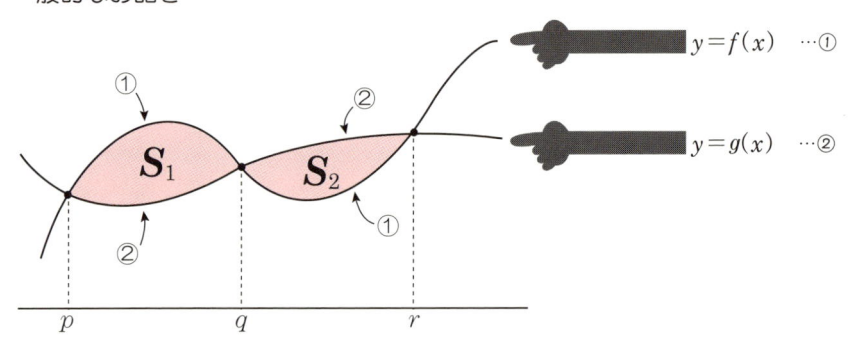

上図のように，2つの関数 $y = f(x)$ …① と $y = g(x)$ …② が，$x = p, q, r$ の3点で交わっていたとします。

このとき，上図の面積 S_1 は…

$$S_1 = \int_p^q \{f(x) - g(x)\} dx$$
　　　　①が上　②が下

さらに，上図の面積 S_2 は…

$$S_2 = \int_q^r \{g(x) - f(x)\} dx$$
　　　　②が上　①が下

まぁ，あたりまえの話だなぁ…

Theme 28　3次関数や4次関数が絡む面積　311

よって，$S_1 = S_2$ のとき…

$$\int_p^q \{f(x)-g(x)\}dx = \int_q^r \{g(x)-f(x)\}dx$$

$$\int_p^q \{f(x)-g(x)\}dx = -\int_q^r \{f(x)-g(x)\}dx$$

$$\int_p^q \{f(x)-g(x)\}dx + \int_q^r \{f(x)-g(x)\}dx = 0$$

> イコールで結んだのか…

> $g(x)-f(x)$ $=-\{f(x)-g(x)\}$ です

> 移項しました!!

$$\therefore \int_p^r \{f(x)-g(x)\}dx = 0$$

← P.244 公式その4 です!!

この現象は，じつはアタリマエで……

$\int_p^r \{\underset{①}{f(x)} - \underset{②}{g(x)}\}dx$ を計算すると，S_1 の面積はプラスの値で求まりますが，S_2 の面積はグラフの上下関係が逆のまま計算してしまっているので，**マイナスの値** で求まります。つまり，S_1 と S_2 の面積が等しいとき，これらが打ち消し合って **0** になります。

　これを活用すると，(3)ですばらしい答案を作ることができます。

> (1)と(2)は簡単だよ

解答でござる

$$y = x^3 - 6x^2 + 9x \quad \cdots ①$$

(1)　①で，$y = 0$ として， ← x軸 $\iff y = 0$

$$x^3 - 6x^2 + 9x = 0$$
$$x(x^2 - 6x + 9) = 0$$
$$x(x-3)^2 = 0 \quad \text{← 左辺を因数分解!!}$$
$$\therefore \ x = \underline{\mathbf{0, \ 3}} \quad \cdots \text{(答)}$$

$y = x^3 - 6x^2 - 9x$ …① が

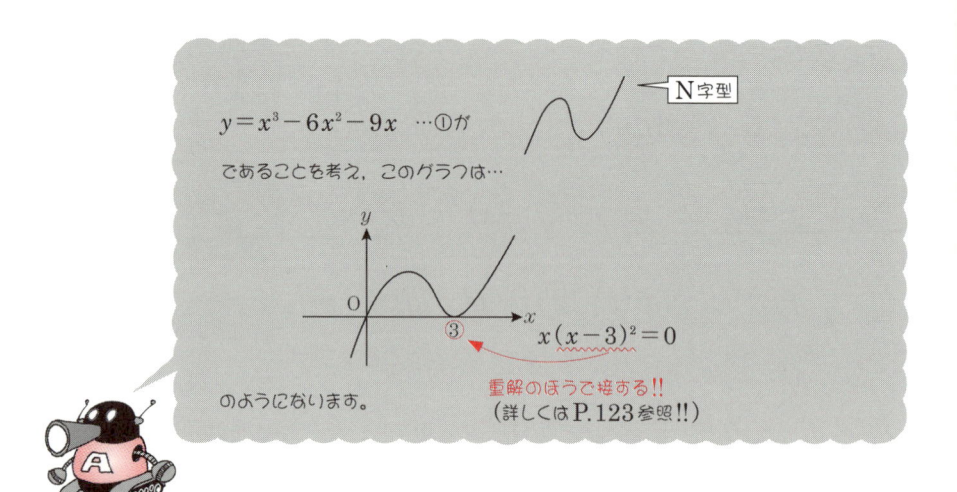

であることを考え、このグラフは…

N字型

のようになります。

$x(x-3)^2 = 0$

重解のほうで接する!!
(詳しくはP.123参照!!)

(2) ①より, $y' = 3x^2 - 12x + 9$ ← 微分しました!!
$y' = 3x^2 - 6 \times 2x + 9$

$x = 0$ のとき, $y' = 9$ ← $3 \times 0^2 - 12 \times 0 + 9$

よって、①上の点 $(0, 0)$ における接線の傾きは **9** …(答)

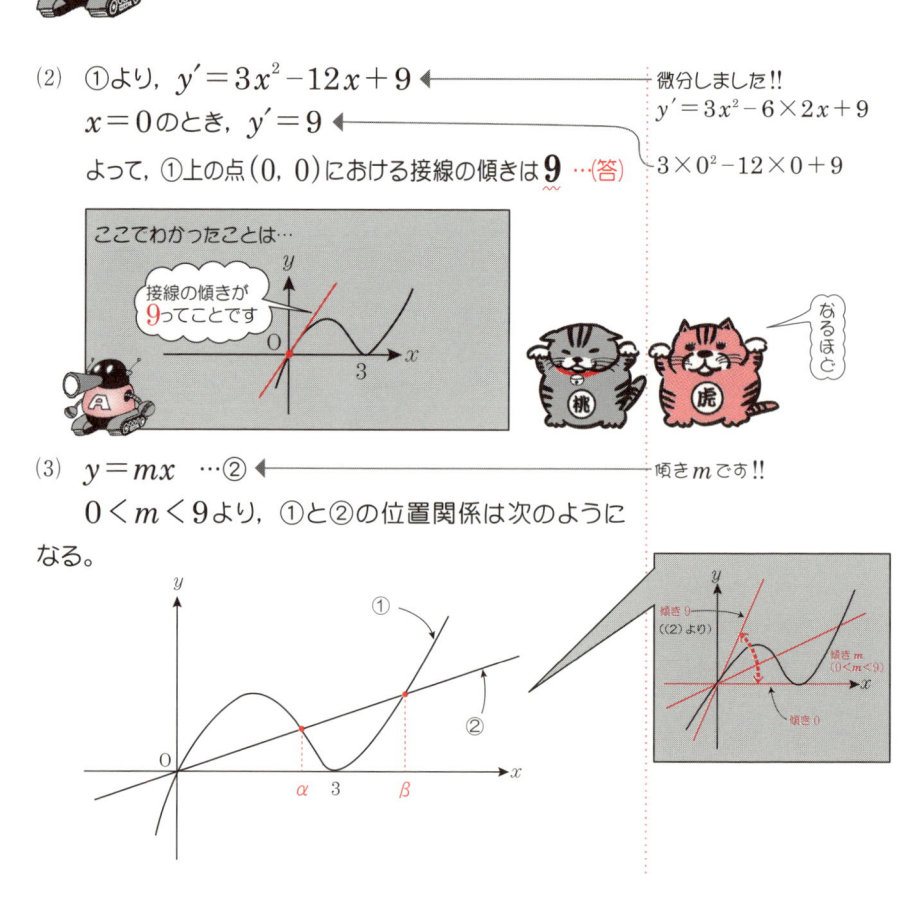

ここでわかったことは…

接線の傾きが**9**ってことです

なるほど

(3) $y = mx$ …② ← 傾きmです!!

$0 < m < 9$ より、①と②の位置関係は次のようになる。

傾き9
((2)より)

傾きm
($0 < m < 9$)

傾き0

Theme 28　3次関数や4次関数が絡む面積

ここで，①と②の共有点のx座標を$x=0,\ \alpha,\ \beta$
（ただし$0<\alpha<\beta$）とする。◀── 前ページの図を参照!!

①，②より，yを消去して，

$$x^3-6x^2+9x=mx$$

$$x^3-6x^2+9x-mx=0$$

$$x(x^2-6x+9-m)=0 \quad ◀── xでくくりました!!$$

ここから $x=0$　　ここから $x=\alpha,\ \beta$

つまり，$x^2-6x+9-m=0\ \cdots ③$
の2解が$x=\alpha,\ \beta$となる。

よって，

$$\begin{cases}\alpha^2-6\alpha+9-m=0 & \cdots ④\\ \beta^2-6\beta+9-m=0 & \cdots ⑤\end{cases}$$

①と②で囲まれた図形の面積が等しいことから，

$$\int_0^\beta \{(x^3-6x^2+9x)-mx\}dx=0$$

$$\int_0^\beta \{x^3-6x^2+(9-m)x\}dx=0$$

$$\left[\frac{1}{4}x^4-6\times\frac{1}{3}x^3+(9-m)\times\frac{1}{2}x^2\right]_0^\beta=0$$

$$\left[\frac{1}{4}x^4-2x^3+\frac{9-m}{2}x^2\right]_0^\beta=0$$

$$\frac{1}{4}\beta^4-2\beta^3+\frac{9-m}{2}\cdot\beta^2=0$$

$$\beta^4-8\beta^3+2(9-m)\beta^2=0 \quad ◀── 両辺を4倍しました!!$$

$$\beta^2\{\beta^2-8\beta+2(9-m)\}=0 \quad ◀── \beta^2でくくりました!!$$

（吹き出し）
$y=x^3-6x^2+9x\ \cdots ①$
$y=mx\ \cdots ②$
①，②より，
$x^3-6x^2+9x=mx$

③に $x=\alpha,\ x=\beta$ を代入しただけです

④のほうの式は，けっきょく使わないので，デキる奴は書かない。まぁ，あとでわかります🖐

これぞスーパーテクニック!!
ナイスな導入 参照!!

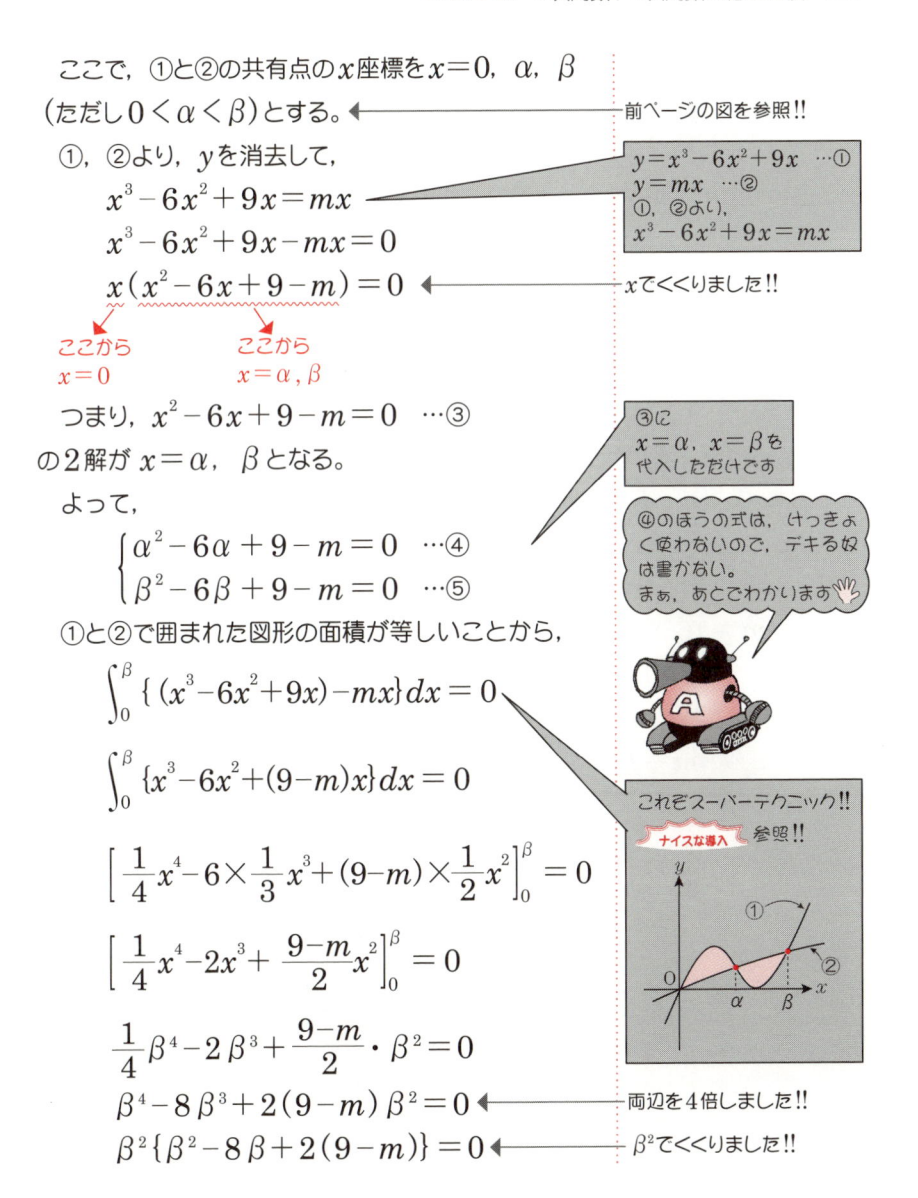

このとき，$\beta \neq 0$ であるから，両辺を β^2 で割って， ← $0 < \beta$ ですよ!!
$$\beta^2 - 8\beta + 2(9-m) = 0$$
$$\therefore \quad \beta^2 - 8\beta + 18 - 2m = 0 \quad \cdots ⑥$$
⑤より，$m = \beta^2 - 6\beta + 9 \quad \cdots ⑤'$
⑤'を⑥に代入して，
$$\beta^2 - 8\beta + 18 - 2(\beta^2 - 6\beta + 9) = 0$$

$\beta^2 - 8\beta + 18 - 2\boxed{m} = 0 \cdots ⑥$
$m = \beta^2 - 6\beta + 9$

$$\beta^2 - 8\beta + 18 - 2\beta^2 + 12\beta - 18 = 0$$
$$-\beta^2 + 4\beta = 0$$
$$\beta^2 - 4\beta = 0 \quad ←$$ 両辺を -1 倍!!
$$\beta(\beta - 4) = 0$$
$\beta \neq 0$ より，$\beta = 4$
よって，⑤'から，
$$m = 4^2 - 6 \times 4 + 9 \quad ←$$ ⑤'に $\beta = 4$ を代入!!
$$m = 16 - 24 + 9$$
$$\therefore \quad m = 1$$
(これは，$0 < m < 9$ をみたす)
以上より，$m = \underline{\underline{1}} \cdots$ (答)

そうかぁ…
けっきょく，α は
出てこないのかぁ…

Theme 28 3次関数や4次関数が絡む面積 315

とうとう4次関数の登場です!!

問題 28-6 ちょいムズ

曲線 $y=x^4-6x^2-8x-3$ と異なる2点で接する直線を l とし，その接点の x 座標を $\alpha, \beta\ (\alpha<\beta)$ とする。このとき，次の各問いに答えよ。

(1) α, β の値と l の方程式を求めよ。
(2) この曲線と l とで囲まれる図形の面積を求めよ。

ナイスな導入

ここで登場する曲線（4次関数）は，P.127 **問題10-2** (4)で登場しました!
(1)は，P.52 の **問題6-4** と同一です!! ここでは，別の解き方を紹介します。

$$y=x^4-6x^2-8x-3 \quad \cdots ①$$

直線 l の方程式を $y=mx+n \quad \cdots ②$ とおきます。
①と②から y を消去して，

$$x^4-6x^2-8x-3=mx+n$$
$$x^4-6x^2-(8+m)x-3-n=0 \quad \cdots ③$$

③から，①と②の共有点の x 座標が求まります。本問では，①と②の異なる2つの接点の x 座標，つまり $x=\alpha, \beta\ (\alpha<\beta)$ が求まります。

このとき!!

①と②は，$x=\alpha$ と $x=\beta$ で**接している**から，③は $x=\alpha$ の**重解**と $x=\beta$ の**重解**をダブルでもたなければなりません。

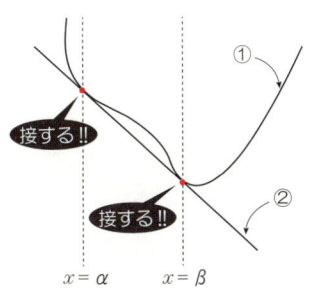

接するときは重解…。
問題28-2〜**問題28-4**
でも登場した話題だ!!

③は…

$$(x-\alpha)^2(x-\beta)^2 = 0 \quad \cdots ④$$

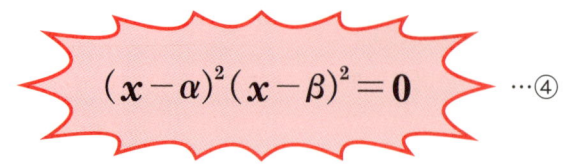

と変形できるはずです。

　③と④の左辺を比較して，α，β，m，nを求めれば解決!!

(2)は，従来どおりの方法で面積を求めればOK!!

解答でござる

(1)　$y = x^4 - 6x^2 - 8x - 3 \quad \cdots ①$
　　$l : y = mx + n \quad \cdots ②$ とおく。
　　①と②から，
　　　$x^4 - 6x^2 - 8x - 3 = mx + n$ ← yを消去!!
　　　$x^4 - 6x^2 - (8+m)x - 3 - n = 0 \quad \cdots ③$
　　題意より，③は，
　　　$(x-\alpha)^2(x-\beta)^2 = 0 \quad \cdots ④$
と変形できる。

①と②は$x=\alpha$と$x=\beta$で接するわけだから$x=\alpha$の重解と$x=\beta$の重解をダブルでもつ!!

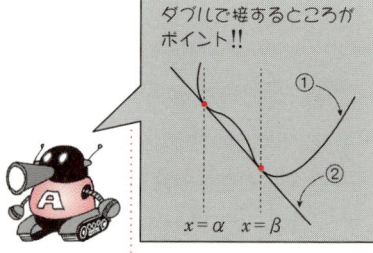

　　④の左辺を展開して，
　　　$(x^2 - 2\alpha x + \alpha^2)(x^2 - 2\beta x + \beta^2) = 0$ ← ふつうに展開します!! 体力勝負
　　$x^4 - 2\alpha x^3 + \alpha^2 x^2 - 2\beta x^3 + 4\alpha\beta x^2 - 2\alpha^2\beta x + \beta^2 x^2 - 2\alpha\beta^2 x + \alpha^2\beta^2 = 0$
　　$x^4 - (2\alpha + 2\beta)x^3 + (\alpha^2 + 4\alpha\beta + \beta^2)x^2 - (2\alpha^2\beta + 2\alpha\beta^2)x + \alpha^2\beta^2 = 0$
　　$x^4 - 2(\alpha+\beta)x^3 + (\alpha^2 + 4\alpha\beta + \beta^2)x^2 - 2\alpha\beta(\alpha+\beta)x + \alpha^2\beta^2 = 0$
　　　　　　　　　　　　　　　　　　　　　　　　　　　　$\cdots ④'$

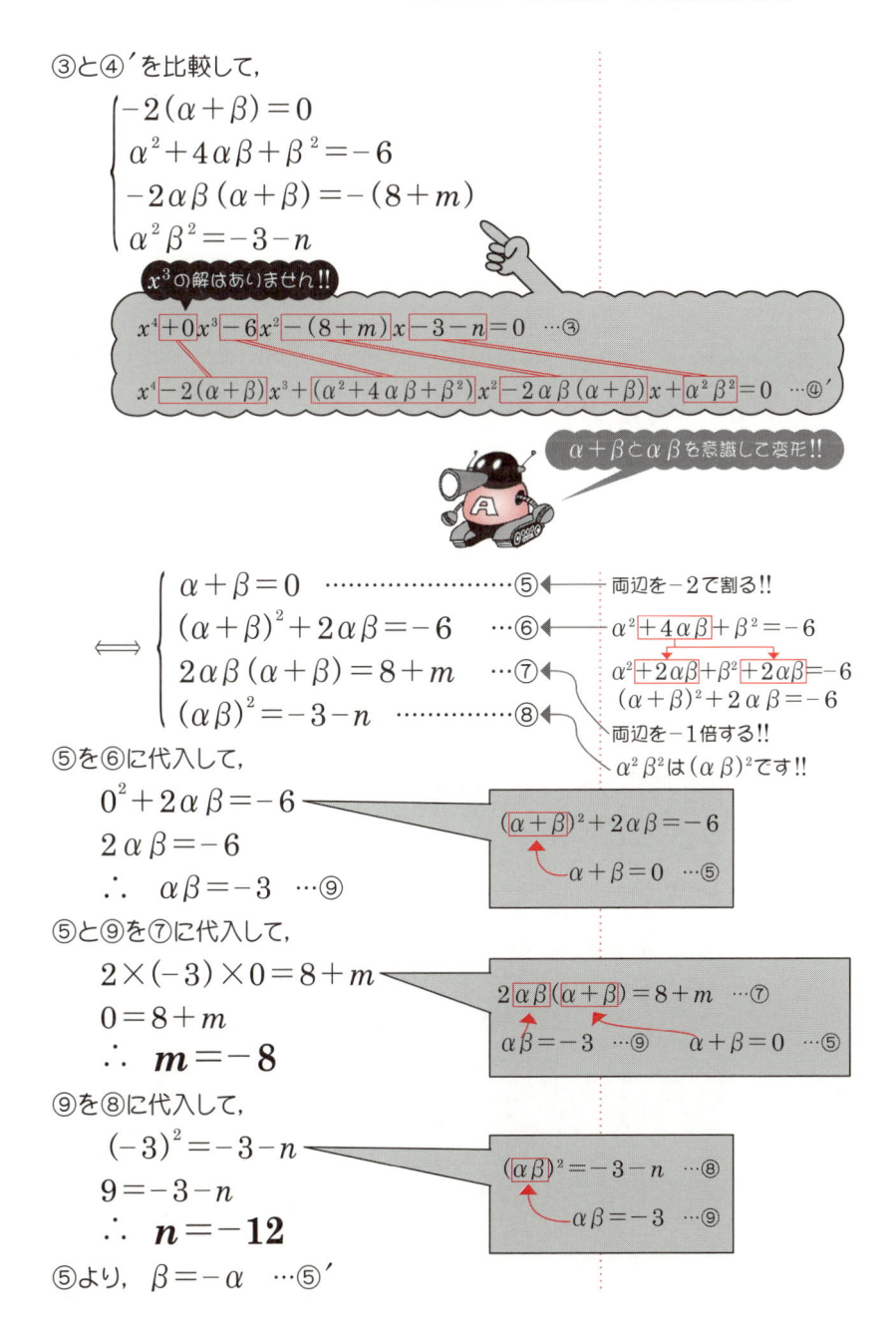

Theme 28　3次関数や4次関数が絡む面積　317

③と④′を比較して,
$$\begin{cases} -2(\alpha+\beta)=0 \\ \alpha^2+4\alpha\beta+\beta^2=-6 \\ -2\alpha\beta(\alpha+\beta)=-(8+m) \\ \alpha^2\beta^2=-3-n \end{cases}$$

x^3の解はありません!!

$x^4\boxed{+0}x^3\boxed{-6}x^2\boxed{-(8+m)}x\boxed{-3-n}=0$　…③

$x^4\boxed{-2(\alpha+\beta)}x^3+\boxed{(\alpha^2+4\alpha\beta+\beta^2)}x^2\boxed{-2\alpha\beta(\alpha+\beta)}x+\boxed{\alpha^2\beta^2}=0$　…④′

$\alpha+\beta$と$\alpha\beta$を意識して変形!!

$\iff \begin{cases} \alpha+\beta=0 & \cdots\text{⑤} \\ (\alpha+\beta)^2+2\alpha\beta=-6 & \cdots\text{⑥} \\ 2\alpha\beta(\alpha+\beta)=8+m & \cdots\text{⑦} \\ (\alpha\beta)^2=-3-n & \cdots\text{⑧} \end{cases}$

両辺を-2で割る!!

$\alpha^2\boxed{+4\alpha\beta}+\beta^2=-6$
$\alpha^2\boxed{+2\alpha\beta}+\beta^2\boxed{+2\alpha\beta}=-6$
$(\alpha+\beta)^2+2\alpha\beta=-6$

両辺を-1倍する!!
$\alpha^2\beta^2$は$(\alpha\beta)^2$です!!

⑤を⑥に代入して,
$0^2+2\alpha\beta=-6$
$2\alpha\beta=-6$
$\therefore \alpha\beta=-3$　…⑨

$\boxed{(\alpha+\beta)}^2+2\alpha\beta=-6$
　$\alpha+\beta=0$　…⑤

⑤と⑨を⑦に代入して,
$2\times(-3)\times 0=8+m$
$0=8+m$
$\therefore \boldsymbol{m=-8}$

$2\boxed{\alpha\beta}\boxed{(\alpha+\beta)}=8+m$　…⑦
$\alpha\beta=-3$　…⑨　　$\alpha+\beta=0$　…⑤

⑨を⑧に代入して,
$(-3)^2=-3-n$
$9=-3-n$
$\therefore \boldsymbol{n=-12}$

$\boxed{(\alpha\beta)}^2=-3-n$　…⑧
　$\alpha\beta=-3$　…⑨

⑤より, $\beta=-\alpha$　…⑤′

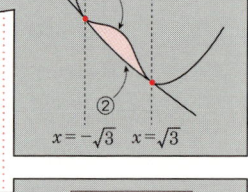

⑤′を⑨に代入して，
$$\alpha \times (-\alpha) = -3$$
$$-\alpha^2 = -3$$
$$\alpha^2 = 3$$
$$\therefore \quad \alpha = \pm\sqrt{3}$$

⑤′より，$\alpha = \sqrt{3}$ のとき $\beta = -\sqrt{3}$
$\alpha = -\sqrt{3}$ のとき $\beta = \sqrt{3}$

ところが，$\alpha < \beta$ であるから，
$\alpha = -\sqrt{3}, \beta = \sqrt{3}$ となる。

以上より，
$$\boldsymbol{\alpha = -\sqrt{3}, \beta = \sqrt{3}}$$
$$\boldsymbol{l : y = -8x - 12}$$ …(答え)

(2) 求める面積 S は，
$$S = \int_{-\sqrt{3}}^{\sqrt{3}} \{(x^4 - 6x^2 - 8x - 3) - (-8x - 12)\} dx$$
$$= \int_{-\sqrt{3}}^{\sqrt{3}} (x^4 - 6x^2 + 9) dx$$
$$= 2\int_0^{\sqrt{3}} (x^4 - 6x^2 + 9) dx$$
$$= 2\left[\frac{1}{5}x^5 - 6 \times \frac{1}{3}x^3 + 9x\right]_0^{\sqrt{3}}$$
$$= 2\left[\frac{1}{5}x^5 - 2x^3 + 9x\right]_0^{\sqrt{3}}$$
$$= 2 \times \left(\frac{1}{5} \times \sqrt{3}^5 - 2 \times \sqrt{3}^3 + 9 \times \sqrt{3}\right)$$
$$= 2 \times \left(\frac{9\sqrt{3}}{5} - 6\sqrt{3} + 9\sqrt{3}\right)$$
$$= 2 \times \frac{24\sqrt{3}}{5}$$
$$= \boldsymbol{\frac{48\sqrt{3}}{5}}$$ …(答)

Theme 28 　3次関数や4次関数が絡む面積

ちょっと言わせて

$$\int_{\alpha}^{\beta}(x-\alpha)^2(x-\beta)^2 dx = \frac{(\beta-\alpha)^5}{30}$$

> 証明は, 問題28-1 と同じ方針でできますが, やる必要なし

という公式が, あるっちゃあありますが…
(2)を見てもらえばわかるように, 暗記してまで使用するメリットはありません
では, 参考までに… あくまでも参考ですよ!!

$$S = \int_{-\sqrt{3}}^{\sqrt{3}} \{\underbrace{(x^4-6x^2-8x-3)}_{①} - \underbrace{(-8x-12)}_{②}\} dx$$

$$= \int_{-\sqrt{3}}^{\sqrt{3}} (x^4-6x^2+9) dx$$

$$= \int_{-\sqrt{3}}^{\sqrt{3}} (x+\sqrt{3})^2(x-\sqrt{3})^2 dx$$

$$= \int_{-\sqrt{3}}^{\sqrt{3}} \underbrace{\{x-(-\sqrt{3})\}^2(x-\sqrt{3})^2}_{(x-\alpha)^2(x-\beta)^2} dx$$

> x^4-6x^2+9 は, ③の左辺です!!
> 当然, ④の左辺の $(x-\alpha)^2(x-\beta)^2$ の形に変形できます!!
> $x^4-6x^2+9 = (x^2)^2-6x^2+9$
> $= (x^2-3)^2$
> $= \{(x+\sqrt{3})(x-\sqrt{3})\}^2$
> $= (x+\sqrt{3})^2(x-\sqrt{3})^2$

$$= \frac{\{\sqrt{3}-(-\sqrt{3})\}^5}{5}$$

$$= \frac{(2\sqrt{3})^5}{30}$$

$$= \frac{32 \times 9\sqrt{3}}{30}$$

$$= \underline{\frac{48\sqrt{3}}{5}} \cdots (答)$$

> 上の公式です。
> $$\int_{\alpha}^{\beta}(x-\alpha)^2(x-\beta)^2 dx = \frac{(\beta-\alpha)^5}{30}$$
> になぞらえて…
> $$\int_{-\sqrt{3}}^{\sqrt{3}} \{x-(-\sqrt{3})\}^2(x-\sqrt{3})^2 dx = \frac{\{\sqrt{3}-(-\sqrt{3})\}^5}{30}$$

> 確かにさっきのほうがうえそうだな…

Theme 29 面積劇場

面積と面積がからみ合い…もつれ合い…

私のモミアゲの面積は…？ 知るか！！

いよいよクライマックスです♥

問題29-1 ちょいムズ

曲線 $y=-x^2+4x$ と x 軸とで囲まれた部分の面積を，曲線 $y=ax^2$ が2等分するとき，定数 a の値を求めよ。

ナイスな導入

あらすじは…

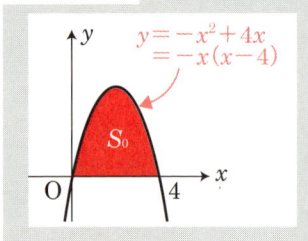

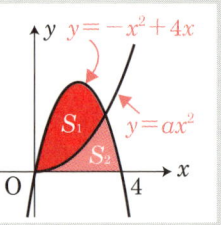

（左図）$y=-x^2+4x=-x(x-4)$，面積 S_0
（右図）$y=-x^2+4x$ と $y=ax^2$，面積 S_1, S_2

上図で，$y=ax^2$ が面積 S_0 を2等分するってことは…

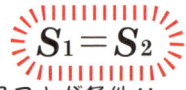

$$S_1 = S_2$$

となることが条件!!

言いかえると…

$$2S_1 = S_0$$

S_2 より S_1 のほうが形から考えて求めやすい。そこに目をつけたのさ♥

となることが条件!!

S_0 にしても，S_1 にしても，

$$\int_\alpha^\beta (x-\alpha)(x-\beta)\,dx = -\frac{1}{6}(\beta-\alpha)^3$$

を活用すれば楽勝ムード♥

Theme 29　面積劇場　321

解答でござる

$y = -x^2 + 4x$　…①
$y = ax^2$　…②

題意より，

$a > 0$　…③

は明らか。

このとき曲線①とx軸とで囲まれる部分の面積S_0は，

$$S_0 = \int_0^4 (-x^2 + 4x)\,dx$$
$$= -\int_0^4 x(x-4)\,dx$$
$$= -\left\{-\frac{1}{6} \cdot (4-0)^3\right\}$$
$$= \frac{1}{6} \cdot 4^3$$
$$= \frac{32}{3}　…④$$

一方，①，②から，

$ax^2 = -x^2 + 4x$
$(a+1)x^2 - 4x = 0$
$x\{(a+1)x - 4\} = 0$

$\therefore\ x = 0,\ \dfrac{4}{a+1}$　（③より$a+1 > 0$）

よって，2曲線①，②で囲まれる部分の面積S_1は，

$$S_1 = \int_0^{\frac{4}{a+1}} \{(-x^2 + 4x) - ax^2\}\,dx$$

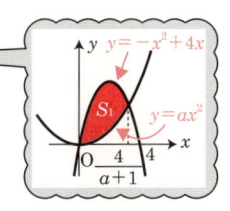

―――

$y = -x(x-4)$より，$x = 0,\ 4$でx軸と交わる

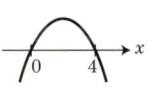

$a < 0$だとすると

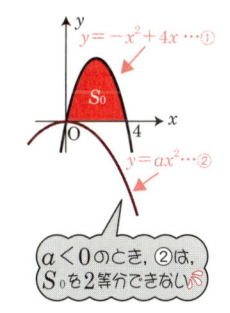

$a < 0$のとき，②は，S_0を2等分できない

$a = 0$のときは論外!!

$$\int_\alpha^\beta (x-\alpha)(x-\beta)\,dx = -\frac{1}{6}(\beta-\alpha)^3$$

で，$\alpha = 0,\ \beta = 4$に対応!!

yを消去!!

$a > 0$…③から，$\dfrac{4}{a+1}$の分母$a+1$が0となる心配はない!!

$$\begin{aligned}
&= \int_0^{\frac{4}{a+1}} \{-(a+1)x^2 + 4x\}\,dx \\
&= -(a+1)\int_0^{\frac{4}{a+1}} \left(x^2 - \frac{4}{a+1}x\right)dx \\
&= -(a+1)\int_0^{\frac{4}{a+1}} x\left(x - \frac{4}{a+1}\right)dx \\
&= -(a+1)\left\{-\frac{1}{6}\left(\frac{4}{a+1} - 0\right)^3\right\} \\
&= \frac{a+1}{6}\cdot\left(\frac{4}{a+1}\right)^3 \\
&= \frac{32}{3(a+1)^2} \quad \cdots ⑤
\end{aligned}$$

$-(a+1)x^2 + 4x = -(a+1)\left(x^2 - \dfrac{4}{a+1}x\right)$

$\displaystyle\int_\alpha^\beta (x-\alpha)(x-\beta)\,dx = -\dfrac{1}{6}(\beta-\alpha)^3$ で, $\alpha = 0,\ \beta = \dfrac{4}{a+1}$ に対応!!

分解して計算してみると…

$\dfrac{a+1}{6} \times \dfrac{4\times 4\times 4}{(a+1)(a+1)(a+1)} = \dfrac{32}{3(a+1)^2}$

題意をみたすための条件は,
$$2S_1 = S_0 \quad \cdots ⑥$$
⑥に④, ⑤を代入して,
$$2\times\frac{32}{3(a+1)^2} = \frac{32}{3}$$
$$\frac{2}{(a+1)^2} = 1$$
$$2 = (a+1)^2$$
$$a^2 + 2a - 1 = 0$$
$$\therefore\ a = -1 \pm \sqrt{2}$$

③から,
$$a = -1 + \sqrt{2} \quad \cdots (答)$$

ナイスな導入 参照!!

S_1 は S_0 の半分

つまり

$2S_1 = S_0$

$2S_1 = S_0 \cdots ⑥$

$S_1 = \dfrac{32}{3(a+1)^2} \cdots ⑤$

$S_0 = \dfrac{32}{3} \cdots ④$

$2\times\dfrac{32}{3(a+1)^2} = \dfrac{32}{3}$

$\dfrac{2}{(a+1)^2} = 1$

左辺の分母を払いました!!

解の公式より

$a > 0 \cdots ③$ です!!

Theme 29 面積劇場 323

バンバンいきまっせ♥

問題 29-2　　　　　　　　　　　　　　　標準

次の各問いに答えよ。

(1) $\begin{cases} 放物線 \quad y = -x^2 + 4x \quad \cdots ① \\ 直線 \quad y = x \quad \cdots ② \\ 直線 \quad x = a \quad (a > 3) \quad \cdots ③ \end{cases}$

がある。

放物線①と直線②で囲まれた面積 S_1 が，放物線①と直線②と直線③で囲まれた面積 S_2 に等しいとき，定数 a の値を求めよ。

(2) $\begin{cases} 放物線 \quad y = x^2 \quad \cdots ① \\ 直線 \quad y = ax \quad (0 < a < 2) \quad \cdots ② \\ 直線 \quad x = 2 \quad \cdots ③ \end{cases}$

がある。

放物線①と直線②で囲まれた面積 S_1 が，放物線①と直線②と直線③で囲まれた面積 S_2 に等しいとき，定数 a の値を求めよ。

ナイスな導入

(1) あらすじは…

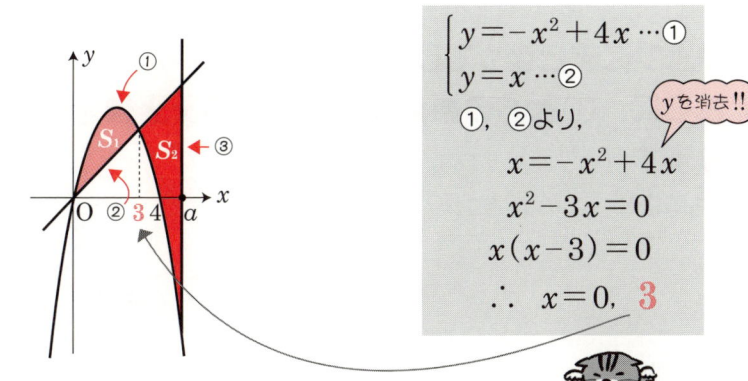

$\begin{cases} y = -x^2 + 4x \quad \cdots ① \\ y = x \quad \cdots ② \end{cases}$

①，②より，

$x = -x^2 + 4x$

$x^2 - 3x = 0$

$x(x-3) = 0$

$\therefore \quad x = 0, \ 3$

（y を消去!!）

$S_1 = S_2$ （題意より）より，

$$\int_0^3 \{\underline{(-x^2+4x)} - \underline{x}\} \, dx = \int_3^a \{\underline{x} - \underline{(-x^2+4x)}\} \, dx$$
① ② ② ①

しか～し，これをまともに計算することはない!!

$$\int_0^3 \{\underline{(-x^2+4x)} - \underline{x}\} \, dx - \int_3^a \{\underline{x} - \underline{(-x^2+4x)}\} \, dx = 0$$
① ② ② ①

（移項したよ!!）

$$\int_0^3 \{\underline{(-x^2+4x)} - \underline{x}\} \, dx - \left[-\int_3^a \{\underline{(-x^2+4x)} - \underline{x}\} \, dx \right] = 0$$
① ② ① ②

（マイナスをくくり出す!!）

$$\int_0^{\mathbf{3}} \{\underline{(-x^2+4x)} - \underline{x}\} \, dx + \int_{\mathbf{3}}^a \{\underline{(-x^2+4x)} - \underline{x}\} \, dx = 0$$
① ② ① ②

よって!!

公式その4
$$\int_\alpha^\beta f(x)dx + \int_\beta^\gamma f(x)dx = \int_\alpha^\gamma f(x)dx$$

$$\boxed{\int_0^a \{\underline{(-x^2+4x)} - \underline{x}\} \, dx = 0}$$
① ②

とな～る!!

ひとつにまとまってしまうので，かなり楽チン♥

さらに，①と②の原点以外の交点のx座標**3**は不必要になります!!

(2)も同様!!　このテクニックでGO!!

Theme 29　面積劇場　325

解答でござる

(1) $S_1 = S_2$ より，$S_1 - S_2 = 0$
よって，

$$\int_0^a \{(-x^2+4x)-x\}\,dx = 0$$

$$\int_0^a (-x^2+3x)\,dx = 0$$

$$\left[-\frac{1}{3}x^3+\frac{3}{2}x^2\right]_0^a = 0$$

$$-\frac{1}{3}a^3+\frac{3}{2}a^2 = 0$$

$$2a^3-9a^2 = 0$$

$$a^2(2a-9) = 0$$

$$\therefore\ a=0,\ \frac{9}{2}$$

ところが，$a>3$ より，求めるべき a の値は，

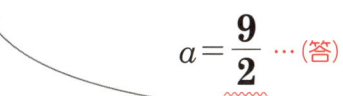

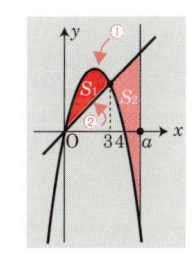

$$a=\frac{9}{2} \quad\cdots（答）$$

イメージは…

$$\int_0^3 (①-②)\,dx = \int_3^a (②-①)\,dx$$

$$\int_0^3 (①-②)\,dx - \int_3^a (②-①)\,dx = 0$$

$$\int_0^3 (①-②)\,dx + \int_3^a (①-②)\,dx = 0$$

$$\therefore \int_0^a (①-②)\,dx = 0$$

—両辺を -6 倍したよ

—問題文に書いてあるし，さらに上図からも明らか

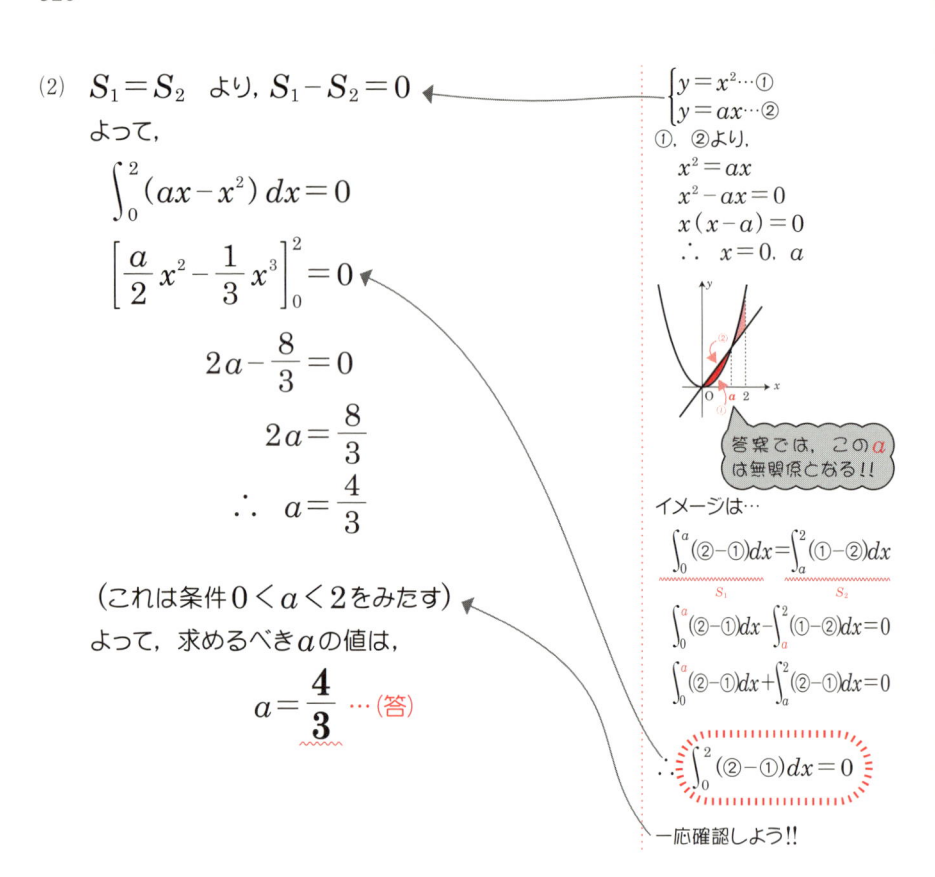

(2) $S_1 = S_2$ より, $S_1 - S_2 = 0$

よって,

$$\int_0^2 (ax - x^2)\, dx = 0$$

$$\left[\frac{a}{2}x^2 - \frac{1}{3}x^3\right]_0^2 = 0$$

$$2a - \frac{8}{3} = 0$$

$$2a = \frac{8}{3}$$

$$\therefore\ a = \frac{4}{3}$$

(これは条件 $0 < a < 2$ をみたす)

よって, 求めるべき a の値は,

$$a = \frac{4}{3} \quad \cdots \text{(答)}$$

$\begin{cases} y = x^2 \cdots ① \\ y = ax \cdots ② \end{cases}$

①, ②より,
$x^2 = ax$
$x^2 - ax = 0$
$x(x - a) = 0$
$\therefore\ x = 0,\ a$

答案では, この a は無関係となる!!

イメージは…

$$\int_0^a (② - ①)\, dx = \int_a^2 (① - ②)\, dx$$
$$\underbrace{}_{S_1}\ \underbrace{}_{S_2}$$

$$\int_0^a (② - ①)\, dx - \int_a^2 (① - ②)\, dx = 0$$

$$\int_0^a (② - ①)\, dx + \int_a^2 (② - ①)\, dx = 0$$

$$\therefore \int_0^2 (② - ①)\, dx = 0$$

一応確認しよう!!

Theme 29 面積劇場 327

面積劇場の最後を飾るのは，こいつだ〜っ!!

問題29-3 ちょいムズ

$0 \leqq x \leqq 2$ の範囲で，曲線 $y=x^2$ と直線 $y=ax$ (ただし，$0 \leqq a \leqq 2$) および $x=2$ で囲まれた図形の面積を $S(a)$ とする。

(1) $S(a)$ を求めよ。
(2) $S(a)$ の最小値を求めよ。

ナイスな導入 気づいてたかい？!

登場人物は前問 **問題29-2** の(2)と同一です!!

今まで習得したことを活用しまくって，"面積劇場" のラストシーンを美しくキメましょう♥

解答でござる

$y=x^2$ …①
$y=ax$ …②

①，②より，
$x^2=ax$
$x^2-ax=0$
$x(x-a)=0$
$\therefore \ x=0, \ a$

(1) $S(a)$
$=\displaystyle\int_0^a (ax-x^2)\,dx + \int_a^2 (x^2-ax)\,dx$

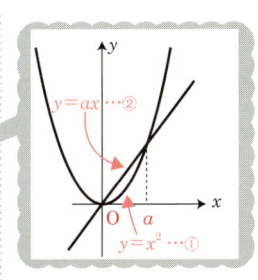

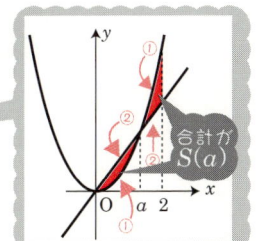

$$= \left[\frac{a}{2}x^2 - \frac{1}{3}x^3\right]_0^a + \left[\frac{1}{3}x^3 - \frac{a}{2}x^2\right]_a^2$$

$$= \frac{1}{2}a^3 - \frac{1}{3}a^3 - 0 + \frac{8}{3} - 2a - \left(\frac{1}{3}a^3 - \frac{1}{2}a^3\right)$$

$$= \underline{\frac{1}{3}a^3 - 2a + \frac{8}{3}} \cdots \text{(答)}$$

(2) (1)より，

$$S(a) = \frac{1}{3}a^3 - 2a + \frac{8}{3}$$

$$S'(a) = a^2 - 2$$

$$= (a+\sqrt{2})(a-\sqrt{2})$$

$0 \leqq a \leqq 2$ の範囲で増減表をかくと，

a	0	$\cdots$	$\sqrt{2}$	$\cdots$	2
$S'(a)$		$-$	0	$+$	
$S(a)$		↘	最小	↗	

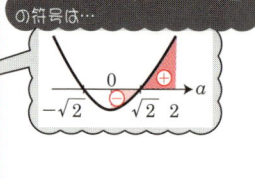

増減表からも明らかなように，$a = \sqrt{2}$ のとき極小かつ最小となる。

よって，$S(a)$ の最小値は，

$$S(\sqrt{2}) = \frac{1}{3} \times (\sqrt{2})^3 - 2 \times \sqrt{2} + \frac{8}{3}$$

$$= \frac{2\sqrt{2}}{3} - 2\sqrt{2} + \frac{8}{3}$$

$$= \underline{\frac{8 - 4\sqrt{2}}{3}} \cdots \text{(答)}$$

Theme 30 定積分で表された関数

とにかく，やり方を覚えてください。

問題30-1   標準

次の等式をみたす関数 $f(x)$ を求めよ。

(1) $f(x) = x + \int_{-1}^{2} f(t)\,dt$

(2) $f(x) = x^2 + 2x\int_{1}^{3} f(t)\,dt - 3$

(3) $f(x) = 3x^2 + \int_{0}^{2} xf(t)\,dt - 2$

ナイスな導入

(1)であらすじをまとめておきます。

$$f(x) = x + \boxed{\int_{-1}^{2} f(t)\,dt} \quad \cdots ①$$

ここは定積分なもんで**定数**となります!!

そこで!!

$$\int_{-1}^{2} f(t)\,dt = k \quad \cdots ②$$

ここが最大のポイント

とおきます!!

このとき，①から，

$f(x) = x + \underset{\underset{k}{\parallel}}{\int_{-1}^{2} f(t)\,dt}$

$f(x) = x + k \quad \cdots ③$

とな〜る!!

とゆーことは…

$f(t) = t + k \quad \cdots ③'$

xのところがtに変わっただけ

③′を②に代入して，

$$\int_{-1}^{2}(t+k)\,dt=k$$

> $\int_{-1}^{2}f(t)\,dt=k$ …②
> $f(t)=t+k$ …③′

ここまで来りゃあ簡単だぁ〜っ!!

$$\left[\frac{1}{2}t^2+kt\right]_{-1}^{2}=k$$

> 積分変数は **t** ですよ!!
> k は定数扱いです

$$\frac{1}{2}\times 2^2+k\times 2-\left\{\frac{1}{2}\times(-1)^2+k\times(-1)\right\}=k$$

$$2+2k-\frac{1}{2}+k=k$$

$$2k=-\frac{3}{2}$$

> これさえ求まれば…

$$\therefore k=-\frac{3}{4} \quad \text{…④}$$

④を③に代入して，

$$f(x)=x-\frac{3}{4}$$

答でーす!!

> $f(x)=x+k$ …③
> $k=-\frac{3}{4}$ …④

(2)も同様です!!

(3)は，少しばかり**注意**が必要です。

$$f(x)=3x^2+\int_{0}^{2}xf(t)\,dt-2$$

> 積分変数は **t** です!!
> **t** でない **x** は定数扱いとなります!!

そこで!!

$$f(x)=3x^2+x\int_{0}^{2}f(t)\,dt-2$$

> 出しておくべし!!

とすれば(2)と同じタイプだ!!

Theme 30 定積分で表された関数

解答でござる

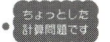

(1) $f(x) = x + \int_{-1}^{2} f(t)\,dt$ …①

　この $\int_{-1}^{2} f(t)\,dt$ が定数であるところがポイント!!

①で、

$$\int_{-1}^{2} f(t)\,dt = k \quad \text{…②}$$

― 定数なので $=k$ とする

とおく。

このとき、①は、

$$f(x) = x + k \quad \text{…③}$$

$f(x) = x + \underbrace{\int_{-1}^{2} f(t)\,dt}_{k}$

となる。

③を②に用いて、

$$\int_{-1}^{2} (t + k)\,dt = k$$

$$\left[\frac{1}{2}t^2 + kt\right]_{-1}^{2} = k$$

$$2 + 2k - \left(\frac{1}{2} - k\right) = k$$

$$\therefore\ k = -\frac{3}{4} \quad \text{…④}$$

$f(x) = x + k$ …③ ということは…　$f(t) = t + k$ ということです!!

④を③に代入して、

$$f(x) = \underline{x - \frac{3}{4}} \quad \text{…(答)}$$

$f(x) = x + k$ …③
$k = -\dfrac{3}{4}$ …④

(2) $f(x) = x^2 + 2x\int_{1}^{3} f(t)\,dt - 3$ …①

　この $\int_{1}^{3} f(t)\,dt$ が定数であることがポイント!!

①で、

$$\int_{1}^{3} f(t)\,dt = k \quad \text{…②}$$

とおく。

お約束のパターン♥

このとき，①は，
$$f(x) = x^2 + 2kx - 3 \cdots ③$$
となる。

③を②に用いて，
$$\int_1^3 (t^2 + 2kt - 3)\,dt = k$$

$$\left[\frac{1}{3}t^3 + kt^2 - 3t\right]_1^3 = k$$

$$9 + 9k - 9 - \left(\frac{1}{3} + k - 3\right) = k$$

$$7k = -\frac{8}{3}$$

$$\therefore\ k = -\frac{8}{21} \cdots ④$$

④を③に代入して，
$$f(x) = x^2 - \frac{16}{21}x - 3 \cdots \text{(答)}$$

(3) $f(x) = 3x^2 + \int_0^2 xf(t)\,dt - 2$

$\quad\quad = 3x^2 + x\int_0^2 f(t)\,dt - 2 \cdots ①$

①で，
$$\int_0^2 f(t)\,dt = k \cdots ②$$
とおく。

このとき，①は，
$$f(x) = 3x^2 + kx - 2 \cdots ③$$
となる。

$f(x) = x^2 + 2x\boxed{\int_1^3 f(t)dt} - 3 \cdots ①$
$\quad\quad\quad\quad\quad\ \|$
$\quad\quad\quad\quad\ k$
$\quad\ = x^2 + 2x \times k - 3$
$\quad\ = x^2 + 2kx - 3 \cdots ③$

$f(x) = x^2 + 2kx - 3 \cdots ③$
ということは…
$\ f(t) = t^2 + 2kt - 3$
ということです!!

$2k \times \frac{1}{2}t^2$

$k = -\frac{8}{21} \cdots ④$

$f(x) = x^2 + 2\underline{k}x - 3 \cdots ③$
$\therefore\ f(x) = x^2 - \frac{16}{21}x - 3$
となる!!

積分変数は t である!!
よって，x は定数扱いとなる。ややこしくならないように x は外に出しておこう!!

$f(x) = 3x^2 + x\boxed{\int_0^2 f(t)dt} - 2 \cdots ①$
$\quad\quad\quad\quad\quad\ \|$
$\quad\quad\quad\quad\ k$
$\quad\ = 3x^2 + kx - 2 \cdots ③$

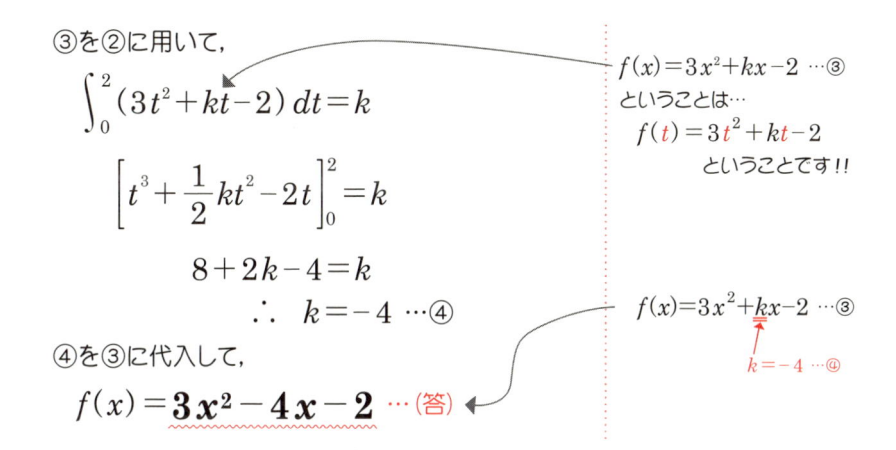

Theme 30 定積分で表された関数　ちょっとした計算問題です　333

③を②に用いて，
$$\int_0^2 (3t^2+kt-2)\,dt = k$$
$$\left[t^3+\frac{1}{2}kt^2-2t\right]_0^2 = k$$
$$8+2k-4 = k$$
$$\therefore k=-4 \quad \cdots ④$$

$f(x)=3x^2+kx-2 \quad \cdots ③$
ということは…
　　$f(t)=3t^2+kt-2$
　　　　ということです!!

④を③に代入して，
$$f(x) = \mathbf{3x^2 - 4x - 2} \quad \cdots (答)$$

$f(x)=3x^2+kx-2 \quad \cdots ③$
　　　　$\uparrow$
　　　$k=-4 \quad \cdots ④$

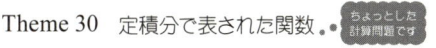

少しばかりレベルを上げて…

問題30-2　　　　　　　　　　　　　　　　　　　　　　　標準

次の等式をみたす関数 $f(x)$ を求めよ。

(1) $f(x) = x^2 - \displaystyle\int_0^2 x f(t)\,dt + 2\int_0^1 f(t)\,dt$

(2) $f(x) = 2 + \displaystyle\int_0^3 (xt+2)f(t)\,dt$

ちょいムズ
まごはいかないかな…

ナイスな導入

ぶっちゃけ，方針は前問 **問題30-1** と変わりません!!

(1) $f(x) = x^2 - \displaystyle\int_0^2 xf(t)\,dt + 2\int_0^1 f(t)\,dt$

$ = x^2 - x\displaystyle\int_0^2 f(t)\,dt + 2\int_0^1 f(t)\,dt \quad \cdots ①$

xは出すべし!!

このとき

①で，定積分 $\displaystyle\int_0^2 \boldsymbol{f(t)\,dt}$ と $\displaystyle\int_0^1 \boldsymbol{f(t)\,dt}$ は，いずれも定数!!

よって!!

$$\int_0^2 f(t)\,dt = k \quad \& \quad \int_0^1 f(t)\,dt = \ell$$

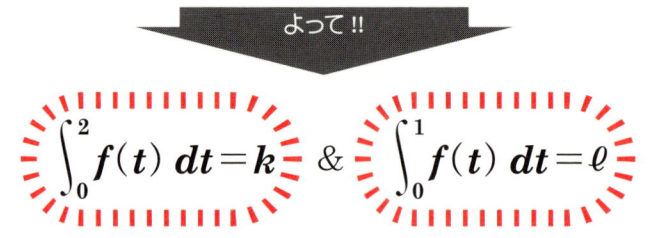

とダブルでおいてしまえば万事解決♥

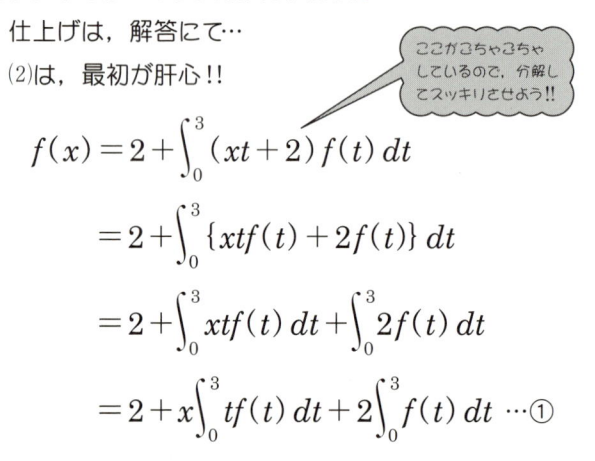

仕上げは，解答にて…

(2)は，最初が肝心!!

> ここがごちゃごちゃしているので，分解してスッキリさせよう!!

$$f(x) = 2 + \int_0^3 (xt+2)f(t)\,dt$$

$$= 2 + \int_0^3 \{xtf(t) + 2f(t)\}\,dt$$

$$= 2 + \int_0^3 xtf(t)\,dt + \int_0^3 2f(t)\,dt$$

$$= 2 + x\int_0^3 tf(t)\,dt + 2\int_0^3 f(t)\,dt \quad \cdots ①$$

このように分解しちまえばあとは楽勝!!

①で，定積分 $\int_0^3 tf(t)\,dt$ と $\int_0^3 f(t)\,dt$ は，いずれも定数!!

よって!!

$$\int_0^3 tf(t)\,dt = k \quad \& \quad \int_0^3 f(t)\,dt = \ell$$

とダブルでおいてしまえばOKさ♥

仕上げは解答で…

Theme 30 定積分で表された関数

解答でござる

(1) $f(x) = x^2 - \int_0^2 xf(t)\,dt + 2\int_0^1 f(t)\,dt$

$= x^2 - x\int_0^2 f(t)\,dt + 2\int_0^1 f(t)\,dt$ …①

xを出すべし!!

①で、

$\int_0^2 f(t)\,dt = k$ …②

$\int_0^1 f(t)\,dt = \ell$ …③

とおく。

$f(x) = x^2 - x\boxed{\int_0^2 f(t)\,dt} + 2\boxed{\int_0^1 f(t)\,dt}$
            $\underset{k}{\parallel}$ $\underset{\ell}{\parallel}$

$= x^2 - kx + 2\ell$ …④

このとき、①は、

$f(x) = x^2 - kx + 2\ell$ …④

となる。

④を②に用いて、

$f(x) = x^2 - kx + 2\ell$ …④ ということは、
$f(t) = t^2 - kt + 2\ell$ ということです!!

$\int_0^2 (t^2 - kt + 2\ell)\,dt = k$

$\left[\frac{1}{3}t^3 - \frac{k}{2}t^2 + 2\ell t\right]_0^2 = k$

$\frac{8}{3} - 2k + 4\ell = k$

両辺を−3倍する!!

$-3k + 4\ell = -\frac{8}{3}$

∴ $9k - 12\ell = 8$ …⑤

④を③に用いて、

$f(x) = x^2 - kx + 2\ell$ …④ ということは、
$f(t) = t^2 - kt + 2\ell$ ということです!!

$\int_0^1 (t^2 - kt + 2\ell)\,dt = \ell$

$\left[\frac{1}{3}t^3 - \frac{k}{2}t^2 + 2\ell t\right]_0^1 = \ell$

$$\frac{1}{3} - \frac{k}{2} + 2\ell = \ell$$

$$-\frac{k}{2} + \ell = -\frac{1}{3}$$

$$\therefore \quad 3k - 6\ell = 2 \quad \cdots ⑥$$

⑤，⑥より，

$$k = \frac{4}{3}, \quad \ell = \frac{1}{3} \quad \cdots ⑦$$

⑦を④に代入して，

$$f(x) = \underline{\underline{x^2 - \frac{4}{3}x + \frac{2}{3}}} \quad \cdots \text{(答)}$$

(2) $f(x) = 2 + \int_0^3 (xt + 2)f(t)\,dt$

$\quad = 2 + \int_0^3 \{xtf(t) + 2f(t)\}\,dt$

$\quad = 2 + \int_0^3 xtf(t)\,dt + \int_0^3 2f(t)\,dt$

$\quad = 2 + x\int_0^3 tf(t)\,dt + 2\int_0^3 f(t)\,dt \quad \cdots ①$

①で，

$$\int_0^3 tf(t)\,dt = k \quad \cdots ②$$

$$\int_0^3 f(t)\,dt = \ell \quad \cdots ③$$

とおく。

　このとき，①は，

$$f(x) = kx + 2\ell + 2 \quad \cdots ④$$

となる。

両辺を -6 倍する!!

⑤ $-$ ⑥ $\times 2$ より
$\quad 9k - 12\ell = 8 \quad \cdots ⑤$
$-)\,6k - 12\ell = 4 \quad \cdots ⑥\times 2$
$\quad\quad 3k \quad\quad = 4$

$\therefore \quad k = \dfrac{4}{3}$

これを⑥に代入して，

$3 \times \dfrac{4}{3} - 6\ell = 2$

$-6\ell = -2$

$\therefore \quad \ell = \dfrac{1}{3}$

$f(x) = x^2 - kx + 2\ell \quad \cdots ④$

$k = \dfrac{4}{3}, \quad \ell = \dfrac{1}{3} \quad \cdots ⑦$

分解成功!!

当然 x は外へ…

ダブしておくのか…

$f(x) = 2 + x\int_0^3 tf(t)dt + 2\int_0^3 f(t)dt \quad \cdots ①$
$\quad\quad\quad\quad\quad\quad \| \quad\quad\quad\quad \|$
$\quad\quad\quad\quad\quad\quad k \quad\quad\quad\quad \ell$
$= 2 + kx + 2\ell$
$= kx + 2\ell + 2 \quad \cdots ④$

Theme 30 定積分で表された関数　337

④を②に用いて，

$$\int_0^3 t(kt+2\ell+2)\,dt = k$$

$$\int_0^3 \{kt^2+(2\ell+2)t\}\,dt = k$$

$$\left[\frac{k}{3}t^3+(\ell+1)t^2\right]_0^3 = k$$

$$9k+9(\ell+1) = k$$

$$8k+9\ell = -9 \quad \cdots ⑤$$

④を③に用いて，

$$\int_0^3 (kt+2\ell+2)\,dt = \ell$$

$$\left[\frac{k}{2}t^2+(2\ell+2)t\right]_0^3 = \ell$$

$$\frac{9}{2}k+3(2\ell+2) = \ell$$

$$\frac{9}{2}k+5\ell = -6$$

$$9k+10\ell = -12 \quad \cdots ⑥$$

⑤，⑥より，

$$k=-18,\ \ell=15 \quad \cdots ⑦$$

⑦を④に代入して，

$$f(x) = -\mathbf{18x+32} \quad \cdots\text{(答)}$$

$f(x)=kx+2\ell+2$ …④
ということは…
　$f(t)=kt+2\ell+2$
　　　ということです!!

$(2\ell+2)\times\frac{1}{2}t^2$
$\parallel$
$2(\ell+1)\times\frac{1}{2}t^2$
$\parallel$
$(\ell+1)t^2$

$f(x)=kx+2\ell+2$ …④
ということは…
　$f(t)=kt+2\ell+2$
　　　ということです!!

両辺を2倍する!!

⑥×9－⑤×8より，
　$72k+81\ell=-81$ …⑤×9
－)$72k+80\ell=-96$ …⑥×8
　　　$\ell=15$

これを⑥に代入して，
　$9k+10\times15=-12$
　　　$9k=-162$
　∴　$k=-18$

$f(x)=kx+2\ell+2$ …④
　　　　　↑　　↑
　　$k=-18,\ \ell=15$ …⑦

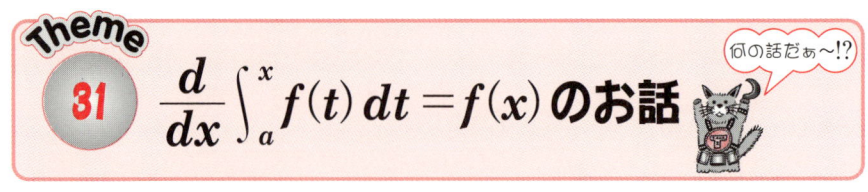

Theme 31 $\dfrac{d}{dx}\displaystyle\int_a^x f(t)\,dt = f(x)$ のお話

何の話だぁ〜!?

まず記号の確認です。

今まで，y' や $f'(x)$ などと表現してまいりましたが，もうひとつ表現方法がございまして…

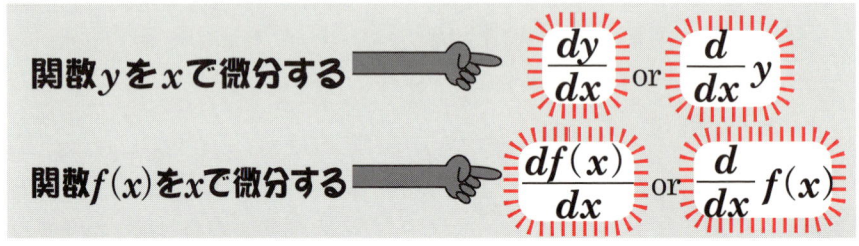

関数 y を x で微分する　→　$\dfrac{dy}{dx}$ or $\dfrac{d}{dx}y$

関数 $f(x)$ を x で微分する　→　$\dfrac{df(x)}{dx}$ or $\dfrac{d}{dx}f(x)$

と表現することができます。

これが今回の本題ではなくて…。次の公式を押さえておいてください。

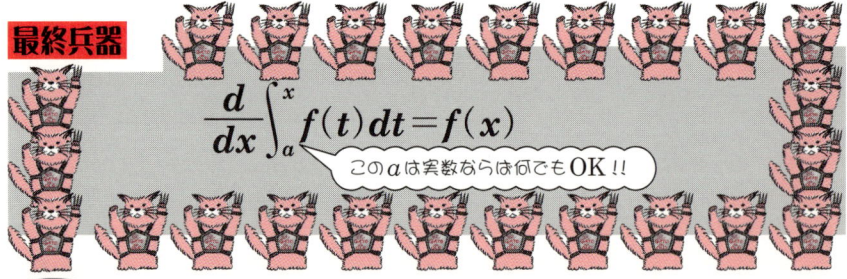

最終兵器

$$\dfrac{d}{dx}\int_a^x f(t)\,dt = f(x)$$

この a は実数ならば何でも OK!!

解説

関数 $\displaystyle\int_a^x f(t)\,dt$ を x で微分すると，関数 $f(x)$ となる!!

証明コーナー

$F'(t) = f(t)$ とする。

$f(t)$ の不定積分の1つを $F(t)$ とする!!　ということです

このとき，

$$\int_a^x f(t)\,dt = \Big[F(t)\Big]_a^x = F(x) - F(a) \quad \cdots(*)$$

Theme 31 $\frac{d}{dx}\int_a^x f(t)dt = f(x)$ のお話

(※)の両辺を x で微分すると， 〔x で微分するということです!!〕

$$\frac{d}{dx}\int_a^x f(t)dt = \frac{d}{dx}\{F(x)-F(a)\}$$
$$= F'(x)$$ 〔$F(a)$ は定数なので消える!!〕
$$= f(x)$$

（証明おわり）

この公式をさっそく，活用してみましょう．

問題 31-1　　　　　　　　　　　　　　　　　　　　　基礎

次の関数 $g(x)$ を微分せよ．
(1) $g(x) = \int_3^x (t^2 - 2t + 3)\,dt$
(2) $g(x) = \int_{-2}^x (t^3 + 6t^2 - 3t - 2)\,dt$

ナイスな導入

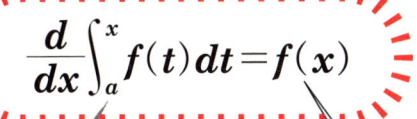

$$\frac{d}{dx}\int_a^x f(t)dt = f(x)$$

〔この a は実数であれば何でもよい〕　〔$f(t)$ かきかえ $f(x)$〕
　　　　　　　　　　　　　　　　　　〔t の式〕　　　〔x の式〕

解答でござる

(1) $g(x) = \int_3^x (t^2 - 2t + 3)dt$

$g'(x) = \dfrac{d}{dx}\int_3^x \boxed{(t^2 - 2t + 3)}dt$
　　　$= x^2 - 2x + 3$ …(答)

〔x で微分するという意味!!〕
〔t を x にかきかえるだけ!!〕

(2) $g(x) = \int_{-2}^{x} (t^3 + 6t^2 - 3t - 2) dt$

$g'(x) = \dfrac{d}{dx} \int_{-2}^{x} (t^3 + 6t^2 - 3t - 2) dt$

$= \underline{\boldsymbol{x^3 + 6x^2 - 3x - 2}}$ …(答)

xで微分するという意味!!

tをxにかきかえるだけ!!

では,本格的に…

問題31-2 標準

等式 $\int_{a}^{x} f(t) dt = x^2 - 5x + 6$ をみたす関数 $f(x)$ と a の値を求めよ。

ナイスな導入

本問を攻略するためには,2つのコツがあります!!

コツその1
何も考えずに両辺を微分しろ!!

$\int_{a}^{x} f(t) dt = x^2 - 5x + 6$ …(*)

(*)の両辺をxで微分して,

$f(x) = \boldsymbol{2x - 5}$ 答でーす!!

えーっ!! もう求まったの〜??

$\dfrac{d}{dx} \int_{a}^{x} f(t) dt = f(x)$ です!!

そろってる!!

コツその2
$\int_{a}^{a} f(x) dx = 0$ の性質を活用せよ!!

$\int_{a}^{x} f(t) dt = x^2 - 5x + 6$ …(*)

(*)のxのところに$x = a$を代入すると,

$\int_{a}^{a} f(t) dt = a^2 - 5a + 6$ …(*)

$\int_a^a f(t)dt = 0$ $0 = a^2 - 5a + 6$
$(a-2)(a-3) = 0$
∴ $a = $ **2, 3**

秒殺だぁ～!!

答でーす!!

解答でござる

$\int_a^x f(t)dt = x^2 - 5x + 6 \cdots (*)$

$(*)$ の両辺を x で微分して,
$f(x) = \mathbf{2x - 5}$ …(答)

$(*)$ の x に $x = a$ を代入して,
$\int_a^a f(t)dt = a^2 - 5a + 6$
$0 = a^2 - 5a + 6$
$(a-2)(a-3) = 0$
∴ $a = \mathbf{2, 3}$ …(答)

左辺で
$\dfrac{d}{dx}\int_a^x f(t)dt = f(x)$
を活用!!

あっけない幕切れ!!

$\int_a^x f(t)dt = x^2 - 5x + 6 \cdots (*)$
の x のところに $x = a$ を代入!!

$\int_a^a f(t)dt = 0$ でっせ♥

またもや, あっけない幕切れ!

経験値を増やす意味も込めて…

問題 31-3 　　　　　　　　　　　　　　　　　　　標準

次の等式をみたす関数 $f(x)$ と定数 a の値を求めよ.
(1) $\int_2^x f(t)dt = x^2 - 3x + a$
(2) $\int_a^x f(t)dt = x^2 - 10x + 9$

この問題がラストだよ!

(1) $\int_2^x f(t)dt = x^2 - 3x + a \cdots (*)$

$(*)$の両辺をxで微分して，

$$f(x) = \underline{2x - 3} \cdots \text{(答)}$$

$(*)$のxに$x=2$を代入して，

$$\int_2^2 f(t)dt = 2^2 - 3 \times 2 + a$$

$$0 = -2 + a$$

$$\therefore \ a = \underline{2} \cdots \text{(答)}$$

左辺で $\dfrac{d}{dx}\int_a^x f(t)dt = f(x)$ を活用!!

あっけない幕切れ!!

$\int_2^x f(t)dt = x^2 - 3x + a$

のxのところに$x=2$を代入!!

$\int_2^2 f(t)dt = 0$でっせ♥

またもやあっけない幕切れ!!

(2) $\int_a^x f(t)dt = x^2 - 10x + 9 \cdots (*)$

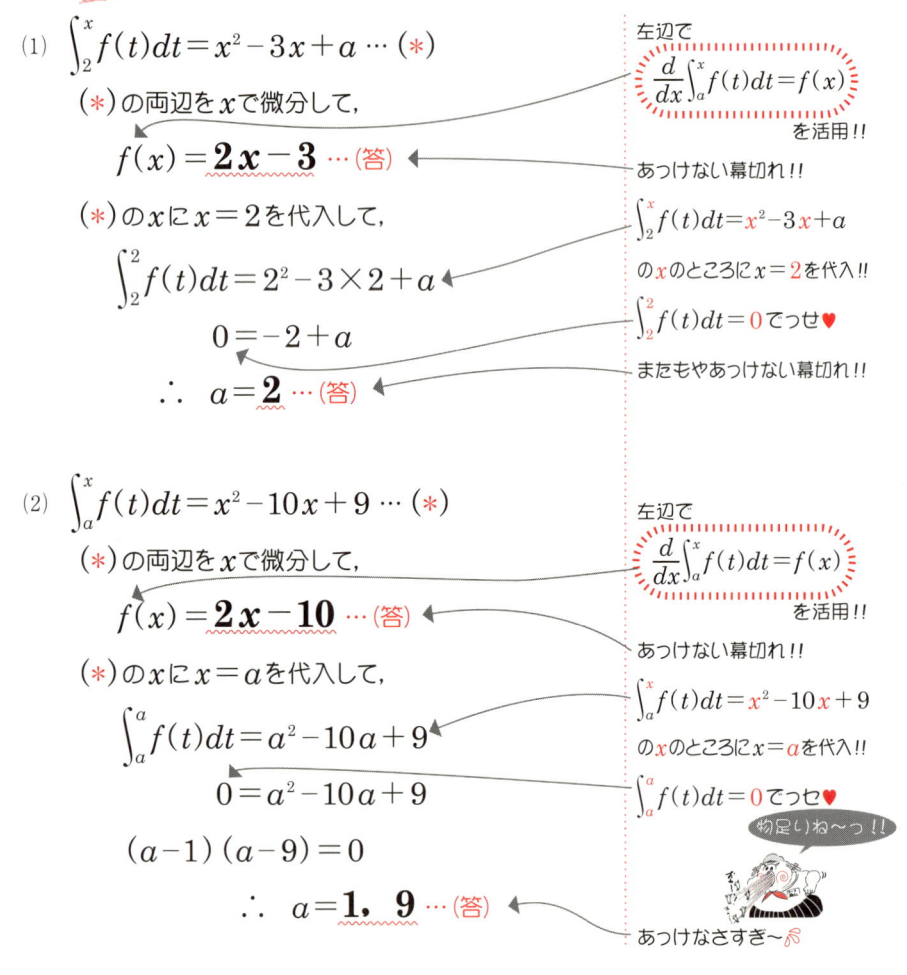

$(*)$の両辺をxで微分して，

$$f(x) = \underline{2x - 10} \cdots \text{(答)}$$

$(*)$のxに$x=a$を代入して，

$$\int_a^a f(t)dt = a^2 - 10a + 9$$

$$0 = a^2 - 10a + 9$$

$$(a-1)(a-9) = 0$$

$$\therefore \ a = \underline{1, \ 9} \cdots \text{(答)}$$

左辺で $\dfrac{d}{dx}\int_a^x f(t)dt = f(x)$ を活用!!

あっけない幕切れ!!

$\int_a^x f(t)dt = x^2 - 10x + 9$

のxのところに$x=a$を代入!!

$\int_a^a f(t)dt = 0$でっせ♥

あっけなさすぎ〜

ナイスフォロー その1 イチッ! 解の公式

解の公式 覚えろ！

2次方程式 $ax^2+bx+c=0$ の解は…

$$x = \frac{-b \pm \sqrt{b^2-4ac}}{2a}$$

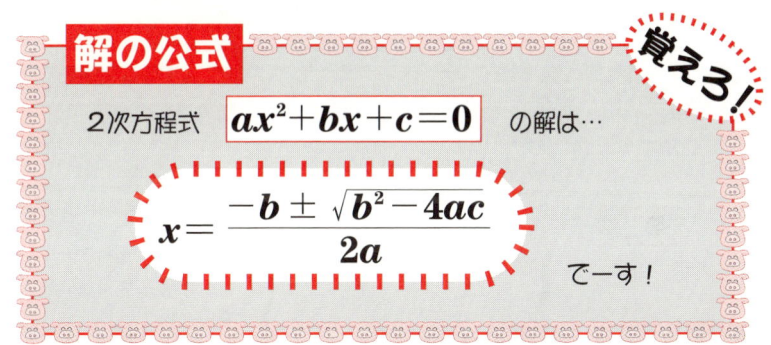

で一す！

しかしながら，因数分解で解けるときは，そちらを優先させてください。

例1

2次方程式 $2x^2-3x-2=0$ を解け！

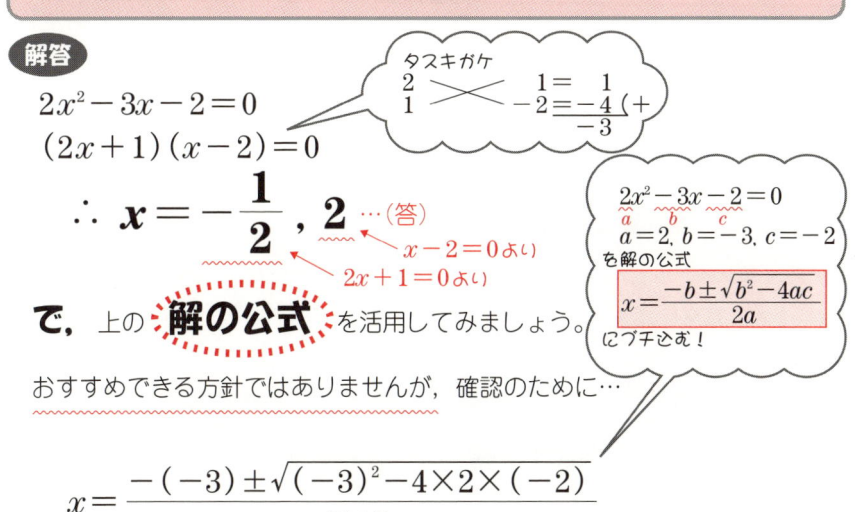

解答

$2x^2-3x-2=0$
$(2x+1)(x-2)=0$

タスキガケ
$\begin{matrix} 2 \\ 1 \end{matrix} \times \begin{matrix} 1= & 1 \\ -2= & -4 \end{matrix}$ (+)
　　　　　　-3

$\therefore \ x = -\dfrac{1}{2}, \ 2$ …(答)

$x-2=0$ より
$2x+1=0$ より

で，上の **解の公式** を活用してみましょう。

$2x^2-3x-2=0$
　a　b　c
$a=2, \ b=-3, \ c=-2$
を解の公式

$$x=\frac{-b\pm\sqrt{b^2-4ac}}{2a}$$

にブチ込む！

おすすめできる方針ではありませんが，確認のために…

$$x = \frac{-(-3) \pm \sqrt{(-3)^2 - 4\times 2 \times (-2)}}{2\times 2}$$

$$x = \frac{3 \pm \sqrt{25}}{4}$$

$$= \frac{3 \pm 5}{4}$$

$\frac{3+5}{4} = \frac{8}{4} = 2$

$\frac{3-5}{4} = \frac{2}{4} = -\frac{1}{2}$

$$= 2, \ -\frac{1}{2} \ \cdots \text{(答)}$$

> ホウ！因数分解したときと同じだ！

例2

2次方程式 $3x^2 + 7x - 3 = 0$ を解け！

解答

今回は，因数分解ができません!!
て，ことは…

解の公式 の登場で——す！

では，やってみましょう！
解の公式より

$$x = \frac{-7 \pm \sqrt{7^2 - 4 \times 3 \times (-3)}}{2 \times 3}$$

$$= \frac{-7 \pm \sqrt{85}}{6}$$

答でーす！

> $3x^2 + 7x - 3 = 0$
> $a = 3, \ b = 7, \ c = -3$
> を解の公式
> $$x = \frac{-b \pm \sqrt{b^2 - 4ac}}{2a}$$
> にブチ込む！

そこで，結論です！

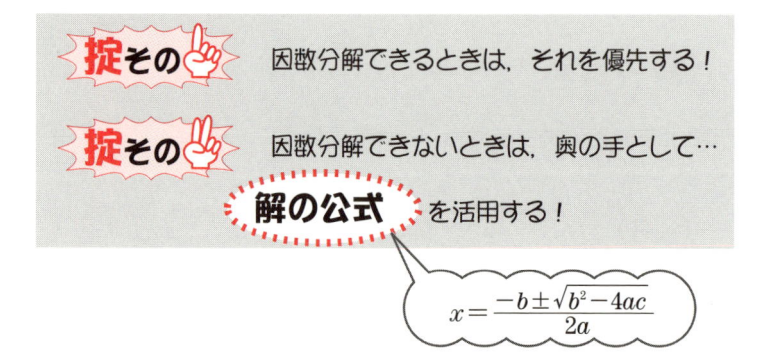

掟その① 因数分解できるときは，それを優先する！

掟その② 因数分解できないときは，奥の手として…

解の公式 を活用する！

$$x = \frac{-b \pm \sqrt{b^2 - 4ac}}{2a}$$

ここで，もうひとつ解の公式が!!

$ax^2 + bx + c = 0$ の解は，

$$x = \frac{-b \pm \sqrt{b^2 - 4ac}}{2a}$$

> こくふつうの解の公式っす！

> おーっと いったい何が始まるんだ!?

分母&分子を2で割る！ ↓

$$x = \frac{-\frac{b}{2} \pm \frac{\sqrt{b^2-4ac}}{2}}{a}$$

$$= \frac{-\frac{b}{2} \pm \sqrt{\frac{b^2-4ac}{4}}}{a}$$

> イメージは $\frac{\sqrt{A}}{2} = \sqrt{\frac{A}{4}}$ です！
> ルートの中では $2^2 = 4$

$$= \frac{-\frac{b}{2} \pm \sqrt{\left(\frac{b}{2}\right)^2 - ac}}{a}$$

> $\frac{b^2 - 4ac}{4}$
> $= \frac{b^2}{4} - \frac{4ac}{4}$
> $= \left(\frac{b}{2}\right)^2 - ac$

てなワケで，

$ax^2 + bx + c = 0$ の解は，

ふつうの解の公式

$$x = \frac{-b \pm \sqrt{b^2 - 4ac}}{2a}$$

> 世間では「偶数」と申します！

とくに，b が2で割り切れる数のとき

解の公式　part II

$$x = \frac{-\frac{b}{2} \pm \sqrt{\left(\frac{b}{2}\right)^2 - ac}}{a}$$

> これを使うと楽チンだぜっ!!

では，試してみましょう！

> おーっと！ xの係数が 偶数 だあーっ！

例3

2次方程式 $3x^2 - 10x + 2 = 0$ を解け!!

☞ **ふつうの解の公式** を活用した場合！

$$\underset{a}{3x^2} \underset{b}{- 10x} \underset{c}{+ 2} = 0$$

$\begin{cases} a = 3 \\ b = -10 \\ c = 2 \end{cases}$

$$\therefore x = \frac{-(-10) \pm \sqrt{(-10)^2 - 4 \times 3 \times 2}}{2 \times 3}$$

$$= \frac{10 \pm \sqrt{76}}{6}$$

$$= \frac{10 \pm 2\sqrt{19}}{6}$$

$$= \frac{5 \pm \sqrt{19}}{3}$$

$x = \frac{-b \pm \sqrt{b^2 - 4ac}}{2a}$

$\sqrt{76} = \sqrt{2 \times 2 \times 19} = 2\sqrt{19}$

分母&分子 2で約分したョ！

答でーす！

☞ **解の公式　partⅡ** を活用した場合！

$$\underset{a}{3x^2} \underset{b}{- 10x} \underset{c}{+ 2} = 0$$

$\begin{cases} a = 3 \\ \frac{b}{2} = -5 \\ c = 2 \end{cases}$

bの半分！

$$\therefore x = \frac{-(-5) \pm \sqrt{(-5)^2 - 3 \times 2}}{3}$$

$$= \frac{5 \pm \sqrt{19}}{3}$$

答でーす！

解の公式　partⅡ

$$x = \frac{-\frac{b}{2} \pm \sqrt{\left(\frac{b}{2}\right)^2 - ac}}{a}$$

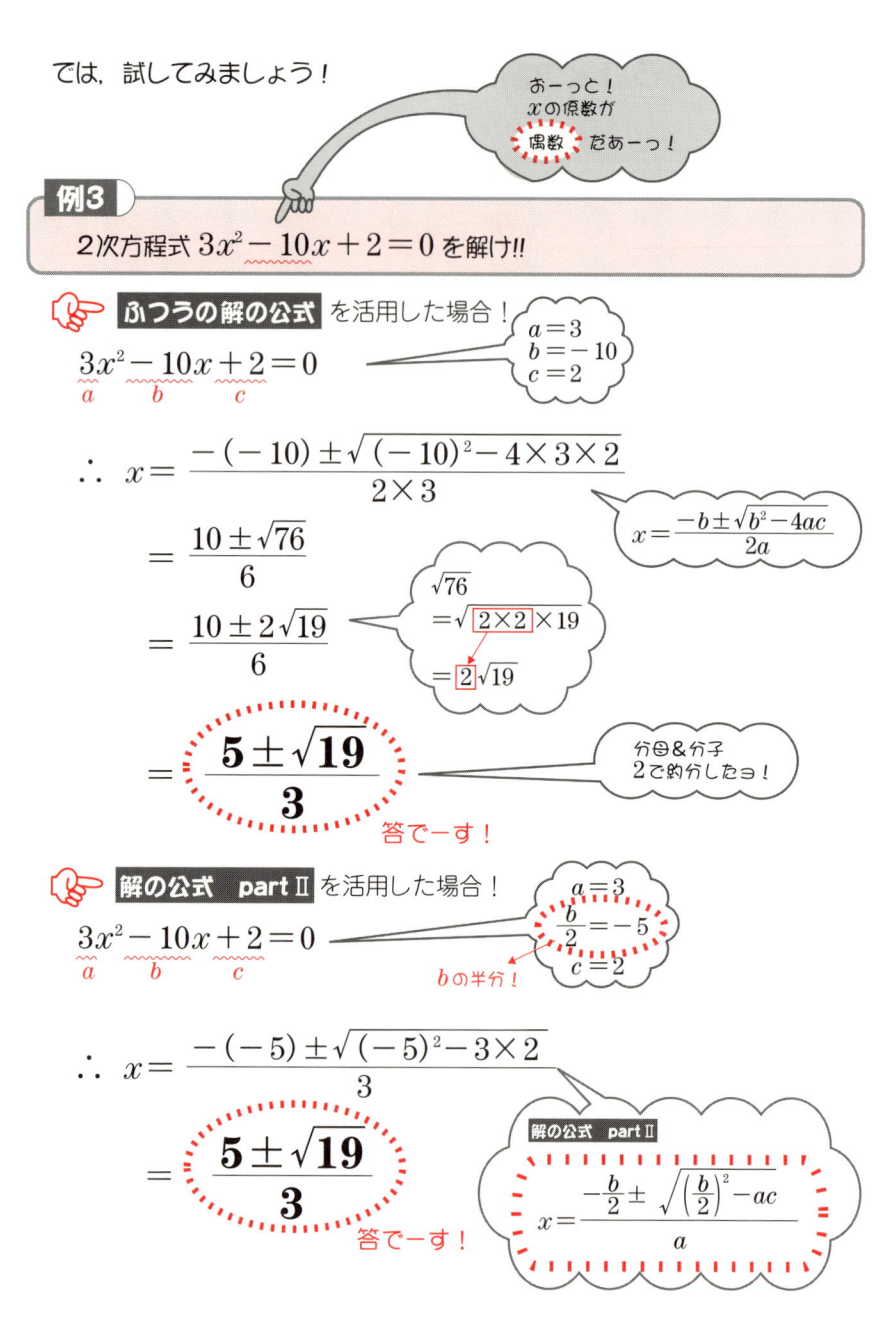

てなワケで，xの係数が偶数のときは **解の公式　partⅡ** を使おうよ！

ナイスフォロー その2 判別式

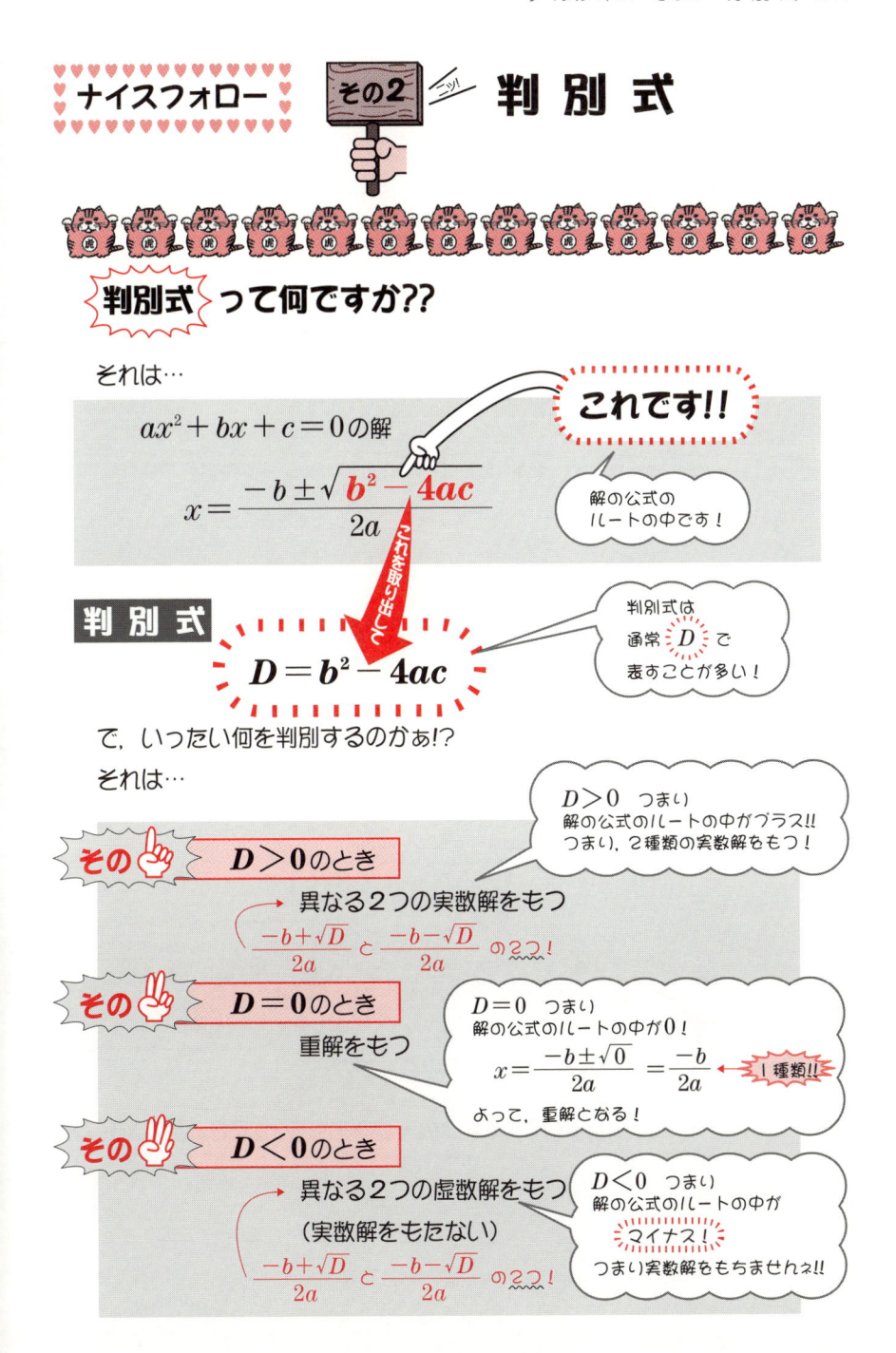

判別式って何ですか??

それは…

$ax^2 + bx + c = 0$ の解

$$x = \frac{-b \pm \sqrt{b^2 - 4ac}}{2a}$$

これです!!

解の公式のルートの中です!

判別式

これを取り出して

$$D = b^2 - 4ac$$

判別式は通常 D で表すことが多い!

で, いったい何を判別するのかぁ!?
それは…

その1　$D > 0$ のとき

→ 異なる2つの実数解をもつ

$\dfrac{-b+\sqrt{D}}{2a}$ と $\dfrac{-b-\sqrt{D}}{2a}$ の2つ!

$D > 0$ つまり 解の公式のルートの中がプラス!! つまり, 2種類の実数解をもつ!

その2　$D = 0$ のとき

重解をもつ

$D = 0$ つまり 解の公式のルートの中が0!

$$x = \frac{-b \pm \sqrt{0}}{2a} = \frac{-b}{2a}$$

1種類!!

よって, 重解となる!

その3　$D < 0$ のとき

→ 異なる2つの虚数解をもつ
（実数解をもたない）

$\dfrac{-b+\sqrt{D}}{2a}$ と $\dfrac{-b-\sqrt{D}}{2a}$ の2つ!

$D < 0$ つまり 解の公式のルートの中が マイナス! つまり実数解をもちませんね!!

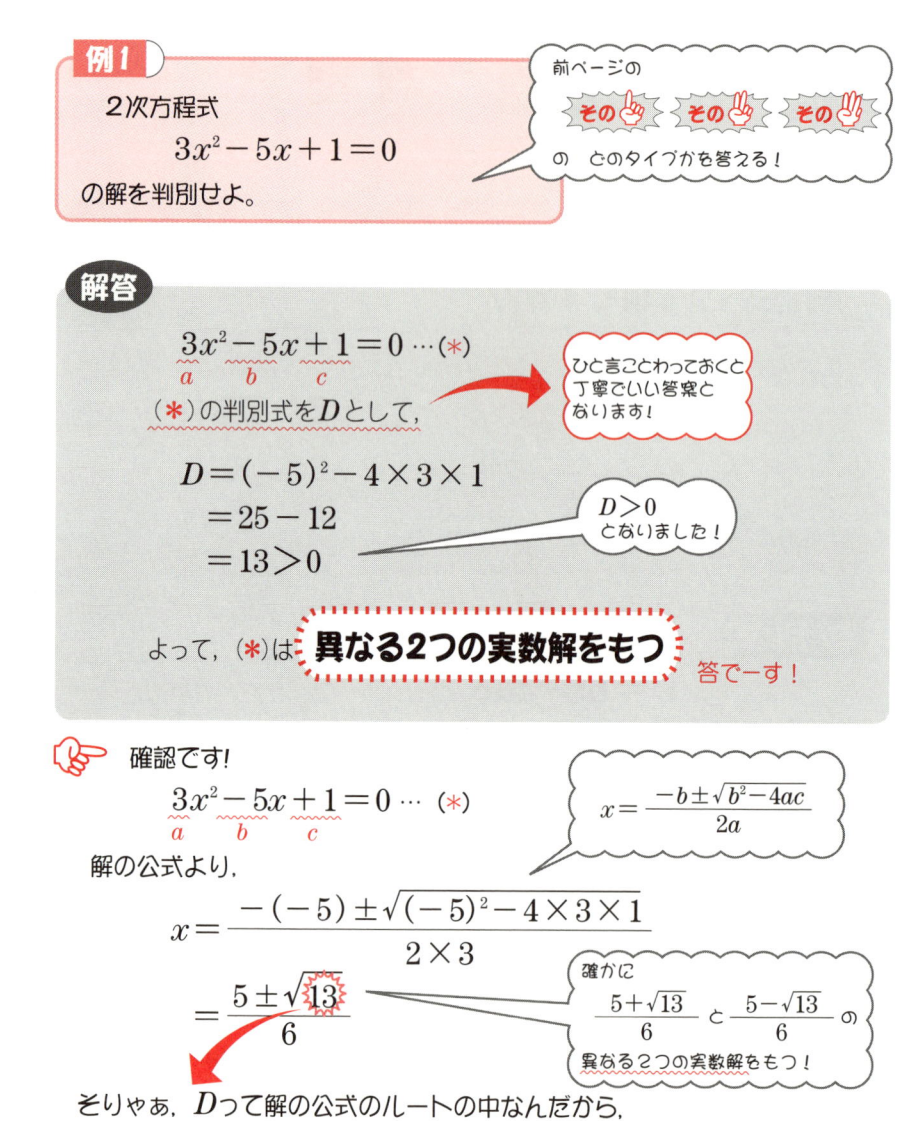

例1

2次方程式
$$3x^2 - 5x + 1 = 0$$
の解を判別せよ。

> 前ページの その☝ その✌ その✋ の どのタイプかを答える！

解答

$$3x^2 \underset{a}{} - 5x \underset{b}{} + 1 \underset{c}{} = 0 \cdots (*)$$

$(*)$の判別式をDとして，

> ひと言ことわっておくと丁寧でいい答案となります！

$$\begin{aligned}D &= (-5)^2 - 4 \times 3 \times 1 \\ &= 25 - 12 \\ &= 13 > 0\end{aligned}$$

> $D > 0$ となりました！

よって，$(*)$は **異なる2つの実数解をもつ** 答でーす！

☞ 確認です！

$$3x^2 \underset{a}{} - 5x \underset{b}{} + 1 \underset{c}{} = 0 \cdots (*)$$

解の公式より，

> $x = \dfrac{-b \pm \sqrt{b^2 - 4ac}}{2a}$

$$\begin{aligned}x &= \dfrac{-(-5) \pm \sqrt{(-5)^2 - 4 \times 3 \times 1}}{2 \times 3} \\ &= \dfrac{5 \pm \sqrt{13}}{6}\end{aligned}$$

> 確かに $\dfrac{5+\sqrt{13}}{6}$ と $\dfrac{5-\sqrt{13}}{6}$ の異なる2つの実数解をもつ！

そりゃぁ，Dって解の公式のルートの中なんだから，

$D = 13 > 0$ だけ見れば **異なる2つの実数解をもつ** ってことは，判定できるんですヨ！

ナイスフォローその2　判別式

例2

2次方程式
$$9x^2 - 12x + 4 = 0$$
の解を判別せよ。

解答

$$\underset{a}{9x^2} \underset{b}{-12x} \underset{c}{+4} = 0 \cdots (*)$$

$(*)$ の判別式を D として，

$$D = (-12)^2 - 4 \times 9 \times 4$$
$$= 144 - 144$$
$$= 0$$

> ひと言ことわっておく。これがエチケットです！

> うぉーっ!! $D=0$ になってもうたぁ！

よって，$(*)$ は **重解をもつ**　答でーす！

☞ 確認です！

$$9x^2 - 12x + 4 = 0 \cdots (*)$$

$$\begin{pmatrix} 3 & \diagdown & -2 = -6 \\ 3 & \diagup & -2 = \underline{-6} \\ & & -12 \end{pmatrix} (+)$$

> タスキガケです！

> $(3x-2)(3x-2) = 0$

$$(3x-2)^2 = 0$$

$$\therefore x = \frac{2}{3}$$

> ホラ，答は1種類！重解ですぇ♥

そりゃあ，$D=0$ だったんだから，

> この場合は $a=9$, $b=-12$ より，
> $x = \dfrac{-(-12)}{2 \times 9} = \dfrac{2}{3}$ です！

解の公式で $x = \dfrac{-b \pm \sqrt{0}}{2a} = \boxed{\dfrac{-b}{2a}}$ となり，解は1種類だよネ！

例3

2次方程式
$$2x^2+3x+4=0$$
の解を判別せよ。

判別式の意味は理解できたかな??

解答

$$\underset{a}{2x^2}+\underset{b}{3x}+\underset{c}{4}=0 \cdots(*)$$

$(*)$の判別式をDとして,

$$\begin{aligned}D&=3^2-4\times 2\times 4\\&=9-32\\&=-23<0\end{aligned}$$

$D<0$ となっちゃった!

よって, $(*)$は **異なる2つの虚数解をもつ** 答でーす!

もしくは, **実数解をもたない** 「数Ⅰ・A」風の答でーす!!

☞ 確認です!

$$\underset{a}{2x^2}+\underset{b}{3x}+\underset{c}{4}=0 \cdots(*)$$

$$x=\frac{-b\pm\sqrt{b^2-4ac}}{2a}$$

解の公式より,

$$\begin{aligned}x&=\frac{-3\pm\sqrt{3^2-4\times 2\times 4}}{2\times 2}\\&=\frac{-3\pm\sqrt{-23}}{4}\\&=\frac{-3\pm\sqrt{23}\,i}{4}\end{aligned}$$

確かに $\dfrac{-3+\sqrt{23}\,i}{4}$ と $\dfrac{-3-\sqrt{23}\,i}{4}$ の異なる2つの虚数解をもつ!

ナイスフォローその2　判別式

では，ウォーミングアップを…

例題1 〔基礎〕

次のそれぞれの2次方程式が重解をもつとき，kの値を求めよ。また，そのときの重解を求めよ。
(1) $x^2 - kx + k + 3 = 0$
(2) $x^2 + (k+1)x + 2k - 1 = 0$

ナイスな導入!!

重解といえば，ズバリ，👉 $D = 0$
（判別式です）

(1)では，$\underset{a}{1}x^2 \underset{b}{- kx} \underset{c}{+ k + 3} = 0 \cdots (*)$

解の公式
$$x = \frac{-b \pm \sqrt{b^2 - 4ac}}{2a} \to D$$
$D = 0$ のとき重解!!

$(*)$ の判別式を D とする!

このとき，$(*)$ が重解をもつので $D = 0$ となります。

そこで！

$b^2 - 4ac$

$D = (-k)^2 - 4 \times 1 \times (k+3) = 0$
$k^2 - 4k - 12 = 0$
$(k+2)(k-6) = 0$
$\therefore k = -2, 6$

よーし!!
とりあえず
k は仕留めた！

この連中を$(*)$に当てハメてみて…

$k = -2$ のとき，$(*)$ は，
$x^2 - (-2)x + (-2) + 3 = 0$
$x^2 + 2x + 1 = 0$
$(x+1)^2 = 0$
$\therefore x = -1$

おーっと！
ウマくいったぁ！

ちゃんと重解をもったぜ♥

$k=6$ のとき, (∗)は,
$$x^2-6x+6+3=0$$
$$x^2-6x+9=0$$
$$(x-3)^2=0$$
$$\therefore\ x=3$$

> またまた ウマくいったぜぃ！
> こいやまた重解だぁ〜！

以上まとめて…

$k=-2$ のとき, 重解は $x=-1$
$k=6$ のとき, 重解は $x=3$

答で〜す！

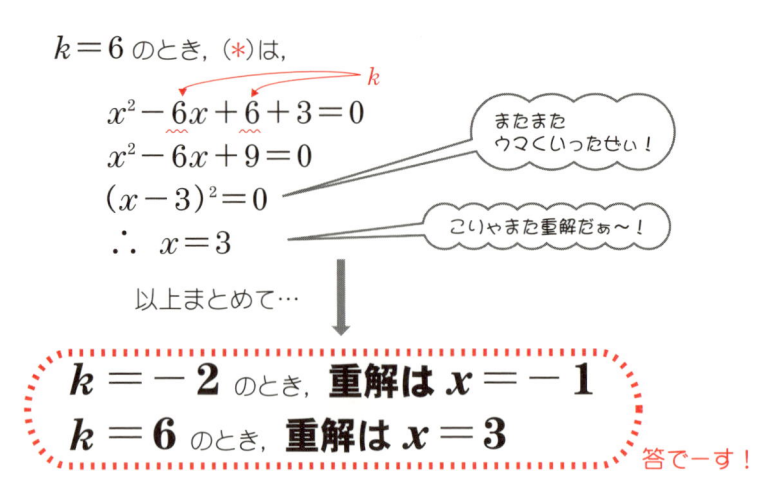

(2)も同様でっせ！　では，さっそく解答を…

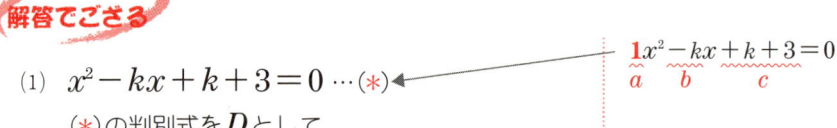

解答でござる

(1) $x^2-kx+k+3=0$ …(∗)

　　(∗)の判別式を D として,
　　(∗)が重解をもつことから,
$$D=(-k)^2-4\times 1\times(k+3)=0$$
$$k^2-4k-12=0$$
$$(k+2)(k-6)=0$$
$$\therefore\ k=-2,\ 6$$

$k=-2$ のとき, (∗)より,
$$x^2+2x+1=0$$
$$(x+1)^2=0$$
$$\therefore\ x=-1$$

$k=6$ のとき, (∗)より,
$$x^2-6x+9=0$$
$$(x-3)^2=0$$
$$\therefore\ x=3$$

> $1\,x^2-kx+k+3=0$
> 　　a　　b　　c
>
> $D=b^2-4ac$ です！
>
> 重解といえば $D=0$ ！
>
> よし！ k は求まった!!
>
> (∗)の k のところに $k=-2$ を代入！
> $x^2-(-2)x+(-2)+3=0$
>
> ちゃんと重解をもったョ♥
>
> (∗)の k のところに $k=6$ を代入！
> $x^2-6x+6+3=0$
>
> またまた重解をもったネ♥

以上まとめて，

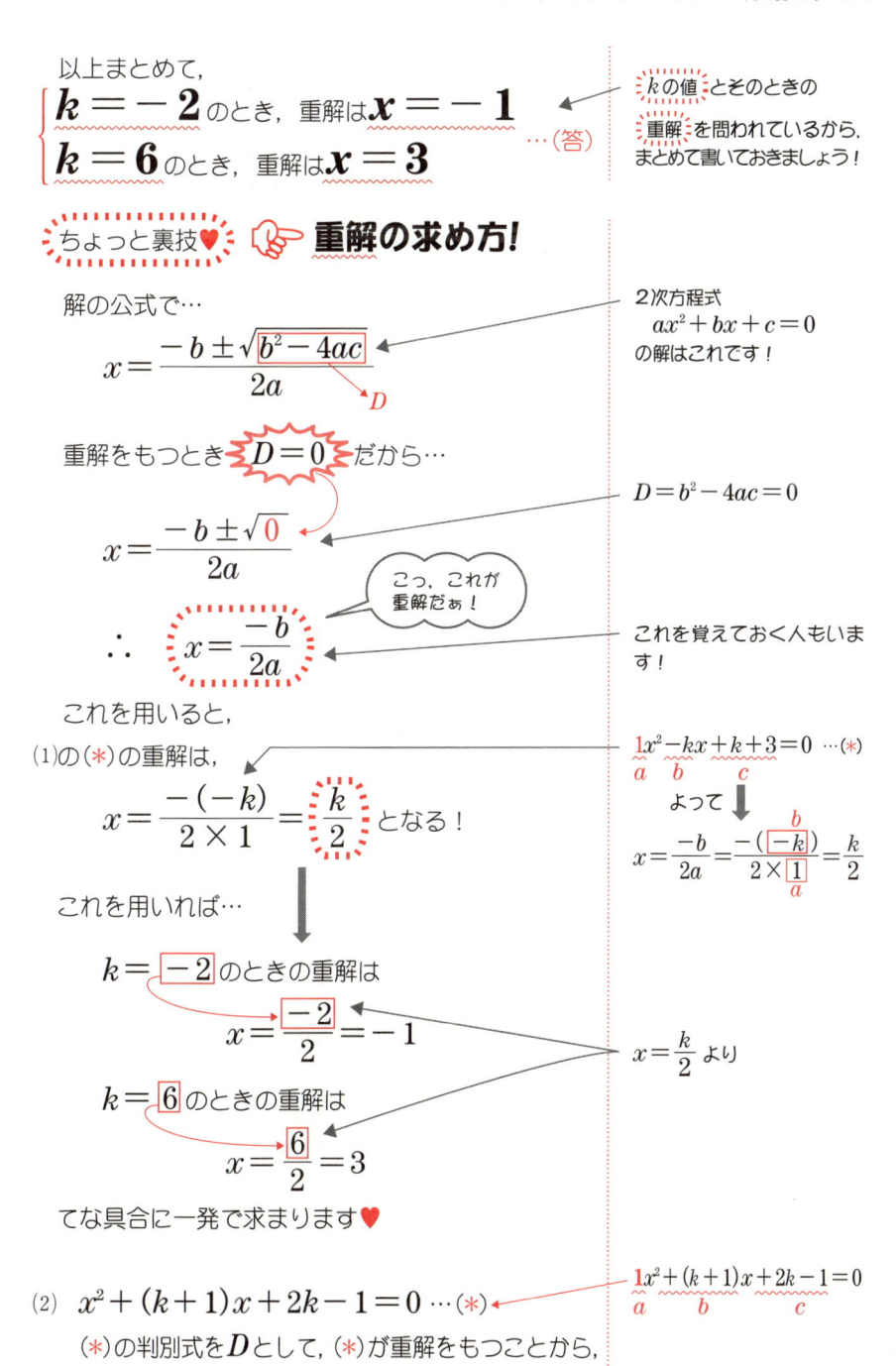

$$\begin{cases} k=-2 \text{ のとき，重解は } x=-1 \\ k=6 \text{ のとき，重解は } x=3 \end{cases} \cdots \text{(答)}$$

→ k の値 とそのときの 重解 を問われているから，まとめて書いておきましょう！

ちょっと裏技♥ 👉 **重解の求め方！**

解の公式で…

$$x = \frac{-b \pm \sqrt{b^2-4ac}}{2a}$$

（b^2-4ac の部分が D）

← 2次方程式 $ax^2+bx+c=0$ の解はこれです！

重解をもつとき $D=0$ だから…

$$x = \frac{-b \pm \sqrt{0}}{2a}$$

← $D = b^2 - 4ac = 0$

こっ，これが重解だぁ！

$$\therefore \quad x = \frac{-b}{2a}$$

← これを覚えておく人もいます！

これを用いると，
(1)の(*)の重解は，

$$x = \frac{-(-k)}{2 \times 1} = \frac{k}{2} \text{ となる！}$$

$\underset{a}{1}x^2 \underset{b}{-kx} + \underset{c}{k+3} = 0 \cdots (*)$

よって

$$x = \frac{-b}{2a} = \frac{-(\boxed{-k})}{2 \times \boxed{1}} = \frac{k}{2}$$

これを用いれば…

$k = \boxed{-2}$ のときの重解は

$$x = \frac{\boxed{-2}}{2} = -1$$

$k = \boxed{6}$ のときの重解は

$$x = \frac{\boxed{6}}{2} = 3$$

← $x = \frac{k}{2}$ より

てな具合に一発で求まります♥

(2) $x^2 + (k+1)x + 2k - 1 = 0 \cdots (*)$

$\underset{a}{1}x^2 + \underset{b}{(k+1)}x + \underset{c}{2k-1} = 0$

(*)の判別式を D として，(*)が重解をもつことから，

$$D = (k+1)^2 - 4 \times 1 \times (2k-1) = 0$$
$$k^2 + 2k + 1 - 8k + 4 = 0$$
$$k^2 - 6k + 5 = 0$$
$$(k-1)(k-5) = 0$$
$$\therefore k = 1, 5$$

$Dは b^2 - 4ac でーす！$
重解といえば $D=0$!!
まず k を仕留めた！

$k = 1$ のとき，(∗) より，
$$x^2 + 2x + 1 = 0$$
$$(x+1)^2 = 0$$
$$\therefore x = -1$$

(∗) の k のところに $k=1$ を代入！
$x^2 + (1+1)x + 2 \times 1 - 1 = 0$
しっかり重解をもちました！

$k = 5$ のとき，(∗) より，
$$x^2 + 6x + 9 = 0$$
$$(x+3)^2 = 0$$
$$\therefore x = -3$$

(∗) の k のところに $k=5$ を代入！
$x^2 + (5+1)x + 2 \times 5 - 1 = 0$
予定どおり重解をもったョ♥

以上まとめて，

$\begin{cases} k=1 \text{ のとき，重解は } x = -1 \\ k=5 \text{ のとき，重解は } x = -3 \end{cases}$ …(答)

まとめて一丁あがり！

ちょっと言わせて

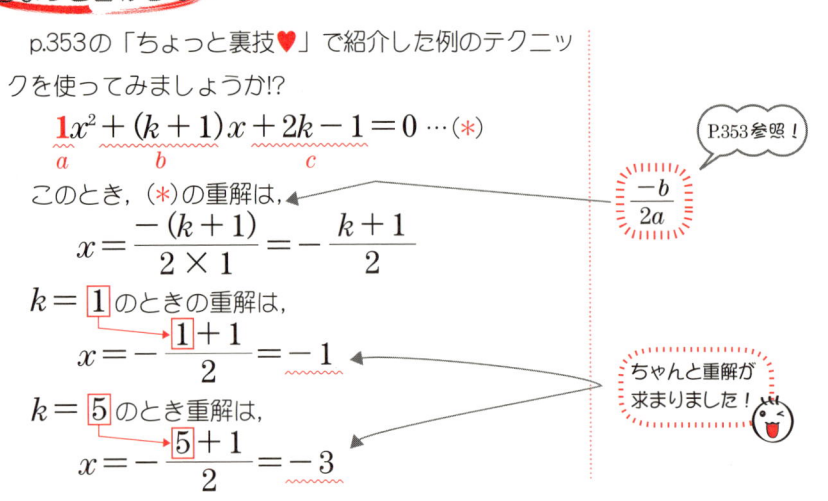

p.353 の「ちょっと裏技♥」で紹介した例のテクニックを使ってみましょうか!?

$\underset{a}{1}x^2 + \underset{b}{(k+1)}x + \underset{c}{2k-1} = 0$ …(∗)

このとき，(∗) の重解は，
$$x = \frac{-(k+1)}{2 \times 1} = -\frac{k+1}{2}$$

P.353参照！
$\dfrac{-b}{2a}$

$k = \boxed{1}$ のときの重解は，
$$x = -\frac{\boxed{1}+1}{2} = -1$$

ちゃんと重解が求まりました！

$k = \boxed{5}$ のとき重解は，
$$x = -\frac{\boxed{5}+1}{2} = -3$$

もう少し基礎固めです♥

例題2 基礎

(1) 2次方程式 $x^2+7x+k=0$ が実数解をもつとき，k の値の範囲を求めよ。

(2) 2次方程式 $2x^2-5x-k=0$ が実数解をもたないとき，k の値の範囲を求めよ。

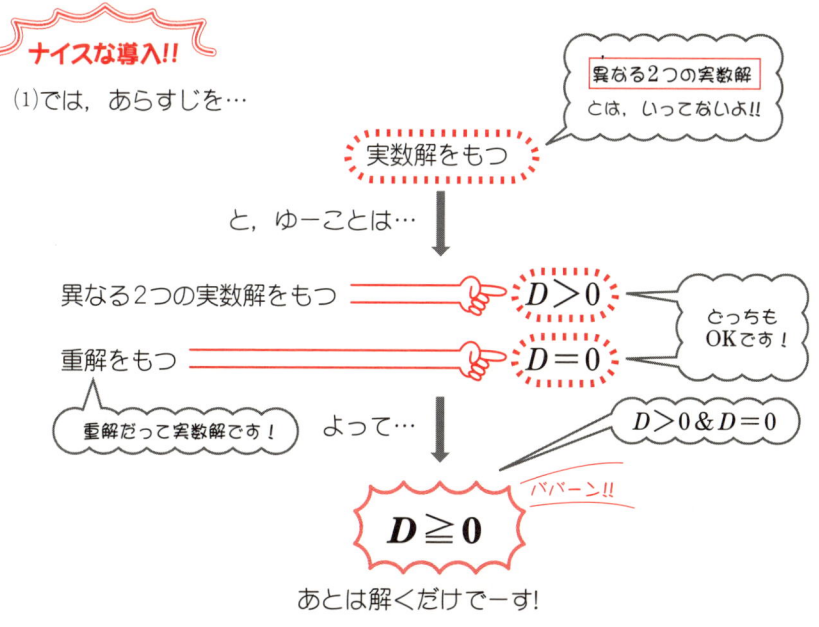

ナイスな導入!!

(1)では，あらすじを…

　　　　　実数解をもつ　　←異なる2つの実数解とは，いってないよ!!

と，ゆーことは…

異なる2つの実数解をもつ　→　$D>0$　　どっちもOKです！
重解をもつ　→　$D=0$

重解だって実数解です！　よって…　$D>0 \,\&\, D=0$

$$D \geqq 0$$　パパーン!!

あとは解くだけでーす！

(2) これは簡単！

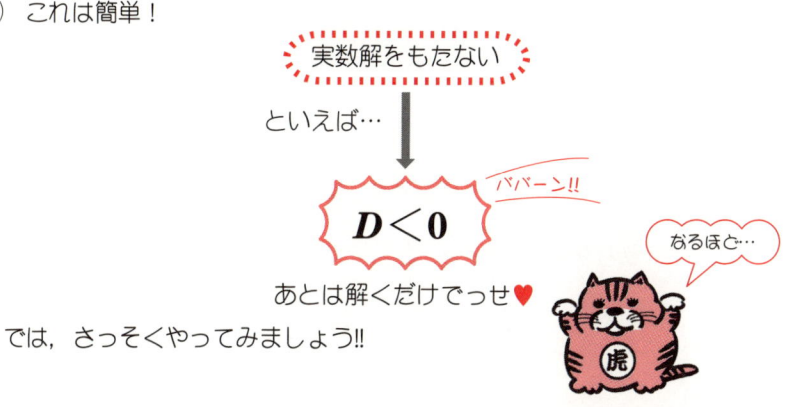

　　　　　実数解をもたない

といえば…

$$D<0$$　パパーン!!

あとは解くだけでっせ♥

では，さっそくやってみましょう!!

解答でござる

(1) $x^2 + 7x + k = 0 \cdots (*)$

　　$1x^2 + 7x + k = 0$
　　　a　　b　　c

　$(*)$の判別式をDとする。

　$(*)$が実数解をもつことから，

　　$D = 7^2 - 4 \times 1 \times k \geqq 0$

　　$D = b^2 - 4ac$ですョ！

　　$D > 0$ ＆ $D = 0$です！
　　重解も実数解ですョ！

　　　$-4k \geqq -49$

　　不等号の向きに注意してネ♥

$$k \leqq \frac{49}{4} \cdots \text{(答)}$$

(2) $2x^2 - 5x - k = 0 \cdots (*)$

　　$2x^2 - 5x - k = 0$
　　　a　　b　　c

　$(*)$の判別式をDとする。

　$(*)$が実数解をもたないことから，

　　$D = (-5)^2 - 4 \times 2 \times (-k) < 0$

　　$D = b^2 - 4ac$でーす！

　　実数解をもたないときは
　　$D < 0$ですョ！

　　　$8k < -25$

$$k < -\frac{25}{8} \cdots \text{(答)}$$

一丁あがり！

追加テーマ

$$\frac{D}{4} \text{を活用せよ！}$$

おーっと!!

これからみなさんが素早く計算を行うために必要な技です！

判別式Dを覚えてますか？　大丈夫ですネ♥　そう…

$$D = b^2 - 4ac$$

でしたネ！

そこで，これを4で割ると…

両辺を4で
割っただけです！

$$\frac{D}{4} = \frac{b^2 - 4ac}{4}$$

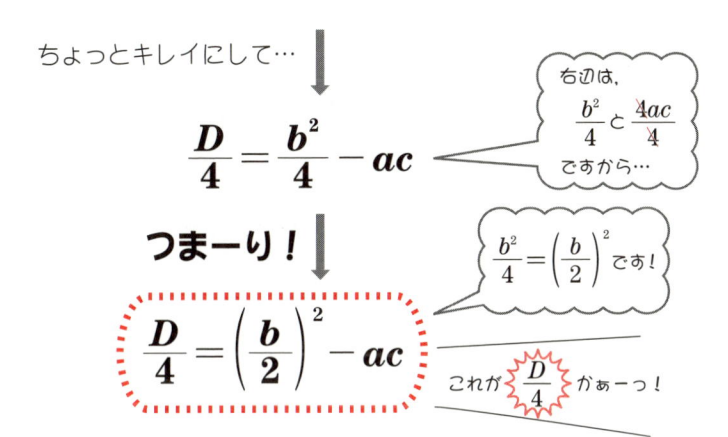

ナイスフォローその2　判別式　357

ちょっとキレイにして…

$$\frac{D}{4} = \frac{b^2}{4} - ac$$

右辺は，$\frac{b^2}{4}$ と $\frac{4ac}{4}$ ですから…

つまーり！

$\frac{b^2}{4} = \left(\frac{b}{2}\right)^2$ です！

$$\boxed{\frac{D}{4} = \left(\frac{b}{2}\right)^2 - ac}$$

これが $\frac{D}{4}$ かぁーっ！

で，いつ使うの?? それは 例題3 にて…

例題3 【基礎】

(1) 2次方程式 $3x^2 + 2kx + 12 = 0$ が重解をもつとき，k の値を求めよ。

(2) 2次方程式 $5x^2 + 6x + k = 0$ が実数解をもたないとき，k の値の範囲を求めよ。

ナイスな導入!!

(1) ポイントは…

ここが2で割れる!!

$$3x^2 + \underbrace{2k}\, x + 12 = 0 \quad \cdots (*)$$

$(*)$ の x の係数が 2の倍数 つまり 偶数 であるってことです！

こんなときは…

D よりも $\frac{D}{4}$ のほうが計算が楽チンです！

本問では…

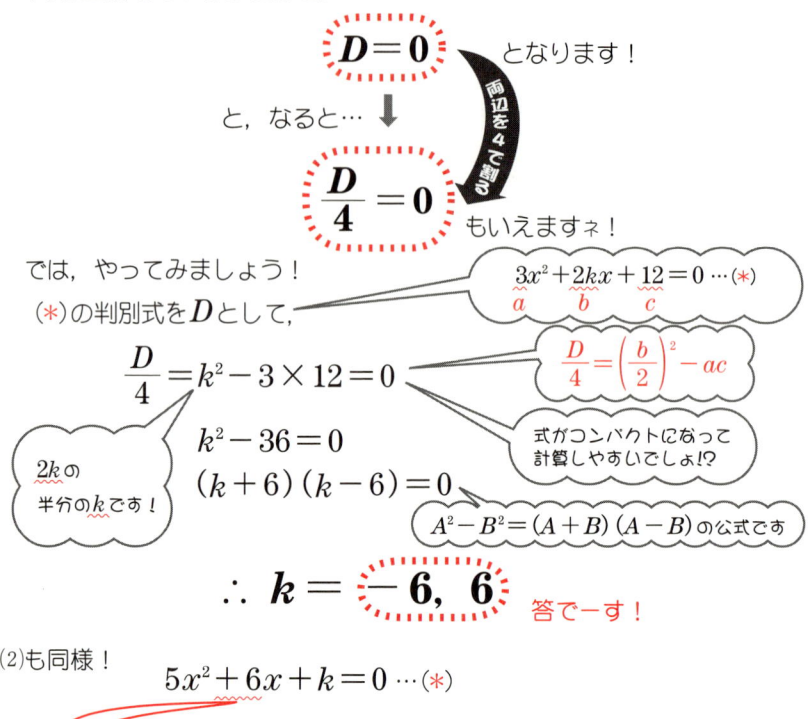

(∗)が重解をもつわけだから，

$D = 0$ となります！

と，なると… 両辺を4で割る

$\dfrac{D}{4} = 0$ もいえますネ！

では，やってみましょう！
(∗)の判別式をDとして，

$3x^2 + 2kx + 12 = 0 \cdots (\ast)$
 a b c

$\dfrac{D}{4} = k^2 - 3 \times 12 = 0$

$\dfrac{D}{4} = \left(\dfrac{b}{2}\right)^2 - ac$

$k^2 - 36 = 0$

$(k+6)(k-6) = 0$

式がコンパクトになって計算しやすいでしょ!?

$2k$の半分のkです！

$A^2 - B^2 = (A+B)(A-B)$の公式です

∴ $k = -6, 6$ 答でーす！

(2)も同様！

$5x^2 + 6x + k = 0 \cdots (\ast)$

xの係数が2で割れる！ つまり $\dfrac{D}{4}$ のお出ましだ!!

本問では，実数解をもたないわけですから…

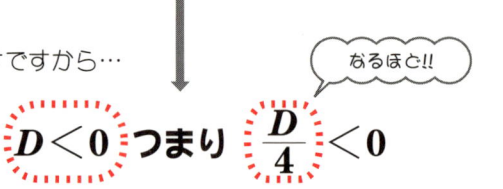

なるほど!!

$D < 0$ つまり $\dfrac{D}{4} < 0$

てなワケで，解答にまいります！

解答でござる

(1) $3x^2 + 2kx + 12 = 0 \cdots (\ast)$

(∗)の判別式をDとする。

(∗)が重解をもつことから，

$3x^2 + 2kx + 12 = 0$
 a b c

$\dfrac{b}{2} = k$ となります！

$$\frac{D}{4} = k^2 - 3 \times 12 = 0$$

$$k^2 - 36 = 0$$

$$(k+6)(k-6) = 0$$

$$\therefore k = -6, \ 6 \ \cdots \text{(答)}$$

$\dfrac{D}{4} = \left(\dfrac{b}{2}\right)^2 - ac$ です！

公式
$A^2 - B^2 = (A+B)(A-B)$
です！

$k = \pm 6$ として答えてもよし！

補足 余分な話ですが 一応確認を…

$k = \boxed{6}$ のとき, (*)で,

$3x^2 + 2 \times 6x + 12 = 0$

$3x^2 + 12x + 12 = 0$

$x^2 + 4x + 4 = 0$

$(x+2)^2 = 0$

$\therefore x = -2$

両辺を3で割ったヨ！

ちゃんと重解をもちました！

$k = \boxed{-6}$ のとき, (*)で,

$3x^2 + 2 \times (-6)x + 12 = 0$

$3x^2 - 12x + 12 = 0$

$x^2 - 4x + 4 = 0$

$(x-2)^2 = 0$

$\therefore x = 2$

両辺を3で割りました！

ちゃんと重解をもったぜ！

(2) $5x^2 + 6x + k = 0 \ \cdots(*)$

(*)の判別式をDとする。

(*)が実数解をもたないことから,

$$\frac{D}{4} = 3^2 - 5 \times k < 0$$

$$-5k < -9$$

$$k > \frac{9}{5} \ \cdots \text{(答)}$$

$\underset{a}{5x^2} + \underset{b}{6x} + \underset{c}{k} = 0$

$\dfrac{b}{2} = 3$ です！

$\dfrac{D}{4} = \left(\dfrac{b}{2}\right)^2 - ac$ です！

不等号の向きに注意！

ナイスフォロー その3 サクッ! 平方完成

では，さっそく…

例題 1 基礎の基礎

次の2次関数の頂点の座標を求めよ。
$$y = 2x^2 - 12x + 7$$

ナイスな導入!!

$$y = 2x^2 - 12x + 7$$

このバラバラの形では頂点の座標を求めることができないせ！

とにかく，

$$y = a(x-p)^2 + q$$

頂点を求めるときの形

に変形するしかないねぇ…

では，どーすんのっ!!

そこで，手順っつーもんをお教えいたしましょう♥

START!! $y = 2x^2 - 12x + 7$

手順その① 右辺の最初の2項のみを x^2 の係数でくくる!!
$$y = 2(x^2 - 6x) + 7$$

$y = \boxed{2x^2 - 12x} + 7$
この部分だけを先頭の2でくくる!!

手順その② (　)内の x の係数の半分の2乗を加えて，すぐ引く!!
$$y = 2(x^2 - 6x + 9 - 9) + 7$$

加えて　すぐ引く!!

-6 の半分，つまり -3 の2乗の $(-3)^2 = 9$ を加えて，すぐ引く!!

ナイスフォローその3　平方完成

手順その③　（　）内の前の3項が必ず2乗になる!!

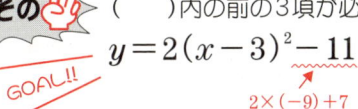

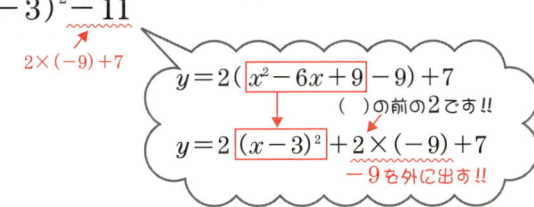

$$y = 2(x-3)^2 - 11$$
GOAL!!

$2 \times (-9) + 7$

$$y = 2(\boxed{x^2 - 6x + 9} - 9) + 7$$
（　）の前の2です!!

$$y = 2\boxed{(x-3)^2} + 2 \times (-9) + 7$$
－9を外に出す!!

この変形を，人呼んで **平方完成** と申します!!

（平方の形，つまり（　）² をつくるからネ!）

$$y = 2(x-3)^2 - 11$$

$x - 3 = 0$ より，$x = 3$ これが x 座標

この -11 がそのまま y 座標

よって，頂点の座標は $(3, -11)$ となります！

解答でござる

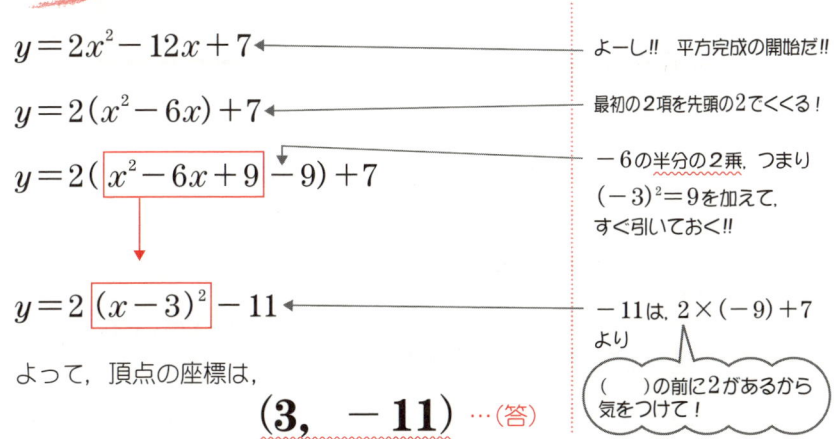

$y = 2x^2 - 12x + 7$ ← よーし!! 平方完成の開始だ!!

$y = 2(x^2 - 6x) + 7$ ← 最初の2項を先頭の2でくくる！

$y = 2(\boxed{x^2 - 6x + 9} - 9) + 7$ ← -6 の半分の2乗，つまり $(-3)^2 = 9$ を加えて，すぐ引いておく!!

$y = 2\boxed{(x-3)^2} - 11$ ← -11 は，$2 \times (-9) + 7$ より

（　）の前に2があるから気をつけて！

よって，頂点の座標は，

$(3, -11)$ …(答)

では，大量に練習しましょう!!

例題2 基礎の基礎

次の2次関数の頂点の座標をそれぞれ求めよ。
(1) $y = 3x^2 - 12x + 10$
(2) $y = 2x^2 + 16x + 30$
(3) $y = -x^2 + 6x - 5$
(4) $y = -2x^2 - 20x - 35$
(5) $y = 4x^2 - 8x + 4$

ナイスな導入!!

例題1 で紹介した**平方完成**の登場です!!
そーです。その変形です!!

$$y = ax^2 + bx + c$$
$$\downarrow$$
$$y = a(x-p)^2 + q$$

この変形がポイント！
この変形がカギってことが…

では，解答で詳しく説明いたします♥

解答でござる

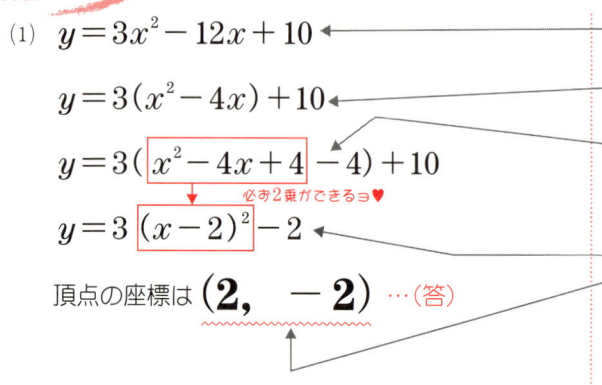

(1) $y = 3x^2 - 12x + 10$ ← 平方完成，開始♥

$y = 3(x^2 - 4x) + 10$ ← 前の2項を先頭の3でくくる!!

$y = 3(\boxed{x^2 - 4x + 4} - 4) + 10$ ← xの係数-4の半分の2乗，つまり$(-2)^2 = 4$を加えて，すぐ引く!!

必ず2乗ができるョ♥

$y = 3\boxed{(x-2)^2} - 2$ ← $3 \times (-4) + 10 = -2$
$y = 3\boxed{(x-2)^2} - 2$

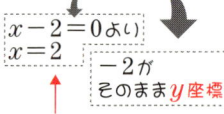

頂点の座標は **(2, -2)** …(答)

$x - 2 = 0$ より
$x = 2$
↑
この2がそのままx座標

-2が
そのままy座標

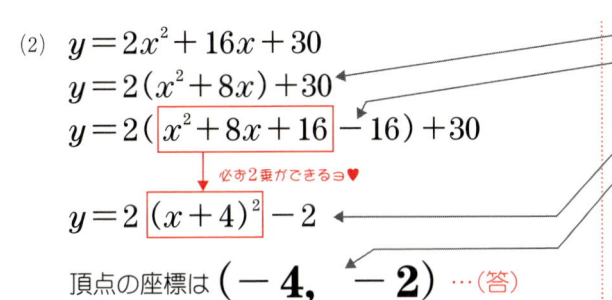

(2) $y = 2x^2 + 16x + 30$
$y = 2(x^2 + 8x) + 30$
$y = 2(\boxed{x^2 + 8x + 16} - 16) + 30$
$y = 2\boxed{(x+4)^2} - 2$

頂点の座標は $(-4, -2)$ …(答)

最初の2項を先頭の2でくくる！
xの係数8の半分の2乗，つまり$4^2 = 16$を加えて，すぐ引いておく！
$2 \times (-16) + 30 = -2$
$y = 2(\boxed{x+4})^2 - 2$

$x + 4 = 0$より
$x = -4$
x座標

-2がそのままy座標

(3) $y = -x^2 + 6x - 5$
$y = -(x^2 - 6x) - 5$
$y = -(\boxed{x^2 - 6x + 9} - 9) - 5$
$y = -\boxed{(x-3)^2} + 4$

頂点の座標は $(3, 4)$ …(答)

最初の2項を先頭の-1でくくる！（もちろん，1は省略して書きます！）
xの係数-6の半分の2乗，つまり$(-3)^2 = 9$を加えて，すぐ引いておく！
$-(-9) - 5 = 4$
$y = -(\boxed{x-3})^2 + 4$

$x - 3 = 0$より
$x = 3$
x座標

4がそのままy座標

(4) $y = -2x^2 - 20x - 35$
$y = -2(x^2 + 10x) - 35$
$y = -2(\boxed{x^2 + 10x + 25} - 25) - 35$
$y = -2\boxed{(x+5)^2} + 15$

頂点の座標は $(-5, 15)$ …(答)

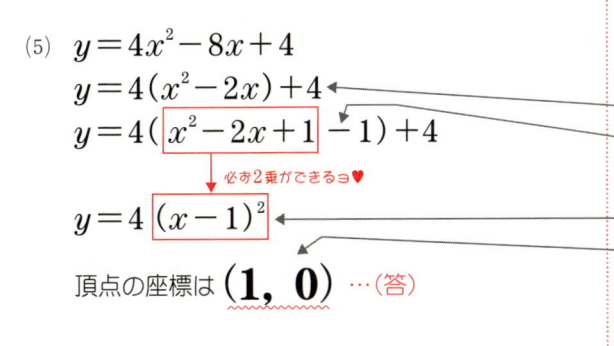

最初の2項を先頭の-2でくくる！
xの係数10の半分の2乗，つまり$5^2 = 25$を加えて，すぐ引いておく！
$-2 \times (-25) - 35 = 15$
$y = -2(\boxed{x+5})^2 + 15$

$x + 5 = 0$より
$x = -5$
x座標

15がそのままy座標

(5) $y = 4x^2 - 8x + 4$
$y = 4(x^2 - 2x) + 4$
$y = 4(\boxed{x^2 - 2x + 1} - 1) + 4$
$y = 4\boxed{(x-1)^2}$

頂点の座標は $(1, 0)$ …(答)

最初の2項を先頭の4でくくる！
xの係数-2の半分の2乗，つまり$(-1)^2 = 1$を加えて，すぐ引いておく！
$4 \times (-1) + 4 = 0$
$y = 4(\boxed{x-1})^2$

0は書かない！

$x - 1 = 0$より
$x = 1$
x座標

ここに数字はない!! つまりy座標は0！

ちょっとばかり計算のやりにくい連中を…

例題3 〔基礎〕

次の2次関数の頂点の座標をそれぞれ求めよ。

(1) $y = 2x^2 - 6x + 3$
(2) $y = -3x^2 - 15x - 18$
(3) $y = 3x^2 - 8x + 3$
(4) $y = -4x^2 - 7x - 2$
(5) $y = \dfrac{1}{2}x^2 - 6x + 10$
(6) $y = -\dfrac{1}{3}x^2 - 2x + 1$

> いやな予感が…

ナイスな導入!!

本問も今までと同様 **平方完成** がすべてです!!
しかし，途中でイヤなことが…　詳しくは解答にて…
でも手順は，全く同様ですョ!!

> 分数がチョコチョコ出てくるゾ!

解答でござる

(1) $y = 2x^2 - 6x + 3$

$y = 2(x^2 - 3x) + 3$

$y = 2\left(x^2 - 3x + \dfrac{9}{4} - \dfrac{9}{4}\right) + 3$

必ず2乗ができるョ♥

$y = 2\left(x - \dfrac{3}{2}\right)^2 - \dfrac{3}{2}$

頂点の座標は $\left(\dfrac{3}{2},\ -\dfrac{3}{2}\right)$ …(答)

> 最初の2項を先頭の2でくくる!
> x の係数-3の半分の2乗，
> つまり $\left(-\dfrac{3}{2}\right)^2 = \dfrac{9}{4}$
> を加えて，すぐ引いておく!!
> 分数が出てきますが，負けんなョ!!
>
> $2 \times \left(-\dfrac{9}{4}\right) + 3$
> $= -\dfrac{9}{2} + \dfrac{6}{2} = -\dfrac{3}{2}$
>
> $y = 2\left(x - \dfrac{3}{2}\right)^2 - \dfrac{3}{2}$
>
> $x - \dfrac{3}{2} = 0$ より
> $x = \dfrac{3}{2}$ ← x座標
>
> $-\dfrac{3}{2}$ が そのまま y座標

ナイスフォローその3　平方完成　365

(2) $y = -3x^2 - 15x - 18$

$y = -3(x^2 + 5x) - 18$

$y = -3\left(\boxed{x^2 + 5x + \dfrac{25}{4}} - \dfrac{25}{4}\right) - 18$

必ず2乗ができるョ♥

$y = -3\boxed{\left(x + \dfrac{5}{2}\right)^2} + \dfrac{3}{4}$

頂点の座標は $\left(-\dfrac{\mathbf{5}}{\mathbf{2}}, \dfrac{\mathbf{3}}{\mathbf{4}}\right)$ …(答)

最初の2項を先頭の-3でくくる！
xの係数5の半分の2乗，つまり
$\left(\dfrac{5}{2}\right)^2 = \dfrac{25}{4}$ を加えて，
すぐ引いておく!!

$-3 \times \left(-\dfrac{25}{4}\right) - 18$
$= \dfrac{75}{4} - \dfrac{72}{4} = \dfrac{3}{4}$

$y = -3\left(x + \dfrac{5}{2}\right)^2 + \dfrac{3}{4}$

$x + \dfrac{5}{2} = 0$ より　$\dfrac{3}{4}$ が
$x = -\dfrac{5}{2}$ 　x座標　そのままy座標

(3) $y = 3x^2 - 8x + 3$

$y = 3\left(x^2 - \dfrac{8}{3}x\right) + 3$

$y = 3\left(\boxed{x^2 - \dfrac{8}{3}x + \dfrac{16}{9}} - \dfrac{16}{9}\right) + 3$

必ず2乗ができるョ♥

$y = 3\boxed{\left(x - \dfrac{4}{3}\right)^2} - \dfrac{7}{3}$

頂点の座標は $\left(\dfrac{\mathbf{4}}{\mathbf{3}}, -\dfrac{\mathbf{7}}{\mathbf{3}}\right)$ …(答)

最初の2項を先頭の3でくくる！
xの係数$-\dfrac{8}{3}$の半分の2乗
つまり $\left(-\dfrac{4}{3}\right)^2 = \dfrac{16}{9}$
を加えて，すぐ引いておく!!

$3 \times \left(-\dfrac{16}{9}\right) + 3$
$= -\dfrac{16}{3} + \dfrac{9}{3} = -\dfrac{7}{3}$

$y = 3\left(x - \dfrac{4}{3}\right)^2 - \dfrac{7}{3}$

$x - \dfrac{4}{3} = 0$ より　$-\dfrac{7}{3}$ が
$x = \dfrac{4}{3}$ 　x座標　そのままy座標

(4) $y = -4x^2 - 7x - 2$

$y = -4\left(x^2 + \dfrac{7}{4}x\right) - 2$

$y = -4\left(\boxed{x^2 + \dfrac{7}{4}x + \dfrac{49}{64}} - \dfrac{49}{64}\right) - 2$

必ず2乗ができるョ♥

$y = -4\boxed{\left(x + \dfrac{7}{8}\right)^2} + \dfrac{17}{16}$

頂点の座標は $\left(-\dfrac{\mathbf{7}}{\mathbf{8}}, \dfrac{\mathbf{17}}{\mathbf{16}}\right)$ …(答)

最初の2項を先頭の-4でくくる！
xの係数 $\dfrac{7}{4}$ の半分の2乗
つまり $\left(\dfrac{7}{8}\right)^2 = \dfrac{49}{64}$
を加えて，すぐ引いておく!!

$-4 \times \left(-\dfrac{49}{64}\right) - 2$
$= \dfrac{49}{16} - \dfrac{32}{16} = \dfrac{17}{16}$

$y = -4\left(x + \dfrac{7}{8}\right)^2 + \dfrac{17}{16}$

$x + \dfrac{7}{8} = 0$ より　$\dfrac{17}{16}$ が
$x = -\dfrac{7}{8}$ 　x座標　そのままy座標

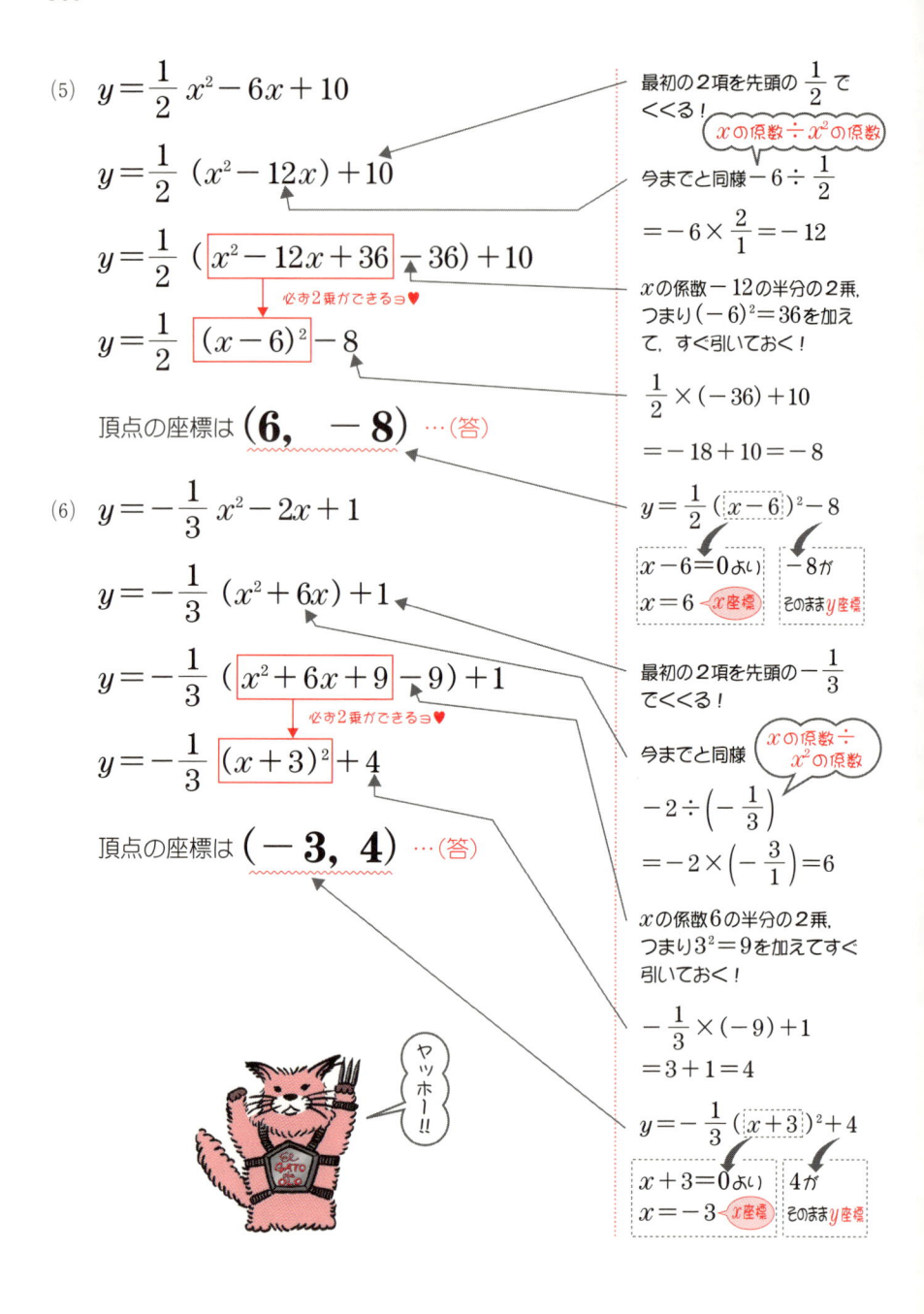

(5) $y = \dfrac{1}{2}x^2 - 6x + 10$

$y = \dfrac{1}{2}(x^2 - 12x) + 10$

$y = \dfrac{1}{2}(\boxed{x^2 - 12x + 36} - 36) + 10$

必ず2乗ができるョ♥

$y = \dfrac{1}{2}\boxed{(x-6)^2} - 8$

頂点の座標は **(6, −8)** …(答)

(6) $y = -\dfrac{1}{3}x^2 - 2x + 1$

$y = -\dfrac{1}{3}(x^2 + 6x) + 1$

$y = -\dfrac{1}{3}(\boxed{x^2 + 6x + 9} - 9) + 1$

必ず2乗ができるョ♥

$y = -\dfrac{1}{3}\boxed{(x+3)^2} + 4$

頂点の座標は **(−3, 4)** …(答)

ヤッホー!!

最初の2項を先頭の $\dfrac{1}{2}$ でくくる!

x の係数 ÷ x^2 の係数

今までと同様 $-6 \div \dfrac{1}{2}$

$= -6 \times \dfrac{2}{1} = -12$

x の係数 −12 の半分の2乗、つまり $(-6)^2 = 36$ を加えて、すぐ引いておく!

$\dfrac{1}{2} \times (-36) + 10$

$= -18 + 10 = -8$

$y = \dfrac{1}{2}(\boxed{x-6})^2 - 8$

$x - 6 = 0$ より
$x = 6$ ← x 座標

-8 が
そのまま y 座標

最初の2項を先頭の $-\dfrac{1}{3}$ でくくる!

今までと同様

x の係数 ÷ x^2 の係数

$-2 \div \left(-\dfrac{1}{3}\right)$

$= -2 \times \left(-\dfrac{3}{1}\right) = 6$

x の係数 6 の半分の2乗、つまり $3^2 = 9$ を加えてすぐ引いておく!

$-\dfrac{1}{3} \times (-9) + 1$

$= 3 + 1 = 4$

$y = -\dfrac{1}{3}(\boxed{x+3})^2 + 4$

$x + 3 = 0$ より
$x = -3$ ← x 座標

4 が
そのまま y 座標

ナイスフォローその4 組立除法ってどうやるの…??

手本問題1

$(3x^3 - 5x^2 + 7x - 10) \div (x - 2)$

の商と余りを求めよ。

モロに割るのではなく，カッコよく**組立除法**で切り抜けよう!!
ではまいります!

Step1 ベースを作れ!!

$(3x^3 - 5x^2 + 7x - 10) \div (x - 2)$

$3x^3 - 5x^2 + 7x - 10 \qquad x = 2$

この数字を並べる

$x - 2 = 0$
として得られる
x の値です!!

| 3 | −5 | 7 | −10 | |2 |

これでベースができた!!

Step2 先頭の数字3をただ下におろす!!

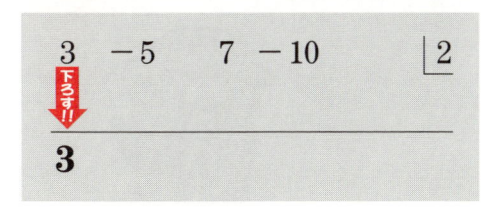

| 3 | −5 | 7 | −10 | |2 |

下ろす!!

3

最初は楽勝だね!!
ただ下ろすだけ!!

Step3 下ろした数字3と2をかけて−5の下に書いて−5とたす。

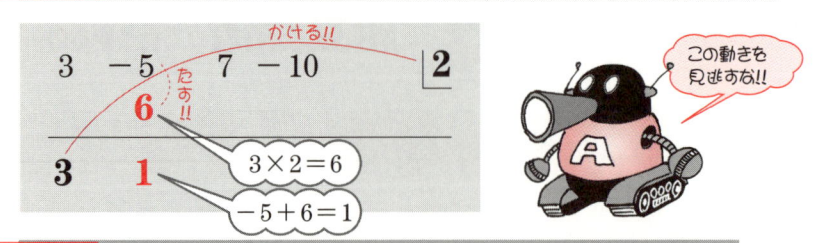

```
3   −5    7   −10  | 2
      6
─────────────────────
3    1
```
かける!!
たす!!
$3 × 2 = 6$
$−5 + 6 = 1$

この動きを見逃すな!!

Step4 たして得られた1と2をかけて7の下に書いて7とたす。

```
3   −5    7   −10  | 2
      6   2
─────────────────────
3    1    9
```
かける!!
たす!!
$1 × 2 = 2$
$7 + 2 = 9$

同じことのくり返しか…

Step5 たして得られた9と2をかけて−10の下に書いて−10とたす。

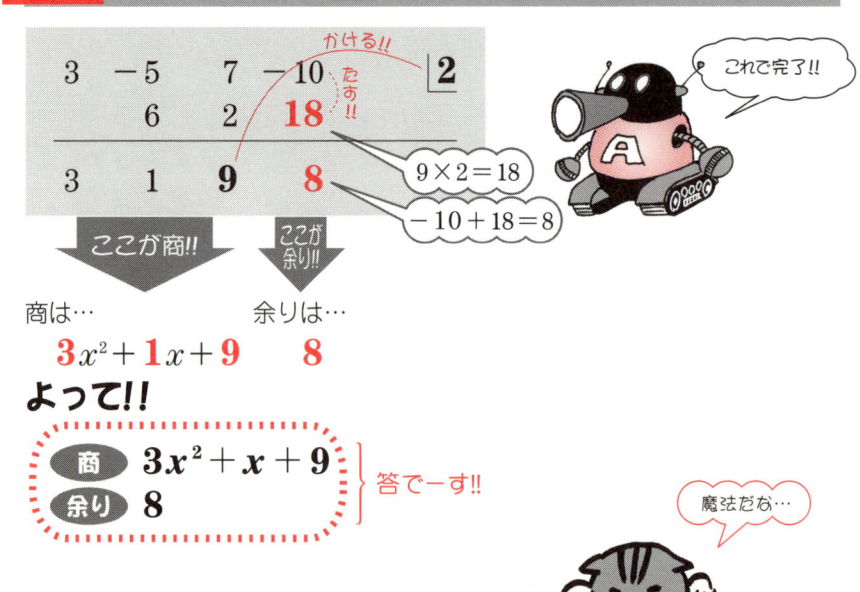

```
3   −5    7   −10  | 2
      6   2    18
─────────────────────
3    1    9    8
```
かける!!
たす!!
$9 × 2 = 18$
$−10 + 18 = 8$

これで完了!!

ここが商!! ここが余り!!

商は… 余りは…
$3x^2 + 1x + 9$ 8

よって!!

商 $3x^2 + x + 9$
余り 8

答で〜す!!

魔法だね…

ナイスフォローその4　組立除法ってどうやるの…?? 369

では，練習してみましょう!!

例題1　　　　　　　　　　　　　　　　　　　　　　　　**基礎**

次の割り算の商と余りを求めよ。
(1) $(2x^3 - 8x^2 + 7x + 5) \div (x - 3)$
(2) $(x^4 - 5x^3 + 13x - 7) \div (x + 2)$

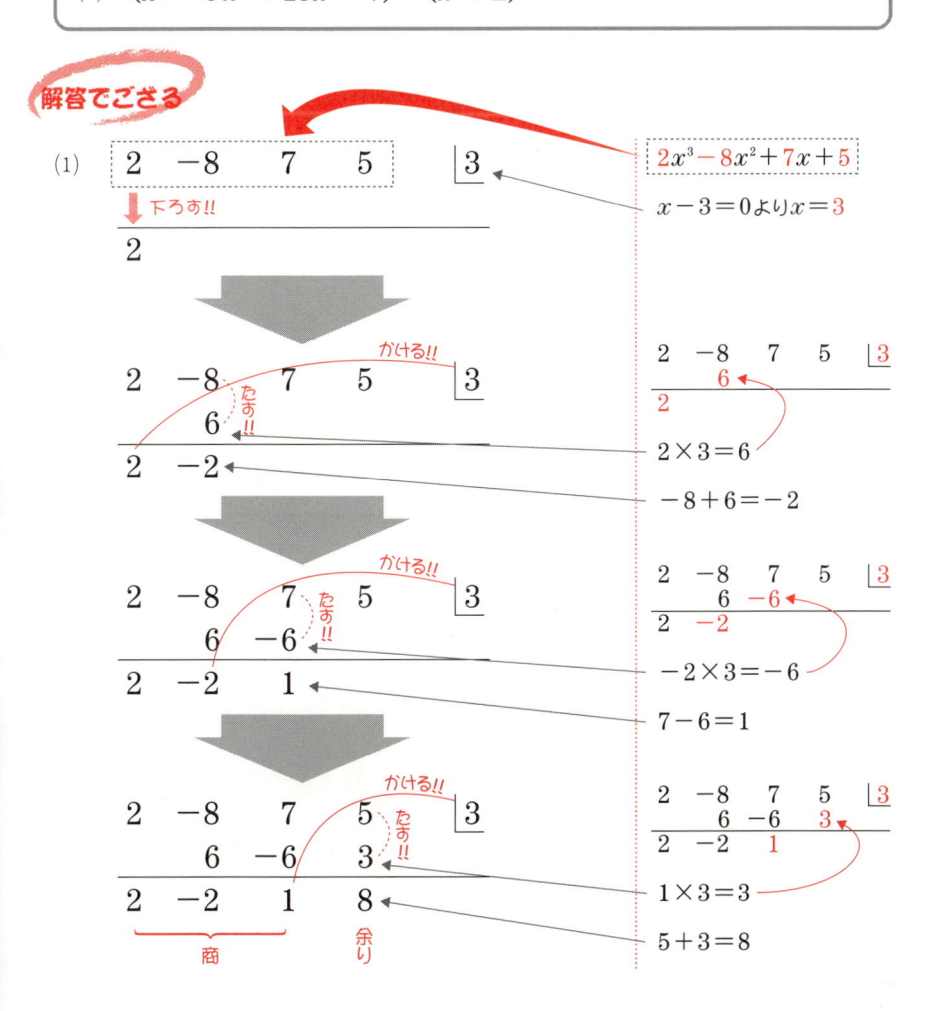

解答でござる

(1)

```
 2  -8   7   5  |3
```

$2x^3 - 8x^2 + 7x + 5$

$x - 3 = 0$ より $x = 3$

↓下ろす!!
2

（かける!!／たす!!）

```
 2  -8   7   5  |3
         6
 2  -2
```

```
 2  -8   7   5  |3
         6
 2
```
$2 \times 3 = 6$
$-8 + 6 = -2$

（かける!!／たす!!）

```
 2  -8   7   5  |3
     6  -6
 2  -2   1
```

```
 2  -8   7   5  |3
     6  -6
 2  -2
```
$-2 \times 3 = -6$
$7 - 6 = 1$

（かける!!／たす!!）

```
 2  -8   7   5  |3
     6  -6   3
 2  -2   1   8
   ─商─    余り
```

```
 2  -8   7   5  |3
     6  -6   3
 2  -2   1
```
$1 \times 3 = 3$
$5 + 3 = 8$

以上より,
$\begin{cases} 商 & \underline{2x^2-2x+1} \\ 余り & \underline{8} \end{cases}$ …(答)

$\begin{array}{rrrrr|r} 2 & -8 & 7 & 5 & & \underline{|3} \\ & 6 & -6 & 3 & \\ \hline 2 & -2 & 1 & 8 & \end{array}$

$\underline{2x^2-2x+1}$ 余り

(2)
$\begin{array}{rrrrr|r} 1 & -5 & 0 & 13 & -7 & \underline{|-2} \end{array}$

↓下ろす!!

1

$x^4-5x^3+13x-7$
↓
$1x^4-5x^3+0x^2+13x-7$
注意

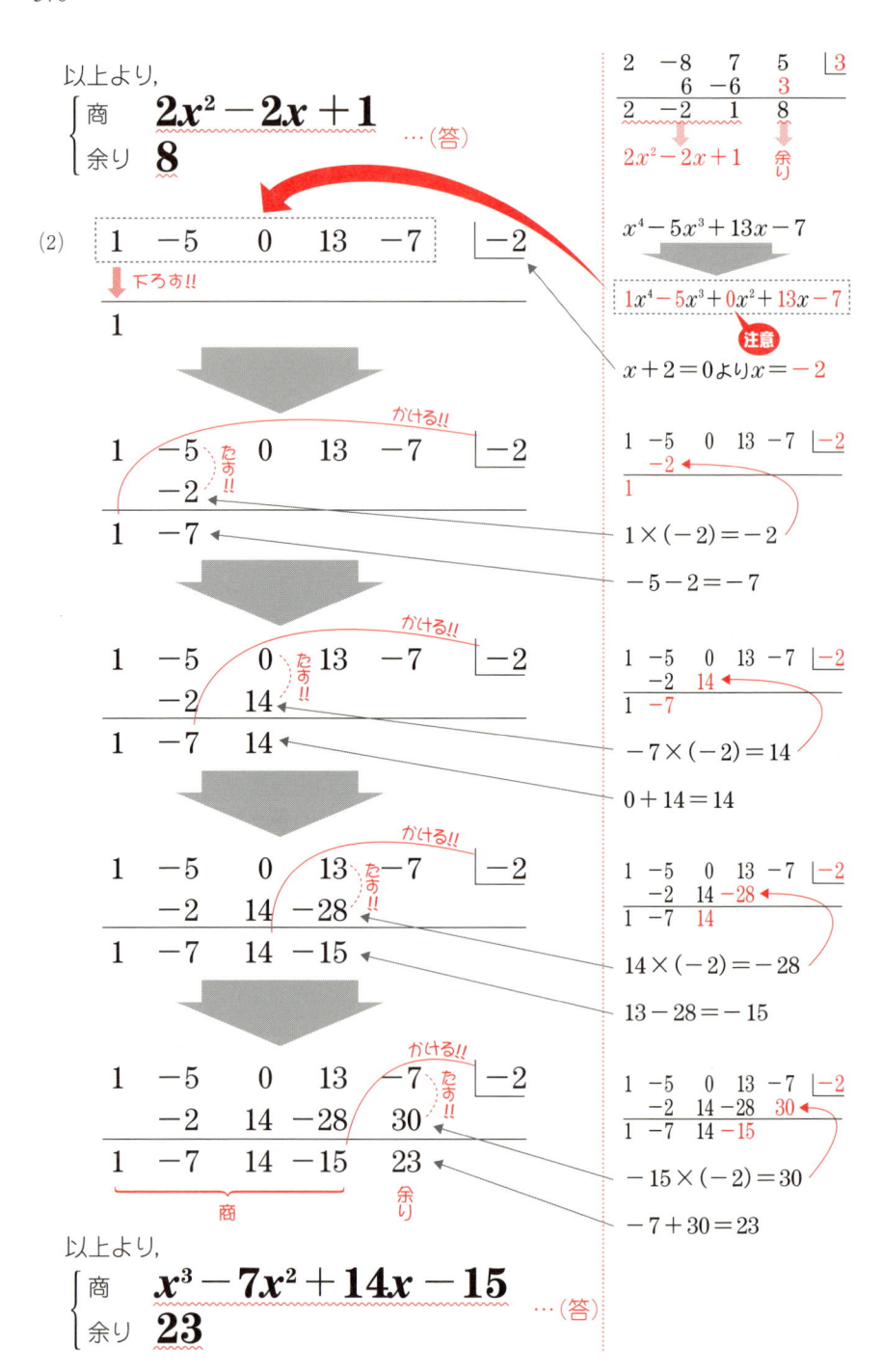

$x+2=0$ より $x=-2$

$\begin{array}{rrrrr|r} 1 & -5 & 0 & 13 & -7 & \underline{|-2} \\ & -2 & & & & \\ \hline 1 & -7 & & & & \end{array}$
かける!! たす!!

$\begin{array}{rrrrr|r} 1 & -5 & 0 & 13 & -7 & \underline{|-2} \\ & -2 & & & & \\ \hline 1 & & & & & \end{array}$

$1\times(-2)=-2$

$-5-2=-7$

$\begin{array}{rrrrr|r} 1 & -5 & 0 & 13 & -7 & \underline{|-2} \\ & -2 & 14 & & & \\ \hline 1 & -7 & 14 & & & \end{array}$
かける!! たす!!

$\begin{array}{rrrrr|r} 1 & -5 & 0 & 13 & -7 & \underline{|-2} \\ & -2 & 14 & & & \\ \hline 1 & -7 & & & & \end{array}$

$-7\times(-2)=14$

$0+14=14$

$\begin{array}{rrrrr|r} 1 & -5 & 0 & 13 & -7 & \underline{|-2} \\ & -2 & 14 & -28 & & \\ \hline 1 & -7 & 14 & -15 & & \end{array}$
かける!! たす!!

$\begin{array}{rrrrr|r} 1 & -5 & 0 & 13 & -7 & \underline{|-2} \\ & -2 & 14 & -28 & & \\ \hline 1 & -7 & 14 & & & \end{array}$

$14\times(-2)=-28$

$13-28=-15$

$\begin{array}{rrrrr|r} 1 & -5 & 0 & 13 & -7 & \underline{|-2} \\ & -2 & 14 & -28 & 30 & \\ \hline 1 & -7 & 14 & -15 & 23 & \end{array}$
かける!! たす!!

商 / 余り

$\begin{array}{rrrrr|r} 1 & -5 & 0 & 13 & -7 & \underline{|-2} \\ & -2 & 14 & -28 & 30 & \\ \hline 1 & -7 & 14 & -15 & & \end{array}$

$-15\times(-2)=30$

$-7+30=23$

以上より,
$\begin{cases} 商 & \underline{x^3-7x^2+14x-15} \\ 余り & \underline{23} \end{cases}$ …(答)

手本問題2

$x^3 - 4x^2 - 11x + 30$ を因数分解せよ。

第一幕

x にいろいろ数値を代入して，与式＝0 となるものを探す!!

$x=1$ のとき　$1^3 - 4 \times 1^2 - 11 \times 1 + 30 = 16 \neq 0$　（0にならない!!）
$x=-1$ のとき　$(-1)^3 - 4 \times (-1)^2 - 11 \times (-1) + 30 = 36 \neq 0$　（0にならない!!）
$x=2$ のとき　$2^3 - 4 \times 2^2 - 11 \times 2 + 30 = 0$　キターーッ!!

よって!!

$x^3 - 4x^2 - 11x + 30$ は，$\boldsymbol{x=2}$ を代入すると $\boldsymbol{0}$ になる構造になっていなければならない。

つまーーーり!!

$x^3 - 4x^2 - 11x + 30 = (x-2)(\cdots\cdots)$

$x=2$ とするとこの部分が 0 になる!!

なるほど!

第二幕

$(x-2)(\cdots\cdots)$ を明らかにするために
$(x^3 - 4x^2 - 11x + 30) \div (x-2)$ を行う!!
ここで組立除法が炸裂します!!

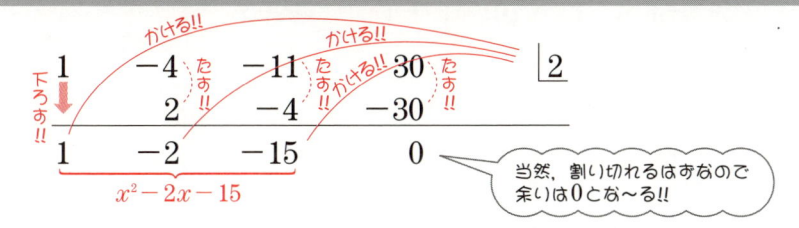

```
         かける!!      かける!!      かける!!
   1    -4          -11         30   | 2
下ろす↓    たす!!  かける!! たす!!  かける!! たす!!
         2          -4          -30
   ─────────────────────────────────
   1    -2          -15         0
      └────────────┘
         $x^2 - 2x - 15$
```

当然，割り切れるはずなので余りは0とな〜る!!

よって!!

$(x^3 - 4x^2 - 11x + 30) \div (x - 2) = \underline{x^2 - 2x - 15}$

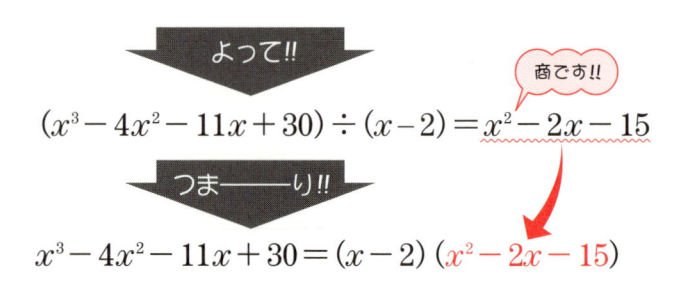

商です!!

つま――り!!

$x^3 - 4x^2 - 11x + 30 = (x - 2)(x^2 - 2x - 15)$

第三幕 仕上げです!!

$x^2 - 2x - 15 = (x + 3)(x - 5)$ です!!

$x^3 - 4x^2 - 11x + 30 = \boldsymbol{(x - 2)(x + 3)(x - 5)}$

答で―す!!

例題2 （基礎）

次の式を因数分解せよ。

(1) $2x^3 - 7x^2 + x + 10$
(2) $x^3 - 3x + 2$
(3) $x^4 - 2x^3 - x^2 - 4x - 6$
(4) $3x^3 + 2x^2 + 5x - 2$

解答でござる

(1) $P(x) = 2x^3 - 7x^2 + x + 10$ とおく。

$P(-1) = 2(-1)^3 - 7(-1)^2 + (-1) + 10$
$\qquad = -2 - 7 - 1 + 10$
$\qquad = 0$

よって, $P(x)$ は, $x + 1$ で割り切れる。

```
  2   -7    1   10  | -1
        -2    9  -10
  2   -9   10    0
       2x²  -9x  +10
```

以上より,

$P(x) = (x + 1)(2x^2 - 9x + 10)$
$\quad\ \ = \boldsymbol{(x + 1)(x - 2)(2x - 5)}$ …(答)

この $x = 1$ は探さなければなりません!!

0になればしめたもの…
$P(x) = (x + 1)(\cdots\cdots)$
の形になる

割り切れるから当然余りは0

$x + 1$ で割ったときの
商が $2x^2 - 9x + 10$
余りは0です

タスキがけ
$\begin{array}{cc} 1 & -2 = -4 \\ 2 & -5 = -5 \end{array}$ $(+$
$\qquad\qquad -9$

$2x^2 - 9x + 10 = (x - 2)(2x - 5)$

(2) $P(x) = x^3 - 3x + 2$ とおく。
　　$P(1) = 1^3 - 3 \times 1 + 2 = 0$ ← この$x=1$は探すべし!!
　　よって$P(x)$は, $x-1$で割り切れる。

$P(x) = 1x^3 + 0x^2 - 3x + 2$

$$\begin{array}{rrrr|r} 1 & 0 & -3 & 2 & \underline{1} \\ & 1 & 1 & -2 & \\ \hline 1 & 1 & -2 & 0 & \end{array}$$
　　　$\underbrace{x^2 \quad +x \quad -2}$

当然割り切れるから余りは0

以上より,
　　$P(x) = (x-1)(x^2+x-2)$
　　　　　$= (x-1)(x+2)(x-1)$
　　　　　$= \boldsymbol{(x-1)^2(x+2)}$ …(答)

タスキがけ
$\begin{array}{cc} 1 & 2 = 2 \\ 1 & -1 = -1 \\ \hline & \quad\quad 1 \end{array}$ (+

$x^2+x-2 = (x+2)(x-1)$

まとめました!!

(3) $P(x) = x^4 - 2x^3 - x^2 - 4x - 6$ とおく。
　　$P(-1) = (-1)^4 - 2(-1)^3 - (-1)^2 - 4(-1) - 6$ ← この$x=-1$を探す!!
　　　　　$= 1 + 2 - 1 + 4 - 6$
　　　　　$= 0$
　　つまり, $P(x)$は, $x+1$で割り切れる。

$P(x) = (x+1)(\cdots\cdots)$の形になる!!

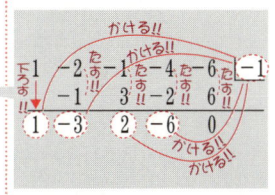

$$\begin{array}{rrrrr|r} 1 & -2 & -1 & -4 & -6 & \underline{-1} \\ & -1 & 3 & -2 & 6 & \\ \hline 1 & -3 & 2 & -6 & 0 & \end{array}$$
　　$\underbrace{x^3 \quad -3x^2 \quad +2x \quad -6}$

割り切れるはずなので当然余りは0

よって,
　　$P(x) = (x+1)(x^3 - 3x^2 + 2x - 6)$
さらに,
　　$Q(x) = x^3 - 3x^2 + 2x - 6$ とおく。
　　$Q(3) = 3^3 - 3 \times 3^2 + 2 \times 3 - 6$ ← またまたこの$x=3$は探すべし!!
　　　　　$= 27 - 27 + 6 - 6$
　　　　　$= 0$

つまり，$Q(x)$ は，$x-3$ で割り切れる。

$Q(x) = (x-3)(\cdots\cdots)$ の形になる!!

```
1  -3   2  -6  | 3
        3   0   6
─────────────────
1   0   2   0
   x²      +2
```

割り切れるから余りは0

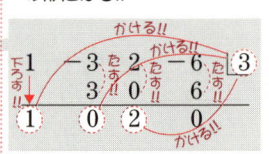

よって，$Q(x) = (x-3)(x^2+2)$

以上から，
$P(x) = (x+1)(x-3)(x^2+2)$ …(答)

$P(x) = (x+1)\underline{(x^3-3x^2+2x-6)}$
            $Q(x)$
$ = (x+1)(x-3)(x^2+2)$

(4) 今回はなかなか見つかりませんよ。
そこで…

$x = \pm 1,\ x = \pm 2$
$x = \pm 3,\ \cdots\cdots$
などとしても与式$=0$
になりませ〜ん

どーしても見つからないときはこれでいこう♥

ちょっとした技

$P(x)$ の最高次の係数を a，定数値を d としたとき，
$P(\alpha) = 0$ となる α の候補は…

$$\alpha = \pm \frac{|d|\text{の約数}}{|a|\text{の約数}}$$

今回の場合…

$P(x) = \underset{a}{3}x^3 + 2x^2 + 5x \underset{d}{-2}$ とおく。

最高次の係数
定数値

このとき，

$\alpha = \pm \dfrac{|-2|\text{の約数}}{|3|\text{の約数}} = \pm \dfrac{2\text{の約数}}{3\text{の約数}}$

$ = \pm \dfrac{1,\ 2}{1,\ 3}$

2の約数は1, 2
3の約数は1, 3

$ = \pm \left(\dfrac{1}{1},\ \dfrac{2}{1},\ \dfrac{1}{3},\ \dfrac{2}{3}\right)$

すべてのバリエーションを組み合わせた

$ = \pm 1,\ \pm 2,\ \pm\dfrac{1}{3},\ \pm\dfrac{2}{3}$

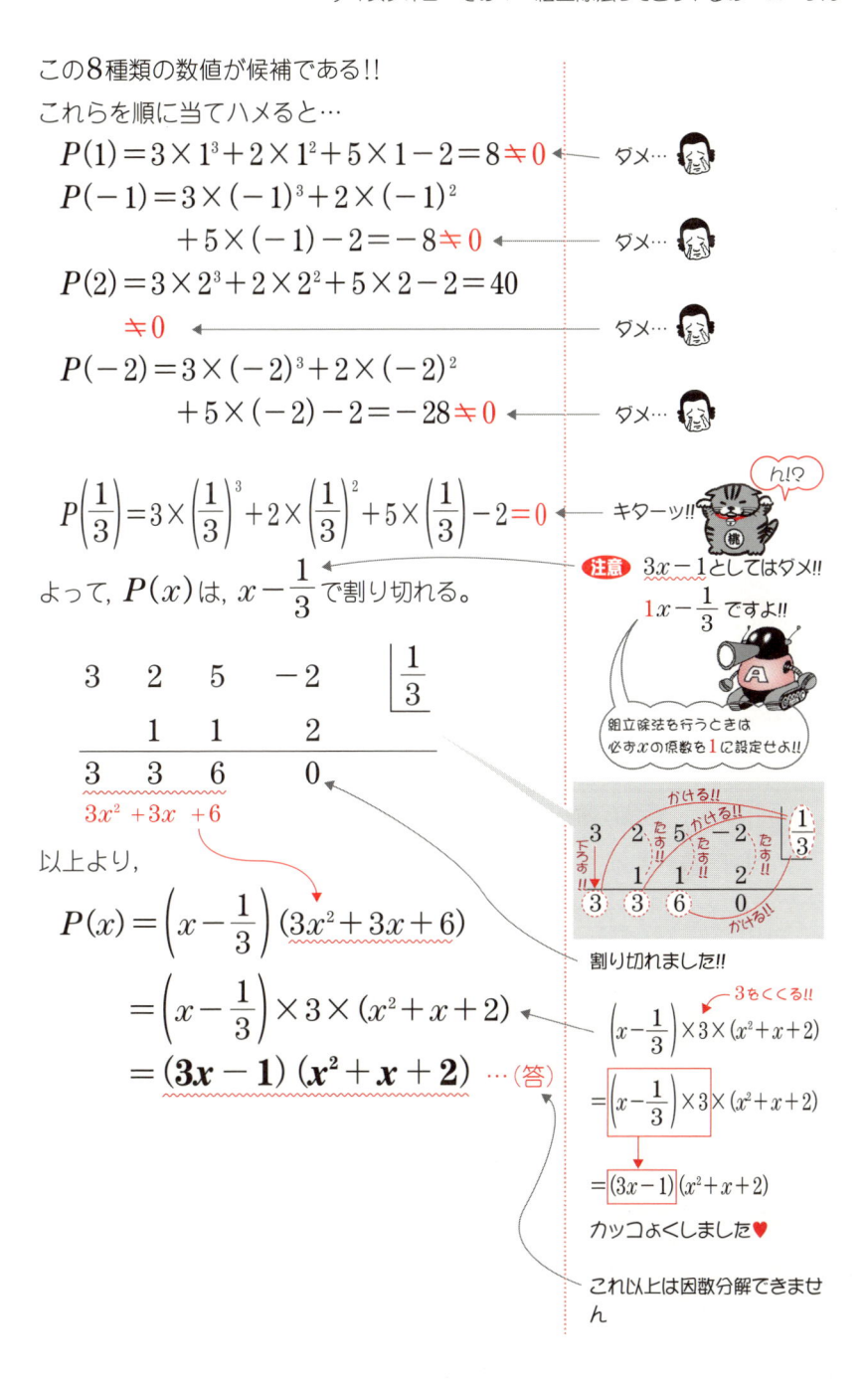

この8種類の数値が候補である!!
これらを順に当てハメると…

$P(1) = 3 \times 1^3 + 2 \times 1^2 + 5 \times 1 - 2 = 8 \neq 0$ ← ダメ…

$P(-1) = 3 \times (-1)^3 + 2 \times (-1)^2$
$\qquad + 5 \times (-1) - 2 = -8 \neq 0$ ← ダメ…

$P(2) = 3 \times 2^3 + 2 \times 2^2 + 5 \times 2 - 2 = 40$
$\neq 0$ ← ダメ…

$P(-2) = 3 \times (-2)^3 + 2 \times (-2)^2$
$\qquad + 5 \times (-2) - 2 = -28 \neq 0$ ← ダメ…

$P\left(\dfrac{1}{3}\right) = 3 \times \left(\dfrac{1}{3}\right)^3 + 2 \times \left(\dfrac{1}{3}\right)^2 + 5 \times \left(\dfrac{1}{3}\right) - 2 = 0$ ← キターッ!!

注意 $3x-1$ としてはダメ!!
$1x - \dfrac{1}{3}$ ですよ!!

組立除法を行うときは必ずxの係数を1に設定せよ!!

よって、$P(x)$ は、$x - \dfrac{1}{3}$ で割り切れる。

```
  3   2   5   -2  | 1/3
      1   1    2
  3   3   6    0
  ‾‾‾‾‾‾‾‾‾
  3x² +3x  +6
```

割り切れました!!

以上より、

$P(x) = \left(x - \dfrac{1}{3}\right)(3x^2 + 3x + 6)$

$\qquad = \left(x - \dfrac{1}{3}\right) \times 3 \times (x^2 + x + 2)$

$\qquad = \boldsymbol{(3x - 1)(x^2 + x + 2)}$ …(答)

3をくくる!!
$\left(x - \dfrac{1}{3}\right) \times 3 \times (x^2+x+2)$

$= \boxed{\left(x-\dfrac{1}{3}\right) \times 3} \times (x^2+x+2)$

$= \boxed{(3x-1)}(x^2+x+2)$

カッコよくしました♥

これ以上は因数分解できません

問題一覧表

問題 1-1　p.9　　基礎の基礎

次の極限値を求めよ。

(1) $\lim_{x \to 2} x^2$
(2) $\lim_{x \to -1}(x+3)$
(3) $\lim_{x \to 3}(x^3 - 2x)$
(4) $\lim_{x \to 0} \dfrac{x^2-1}{x+2}$

問題 1-2　p.10　　基礎

極限値 $\lim_{x \to 2} \dfrac{x^2-3x+2}{x-2}$ を求めよ。

問題 1-3　p.12　　基礎

次の極限値を求めよ。

(1) $\lim_{x \to 3} \dfrac{x^2+3x-18}{x^2-2x-3}$
(2) $\lim_{x \to 2} \dfrac{x^3-8}{x^2-4}$
(3) $\lim_{x \to -1} \dfrac{2x^3+2}{x^2+4x+3}$
(4) $\lim_{x \to 0} \dfrac{x^4+6x}{3x}$

問題 2-1　p.15　　基礎の基礎

関数 $y = x^2 - 2x + 3$ について，次の各問いに答えよ。

(1) $x=1$ から $x=3$ までの平均変化率を求めよ。
(2) $x=-2$ から $x=0$ までの平均変化率を求めよ。
(3) $x=-3$ から $x=5$ までの平均変化率を求めよ。

問題 2-2　p.18　基礎

関数 $f(x) = 2x^2 - 4x + 3$ について，次の各問いに答えよ。
(1) $x=2$ における微分係数 $f'(2)$ を求めよ。
(2) $x=-1$ における微分係数 $f'(-1)$ を求めよ。
(3) $x=3$ における接線の傾きを求めよ。
(4) $x=1$ における接線の傾きを求めよ。

問題 3-1　p.22　基礎

定義に従って，次の関数の導関数を求めよ（＝次の関数を微分せよ）。
(1) $f(x) = x^2$
(2) $f(x) = x^3$

問題 3-2　p.24　標準

定義に従って，次の関数の導関数を求めよ（＝次の関数を微分せよ）。
(1) $f(x) = 3x^2 - 2x + 5$
(2) $f(x) = 2x^3 - 4x^2 - 3$
(3) $f(x) = 5x - 7$

問題 4-1　p.26　基礎の基礎

次の関数を微分せよ（＝次の関数の導関数を求めよ）。
(1) $y = x^2$　(2) $y = x^3$　(3) $y = x^6$
(4) $y = x^{10}$　(5) $y = 3$　(6) $y = -2$

問題 4-2　p.28　基礎の基礎

次の関数を微分せよ（＝次の関数の導関数を求めよ）。
(1) $y = 3x^2$　　(2) $y = 5x^3$
(3) $y = 10x$　　(4) $y = 2x^{10}$

問題 4-3 p.31　基礎

次の関数を微分せよ（＝次の関数の導関数を求めよ）。
(1) $y = 3x^2 + 6x + 10$
(2) $y = 2x^3 - 10x^2 - 7x + 3$
(3) $y = -x^4 + 4x^3 - 5x^2 + 9x - 15$
(4) $y = (x-2)(3x^2+1)$

問題 4-4 p.34　基礎

次の関数を微分せよ（＝次の関数の導関数を求めよ）。
(1) $y = 2x^2 + 8x - 7$
(2) $y = -3x^2 + 10x - 13$
(3) $y = 4x^3 - 8x + 10$
(4) $y = \sqrt{2}x^3 - \sqrt{3}x^2 + \sqrt{5}x - \sqrt{10}$
(5) $y = (x+1)(x-1)(x+2)$
(6) $y = (x^2-1)(x+2)(x-3)$
(7) $y = \dfrac{1}{2}x^4 - \dfrac{1}{3}x^3 + 2x^2 + 3x - 1$
(8) $y = \dfrac{1}{3}x^6 - \dfrac{1}{4}x^4 + 2x^3 + \dfrac{1}{2}x^2 - 5x + 6$

問題 5-1 p.37　基礎

関数 $f(x) = 2x^2 - 7x + 4$ について，次の各問いに答えよ。
(1) 導関数 $f'(x)$ を求めよ。
(2) $x=1$ における微分係数 $f'(1)$ を求めよ。
(3) $x=3$ における接線の傾きを求めよ。

問題 5-2　p.38　基礎

関数 $f(x) = 3x^2 + 2x - 5$ について，次の各問いに答えよ。
(1) 導関数 $f'(x)$ を求めよ。
(2) $x=1$ における接線の傾きを求めよ。
(3) 接線の傾きが -10 となるような接点の座標を求めよ。
(4) 接線の傾きが 5 となるような接点の座標を求めよ。

問題 6-1　p.40　基礎

次の関数のグラフで（　）内に示す点における接線の方程式を求めよ。
(1) $y = x^2 - 2x + 3$　　$(x=2)$
(2) $y = x^3 - x^2 + 2$　　$(x=-1)$
(3) $y = \dfrac{1}{3}x^3 + x - 6$　　$(x=3)$

問題 6-2　p.43　標準

次の接線の方程式を求めよ。
(1) 点 $(0, -5)$ から，$f(x) = 2x^2 - 4x + 3$ に引いた接線
(2) 点 $(0, 0)$ から，$f(x) = x^3 + 2$ に引いた接線

問題 6-3　p.46　標準

次の接線の方程式を求めよ。
(1) 曲線 $y = 2x^2 + 2x + 2$ 上の点 $(-2, 6)$ における接線
(2) 曲線 $y = 2x^3 - 3x + 3$ 上の点 $(1, 2)$ における接線
(3) 点 $(3, 2)$ から曲線 $y = -x^2 + 4x - 5$ に引いた接線
(4) 点 $(-1, 5)$ から曲線 $y = x^3 - 4x^2 + x + 2$ に引いた接線
(5) 曲線 $y = x^3 + 1$ 上の点 $(1, 2)$ を通る接線

問題6-4 p.52 ちょいムズ

曲線 $f(x) = x^4 - 6x^2 - 8x - 3$ と異なる2点で接する直線を求めよ。

問題6-5 p.59 基礎

次の関数のグラフで（ ）内に示す点における法線の方程式を求めよ。
(1) $y = 3x^2 - 9x - 2$ 　（$x = 2$）
(2) $y = 2x^3 - 4x + 1$ 　（$x = -1$）

問題7-1 p.61 基礎の基礎

ある関数 $y = f(x)$ のグラフが右のような曲線となるとき，次の各問いに答えよ。
(1) 極大値とそのときの x の値を求めよ。
(2) 極小値とそのときの x の値を求めよ。
(3) この関数の接線の傾きが正であるような，x の値の範囲を求めよ。
(4) この関数の接線の傾きが負であるような，x の値の範囲を求めよ。

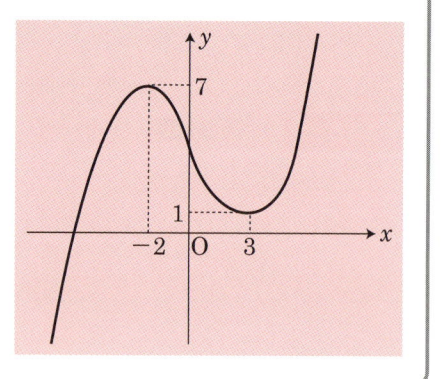

問題7-2 p.63 基礎

関数 $f(x) = 2x^3 - 3x^2 - 12x + 8$ について，次の各問いに答えよ。
(1) 極値を求めよ。
(2) グラフをかけ。

問題 7-3　p.67　基礎

関数 $f(x) = -x^3 + 6x^2 - 9x + 1$ について，次の各問いに答えよ。
(1) 極値を求めよ。
(2) グラフをかけ。

問題 7-4　p.68　基礎

関数 $f(x) = x^3 - 3x^2 + 3x + 3$ について，次の各問いに答えよ。
(1) この関数が極値をもつとき，その極値を求めよ。
(2) グラフをかけ。

問題 7-5　p.70　基礎

次のグラフの概形をかけ。
(1) $f(x) = 2x^2 - 12x + 10$
(2) $f(x) = x^3 - 3x^2 - 9x + 10$
(3) $f(x) = -2x^3 + 6x$
(4) $f(x) = x^3 - 6x^2 + 12x - 7$
(5) $f(x) = -x^3 - 3x^2 - 3x$

問題 7-6　p.76　標準

関数 $f(x) = x^3 - 3x^2 + 4x - 2$ について，次の各問いに答えよ。
(1) $f'(x)$ のグラフをかけ。
(2) この関数が極値をもたないことを示せ。
(3) この関数上の点で，接線の傾きが最小となるような点の座標を求めよ。
(4) 関数 $f(x)$ のグラフの概形をかけ。

問題 8-1　p.81　[基礎]

次の関数が，極値をもつか，もたないかを調べよ。

(1) $y = 2x^3 - 6x^2 - 48x + 7$
(2) $y = -\dfrac{1}{3}x^3 + x^2 + x + 1$
(3) $y = x^3 + 6x^2 + 12x - 5$
(4) $y = -x^3 + 9x^2 - 27x + 10$
(5) $y = 2x^3 - 6x^2 + 18x + 5$

問題 8-2　p.91　[標準]

関数 $f(x)$ が次の条件をみたすとき，k の値の範囲を求めよ。

(1) $f(x) = x^3 + (k-2)x^2 + (k+4)x - 2$ が極値をもつ。
(2) $f(x) = \dfrac{1}{3}x^3 - kx^2 + (3k-2)x + 5$ が極値をもつ。
(3) $f(x) = x^3 + kx^2 + kx + 2$ が極値をもたない。
(4) $f(x) = x^3 + kx^2 + 4x + l$ が極値をもたない。

問題 8-3　p.94　[標準]

関数 $f(x)$ が次の条件をみたすとき，k の値の範囲を求めよ。

(1) $f(x) = kx^3 + x^2 + 3kx + 5$ が常に増加して極値をもたない。
(2) $f(x) = kx^3 + x^2 + 3kx + 5$ が常に減少して極値をもたない。

問題 8-4　p.102　[ちょいムズ]

関数 $f(x)$ が次の条件をみたすとき，k の値の範囲を求めよ。

(1) $f(x) = kx^3 + kx^2 - 2x + k$ が常に減少して極値をもたない。
(2) $f(x) = kx^3 + 6x^2 - (3k-15)x + 2$ が極大値と極小値をもつ。

問題 9-1   p.107   標準

次の各問いに答えよ。
(1) 関数 $f(x) = ax^3 + bx^2 + cx + d$ が $x=1$ で極大値 3 をとり，$x=3$ で極小値 -5 をとるとき，定数 a, b, c, d の値を求めよ。
(2) ある 3 次関数 $f(x)$ は，$x=-1$ で極小値 -5 をとり，$x=3$ で極大値 27 をとる。このとき，3 次関数 $f(x)$ を求めよ。

問題 9-2   p.115   標準

次の各問いに答えよ。
(1) 関数 $f(x) = x^3 - 3k^2 x + k + 2$ の極大値と極小値の差が 4 になるように，定数 k の値を定めよ。
(2) 関数 $f(x) = 2x^3 - 3(k+1)x^2 + 6kx - 4$ の極大値が 16 となるように，定数 k の値を定めよ。

問題 10-1   p.121   標準

次の不等式を解け。
(1) $(x-1)(x-3)(x-5) < 0$
(2) $x^3 - 16x \geq 0$
(3) $(x-1)(x-3)^2 > 0$
(4) $x^3 - 4x^2 + 4x \geq 0$
(5) $(x+2)^2(x-2) < 0$
(6) $x^3 + 6x^2 + 9x \geq 0$

問題 10-2   p.127   標準

次の関数のグラフをかけ。
(1) $f(x) = x^4 - 2x^2 + 3$
(2) $f(x) = 3x^4 - 8x^3 - 6x^2 + 24x + 1$
(3) $f(x) = 3x^4 - 16x^3 + 24x^2 + 2$
(4) $f(x) = x^4 - 6x^2 - 8x - 3$
(5) $f(x) = -x^4 + 4x^3 - 12$

問題 10-3 p.134 ちょいムズ

4次関数 $f(x)=x^4+px^3+qx^2-12x+3$ が $x=-1$ で極大値10をとるとき，定数 p, q の値を求めよ。また，このとき関数 $f(x)$ の極小値を求めよ。

問題 11-1 p.137 基礎

次の関数の，与えられた定義域における最大値，最小値を求めよ。
(1) $f(x)=x^3-12x+2$ $(-3 \leq x \leq 5)$
(2) $f(x)=-2x^3+3x^2+12x+3$ $(-2 \leq x \leq 1)$
(3) $f(x)=x^4-6x^2+2$ $(-1 \leq x \leq 3)$

問題 11-2 p.141 標準

次の各問いに答えよ。
(1) 3次関数 $f(x)=ax^3-3ax+2$ が定義域 $0 \leq x \leq 2$ において，最大値6をとるとき，定数 a の値を求めよ。
(2) 3次関数 $f(x)=2ax^3-3ax^2-12ax+b$ が定義域 $-2 \leq x \leq 1$ において，最大値12，最小値-8をとるとき，定数 a, b の値を求めよ。

問題 12-1 p.146 ちょいムズ

$f(x)=2x^3-3x^2+1$ とする。
(1) $f(x)$ のグラフの概形をかけ。
(2) 区間 $0 \leq x \leq t$（ただし $t>0$）における $f(x)$ の最大値 M を求めよ。
(3) 区間 $0 \leq x \leq t$（ただし $t>0$）における $f(x)$ の最小値 m を求めよ。

問題 12-2 p.152 ちょいムズ

$f(x) = x^3 - 3x^2 + 4$ とする。
(1) $f(x)$ のグラフの概形をかけ。
(2) 区間 $t \leqq x \leqq t+1$ における $f(x)$ の最大値 M を求めよ。

問題 12-3 p.158 ちょいムズ

関数 $f(x) = x^3 - 6ax^2 + 9a^2 x$ の区間 $0 \leqq x \leqq 2$ における $f(x)$ の最大値 M を求めよ。ただし，$a > 0$ とする。

問題 13-1 p.164 基礎

次の方程式の異なる実数解の個数を求めよ。
(1) $2x^3 - 3x^2 - 36x + 2 = 0$
(2) $x^3 - 4x^2 + 4x = 0$
(3) $4x^3 - 6x^2 + 5 = 0$

問題 13-2 p.168 標準

3次方程式 $2x^3 - 3(a+1)x^2 + 6ax = 0$ が異なる3つの実数解をもつように，定数 a の値の範囲を求めよ。

問題 13-3 p.172 標準

3次方程式 $2x^3 - 3ax^2 + a = 0$ が1つのみの実数解をもつように，定数 a の値の範囲を求めよ。

問題 13-4 p.177 基礎

次の方程式の異なる実数解の個数を求めよ。ただし，a は定数である。
(1) $2x^3 - 3x^2 - 12x - a = 0$
(2) $x^3 - 12x + a + 3 = 0$
(3) $2x^3 - 6x^2 + 6x - a = 0$
(4) $x^4 - 4x^3 - 2x^2 + 12x - a = 0$

問題 13-5 p.183 ちょいムズ

3次方程式 $x^3 - 3x + 2 - a = 0$ について，次の各問いに答えよ。
(1) この3次方程式が異なる2つの正の解と，1つの負の解をもつように，定数 a の値の範囲を定めよ。
(2) この3次方程式が異なる3つの実数解をもつとき，この3解を小さい順に α，β，γ とする。このとき，α，β，γ のとり得る値の範囲をそれぞれ求めよ。

問題 14-1 p.187 モロ難

3次関数 $f(x) = ax^3 + bx^2 + cx + d\ (a \neq 0)$ のグラフがそのグラフ上の点 $\mathrm{M}(p, f(p))$ に関して点対称であるような p の値を求めよ。

問題 15-1 p.190 ちょいムズ

曲線 $y = x^3$ に点 $(2, a)$ から，接線が3本引けるときの定数 a の値の範囲を求めよ。

問題 15-2 p.193 ちょいムズ

次の各問いに答えよ。
(1) 曲線 $y = x^3 + 3x^2 + x + 2$ に点 $(1, a)$ から接線が3本引けるときの定数 a の値の範囲を求めよ。
(2) 曲線 $y = x^3 - 9x^2 + 15x + 3$ に点 $(0, a)$ から接線が1本のみ引けるときの定数 a の値の範囲を求めよ。

問題 15-3 p.199 モロ難

$f(x) = x^3 - 4x$ とする。
(1) 曲線 $y = f(x)$ 上の点 $(t, f(t))$ における接線が点 (a, b) を通るとき、a, b, t のみたすべき関係式を求めよ。
(2) 曲線 $y = f(x)$ に3本の接線が引けるような点 (a, b) の存在すべき範囲を図示せよ。

問題 16-1 p.203 基礎

次の不等式が成り立つことを証明せよ。
(1) $x \geq 0$ のとき、$x^3 + 4 \geq 3x^2$
(2) $x \geq 3$ のとき、$x^3 + 9x \geq 6x^2$

問題 16-2 p.207 標準

次の各問いに答えよ。
(1) $x \geq 0$ のとき、不等式 $2x^3 - 3x^2 - 12x + a \geq 0$ が成り立つような定数 a の値の範囲を求めよ。
(2) $x > 0$ のとき、不等式 $ax^3 - 3x^2 + 4 > 0$ が成り立つような a の値の範囲を求めよ。ただし $a > 0$ とする。
(3) 不等式 $3x^4 - 4ax^3 - 6x^2 + 12ax + 16 \geq 0$ が、すべての実数 x に対して成り立つような定数 a の値の範囲を求めよ。

問題 17-1 p.214　基礎の基礎

次の不定積分を求めよ。

(1) $\int x^4 \, dx$　　(2) $\int x^9 \, dx$

(3) $\int 12x^5 \, dx$　　(4) $\int 4x \, dx$

(5) $\int dx$　　(6) $\int 7 \, dx$

問題 17-2 p.217　基礎の基礎

次の不定積分を求めよ。

(1) $\int (8x^3 - 12x^2 + 6x - 3) \, dx$

(2) $\int (5x^4 + 12x^3 - 6x^2 + 10x + 2) \, dx$

(3) $\int x(x+3) \, dx$

(4) $\int (x-2)(x^2 + x - 3) \, dx$

(5) $\int (2x+3)^2 \, dx - \int (2x-3)^2 \, dx$

問題 18-1 p.221　基礎

次の条件をみたす関数 $F(x)$ を求めよ。

(1) $F'(x) = 4x + 3$, $F(1) = 10$

(2) $F'(x) = 6x^2 - 6x + 6$, $F(2) = 8$

問題 18-2　p.223　標準

次の各問いに答えよ。

(1) 曲線 $y=f(x)$ が，点 $(2, 5)$ を通り，点 $(x, f(x))$ における接線の傾きが $3x^2-4x+1$ であるとき，曲線の方程式 $f(x)$ を求めよ。

(2) 曲線 $y=f(x)$ が，点 $(3, -1)$ を通り，点 $(x, f(x))$ における接線の傾きが $-2x^2+6x-2$ であるとき，曲線の方程式 $f(x)$ を求めよ。

(3) 曲線 $y=f(x)$ が，点 $(-1, -6)$, $(1, 14)$ を通り，点 $(x, f(x))$ における接線の傾きが $6x^2-2x+a$（ただし，a は定数）であるとき，この曲線の方程式 $f(x)$ を求めよ。

問題 19-1　p.227　標準

次の方程式をみたす整式 $f(x)$ を求めよ。

(1) $xf(x)+\int f(x)\,dx = 3x^2+6x+2$

(2) $\int f(x)\,dx + xf'(x) = 2x^3+8x^2-3x-5$

問題 19-2　p.233　ちょいムズ

次の等式をみたす整式 $f(x)$, $g(x)$ を求めよ。

$$\begin{cases} f(x)-\dfrac{1}{2}xg'(1)-g'(-1)=3x^2-10x-6 & \cdots ① \\ f'(x)+g'(x)=18x+2 & \cdots ② \\ f(0)+g(0)=1 & \cdots ③ \end{cases}$$

問題 20-1　p.238　基礎

次の不定積分を求めよ。

(1) $\int 3\,dt$

(2) $\int (x^2+xt^2-3t)\,dt$

(3) $\int t^3\,du$

(4) $\int (x^3y-3xy^2+8y^3)\,dy$

問題 21-1   p.241   基礎の基礎

次の定積分を求めよ。

(1) $\displaystyle\int_2^3 3x^2\,dx$

(2) $\displaystyle\int_{-2}^1 (6x^2-2x-3)\,dx$

(3) $\displaystyle\int_1^2 (8x^3-9x^2+4x-5)\,dx$

(4) $\displaystyle\int_0^4 (x+1)(x^2-2x-4)\,dx$

(5) $\displaystyle\int_{-2}^3 t(t-2)(t+3)\,dt$

問題 21-2   p.243   基礎

次の定積分を求めよ。

(1) $\displaystyle\int_1^2 (x+3)^2\,dx - \int_1^2 (x-3)^2\,dx$

(2) $\displaystyle\int_{-2}^3 (2x+5)^2\,dx + \int_3^{-2} (2x-5)^2\,dx$

(3) $\displaystyle\int_{10}^{10} (x^6+5x^4-7x^3+8x-25)\,dx$

(4) $\displaystyle\int_1^2 3x^2\,dx + \int_2^3 3x^2\,dx$

(5) $\displaystyle\int_{-1}^2 (4x-5)\,dx + \int_5^2 (5-4x)\,dx$

問題 22-1   p.247   標準

次の等式を証明せよ。ただし, $n=0,\ 1,\ 2,\ 3,\ \cdots\cdots$とする。

(1) $\displaystyle\int_{-\alpha}^{\alpha} x^{2n}\,dx = 2\int_0^{\alpha} x^{2n}\,dx$

(2) $\displaystyle\int_{-\alpha}^{\alpha} x^{2n+1}\,dx = 0$

問題22-2 p.249 基礎

次の定積分を求めよ。

(1) $\displaystyle\int_{-3}^{3} x^2\, dx$

(2) $\displaystyle\int_{-10}^{10} x^5\, dx$

(3) $\displaystyle\int_{-2}^{2} (4x^3 + 6x^2 - 10x + 3)\, dx$

(4) $\displaystyle\int_{-1}^{1} (2x+3)(3x^2 - 4x + 5)\, dx$

問題22-3 p.251 標準

次の等式を証明せよ。

$$\int_{\alpha}^{\beta} (x-\alpha)(x-\beta)\, dx = -\frac{1}{6}(\beta - \alpha)^3$$

問題22-4 p.252 標準

次の定積分を求めよ。

(1) $\displaystyle\int_{1}^{3} (x-1)(x-3)\, dx$

(2) $\displaystyle\int_{-1}^{2} (x+1)(x-2)\, dx$

(3) $\displaystyle\int_{\frac{1}{2}}^{1} (2x-1)(x-1)\, dx$

(4) $\displaystyle\int_{-\frac{1}{3}}^{\frac{1}{5}} (3x+1)(5x-1)\, dx$

問題 23-1 p.256 　　　　　　　　　　　　　　　　　　基礎

次の曲線や直線および x 軸とで囲まれた部分の面積 S を求めよ。
(1) $y = x^2 + 2$, $x = 1$, $x = 3$
(2) $y = x^2 - 4$, $x = -1$, $x = 2$
(3) $y = -x^2 + 3x$, $x = -1$, $x = 1$

問題 23-2 p.258 　　　　　　　　　　　　　　　　　　基礎

曲線 $y = x^2 - 2x - 1$ と直線 $y = x - 3$ で囲まれた部分の面積 S を求めよ。

問題 23-3 p.261 　　　　　　　　　　　　　　　　　　標準

次の曲線や直線で囲まれた部分の面積 S を求めよ。
(1) $y = -x^2 + 3x$, $y = 2x - 2$
(2) $y = x^2 - 4x + 2$, $y = -x^2 + 4x - 4$
(3) $y = x^2 - 5x + 5$, x 軸
(4) $y = 2x^2 - 3x - 2$, $y = -x^2 + 2x - 3$

問題 24-1 p.269 　　　　　　　　　　　　　　　　　　標準

曲線 $y = x^2 - 1$ と直線 $y = ax$ とで囲まれる部分の面積 S が $\dfrac{9}{2}$ であるとき, a の値を求めよ。

問題 24-2 p.272 　　　　　　　　　　　　　　　　　　ちょいムズ

点 $(1, 3)$ を通る直線と放物線 $y = x^2$ とで囲まれる部分の面積を S とする。このとき, S の最小値と, それを与える直線の方程式を求めよ。

問題 25-1   p.275   標準

定積分 $\int_{-2}^{2} |x-1|\, dx$ を求めよ。

問題 25-2   p.277   標準

次の定積分を求めよ。
(1) $\int_{1}^{4} |x-3|\, dx$
(2) $\int_{-1}^{3} |x^2-4|\, dx$
(3) $\int_{-2}^{0} |x^2-2x-3|\, dx$

問題 26-1   p.281   ちょいムズ

$f(t) = \int_{0}^{2} |x-t|\, dx$ とする。
(1) $f(t)$ を求めよ。
(2) $f(t)$ の最小値を求めよ。

問題 26-2   p.285   モロ難

$f(t) = \int_{0}^{1} |x(x-t)|\, dx$ とする。
(1) $f(t)$ を求めよ。
(2) $f(t)$ の最小値を求めよ。

問題 27-1   p.290   標準

次の定積分を求めよ。
(1) $\int_{0}^{2} (x+2)^2\, dx$
(2) $\int_{-1}^{3} (x-1)^3\, dx$

問題 27-2 p.291   標準

放物線 $y = x^2 - x + 2$ に点 $(1, -2)$ から，2本の接線を引くとき，次の各問いに答えよ。

(1) この2本の接線の方程式を求めよ。
(2) この2本の接線と放物線とで囲まれた部分の面積 S_1 を求めよ。
(3) この2本の接線の2つの接点を結んだ直線と放物線とで囲まれた部分の面積 S_2 を求めよ。

問題 27-3 p.294   モロ難

放物線 $y = x^2$ 上の2点 $A(\alpha, \alpha^2)$, (β, β^2) を考える。ただし，$\alpha < \beta$ とする。

(1) この放物線上の点 A，B における接線をそれぞれ ℓ_A, ℓ_B とするとき，ℓ_A, ℓ_B の交点 M の座標を求めよ。
(2) 放物線 $y = x^2$ と ℓ_A, ℓ_B で囲まれた部分の面積 S を α, β で表せ。

問題 28-1 p.298   ちょいムズ

次の等式を証明せよ。

(1) $\int_{\alpha}^{\beta} (x-\alpha)^2 (x-\beta) dx = -\dfrac{1}{12} (\beta - \alpha)^4$

(2) $\int_{\alpha}^{\beta} (x-\alpha)(x-\beta)^2 dx = \dfrac{1}{12} (\beta - \alpha)^4$

問題 28-2 p.300   標準

曲線 $y = x^3 - x$ 上の点 $(2, 6)$ における接線と，この曲線とで囲まれた部分の面積を求めよ。

問題 28-3 p.303   標準

曲線 $y = x^3$ 上の点 $(-1, -1)$ における接線と，この曲線とで囲まれる部分の面積を求めよ。

問題 28-4　p.306　ちょいムズ

曲線 $y = x^3 - 3x^2 - x + 3$ がある。
(1) この曲線上の点 $P(-1, 0)$ を通り，Pと異なる点 Q でこの曲線に接する接線の方程式を求めよ。
(2) この曲線と(1)の接線とで囲まれた部分の面積を求めよ。

問題 28-5　p.310　ちょいムズ

曲線 $y = x^3 - 6x^2 + 9x$ がある。
(1) この曲線と x 軸との共有点の x 座標を求めよ。
(2) この曲線上の点 $(0, 0)$ における接線の傾きを求めよ。
(3) $0 < m < 9$ のとき，直線 $y = mx$ とこの曲線とで囲まれる2つの図形の面積が等しくなるように，定数 m の値を求めよ。

問題 28-6　p.315　ちょいムズ

曲線 $y = x^4 - 6x^2 - 8x - 3$ と異なる2点で接する直線を l とし，その接点の x 座標を α，β ($\alpha < \beta$) とする。このとき，次の各問いに答えよ。
(1) α，β の値と l の方程式を求めよ。
(2) この曲線と l とで囲まれる図形の面積を求めよ。

問題 29-1 p.320 ちょいムズ

曲線 $y=-x^2+4x$ と x 軸とで囲まれた部分の面積を，曲線 $y=ax^2$ が 2 等分するとき，定数 a の値を求めよ．

問題 29-2 p.323 標準

次の各問いに答えよ．

(1) $\begin{cases} 放物線 \quad y=-x^2+4x \quad \cdots ① \\ 直線 \quad y=x \quad \cdots ② \\ 直線 \quad x=a \quad (a>3) \quad \cdots ③ \end{cases}$
がある．

放物線①と直線②で囲まれた面積 S_1 が，放物線①と直線②と直線③で囲まれた面積 S_2 に等しいとき，定数 a の値を求めよ．

(2) $\begin{cases} 放物線 \quad y=x^2 \quad \cdots ① \\ 直線 \quad y=ax \quad (0<a<2) \quad \cdots ② \\ 直線 \quad x=2 \quad \cdots ③ \end{cases}$
がある．

放物線①と直線②で囲まれた面積 S_1 が，放物線①と直線②と直線③で囲まれた面積 S_2 に等しいとき，定数 a の値を求めよ．

問題 29-3 p.327 ちょいムズ

$0 \leqq x \leqq 2$ の範囲で，曲線 $y=x^2$ と直線 $y=ax$（ただし，$0 \leqq a \leqq 2$）および $x=2$ で囲まれた図形の面積を $S(a)$ とする．

(1) $S(a)$ を求めよ．
(2) $S(a)$ の最小値を求めよ．

問題 30-1 p.329 標準

次の等式をみたす関数 $f(x)$ を求めよ。

(1) $f(x) = x + \int_{-1}^{2} f(t)\,dt$

(2) $f(x) = x^2 + 2x\int_{1}^{3} f(t)\,dt - 3$

(3) $f(x) = 3x^2 + \int_{0}^{2} xf(t)\,dt - 2$

問題 30-2 p.333 標準

次の等式をみたす関数 $f(x)$ を求めよ。

(1) $f(x) = x^2 - \int_{0}^{2} xf(t)\,dt + 2\int_{0}^{1} f(t)\,dt$

(2) $f(x) = 2 + \int_{0}^{3} (xt+2)f(t)\,dt$

問題 31-1 p.339 基礎

次の関数 $g(x)$ を微分せよ。

(1) $g(x) = \int_{3}^{x} (t^2 - 2t + 3)\,dt$

(2) $g(x) = \int_{-2}^{x} (t^3 + 6t^2 - 3t - 2)\,dt$

問題31-2 p.340 標準

等式 $\int_a^x f(t)\,dt = x^2 - 5x + 6$ をみたす関数 $f(x)$ と a の値を求めよ。

問題31-3 p.341 標準

次の等式をみたす関数 $f(x)$ と定数 a の値を求めよ。

(1) $\int_2^x f(t)dt = x^2 - 3x + a$

(2) $\int_a^x f(t)dt = x^2 - 10x + 9$

〔著者紹介〕

坂田　アキラ（さかた　あきら）

N予備校講師。

1996年に流星のごとく予備校業界に現れて以来、ギャグを交えた巧みな話術と、芸術的な板書で繰り広げられる"革命的講義"が話題を呼び、抜群の動員力を誇る。

現在は数学の指導が中心だが、化学や物理、現代文を担当した経験もあり、どの科目を教えさせても受講生から「わかりやすい」という評判の人気講座となる。

著書は、『改訂版　坂田アキラの　医療看護系入試数学Ⅰ・Aが面白いほどわかる本』『改訂版　坂田アキラの　数列が面白いほどわかる本』などの数学参考書のほか、理科の参考書として『大学入試　坂田アキラの　化学基礎の解法が面白いほどわかる本』『大学入試　坂田アキラの　物理基礎・物理［力学・熱力学編］の解法が面白いほどわかる本』(以上、KADOKAWA) など多数あり、その圧倒的なわかりやすさから、「受験参考書界のレジェンド」と評されることもある。

改訂版　坂田アキラの
数Ⅱの微分積分が面白いほどわかる本　　（検印省略）

2014年7月31日　第1刷発行
2020年6月10日　第8刷発行

著　者　坂田　アキラ（さかた　あきら）
発行者　川金　正法

発　行　株式会社KADOKAWA
　　　　〒102-8177　東京都千代田区富士見2-13-3
　　　　03-3238-8521（カスタマーサポート）
　　　　https://www.kadokawa.co.jp/

落丁・乱丁本はご面倒でも、下記KADOKAWA読者係にお送りください。
送料は小社負担でお取り替えいたします。
古書店で購入したものについては、お取り替えできません。
電話049-259-1100（9：00～17：00／土日、祝日、年末年始を除く）
〒354-0041　埼玉県入間郡三芳町藤久保550-1

DTP／ニッタプリントサービス　印刷／新日本印刷　製本／鶴亀製本

©2014 Akira Sakata, Printed in Japan.
ISBN978-4-04-600730-8　C7041

本書の無断複製（コピー、スキャン、デジタル化等）並びに無断複製物の譲渡及び配信は、著作権法上での例外を除き禁じられています。また、本書を代行業者などの第三者に依頼して複製する行為は、たとえ個人や家庭内での利用であっても一切認められておりません。